Unser Fertighaus-Handbuch

UNSER FERTIGHAUS-HANDBUCH

Magnus Enxing ■ Michael Bruns

LIEBE LESERIN, LIEBER LESER.

„Wer bauen will, muss zwei Pfennige für einen rechnen" und „Bauen macht den Beutel schlapp", lauten zwei volkstümliche Sprüche, die für viele Bauherren sicher sehr nachvollziehbar sind. Vielfach beruht die hier durchscheinende Ungewissheit in punkto Baukosten auf der traditionellen Bauweise, bei der in Wochen und Monaten Stein auf Stein gesetzt wird. Bietet da das Fertighaus die günstige Alternative? Nur bedingt, weil auch im Fertighausbau teure Späße an der Tagesordnung sind. Und vom schlichten Ausbauhaus, der billigsten Lösung, bis hin zur bezugsfertigen luxuriösen Stadtvilla ist alles möglich.

Uns Menschen gilt das Haus als Ort der Sicherheit, Privatheit und Intimität, der Nestbau stillt unser Urbedürfnis nach Geborgenheit und trägt zu einem Teil auch zur Stiftung von Identität und Persönlichkeit bei. Das neue Eigenheim soll also den eigenen Wünschen möglichst exakt entsprechen, und nicht selten ist hier der Punkt erreicht, an dem die Kosten dann doch explodieren. Beachten Sie dabei immer: Der verlockende Einstiegspreis der Fertighausanbieter deckt meist nur die unterste Standardausführung eines Hauses ab, und man kann nicht wahllos nette Ausstattungsextras hinzubestellen, ohne dass dies gehörig ins Geld geht. Wer allerdings vor Vertragsabschluss alle Details geplant und bedacht hat, kann mit einem festen Kostenkorsett rechnen.

Wer sich für ein Fertighaus entscheidet, liegt im aktuellen Trend. Das Fertigbausegment konnte seinen Marktanteil an genehmigten Ein- und Zweifamilienhäusern für das Kalenderjahr 2019 auf 20,8 Prozent steigern – die magische Schelle von 20 Prozent wurde erstmals überschritten. Etwa 20 Jahre zuvor standen lediglich 13,5 Prozent zu Buche. Offensichtlich gewinnt das Fertighaus an Prestige, wobei sicherlich Umweltaspekte eine tragende Rolle spielen. Zunächst einmal hat man es im Fertigbau vorwiegend mit dem nachwachsenden Rohstoff Holz zu tun. Dessen gute Dämmeigenschaften und der spezielle Wandaufbau – Hohlkammern werden mit Dämmmaterial gefüllt – tragen maßgeblich zur guten Energiebilanz bei.

Zwei weitere wichtige Argumente für ein Fertighaus bilden die Möglichkeit der vorherigen Besichtigung realer Modellhäuser in eigenen Musterhausparks und ein hoher Vorfertigungsgrad. Die standardisierten Produktionsabläufe garantieren zudem bestmögliche Terminsicherheit.

Schließlich erspart sich der Bauherr viele nervenaufreibende Wochen und Monate, da sämtliche Leistungen aus einer Hand kommen – der Fertighausbauer fungiert Ihnen gegenüber als Generalübernehmer. Bei Gewährleistungs- wie auch allen anderen Fragen hat man nur einen festen Ansprechpartner: den Fertighausanbieter.

Die Wahl des richtigen Anbieters ist bei der für die meisten Bauherren wichtigsten und einmaligen Anschaffung ihres Lebens also ein ganz entscheidender Punkt.

Begeben Sie sich mit diesem Buch auf eine Reise, auf der Sie viele Entscheidungen bis hin zum fertigen Haus treffen. Welche Stationen auf dieser Reise die wichtigsten sind und was während der Fahrt en passant berücksichtigt werden sollte, erfahren Sie hier. Und selbst wenn nach der Schlüsselübergabe noch Probleme auftreten, hilft Ihnen dieser Leitfaden bei deren Beseitigung.

INHALTSVERZEICHNIS

WAS BIETET DER MARKT?

10 Die Geschichte des Fertighausbaus
11 Industrielle Serienfertigung
12 Nach dem Zweiten Weltkrieg
15 Boom seit den 1990er-Jahren

17 Kleine Häusertypologie
17 Der Bungalow
18 Das (Wohn-)Blockhaus
18 Das Fachwerkhaus
19 Das Schwedenhaus
19 Das Landhaus
20 Das mediterrane Haus
20 Die Stadtvilla
21 Die Villa (Residenz)
21 Das Designerhaus
22 Das Haus mit Pultdach
22 Weitere Haustypen

23 Die Bauweisen im Fertighausbau
23 Fertighäuser aus Holz
32 Massivfertighäuser
38 Luftdichtheit

40 Interview: Gesundes Wohnen

43 Die Umwelt- und Energiekonzepte

60 Die Haustypen nach Energiestandards

WO SOLL DAS HAUS STEHEN?

66 Die Lage bestimmt den künftigen Alltag
66 Makrolage
67 Mikrolage
68 Wertentwicklung

69 Ist das Grundstück geeignet?
70 Beschränkungen im Bebauungsplan
70 Baulasten
71 Baugrunduntersuchung
72 Grundwasser
72 Altlasten
72 Erschließung
73 Hanggrundstücke
73 Informationspflichten der Fertighausfirma
74 Der Preis des Grundstücks

WAS SUCHEN WIR?

76 Den Bedarf ermitteln
76 Die Wohnflächenverordnung (WoFlV)
76 Der Bauherr
80 Der Raumbedarf
84 Grundrisse
86 Geschossigkeit
87 Ausrichtung des Hauses
89 Das Dach
90 Keller, Bodenplatte & Co.

WIE FINANZIEREN WIR?

96 Die persönliche Situation
- 96 Der Finanzbedarf
- 98 Bestandsaufnahme: Das Vermögen
- 104 Die Belastbarkeit

108 Wege zum Geld
- 108 Der Klassiker – Hypothekendarlehen
- 112 Was ist Bausparen?
- 113 Wohn-Riestern
- 116 KfW- und Bafa-Förderung
- 119 Förderungen auf Landesebene
- 120 Förderungen durch Kommunen
- 121 Weitere Förderungen der öffentlichen Hand
- 121 Alternative Darlehen

WER IST DER RICHTIGE?

124 Die Suche beginnt

126 Von Zertifikaten, Siegeln & Labeln

130 Güte- und Qualitätsgemeinschaften im Fertighausbau

133 Der Anbietervergleich
- 136 Fertighaushersteller aus dem Ausland

138 Interview: Baustoffe und Zertifikate

142 Die Bemusterung
- 146 Smart Homes

149 Interview: Intelligente Häuser

WAS MUSS IM KAUFVERTRAG STEHEN?

154 Grundstück und Haus

155 Vertragspartner für das eigene Haus

156 Grund und Boden kaufen
- 156 Grundschulden
- 157 Den Vertragsentwurf prüfen
- 157 Auflassungsvormerkung und Verzichtserklärungen
- 158 Zahlung des Kaufpreises
- 158 Eintragung ins Grundbuch

158 Ein Fertighaus kaufen
- 159 Vertragstypen
- 161 BGB oder VOB
- 162 Die Bau- und Leistungsbeschreibung
- 165 Auf Vollständigkeit prüfen
- 166 Vorbereitung der Baustelle
- 169 Eigenleistungen berücksichtigen
- 169 Fertigstellungstermin
- 170 Vertragsstrafen für Verzögerungen
- 171 Der Preis
- 173 Zahlungsmodalitäten
- 175 Sicherheiten für beide Seiten
- 177 Rücktritts- und Widerrufsrecht
- 179 Weitere Vertragsbestandteile
- 180 Widersprüche zwischen Vertragsbestandteilen
- 180 Fallstricke im Vertrag

184 Den Bauantrag stellen

VERSICHERUNGEN FÜR BAUHERREN UND EIGENTÜMER

- **188** Verkehrssicherungspflicht
- **190** Die Bauherren-Haftpflichtversicherung
- 190 Versicherungssumme
- 190 Erweiterungen
- **191** Unfallversicherung für Helfer und Baufamilien
- **193** Bauleistungsversicherung
- **194** Feuerrohbauversicherung
- **195** Wohngebäudeversicherung
- **197** Elementarschadenversicherung
- **198** Photovoltaikversicherung
- **199** Baufertigstellungs- und Baugewährleistungsversicherung
- 200 Restschuldversicherung und Hausratversicherung

WIE SEHEN BAUABLAUF UND ABNAHME AUS?

- **202** Der Bauablauf
- 205 Der Fachmann für Bauüberwachung und -abnahme
- 206 Die Hausstellung
- 208 Der Innenausbau
- **211** Die Abnahme
- 212 Mängelliste und Protokoll
- 213 Konkludente und fiktive Bauabnahme
- 213 Verweigerte Abnahme
- 213 Prüffähige Schlussrechnung
- **224** Die rechtlichen Folgen

GEWÄHRLEISTUNG UND MÄNGELBESEITIGUNG

- **226** Beseitigung von Mängeln
- 228 Solarstromanlagen: zwei oder fünf Jahre Gewährleistung?
- 229 Garantien des Herstellers
- 229 Was machen Ombudsstellen?
- 229 Beweise sichern
- 230 Schlussbegehung vor Ablauf der Gewährleistung
- 232 Eigenleistung: Kaputte Fliesen aus dem Baumarkt
- 232 Rechnungen aufbewahren!

SERVICE

- **234** Glossar
- **258** Aus der QDF-Satzung
- 258 Profil der QDF
- 258 Einzelparameter aus der QDF
- **260** Adressen Gütegemeinschaften und Verbände
- **262** Adressen der Musterhausparks in Deutschland
- **265** Stichwortverzeichnis
- 271 Bildnachweis
- 272 Impressum

WAS BIETET DER MARKT?

Was genau ist eigentlich ein Fertighaus? Wie den meisten Produkten, die das „Fertig" als erste Worthälfte in sich tragen, haftet auch der fertigen Immobilie landläufig noch ein fades und wenig glanzvolles Instant-Image an. Das ist heute überholt, wie sich bei näherer Betrachtung herausstellt.

Um sich ein genaues und ausgewogenes Bild der Branche und der Bauweise überhaupt machen zu können, ist ein Blick in die historische Entwicklung des Fertigbaus sinnvoll. Man erfährt aufschlussreiche Details über die aktuell gängigen Bauweisen und Konstruktionsarten, darüber hinaus rücken die unterschiedlichen Baustoffe, Energie- und Umweltkonzepte, Häusertypen und die Haustechnik allgemein in den Fokus. Um entscheiden zu können, was man will, muss man schließlich zunächst wissen, was es alles gibt.

DIE GESCHICHTE DES FERTIGHAUSBAUS

Schon in historischen Zeiten hat der Mensch Techniken verwendet, mit denen zur Errichtung von Gebäuden Einzelteile vorab hergestellt wurden, um schließlich an Ort und Stelle nur noch endmontiert zu werden. Die Römer zum Beispiel ließen Säulen, Statuen und andere Elemente zum Bau von Tempelanlagen zentral produzieren, verschiffen, an ihren Bestimmungsort bringen und am Zielort verbauen.

Es gibt auch Textzeugen, die von vorproduzierten Bauteilen für mobile Holzhäuser im Japan des 12. Jahrhunderts sprechen – die spezifischen Eigenschaften des Baustoffs Holz mit seinem relativ geringen Gewicht und seiner leichten Verarbeitung wurden maßgeblich für den Fertighausbau. Im beschriebenen Fall wurden ganze Siedlungen zum Schutz vor einer Naturkatastrophe abgebaut, auf Flöße verladen und andernorts wieder errichtet.

Diese Bauweise setzte sich zunehmend auch in Europa durch. Allroundgenie, Architekt und Maler Leonardo da Vinci hat im ausgehenden 15. Jahrhundert ein Haus entworfen und am italienischen Fluss Tigris errichten lassen, das in all seinen Einzelteilen im Vorhinein schon angefertigt worden war und am letztendlichen Standort nur noch zusammengesetzt werden musste. Hierbei handelte es sich um ein mobiles Gartenhaus, das der Tausendsassa für die Herzogin von Mailand, Isabella von Aragón, geplant hatte. Etwa 20 Jahre später hegte er zudem das Vorhaben, in Frankreich an der Loire eine ganze Musterstadt aus in Serie hergestellten Bauteilen zu errichten – dabei waren die Grundrisse aufgrund der vormodellierten Einzelelemente den unterschiedlichen Wünschen anpassbar. Weil Leonardo da Vinci hierzu eine der aktuellen Tafelbauweise ähnliche Konstruktionsart verwendete, gilt er gemeinhin auch als Erfinder und Urahn des heutigen Fertigbaus.

Doch muss man nicht in die Ferne italienischer oder französischer Flusslandschaften schweifen, um frühe Vorläufer dieser effizienten Bauart ausfindig zu machen. Schon im Mittelalter kamen bei der Erstellung von Fachwerkhäusern in weiten Teilen Deutschlands ähnliche Techniken und Konstruktionen zum Einsatz, die ebenfalls bis in die römische Antike zurückzuverfolgen sind. Die heute noch erhaltenen ältesten dieser Bauten auf deutschem Boden stehen in Esslingen am Neckar und datieren aus dem 13. Jahrhundert. Die Ständer, Riegel, Schwertungen, Rähme und sonstigen Bauteile für das Holzskelett eines Fachwerkhauses wurden hierbei nicht vor Ort baufertig verarbeitet, sondern vom Zimmerer in seiner Werkstatt passgenau vorbereitet, sodass das Gerüst an Ort und Stelle nur noch aufgerichtet und im Anschluss mit der Füllung für die Fachungen versehen werden musste. Theoretisch konnten derlei Häuser auf- und abgebaut und anschließend wieder aufgebaut werden – eine frühe Form der Modulbauweise, die auch als „ortsfremde Vorfertigung" bezeichnet wird.

Sogar so eindrucksvolle und beständige Bauwerke wie die Stab- oder Mastenkirchen Skandinaviens bereiteten Zimmerer zunächst vor und fügten die zahlreichen Einzelteile an ihrem Standort zu einem komplexen Gesamtkunstwerk zusammen.

Was den modernen Fertigbau betrifft, so können die vornehmlich in kriegerischen Auseinandersetzungen eingesetzten Baracken als mobile Varianten angesehen werden. Diese provisorischen Behausungen standen noch

Die Geschichte des Fertighausbaus   11

Ein Stadtteil der Stadt Freudenberg bei Siegen. Das auch „Alter Flecken" genannte Viertel setzt sich aus 86 Fachwerkhäusern zusammen. Im 17. Jahrhundert nach einem Stadtbrand auf Weisung des Landesherrn Fürst Johann Moritz von Nassau errichtet, besteht der Stadtteil seitdem nahezu unverändert.

ganz im Zeichen der Spontaneität und Notwendigkeit einer schnellen Beweglichkeit.

Auch im Land der unbegrenzten Möglichkeiten ist die Fertigbauweise schon lange Zeit zu Hause, denn als es in Colorado, Kalifornien, in den Black Hills und am Klondike River (Kanada) zum Goldrausch kam, wurden kurzfristig Unterkünfte notwendig, die mit Abflauen des Runs auch wieder abgebaut werden sollten – oder doch einfach stehen blieben. Nicht wenige der damals entstandenen Bauten können heute noch besichtigt werden, was nicht zuletzt für die Beständigkeit der in dieser Bauweise errichteten Gebäude spricht.

Industrielle Serienfertigung

Die an der Ostsee ansässige „Wolgaster Actien-Gesellschaft für Holzbearbeitung" produzierte schon in der zweiten Hälfte des 19. Jahrhunderts in industriellem Maßstab in Einzelteile zerlegbare und per Prospekt bestellbare „Wolgast-Häuser". Noch heute sind einige dieser seriell vorgefertigten Häuser in Badeorten an der Ostsee zu bestaunen, so etwa im Ostseebad Binz und auf Rügen. Die „Baukasten-Domizile" entwickelten sich sogar zum Exportschlager und wurden bis nach Afrika und Südamerika verschifft.

Wenn sie den Namen Lilienthal hören, denken die meisten Menschen wohl sofort an den Flugpionier Otto Lilienthal. Dass sein jüngerer Bruder Gustav sich auch mit der Fliegerei beschäftigte, wissen längst nicht mehr so viele. Nicht minder interessant scheinen aber die Verdienste dieses Vielbegabten auf dem architektonischen Sektor. Bereits in den 1870er-Jahren hat er gemeinsam mit seinem Bruder die Idee für den späteren Anker-Baukasten umgesetzt. Die Idee war, bei Kindern höchstmögliche Kreativität zu wecken. Mit den Bausteinen ließen sich mitunter ganze Häuser und herrschaftliche Villen errichten – die ersten Modelle der Lilienthals lassen sich heute noch im Steglitzer Heimatmuseum bestaunen. Später mussten die Lilienthals ihre Spielzeugerfindung aufgrund finanzieller Engpässe verkaufen. Doch die Methode des Bauens nach dem Baukastenprinzip hat Gustav Lilienthal wohl nachhaltig beschäftigt, ließ er als Architekt doch schließlich einige tragende Elemente zum groß angelegten Wohnungsbau für alle vorfertigen – darunter Hohlblocksteine aus Zement von großem Ausmaß, die aus Zementbeton, Zementestrich und einem aufgebrachten Linoleumbelag bestehende Terrast-Decke und auch reale in ihre Einzelteile zerlegbare Häuser, die er mit seiner Terrast-Baugesellschaft verwirklichte.

Im Jahre 1925 klügelte sich in Deutschland der Architekt Konrad Wachsmann ein ebenfalls auf dem Baustoff Holz basierendes Fertigbausystem aus und brachte es unter anderem 1929 mit Albert Einstein an einen sehr berühmten Mann, der sein Haus in Caputh am Schwielowsee, südlich von Potsdam gelegen, fortan zur Sommerfrische nutzte.

Ebenfalls in den 20er-Jahren des vorigen Jahrhunderts experimentierte Bauhaus-Begründer und Stararchitekt Walter Gropius mit ersten Entwürfen seiner sogenannten Montagehäuser. Die gesellschaftspolitisch initiierte Idee des bezahlbaren Wohnraums für alle, vor allem für die Arbeiter, der obendrein höchsten ästhetisch-architektonischen Ansprüchen gerecht wird, trieb den Mitbegründer der modernen Architektur zu der Vorstellung von „fabrikmäßiger Herstellung von Wohnhäusern im Großbetrieb auf Vorrat, die nicht mehr an der Baustelle, sondern in Spezialfabriken in montagefähigen Einzelteilen erzeugt werden". Neben den immensen wirtschaftlichen Einsparungen verlor Gropius trotz der werksmäßigen Massenproduktion die Individualität nicht aus den Augen. Lediglich die Bauteile sollten „typisiert und industriell vervielfältigt" werden, als Gesamtprodukt schwebten dem Architekten jedoch ganz unterschiedliche Typen vor – Eintönigkeit stehe somit nicht zu befürchten, da „nur die Bauteile typisiert werden, die daraus errichteten Baukörper dagegen variieren" (aus: Die Zeit, Nr. 39 vom 27.09.1963) – es dauerte nicht lange und der Begriff vom „Wohn-Ford" machte die Runde, woher womöglich die bisweilen auch heute noch mitschwingende abwertende Haltung rührt, wenn vom Fertighaus als solchem die Rede ist.

Nachdem Walter Gropius städtebaulichen und sozioökonomischen Fragestellungen mit dem Massenwohnungsbau durch die Errichtung von Wohnsiedlungen etwa in Dessau-Törten und in Berlin (Siemensstadt, Wannsee) zu begegnen suchte, sahen er und auch sein Kollege Konrad Wachsmann sich durch die politische Entwicklung in Deutschland gezwungen, in die USA zu emigrieren. Bereits in Deutschland hatte der Bauhaus-Architekt ein Prinzip für den Wandaufbau entwickelt, wonach auf einem Holzrahmen als Basis ganze Wandtafeln vorgefertigt wurden. In Zusammenarbeit mit Konrad Wachsmann verfeinerte Gropius die Methode und etablierte das General-Panel-System schließlich erfolgreich auf dem US-amerikanischen Markt, das unter dem Namen Packaged House System populär wurde – im Lauf nur weniger Jahre konnten von diesem über den Versandhandel vertriebenen Fertighaus weit über 100 000 Stück verkauft werden.

Nach dem Zweiten Weltkrieg

Aufgrund der weitreichenden Zerstörung von Wohnraum im Zweiten Weltkrieg – in Ballungsgebieten waren bis zu 80 Prozent der Wohneinheiten unbewohnbar oder vernichtet worden – entstand ein riesiger Bedarf an einerseits erschwinglichen, andererseits schnell zu erbauenden Häusern, der durch einen gewaltigen Flüchtlingszustrom aus dem Osten noch verstärkt wurde. Es mangelte außerdem an den bis dato verwendeten Baumaterialien und an Fachkräften. Neue Konstruktionsweisen mussten ersonnen werden, die letztlich auch in der Entstehung der Fertighausindustrie mündeten. Bei den Materialien waren die Unternehmen zum Tüfteln gezwungen, sie setzten zunächst

Das Stahlhaus in Dessau-Roßlau führt die rationale Linie Walter Gropius' weiter, nur dass hier eben Stahl und nicht Beton das Basismaterial stellt.

Die Formensprache der Bauhaus-Architektur beweist sich als zeitlos, denn auch über 100 Jahre nach ihrem Ursprung erfreuen sich die charakteristischen Züge größter Beliebtheit.

Sperrholz für den Wandaufbau ein, das relativ einfach aus Holzabfällen gewonnen werden konnte. Doch auch Metall und unterschiedliche Kunststoffsorten als Baustoffe fanden verstärkt Eingang in den konstruktiven Hausbau. Die anfangs aus unterschiedlichen Interessenlagen motivierte Förderung des Fertighausbaus durch die amerikanische Regierung auch in Deutschland lief Ende der 1940er-Jahre aus.

Obwohl in Deutschland inzwischen also eine größtenteils aus Zimmereien und Sägewerken hervorgegangene Fertighausindustrie existierte, hatte sie in den 1950er- und 1960er-Jahren einen schweren Stand: Das Bild der Baracke hatte sich eingebrannt, klotzige Baukörper ohne Versätze wie etwa Balkone oder Erker waren unattraktiv. Die Banken wiederum sahen in Fertighäusern keine wertstabilen Objekte. Durch die Erfahrungen des Weltkriegs waren den Menschen die „weichen" baulichen Eigenschaften des Rohstoffs Holz noch allzu lebhaft in Erinnerung. Die Versicherungen taten sich schwer, Fertighäuser angemessen abzusichern.

Erst nachdem der Fokus der breiten Mittelschicht sich im Lauf der 60er-Jahre auf das Eigenheim richtete, konnte die Fertighausbranche tatsächlich Fuß fassen und nennenswerte Zuwachsraten erzielen; die meisten Firmengründungen innerhalb des Sektors fallen in genau diese Zeit.

Um den nach wie vor herrschenden Vorurteilen wirksam entgegenzutreten, kamen Hausaustellungen auf, bei denen sich interessierte zukünftige Bauherren ein realistisches Bild von den konkreten Objekten machen konnten. Daneben entstand 1961 auch der Bundesverband Deutscher Fertigbau e. V. (BDF), in dem sich bis heute 48 Hersteller von Häusern in Holzfertigbauweise organisiert haben – auch dies ein erster Schritt in Richtung eines branchenübergreifenden Standards. Im Hinblick auf die Vermarktung machte sich jedoch am durchgreifendsten das Angebot von Fertighäusern über Versandkataloge bemerkbar – Firmen wie die Kaufhof AG, das Quelle-Versandhaus und Neckermann nahmen Fertighäuser ganz unterschiedlichen Typs mit beachtlichem Erfolg in ihr Programm auf.

Dem im Automobilbereich erfolgreichen Konzept des Volkswagens stellte ein Zusammenschluss von Fertighausherstellern das Volkshaus beziehungsweise den Volksbungalow an die Seite, womit die Verwirklichung des für jedermann erschwinglichen Wohnraums greifbar gemacht wurde. Für rund 50 000 Mark konnte 1965 ein solches Haus erworben werden. Dass diese Rechnung auf lange Sicht nicht aufging,

Was bietet der Markt?

Moderne Fertighaus-Architektur in ländlicher Umgebung: ein Landhaus in den österreichischen Alpen

hatte weniger finanzielle, sondern vielmehr Imagegründe: Das gleiche Billig-Eigenheim zu besitzen wie der Nachbar, war einfach nicht erwünscht.

Der Bauboom insgesamt setzte sich – nicht zuletzt wegen der besonderen Förderung des Eigenheims – auch in den 70er-Jahren fort; zwischen 160 000 und 220 000 Häuser jährlich entstanden im Verlauf dieser Dekade. Als Folge der Ölkrise 1973/74 und dem daraus resultierenden gesteigerten Umweltbewusstsein erkannte der Fertighausbau seine Möglichkeiten, verwies nachdrücklich auf das ressourcensparende Bauen vor allem im Zuge der typisierten Vorfertigung von Bauteilen und stieß Maßnahmen zur gesteigerten Wärmedämmung und Nutzung von Sonnenenergie an. So unterschritt der Wärmedurchgangskoeffizient (damals noch k-Wert genannt) der im Fertigbau zur Anwendung kommenden Wände seinerzeit schon den gesetzlich vorgeschriebenen Wert. Obwohl also deutlich innovatives Potenzial vorhanden war, konnten diese Erkenntnisse den weitgehenden Zusammenbruch des Industriezweigs in der zweiten Hälfte der 70er-Jahre nicht aufhalten.

Erst Ende der 70er-, Anfang der 80er-Jahre erholte sich die Branche und verzeichnete wieder Zuwächse, was sicherlich auch daran lag, dass inzwischen eine deutliche Ausdifferenzierung in Form und Gestaltung der Häuser stattgefunden hatte. Neben den massenkompatiblen Typenhäusern war man den weiter steigenden Wünschen der Kunden nach Individualität und Vorzeigbarkeit nachgekommen. Als Ausstattungsmerkmale traten nun immer häufiger auch Wellness- und Fitnesszonen hinzu. Rein äußerlich waren spielerische Anleihen geschichtlicher oder etwa regionaler Natur optional wählbar. Im Lauf der ökologisch motivierten Debatte hat ein uralter Gebäudetyp im Fertighausbau eine kleine Renaissance erlebt – das Fachwerkhaus. Das sichtbare Holzskelett mit wahlweise Glas- oder Putzausfachungen ist in Variationen bis heute ein Klassiker unter den verschiedenen Typen geworden und erfreut sich im Angebot unterschiedlicher Hersteller größter Beliebtheit.

Etwa zeitgleich kamen zwei weitere Haustypen auf den Markt, die sich in Variationen bis heute behaupten: das alpenländische Fertighaus und das „Landhaus". Die nach außen sichtbare industrielle Produktion verschwand also zusehends, das Flachdach wich dem Steildach, die monotone Putzfassade der aus Klinker oder Fachwerk, anstelle der gesichtslosen Entwürfe brachten die Unternehmen nun regionale Baureihen mit Verweisen aufs Alpenland oder Skandinavien in ihr Sortiment – der lange Zeit zulässige Vorwurf der Vereinheitlichung wurde nach und nach entkräftet.

Trotz dieser baulichen und ausstattungsbezogenen Emanzipation beim Fertighausbau brachen die jährlichen Absatzzahlen ab 1983 erneut ein, bis sie 1989 den niedrigsten Stand seit 1949 erreicht hatten: Konnte man 1980 noch einen 13,3-prozentigen Anteil am Gesamtbauvolumen aller erstellten Einfamilienhäuser verzeichnen, war er 1989 auf nur noch 6,9 Prozent geschrumpft. Ungeachtet dessen wurden von den Anbietern weiter Themen wie Wohnbiologie und energieeffiziente Haustechnik in den Vordergrund gestellt – beflügelt durch gesellschaftspolitische Entwicklungen wie den Einzug der Grünen in den Bundestag im Jahr 1983 und die größere Präsenz umweltpolitischer Themen in den Medien. Die unterschiedlichen Hersteller erarbeiteten eine bessere Wärme-

Die Geschichte des Fertighausbaus 15

dämmung der Außenhülle, verwendeten verstärkt ökologisch vertretbare Materialien und konzentrierten sich auf moderne Techniken zur Wärmegewinnung, beispielsweise Wärmepumpen und die Neuentwicklung der kontrollierten Be- und Entlüftung mit Wärmerückgewinnung als Bausteine für eine mögliche Energieversorgung. Auf diesem Gebiet war und ist der serielle Fertigbau Vorreiter.

Auch durch den offensiveren Umgang mit dem Baustoff Holz, den es nun nicht mehr um jeden Preis zu verstecken galt, erschloss sich die Fertigbauindustrie neue Kundenschichten. Die Nachfrage von Typenhäusern mit veränderbarem Grundriss gegenüber starr vorgegebenen Maßen eines Kataloghauses war signifikant gestiegen, die hinzuwählbaren Elemente wurden in ihren Variationen immer zahlreicher – der Bauherr konnte sich fortan sein Haus nach dem Baukastenprinzip immer freier zusammenstellen.

Boom seit den 1990er-Jahren

Vor allem für den Bereich des privaten Hausbaus stellten die politischen Ereignisse des „Wendejahrs" 1989 eine entscheidende Wegmarke dar: Durch die verschwindend geringe Bedeutung des Eigenheimbaus in der DDR war bezüglich der Errichtung von Eigenheimen ein wahres Vakuum entstanden, das sich in den neuen Bundesländern in vollem Umfang ab 1994 zu nivellieren begann.

Ebenfalls im Jahr 1989 verpflichtete sich der BDF auf eigene qualitative Richtlinien und vergab fortan das Gütesiegel der Qualitätsgemeinschaft Deutscher Fertigbau (QDF). Mehr zur QDF und anderen Gütegemeinschaften im deutschen Fertigbau siehe die Seiten 130 ff..

Die Folgejahre bis zur Jahrtausendwende stellten eine Blütezeit dar. In den Jahren 1994 bis 1996 war ein Anstieg neu errichteter Einfamilienhäuser in Fertigbauweise um 12,5 Prozent zu verzeichnen – die Quote im Vergleich zu allen neu gebauten Einfamilienhäusern stieg um 1,5 auf 8,5 Prozent. Diese Tendenz setzte sich fort.

Unmittelbar nach Zusammenbruch des Ostblocks entstanden in den Ländern der ehemaligen DDR rasch Musterhauszentren. Auch der unbefangene Umgang der dortigen Bürger

Entwicklung des Fertighaussegments ab den 1990er-Jahren

Zeitraum	Anteil neu errichteter Einfamilienhäuser	Anzahl Fertighäuser jährlich
1990–1993	7 %	7 000 – 8 000
1994–1996	8,50 %	9 000
1997	10,80 %	13 000
1999	13,50 %	18 686
ab 2000	14,30 %	circa 14 000
2020	22,20 %	23 545

Quelle: Statistisches Bundesamt, BDF

mit dem Thema Fertighausbau kann sicherlich als hilfreicher Faktor angesehen werden, der den Erfolg in den neuen Bundesländern begünstigte. Die Misserfolge der Branche in den ersten Jahrzehnten ihrer Entstehung hatten sie nicht mitbekommen.

Als vorteilhaft kann auch die gesteigerte Zusammenarbeit der Fertigbauer mit Architekten und Designern gelten: Die Vielzahl an Entwürfen ließ Gedanken an Konformität und mangelnde Inspiration kaum noch aufkommen.

Zudem hatten Ausbauhäuser in unterschiedlichen Fertigungstiefen Konjunktur, da diese unterhalb einer vom Staat festgesetzten Grenze für finanzielle Fördermaßnahmen lagen und denjenigen Vergünstigungen zusicherten, die kostengünstig bauen wollten. Glückliche Umstände gingen also einher mit einer gestiegenen Flexibilität der Fertighausanbieter.

Die finanzielle Schwelle, sich ein Haus leisten zu können, bedeutete somit nicht länger eine unüberwindbare Hürde, da die Banken nun nur noch relativ geringe Kredite zur Verfügung stellen mussten.

Inzwischen hat in der Branche eine Segmentierung in Hochpreis- und Niedrig- bis Mittelpreisstufe stattgefunden. Um unterschiedliche Produktlinien getrennt voneinander vermarkten zu können, gründeten größere Wettbewerber eigene Tochterunternehmen, die den verschiedenen Marken (aus unterschiedlichen Preissegmenten) ein eigenes Gesicht geben.

Baugestalterisch ist das Pultdach zum beliebten Standard geworden, und das aus gleich

Gütesiegel der Qualitätsgemeinschaft Deutscher Fertigbau

Was bietet der Markt?

Bauhaus trifft Pultdach: eine moderne Variation, in der auch Holz als Baustoff an der Fassade seinen Platz findet. Das Pultdach bietet bei passender Ausrichtung des Gebäudes reichlich Platz für sonnenenergetisch optimal nutzbare Flächen.

mehreren Gründen: Häuser mit Pultdach verfügen meist über Glasfronten an der Sonnenseite, während die reduzierte Dachfläche weit niedrigere Wärmeverluste sicherstellt. Außerdem bieten diese Häuser an jeder Stelle unter dem Dach eine angenehme Raumhöhe.

In den letzten Jahren (2016–19) wollten die meisten wunschmäßigen zukünftigen Immobilienbesitzer am liebsten eine Bestandsimmobilie kaufen (konstant gut zwei Millionen der Erwerbswilligen). Das Verhältnis unter den knapp zwei Millionen übrigen Käufern fällt interessant aus: Nur etwa ein Drittel könnte sich vorstellen, einen in traditioneller Bauweise errichteten Neubau zu kaufen, auf jedes dieser Häuser entfielen also zwei potenzielle Fertighäuser.

Wer bau- beziehungsweise erwerbswillig ist, hat noch nicht zwangsläufig sein Haus gebaut, und so tut sich zwischen Theorie und Praxis noch ein Graben auf, der sich jedoch zusehends schmälert. Allein im Lauf der letzten fünf Jahre (2015–2020) stieg der prozentuale Fertigbauanteil der Ein- und Zweifamilienhäuser in den Spitzenbundesländern im Süden nahezu sprunghaft an – in Baden-Württemberg und Hessen um knapp 10 Prozent und in Bayern um fast 6 Prozent –, wobei der dortige Anteil am Gesamtmarkt traditionell stark ist: In Bayern und Rheinland-Pfalz entsteht jedes vierte neugebaute Haus aus Fertigteilen, in Hessen jedes dritte und in Baden-Württemberg steuert man stramm auf jedes zweite Haus zu (knapp 40 Prozent im Jahr 2020). Im bundesdeutschen Durchschnitt entstand im Jahr 2019 jedes fünfte Haus im Fertigbau.

Diesen Zahlen lässt sich unweigerlich ein verstärktes Bewusstsein für Nachhaltigkeit auch beim Thema Bauen ablesen, weshalb es kaum verwundert, dass die Fertigbaubranche mit ihrem Fokus auf den nachwachsenden Baurohstoff Holz seit 2014 noch einmal einen deutlichen Wachstumsschub erlebt hat. Im Jahr 2019 kratzte das gesamte Genehmigungsvolumen der im Fertigteilbau erstellten Gebäude schon an der 20-Milliarden-Euro-Grenze, die inzwischen klar gerissen wurde.

Nimmt man heute die Sparte insgesamt in den Blick, überrascht es kaum, wie groß sowohl die stilistische als auch die funktionale Nähe zur Bauhaus-Architektur überhaupt oder noch immer ist: Der nachwachsende Baustoff Holz bildet die Grundlage für individuelle wie architektonisch klare und zugleich vielfältige Häusertypen, die dank der industriellen Vorproduktion zeitökonomisch und flexibel an der Baustelle montiert werden können.

KLEINE HÄUSERTYPOLOGIE

Wer sich heute ernsthaft mit dem Gedanken an den Erwerb eines Fertighauses trägt, muss sich zwangsläufig auch damit auseinandersetzen, dass er inzwischen die Qual der Wahl hat: Die Eintönigkeit aus den Zeiten, als der Fertighausbau noch in den Kinderschuhen steckte, ist längst passé. Schon bei der ersten Sondierung des Angebots fühlt sich der zukünftige Bauherr auf eine Reise durch deutsche Landen und sogar darüber hinaus versetzt, denn mittlerweile sind die schon von außen erkennbare Formensprache und Materialvielfalt derart riesig, dass sich der Fertigbau im Vergleich zum konventionellen Bauen Stein auf Stein im Hinblick auf die Möglichkeit der Entwürfe nichts mehr nimmt und sogar richtiggehend emanzipiert hat. Einige der häufigsten, bei den unterschiedlichen Anbietern immer wieder auftauchenden Häusertypen seien hier exemplarisch vorgestellt. Neben der ganz groben Einteilung in Einfamilien-, Doppel- beziehungsweise Reihen- und Mehrfamilienhäuser, die zwar funktional selbsterklärend sind, aber noch wenig über die äußere Erscheinungsform verraten, gibt es eine Reihe von gängigen Kategorien, die aussagekräftiger sind.

Der Bungalow

Der ursprünglichen Wortbedeutung nach bezeichnet das Wort Bungalow im Hindi etwas, das zur Region Bengalen gehört. Es bezog sich auf Häuser nach bengalischer Bauart. Die damaligen britischen Kolonialmächte nahmen sich im 17. Jahrhundert den Gebäudetyp zum Vorbild, um eigene Behausungen nach demselben Muster zu errichten, wodurch der Bungalow sich als Konstruktionsform über seine regionalen Grenzen hinaus verbreitete. Fälschlicherweise werden Bauten dieses Typs heute oft nur dann als „Bungalow" verstanden, wenn sie ein Flachdach haben. Dabei stellt die Eingeschossigkeit das herausragende Merkmal dar, denn neben dem weit verbreiteten Flachdach können Bungalows sehr wohl mit einem Sattel- oder sogar Walmdach ausgestattet sein – ein Bungalow muss also kein Flachdachhaus sein.

Die in den USA seit jeher beliebte Hausform erlangte in Deutschland in den 1960er-Jahren den Höhepunkt ihrer Popularität. Berühmtestes Beispiel ist wohl der 1963 von Architekt und Designer Sep (Franz Josef) Ruf ins Werk gesetzte Kanzlerbungalow in Bonn, der seit 2001 unter Denkmalschutz steht. Im Fertighaussegment ist der Bungalow kaum mehr wegzudenken und ein echter Klassiker geworden, der seit über 50 Jahren in den Portfolios der verschiedenen Anbieter zu finden ist. Die heute noch gebauten Varianten sind zu unterscheiden nach Flachdach- oder Walmdachbungalow und in ihrer Anordnung nach Winkel-, Reihen- beziehungsweise Ketten- und Atrium-Bungalow. Als charakteristisches Merkmal darf eine breite umlaufende Veranda nicht fehlen.

Bungalow nach traditioneller Definition mit Flachdach

Robust, naturverbunden, umweltfreundlich, gesundes Wohnklima – das Blockhaus vermittelt auch nach außen ein Programm.

Das (Wohn-)Blockhaus

Unmittelbare Assoziationen zu Skandinavien oder ganz allgemein zur Bergwelt ruft das Blockhaus hervor, landläufig auch Blockhütte genannt. Es handelt sich um eine uralte Behausungsart, die bis ins 3. Jahrtausend vor Christus zurückverfolgt werden kann und auf der ganzen Welt verbreitet war. Hierbei handelt es sich um ein Gebäude, dessen Wände aus übereinander gelegten Baumstämmen unterschiedlichen Verarbeitungsgrads bestehen. Es kommen entweder geschälte Naturstämme, auf entsprechende Wandstärke gebrachte Balken oder standardisiert gefräste Stämme zur Verwendung. Wurden traditionell Moos, Leinen oder Schafwolle zur Abdichtung der entstehenden Fugen zwischen den Balken eingesetzt, wird aktuell synthetische Dichtmasse verwendet.

In der Fülle von Konstruktionsarten wird unter anderem nach Schichtung der Hölzer, Verwendung von Tür-, Fenster- oder Ständern in längeren Wänden und nach den zahlreichen Techniken für die Eckverbände (auch Schrot oder Zimmer genannt) unterschieden.

Die im Fertighausbau bevorzugten Techniken haben kaum mehr Gemeinsamkeiten zu herkömmlichen Verarbeitungsweisen, denn mehr als zwei Drittel aller auf diese Art gefertigten Bauten beruhen auf industrieller Vorfertigung. Die wichtigsten deutschen Hersteller auf diesem Gebiet haben den Deutschen Massivholz- und Blockhausverband gegründet, der sich unter anderem auf seiner Internetseite unter www.blockhausverband.de präsentiert.

Allgemein werden solche Fertighäuser heutzutage vielfach nach der Blockbohlenbauweise konstruiert. Aufgrund der spezifischen Isolierungseigenschaften bieten sich zumal für den Bau eines Blockhauses Nadelhölzer an, hier vor allem das Holz der Polarkiefer.

Das Fachwerkhaus

Nicht selten gilt das Fachwerkhaus als das typisch deutsche Haus schlechthin, dabei erfreute es sich auch in anderen Ländern großer Beliebtheit – im amerikanischen Englisch hat sich als Übersetzung für Fachwerkhaus unter anderen der Begriff „german house" etabliert. Von der Entstehungsgeschichte dieser Konstruktionsart war bereits an anderer Stelle ausführlich die Rede (siehe Seiten 10 ff.). Die Holzbalken bildeten hierbei das tragende Gerippe, wobei mitunter bis zu acht jeweils überkragende Geschosse übereinander Platz gefunden haben.

Spiegelten sich Wohlstand und Status früher noch in Schnitzereien und Ziermalereien in Balkenköpfen und Schwellen – wie es vielerorts heute noch zahlreiche Bauwerke bezeugen –, transportieren Besitzer eines modernen Fachwerkhauses ihren Stolz vielfach mittels extravaganter und exklusiver Architektur.

Wo früher und teilweise heute noch Mauerwerk die Fächer der Ständerwände füllte, ist heutzutage Glas das Mittel der Wahl.

Dank der extremen Fortschritte auf dem Gebiet der Wärmeisolierung bei Glaswänden erfüllen auch derart gläserne Fachwerke inzwischen höchste Energiesparanfoderungen, sind bisweilen sogar echte Energiesparhäuser.

Das Schwedenhaus

Skandinavien ist in: Obwohl in der globalisierten Welt nur noch einen Katzensprung entfernt, haben die nordischen Länder kaum etwas von ihrem Reiz und ihrer Exotik eingebüßt. Da wundert es kaum, wenn eine skandinavische Architekturform zum Exportschlager wird, weil viele Menschen sich die spezielle Stimmung am liebsten rund um die Uhr nach Hause holen wollen. Das sogenannte Schwedenhaus ist dabei kein allein in Schweden vorkommender Architektur- und Bautyp: Solche Holzhäuser finden sich auch in Dänemark, Norwegen, Finnland und in Island. Wie dem auch sei, das bevölkerungsreichste skandinavische Land firmiert hier als Namensgeber.

Die typische Optik eines Schwedenhauses zeichnet sich durch abwechslungsreiche Außengestaltung aus: Viel sichtbares Holz, Rundbogenfenster, Schnitzereien, Giebel, Erker und weitläufige überdachte Veranden stehen für den besonderen Charme. Und natürlich darf auch der charakteristische Fassadenanstrich in kräftigem Rot, Himmelblau oder Zitronengelb nicht fehlen. Innen dominieren häufig auch Naturhölzer, zum Beispiel bei Türen und Fußböden. Für Bauherren mit weniger Geschmack fürs Verspielte lassen sich selbstverständlich auch nüchternere Entwürfe planen. Prinzipiell sind Schwedenhäuser in klassischem als auch modernem Stil, als Bungalow, Doppel- oder Mehrfamilienhaus ausführbar.

Zahlreiche Fertighausbauer haben sich auf Schwedenhäuser spezialisiert, dazu müssen sie aber nicht ihren Sitz in Skandinavien haben. Hauptbaustoff schwedischer Holzhäuser ist häufig die skandinavische Fichte, die neben ihrer Wetterbeständigkeit und Langlebigkeit auch relativ leicht zu pflegen ist und gute Wärmedämmeigenschaften besitzt. Die meisten Schwedenhäuser können individuell geplant und dementsprechend mit den verschiedensten Dachformen ausgeführt werden. Manche Hersteller bieten sogar Dachbegrünungen an, damit sich die Bewohner dem nordischen Naturkreis noch stärker verbunden fühlen können.

Eine typische Variante des Schwedenhauses mit seiner charakteristischen Farbgebung, den weiß abgesetzten Fenstern sowie der Holzfassade. Sehr gut erkennbar – die bisweilen leicht verspielte Architektur.

Das Landhaus

Die Bezeichnung „Landhaus" ist eher vage, da darunter je nach regionalspezifischer Prägung ganz unterschiedliche Erscheinungsformen verstanden werden. Historisch sind seine Wurzeln im 19. Jahrhundert bei den Landsitzen oder Sommerresidenzen der bessergestellten Familien aus der Stadt zu sehen. In der Entwicklungslinie des Klassizismus, Historismus und der Reformarchitektur pendelte das Landhaus im Hinblick auf die Größe zwischen villenähnlichem Ausmaß und doch eher größerem Einfamilienhaus. Den gemeinsamen Nenner bildet aber der traditionell-ländliche Stil, der bei allen Landhäusern deutlich hervortritt. Zeichnet sich ein Landhaus nördlichen Stils gern durch ein Reetdach aus, charakterisieren Anleihen an einen Kotten das westdeutsche Landhaus. Ein Landhaus aus dem Süden hingegen verfügt über deutlich mehr Holz und gern auch großzügige, umlaufende Balkone, während Landhäuser im Osten eher herrschaftlich daherkommen. Prinzipiell definieren sie eher die großzügige Oberklasse als das durchschnittliche Einfamilienhaus. Ein Landhaus steht immer frei und trägt erkennbar naturverbundene Züge, die nicht zuletzt durch eine umgebende Gartenanlage unterstrichen werden – es handelt sich also um ein ländlich stilisiertes freistehendes Wohngebäude. Dem derzeitigen Trend zum Landhaus liegt die Vertrautheit und Heimelig-

Bei diesem Anblick denkt man doch sofort: Urlaub. Die mediterrane Linie vieler Fertighäuser holt Mittelmeerflair nach Hause.

keit vermittelnde Gesamterscheinung zugrunde, die einen bewussten Kontrast zu den als kantig und kalt empfundenen funktionalen Bauten in der Stadt bildet.

Das mediterrane Haus

Ihrer Vorliebe für den Mittelmeerraum verleihen die Deutschen nicht nur Ausdruck, indem sie die Region zu einem Lieblingsziel für den Urlaub auserkoren haben, sie wollen dieses Flair auch in ihrem Alltag genießen. Heute finden sich also folgerichtig immer mehr Wohnhäuser, die deutlich gestaltete Merkmale einer mediterranen Bauweise in sich tragen: mit Terrakottaziegeln gedeckte Dächer geringer Neigung, die zudem weit überkragen, in warmen Orange-, Ocker- oder Brauntönen gestrichene Fassaden und kreuzgangähnliche An- oder Umbauten, die jederzeit einen behaglichen Aufenthalt im Freien ermöglichen. Viele Bauherren holen sich somit ein wenig der südländischen Gelassenheit in die eigenen vier Wände, die ihnen im Urlaub so gut getan hat.

Die Stadtvilla

Seit Jahrhunderten schon ist die Ausführung von Wohnhäusern als Stadtvilla – seltener auch als Stadthaus bezeichnet – Tradition. Repräsentation, ausladende Gesamterscheinung in urbanem Kontext – das sind neben ihrer Eigenschaft als freistehende Gebäude die Eckpfeiler der modernen Stadtvilla. Häufig wiederkehrende Bauelemente dieses Fertighaustyps sind großzügige Terrassen und Balkone, auch Erker und verwinkelte Dachformen können bisweilen angetroffen werden, wobei dem zeitgenössischen Geschmack wohl eher eine kühle Zurückhaltung bei gleichzeitiger Eleganz in der architektonischen Formensprache entspricht. In den meisten Fällen ist die Fassade symmetrisch gegliedert. Während hinsichtlich der Dachform viele denkbare Varianten im Angebot sind (Flach-, Walm- oder Pultdach), sind zwei Vollgeschosse das absolute Muss für die heutige Stadtvilla, wodurch dem Bauherrn bei der inneren Gestaltung viele Freiräume offenstehen, verfügt er doch über zwei vollwertige Wohnbereiche.

Der Begriff als solcher vermittelt also nur in Grundzügen die tatsächliche Erscheinungsform einer Stadtvilla, da auch dieser Typus viele Spielarten kennt. Dem nach außen getragenen Wunsch nach Repräsentation folgt oftmals eine entsprechend großzügige Formensprache im Hausinnern: Ob frei angelegte, geschwungene Treppe mit anschließender Galerie im Obergeschoss, ob luxuriöses und großes Bad oder bequem ans Elternzimmer angeschlossener begehbarer Kleiderschrank – es darf gern etwas mehr sein. Schlaf- und Wohnräume sind meist zur ruhigeren Rückseite des Hauses angeordnet, sodass die Quirligkeit der Stadt bei Bedarf auch in den Hintergrund treten kann. Zur Ausnutzung der bebauten Fläche wird oftmals mit Keller geplant, der entweder zusätzlichen Wohnraum oder Platz für Garagen bietet.

Weil Stadtvillen über viel Wohnraum verfügen und sich meist in zentraler Lage befinden, stellen sie gerade für Familien mit berufstätigen Eltern eine besonders begehrte Immobilie dar. Hier macht allerdings der Grundstückspreis einen Großteil der Gesamtbaukosten aus, was die Stadtvilla einmal mehr zu einem prestigeträchtigen Objekt werden lässt. Aus diesem Grund fallen die zu diesem Haustyp gehörigen Grundstücksflächen für Vorgarten und Gartenanlagen in der Regel eher gering aus.

Die Villa (Residenz)

Ähnlich wie beim Landhaus fällt auch die eindeutige Zuordnung der Villa schwer. Ein Blick in die Baugeschichte und vielleicht auch in die eigenen Erinnerungen verrät, dass eine typische Villa deutlich größere Ausmaße aufweist als ein gewöhnliches Einfamilienhaus, sie ist gern zwei- oder dreimal so groß. Weitere Merkmale: freistehend und von einem parkähnlichen Grundstück umgeben, das Einblicke von außen allenfalls unter erschwerten Umständen erlaubt. Seine Ursprungsbedeutung bezieht das Wort Villa aus dem Lateinischen, wo es ein Landhaus oder Landgut bezeichnet und Repräsentationszwecken eines Landherren diente. Wenngleich eine Villa also auf dem Land beheimatet war, stand sie kaum je in landwirtschaftlichen Zusammenhängen. Heutzutage verkörpert sie nach wie vor gehobene Wohnkultur und exklusiven Lebensstil – die Größe allein ist nicht mehr entscheidend, die Lage als freistehendes, herrschaftlich anmutendes Gebäude schon eher. Mit dem herkömmlichen Bild der Villa stimmen die Entwürfe der Fertighaushersteller kaum mehr überein, denn seriell vorgefertigte Villen gibt es in beinahe jeder Preis- und Größenkategorie.

Das Designerhaus

Wo „der Designer" ein Haus entwirft, dürfen Bauingenieur, Architekt und Statiker nicht fehlen, die konstruktive und vor allem optische Maßgaben auch handwerklich in die Tat umsetzen – das klappt allerdings nicht immer gleich gut. Da trifft es sich, dass die sich in der Formgebung vom üblichen Architektenhaus absetzenden Designerhäuser im Fertighausbau nicht einmalig, sondern in Serie produziert werden; extrovertierte Entwürfe haben den Praxistest also schon bestanden, wenn es an die Fertigung geht. Eigenwillig arrangiert ist dabei nicht nur der oft verschachtelte und verwinkelte Baukörper, auch das Dach wird mit gestalterischer Raffinesse in das Gesamtkonzept einbezogen. Maßgeblichen Einfluss auf diese Fertighausgattung übt eine altbekannte Größe aus: der Bauhausstil. Ließ dieser anfänglich kaum Abweichungen vom quaderförmigen Baukörper und Flachdach ohne Überstände zu, hat sich die

Gestalterisch ist inzwischen fast alles möglich – sogar der Einklang von Rustikalität und Moderne.

heutige Form behutsam emanzipiert, wodurch beispielsweise zueinander versetzte Pultdächer möglich werden. Den Geist des Bauhausvaters Walter Gropius atmen die derzeitigen Varianten jedoch unentwegt weiter, denn nicht zuletzt das Gesamtensemble Fertighaus war dem architektonischen Vordenker schon vor 100 Jahren ein Herzensanliegen: „Architektur beginnt jenseits der Erfüllung ihrer technischen Aufgaben auf einem Gebiet höherer Ordnung, mit der Erschaffung von Eigenschaften, die allein ein bauliches Gebilde beleben und vermenschlichen können: räumliche Harmonie, Ruhe, edle Proportion. Wir haben genug von der willkürlichen Nachahmung historischer Stile. In fortschreitender Entwicklung, weg von architektonischen Launen und Verspieltheiten zu dem Diktat konstruktiver Logik haben wir gelernt, das Leben unserer Epoche in reinen, vereinfachten Formen auszudrücken."

Sechs Fragen: Was ist mein Haustyp?

1	Soll es ein freistehendes Einfamilienhaus sein oder schwebt mir ein Doppelhaus vor?	☐ Einfamilienhaus ☐ Mehrfamilienhaus ☐ Doppelhaus	
2	Kommt ein Mehrgenerationenhaus infrage?	Ja, und zwar … ☐ 2 Generationen ☐ 3 Generationen	☐ Nein
3	Wie sind meine räumlichen Vorstellungen?	☐ Klein (≤ 100 m²) ☐ Mittel (100 – 150 m²) ☐ Groß (≥ 150 m²) ☐ Sehr groß (≥ 200 m²)	
4	Muss sich das Haus in eine vorgegebene Geografie und/oder Siedlungsstruktur einpassen?	Ja, und zwar… ☐ Urban ☐ Ländlich ☐ Modern ☐ Traditionell	☐ Nein
5	Wenn Grundstück bereits vorhanden: Gibt es einen Bebauungsplan und somit gestalterische Vorgaben des Bauordnungsamts?	Ja, und zwar:	☐ Nein
6	Möchte ich ein …	☐ Satteldach ☐ Flachdach ☐ Pultdach	

Als konstruktives Element des Bauwerks in diesem Stil kommt einer großzügigen Verglasung zur maximalen Lichtdurchflutung und öffnenden Gesamthaltung eine herausragende Bedeutung zu. Moderne Designerhäuser im Bauhausstil paaren Zeitlosigkeit mit höchster energetischer Effizienz – zum größten Teil werden diese Domizile als Niedrigenergie- oder Passivhäuser, teilweise sogar als Plusenergiehäuser gebaut.

Das Haus mit Pultdach

Steigt man dem deutschen Michel aufs beziehungsweise unters Dach, ist längst nicht mehr ausgemacht, dass man sich dort mit großer Wahrscheinlichkeit den Kopf stößt, denn die Dachschrägen sind keine Selbstverständlichkeit mehr. Gehörigen Anteil an dieser Entwicklung hat das vormals nicht gut angesehene Pultdach, dessen Vorteile sich in den letzten 25 Jahren zunehmend in den Vordergrund gespielt haben. Aus der Fertighausarchitektur ist dieser obere Hausabschluss nicht mehr wegzudenken, nicht zuletzt weil Photovoltaikanlagen zur Stromerzeugung auf ihm besonders gut Platz finden, die geringere Gesamtfläche im Vergleich zum herkömmlichen Satteldach etwa einen geringeren Wärmeverlust bietet und es obendrein volle Zweigeschossigkeit garantiert, also ein regelrechtes Raumwunder darstellt. Durch seine architektonische Leichtigkeit lockert es zudem die Dachlandschaft optisch angenehm auf.

Weitere Haustypen

Der Großteil der weiteren Kategorien hebt weniger auf Merkmale der Architektur ab als vielmehr auf energetische beziehungsweise funktionale Spezifika. So etwa kann man neben speziellen Allergikerhäusern und besonders auf Menschen mit Behinderungen ausgelegten Häusern genauso seniorengerechte und Mehrgenerationenhäuser oder Häuser für kinderreiche Familien finden.

Neben freistehenden Einfamilienhäusern werden auch Mehrfamilien- und Reihenhäuser angeboten, die allgemeine Kategorie von Gewerbebauten etwa für Kindergärten oder Bürogebäude fehlt freilich auch nicht.

Wendet man sich dem Thema Energiesparen zu, fällt das Spektrum nicht minder breit aus: Sonnen-, Effizienz-, 3-Liter-, Passiv- oder Plusenergiehäuser bieten mannigfaltige Energiekonzepte, deren Vor- und Nachteile zunächst gründlich erwogen werden müssen, bevor es zu einer Kaufentscheidung kommt (siehe Seiten 43 ff.).

Anhand der beschriebenen Typologie und der Checkliste oben wissen Sie nun schon ganz grob, welcher Architekturtyp Ihren persönlichen Wünschen am nächsten kommt. Doch über die äußere Erscheinung hinaus sind einige andere Kriterien zu berücksichtigen, beispielsweise die Bauweise, die Ausbaustufe (also der Grad der Fertigstellung Ihres Hauses) und die ganz spezifischen Anforderungen, die Sie an Ihr zukünftiges Heim richten.

DIE BAUWEISEN IM FERTIGHAUSBAU

Fertighaus ist nicht gleich Fertighaus, das haben wir bereits zeigen können. Markante Unterschiede bestehen aber nicht allein in der äußeren Gestaltung, sondern vor allem in der Bauweise. Sobald Sie sich auch nur ansatzweise mit dem Bau eines Fertighauses beschäftigen, werden Sie um die Kernfragen „Holz- oder Massivfertighaus?" und „Lasse ich dieses Haus bis zur Bezugsfertigkeit komplett fertigstellen oder wähle ich ein Selbstbau- oder Bausatzhaus?" schon bald nicht mehr herumkommen. Bevor Sie sich also für den einen oder anderen Grundtyp entscheiden, sollten Sie wissen, welche Vor- und Nachteile diese im Einzelnen in sich bergen.

Fertighäuser aus Holz

Über 80 Prozent der in Deutschland tätigen Hersteller bieten Fertighäuser an, deren bauliche Grundsubstanz der natürlich nachwachsende Rohstoff Holz bildet. Neben den allgemeinen Vorzügen der Fertigbauweise wie schnelle Bauzeit und Unabhängigkeit von witterungsbedingten Einflüssen muss hervorgehoben werden, dass ein Fertighaus aus Holz unter konstruktiven Gesichtspunkten ein echtes Leichtgewicht darstellt, das weitaus geringere statische Anforderungen an Bodenplatte beziehungsweise Fundament, Erdreich und Wände respektive Decken stellt als ein konventionell gebautes Massivhaus. Und man muss dem Fertighaus das Holz von außen nicht ansehen, es sei denn, eine rustikalere Note wird, wie etwa bei Blockhäusern, gewünscht (siehe „Blockhausbauweise", Seite 30).

Im Holzfertigbau können vier wesentliche Konstruktionsarten unterschieden werden:

▶ Holzskelett- oder Ständerbauweise
▶ Rahmenbauweise
▶ Tafelbauweise (mit Tafelwand)
▶ Blockhausbauweise

Skelett- oder Ständerbauweise

Die Holzskelett- oder Ständerbauweise ähnelt in ihrem Aufbau in vielen Punkten einer Fachwerkkonstruktion. Horizontale Holzbalken werden mit vertikalen Holzständern zu einem tragfähigen Gerüst stabil miteinander verschraubt. Dieses Gerüst allein erfüllt sämtliche statische Eigenschaften.

Der Vorteil dieser Konstruktionsform liegt eindeutig in der sehr flexiblen Wandgestaltung, da die Wände als Ganzes keine tragenden Funktionen mehr zu übernehmen haben. So können die Ausfachungen der Wände, also die Hohlräume zwischen den Balken, komplett mit Dämmstoffen gefüllt und anschließend beplankt (mit Span- oder Gipskartonplatten) und verputzt beziehungsweise vermauert werden. Türen und Fenster finden spielend ihren Platz, oder es können weitere größere öffnende Flächen bis hin zu einer kompletten Glasfassade problemlos umgesetzt werden. Sowohl in der Fassadengestaltung als auch in der inneren Grundrissplanung herrscht weitgehend freie Gestaltbarkeit, denn den Gesamtaufbau tragen ausschließlich die Holzständer, die Wände im Hausinnern können nach Belieben gesetzt und versetzt werden. Auf diese Weise lassen sich imposante und gleichermaßen filigrane Objekte errichten wie das heute so beliebte Glasfachwerkhaus (siehe „Das Fachwerkhaus", Seite 18), aber auch gewerbliche Bauten wie Lager-, Werks- und Ausstellungshallen oder prinzipiell offene Überdachungsanlagen können mit der Skelettbauweise realisiert werden.

> **INFO**
>
> **VOR- UND NACHTEILE DER HOLZSKELETTBAUWEISE**
>
> Die Holzskelett- oder Ständerbauweise ähnelt in ihrem Aufbau in vielen Punkten einer Fachwerkkonstruktion.
>
> Pro Holzskelett:
> - Ökologisches tragendes Gerüst
> - Sehr gute Dämmeigenschaften im Wandaufbau möglich, da über gesamte Wandstärke umsetzbar
> - Variabilität in der Gestaltung der Fassade und des Grundrisses
> - Viele Bauabschnitte können in Eigenleistung vom Bauherrn übernommen werden.
>
> Kontra Holzskelett:
> - Empfindliche Dampfbremse (auch Dampfsperre genannt: eine Folie, die ungewollt auftretende Feuchtigkeit nicht ins Wandinnere vordringen lässt) inwendig bei „geschlossenen" Entwürfen, zum Beispiel bei Handwerkerarbeiten
> - Achtung: Holzständer als eventuelle Wärmebrücken von innen nach außen, wenn diese nicht mitgedämmt werden; Verarbeitungsweise unbedingt vorab erfragen!
> - Je nach Innenwandaufbau geringe Wärme- und Schallisolierung bei Leichtbauweise

Rahmenbauweise

Die Bezeichnung Holzrahmenbau fußt auf „timberframe" aus dem amerikanischen Englisch. Der Ausdruck jedoch geht wiederum auf eine durch europäische Emigranten „importierte" Bauweise zurück: das Fachwerk. Zwischen Holzrahmen- und -tafelbau im deutschen Sprachgebrauch besteht also kein Unterschied, allein die Bezeichnung wurde sozusagen „reimportiert". Traditionell wird mit der Holzrahmenbauweise die eher handwerkliche Fertigung der Tafelelemente bezeichnet. Die heute zur Anwendung kommende Tafelbauweise spielt vor allem für die industrielle Vorfertigung von ganzen Wänden, Dächern und Decken im Ein- und Zweifamilienhausbau, zunehmend aber auch im Mehrgeschossbau eine Rolle.

Der Holzrahmen stellt das Grundgerüst für eines der elementaren Holzbausysteme der Gegenwart und wird durch die Beplankung mit Plattenwerkstoffen zur großformatigen Holztafel. Hierbei bilden senkrechte Holzständer, auch Rippen genannt, in der Höhe eines vollen Geschosses mit jeweils horizontal damit verbundenen Schwellhölzern – auch Fußrippen beziehungsweise Ober- und Untergurt – in einem inzwischen meist standardisierten Abstand von je 62,5 Zentimetern (als Rastermaß) zueinander den Holzrahmen.

Auf das Rahmenständerwerk wird dann zunächst einseitig eine großflächige Beplankung aufgebracht (Span- oder OSB-Platten), die dem Gebilde seine Stabilität verleiht. Rippen, Fußrippen und Beplankung sorgen im Verbund für die Ableitung der auf das Wandelement einwirkenden Horizontal-, Vertikal- und Windlasten. Grundsätzlich sind inzwischen verschiedene Stufen der Vorfertigung möglich:
- Offener Holzrahmen
- Einseitig beplankter Holzrahmen
- Beidseitig geschlossener und vollständig ausgedämmter Holzrahmen (meist bei industrieller Fertigung)

Holztafelbauart

Die Holztafelbauart ist ein normierter Begriff und spiegelt ihre statischen und konstruktiven Eigenschaften wider, nämlich die Tragfähigkeit in alle drei Richtungen und die Elementierbar-

Das Fachwerkhaus modern: Die traditionellen Ausfachungen aus Klinkern und Putz oder ähnlichen Materialien zwischen Balken und Ständern werden durch transparentes Glas ersetzt. Der Effekt: freie Sicht pur.

Die Bauweisen im Fertighausbau 25

DIFFUSIONSFÄHIGE BAUWEISE

Seit gut 25 Jahren ist diese Technik Standard im Holzrahmenbau. Die als lastabführendes und zugleich aussteifendes Element fungierende Werkstoffplatte, meist aus Holz, wird hier innenliegend angebracht, weshalb eine eigens aufzubringende Dampfsperre (in der Regel eine Folie) nicht mehr nötig ist.

Diese diffusionsfähigen Bauelemente haben gleich zwei Vorteile: Normalerweise tritt bei mit dieser Technik errichteten Räumen kein nennenswertes Maß an Kondenswasser auf, zudem verfügen sowohl der Raum als auch die Wand an sich über extrem gute Austrocknungseigenschaften – nach innen wie nach außen. Unerwünschte Feuchtigkeit bereitet demnach praktisch kein Kopfzerbrechen. Eine Prophylaxe durch einen chemischen Holzschutz muss ebenfalls nicht bedacht werden.

Gern möchte man im Haus aus folgenden Gründen ein gut bilanziertes Verhältnis von ein- und austretender Luft haben:

▶ Zu viel Luftaustausch bedeutet hohe Energieverluste und große Gefahr von Tauwasser.
▶ Zu wenig Wechsel der Wohnraumluft bringt mangelnde Luftqualität, hohe Konzentration von Luftfeuchtigkeit und somit Gefahr von Schimmelbildung mit sich.

keit. Sie stellen die wesentliche Voraussetzungen für die moderne Vorfertigung im industriellen Fertigbau sowie für Transport und Montage dar. Entsprechend der Wandmaße können Tafelwände von bis zu 12,5 Meter Länge in witterungsunabhängigen Produktionsstätten vorgefertigt werden, die als Außenwandelemente oder Wandtafeln mit den Decken- und Dachtafeln an der Baustelle vor Ort kraftschlüssig miteinander verbunden werden. Die Grenzen der Tafelmaße werden im Wesentlichen durch die Transportier- und Montierbarkeit bestimmt.

Der hierbei entstehende Aufbau wird als ausgesteifter Baukörper bezeichnet, bei dem sämtliche Elemente statische Funktionen übernehmen. Alle Fenster und Türen, aber auch die innwendige Dämmung samt Verkleidung nach innen und außen (Putz, Klinker etc.), können im Werk ein- und aufgebracht werden.

Der Außenwandaufbau der unterschiedlichen Fertighaushersteller variiert naturgemäß, folgt grundlegend aber demselben Muster.

Die innere Außenschicht bildet oftmals eine Holzwerkstoffplatte (Span- oder OSB-Platte) oder eine Gipskartonplatte (nicht selten auch zusätzlich), die als Beplankung mechanisch (durch Schrauben oder Nägel) auf dem Holzrahmen fixiert wird.

Zwischen diesen und den Rahmen befindet sich in der Regel noch eine Folie, die Diffusionsbremse, die ein Eindringen von Feuchtigkeit in den hinter ihr befindlichen Dämmstoff verhindert.

Die weiteren Schichtungen im Wandinnern schwanken von Hersteller zu Hersteller – auch in Abhängigkeit von Wanddicke und gewünschtem Dämmwert (gemessen über den sogenannten U-Wert). Gemeinsam aber ist allen, dass in sie Kanäle eingezogen werden, die für Strom-, Wasser-, Heizungs- oder Lüftungsleitungen gedacht sind. Wandelemente mit solchen Leitungskanälen werden inwendig nur provisorisch verschlossen, um vor Ort an der Baustelle die entsprechenden Leitungen für die Haustechnik einzubringen.

Den äußeren Wandabschluss können abermals Werkstoffplatten bilden, gefolgt vom eventuell zusätzlichen Wärmedämmverbundsystem (WDVS) und Außenputz oder Ähnlichem.

Besonders die Außenwände sind im Fertighausbau also eine hochkomplexe Angelegenheit, denn jeder Schicht der Wand kommen unterschiedliche Funktionen zu, die jede für sich essentiell sind: Luftdichtheit, Winddichtheit, Wärmedämmung, Feuchteschutz, Schallschutz, Brandschutz, Holzschutz, Lastabtragung und Aussteifung.

REGALE, BILDER UND CO. ANBRINGEN

Wie dem Schema eines Beispiel-Wandaufbaus zu entnehmen ist (siehe Seite 37), gibt es mit der Anbringung von Regalen, Bildern oder sonstigen Gegenständen, die aufgrund ihrer tragenden Lasten nicht selten starke Zugkräfte entwickeln, beim Fertigbau keinerlei Einschränkungen. Es handelt sich nämlich längst nicht mehr nur um reine Gipskartonwände, in der Regel sind diese hinterlegt mit soliden Holzwerkstoffplatten (OSB – Oriented Strand Boards, MDF – Mitteldichte Faserplatten, Spanplatten), in denen sich Befestigungssysteme ebenso gut fixieren lassen wie in die Wände im Massivbau.

Sie sollten allerdings schon auf den Kauf geeigneter Dübel achten. Ihr Hersteller gibt im Zweifel gern Auskunft. In jedem Fall sollten Sie sich bei ihm erkundigen, was zu beachten ist, damit Sie später nicht aus Versehen mit dem großen Bohrer die Dampfsperre durchdringen, was sich sehr negativ auf die Energiebilanz auswirken kann.

Das Konstruktionsverfahren

Die Holzrahmen- und/oder Tafelbauweise beherrscht als das zeiteffizienteste und ökonomischste Konstruktionsverfahren den modernen Fertighausbau.

Auch wenn der augenscheinlichste Mangel, dass eine nachträgliche Veränderung der Grundrissstruktur erschwert möglich ist, zunächst gravierend erscheinen mag, muss man sich als zukünftiger Bauherr immer vor Augen führen, wie groß die Wahrscheinlichkeit dafür ist, dass überhaupt irgendwann einmal Veränderungen des Grundrisses vorgenommen werden sollen. Zusätzlich schafft hier eine kluge Planung im Vorhinein schon viele Probleme aus dem Weg, die später womöglich einmal auftreten könnten – dann müssen Wände gar nicht erst eingerissen und versetzt werden.

Eventuell eintretende Szenarien künftiger Nutzungen sollten also frühzeitig durchgespielt werden, die sich daraus ergebenden Bedingungen beschrieben und bei den Planungen mit berücksichtigt werden, denn bevor das Fertighaus gebaut ist, kann der Hersteller beinahe alles möglich machen. Ausgeschlossen sind Veränderungen im Nachhinein überdies keineswegs, allerdings sollten versierte und spezialisierte Unternehmen engagiert werden, damit gerade im Bereich der Haustechnik die Feinabstimmung erhalten bleibt.

 VOR- UND NACHTEILE DER RAHMEN-/TAFELBAUWEISE
Dies ist die häufigste Konstruktionstechnik im modernen Fertighausbau.

Pro Rahmen-/Tafelbauweise:
▶ Verarbeitung ökologisch unbedenklicher Primärwerkstoffe
▶ Da als Bausatz-Fertighaus erhältlich, hohe bauherrenseitige Eigenleistungen möglich
▶ Finanziell attraktiv als Ausbauhaus
▶ Werkseitige Dämmung und Installation verschiedenartigster Elemente
▶ Gute Wärmespeicherfunktion
▶ Keine Wärmebrücken bei lückenlos durchlaufender Dämmung, wenn werkseitig vorgenommen

Kontra Rahmen-/Tafelbauweise:
▶ Veränderung der Raumsituation im Nachhinein möglich, mitunter aufwendig
▶ Gefahr von Wärmebrücken durch die Holzständer, wenn bei der Produktion nicht entsprechend berücksichtigt
▶ Raumgreifender Wandaufbau reduziert Raumvolumen (allerdings nur im Vergleich zur Holzskelettbauweise; Vorteile gegenüber dem Massivhaus auch hier noch deutlich)

Das Wohnklima

Gute wärmedämmende Qualitäten der Gebäudehülle sorgen für ein unabhängig von der Jahreszeit angenehmes Wohlfühlklima in den eigenen vier Wänden: Im Winter soll es schließlich schnell warm werden und die erwünschte Temperatur auch möglichst lange erhalten bleiben (unter möglichst geringem Einsatz von Energie). Gleiches gilt umgekehrt für den Sommer, wenn die (zu) warme Luft von außen möglichst nicht so leicht in die Wohnräume vordringen soll. Ein möglichst hoher Wärmedurchgangswiderstand (siehe U-Wert, Seite 30) hält die warme Luft drinnen, wenn es draußen kalt ist, und die kühlere Luft drinnen, wenn es draußen heiß ist.

Zum guten Raumklima gehören allerdings auch Baustoffe, die möglichst frei von Schadstoffbelastungen sind. Im Fertighausbau hat sich zumindest in Deutschland weitgehend der

Standard durchgesetzt, dass etwa die Holzwerkstoffplatten, die für den Wandaufbau zur Anwendung kommen, frei von Formaldehyd sind, dieses dann auch nicht in den Wohnraum abgeben können. Lesen Sie zum Thema Wohnklima auch das Interview auf Seite 40.

INFO

HOLZRAHMENBAU UND ENERGIE

Rahmenkonstruktion und in der Tafel beziehungsweise Ausfachung liegende Dämmung bieten hohe Wärmedämmeigenschaften. Obwohl durch die Holzträger selbst Wärmebrücken entstehen könnten, wäre der Energieverlust gering, weil der Rohstoff Holz selbst Wärme nicht gut leitet. Außerdem kann diese Schwachstelle durch einfache bautechnische Mittel (zusätzliches Wärmedämmverbundsystem etc.) nahezu gänzlich ausgeschaltet werden. Hier sollten Sie den Hersteller unbedingt nach der genauen Konstruktion des Wandaufbaus fragen und sich am besten an den U-Wert der Wand halten (siehe Seiten 30 ff.).

Schall- und Brandschutz im Fertigbau

Innenwandstärken von nur 16 Zentimetern sind im Fertighausbau keine Seltenheit. Die gute Wärmedämmung des Baustoffs Holz an sich und ein ausgeklügelter Wandaufbau ermöglichen eine effiziente Wohnraumnutzung des Baukörpers, weil weniger Platz für Wände benötigt wird als beim klassischen Mauerbau aus Stein.

Nachteilig wirken sich derart dünne Innenwände im Hinblick auf den Schallschutz aus; entsprechend ausgeführte Fertighäuser sind deshalb recht hellhörig. Man sollte die Ursache aber nicht im Baustoff Holz suchen, denn Wände gleicher Stärke in Massivbauweise schneiden schlechter ab als diejenigen im Fertigbau.

Unser Tipp deshalb: Prüfen Sie im Einzelfall, ob die Schallschutzvorschriften der DIN 4109 „Schallschutz im Hochbau" garantiert werden; in ihr sind neben Luftschall- und Trittschallübertragung auch der Schutz gegen Installationsgeräusche und Geräusche anderer haustechnischer Anlagen geregelt.

Feuerwiderstandsklassen nach Brandschutznorm DIN 4102, Teil 2

Feuerwiderstandsklasse	Funktionserhalt in Minuten	Bauaufsichtliche Bezeichnung (in Deutschland)
F 30 [1]	30	Feuerhemmend
F 60 [1]	60	Hochfeuerhemmend
F 90 [1]	90	Feuerbeständig
F 120 [1]	120	Hochfeuerbeständig
F 180 [1]	180	Höchstfeuerbeständig

[1] Der Buchstabe F steht hier für Wände, Decken, Gebäudestützen und -unterzüge, Treppen und Brandschutzverglasung; gewissen Sonderbauteilen können andere Buchstaben vorangestellt sein, die einen abweichenden Brandschutzfokus bedeuten.

Maßgeblich für den Brandschutz in Wohngebäuden sind die Landesbauordnungen (LBO) der Bundesländer. Im Großen und Ganzen kann festgehalten werden, dass die einzelnen Bauteile bei zwei- oder mehrgeschossigen Wohnhäusern mindestens über die Feuerwiderstandsklasse F90 verfügen müssen (siehe Tabelle oben) – die tragende Konstruktion im Brandfall also mindestens 90 Minuten stehen bleiben muss. Holz als solches zählt zu den normal entflammbaren Baustoffen und wird der F30-Klasse zugeordnet. Da dickere Holzstücke erfahrungsgemäß langsamer verbrennen, sprich länger Bestand haben, kann die Feuerwiderstandsklasse der tragenden Konstruktion durch entsprechend dick ausgeführte Holzbalken bereits auf F60 hochgeschraubt werden. Werden Stützbalken, Träger, Wände und Decken zudem mit schwer brennbaren Materialien wie Gipskarton und/oder etwa Mineralwolle verkleidet, ist schnell die F90-Klasse erreicht. Adäquater Brandschutz stellt im (Holz-)Fertigbau also kein Problem dar, da mit leichten baulichen Eingriffen eine passende Prophylaxe getroffen werden kann. Vielmehr ist die sachgemäße Ausstattung mit Feuermeldern und die Verwendung feuerhemmender Materialien an Decken, Wänden und Böden zu beachten.

Das Ausbauhaus

Die Verlockung ist groß: Für den Finanzierungsplan und das Kreditvergabegespräch mit der Bank schlagen sich durch den Bauherrn zu übernehmende Eigenleistungen positiv nieder, weil diese Eigeninitiative mit 10 bis zu 20 Prozent der entstehenden Baukosten veranschlagt wird. Hier gilt die Gleichung: Eigenleistung = Eigenkapital.

Wenn Sie einen Fertighaushersteller gefunden haben, dessen Objekte Ihnen prinzipiell zusagen und der diese auch als Ausbauhäuser anbietet, dann sollten Sie in der weiteren Planung sehr wachsam sein – denn der Begriff ist sehr schwammig und nicht eindeutig definiert. So zahlreich die Anbieter dieses Leistungstyps, so verschiedenartig nimmt sich auch die Auslegung aus, was jeweils unter Ausbauhaus tatsächlich verstanden wird. Das Spektrum bedient die gesamte Bandbreite vom Rohbau, bei dem mitunter nur die Mauern errichtet werden und darüber hinaus keine weiteren Leistungen inbegriffen sind, bis hin zum für die Trockenbauarbeiten vorbereiteten Haus.

Hier ist vor Vertragsschluss immer ein genaues Studium der Baubeschreibung (siehe Seiten 168 f.) erforderlich, damit Sie später keine unliebsamen Überraschungen erleben. Auch wenn die Preise in den Angeboten mitunter himmlisch günstig wirken, sollten Sie sich davon nicht blenden lassen und penibel darauf achten, ob etwa so elementare Leistungen wie die Grundstückserschließung, die Kosten für die Hausanschlüsse an die öffentlichen Versorgungsleitungen und die Baugrunduntersuchung inbegriffen sind. Jedes Ausbauhaus stellt eine eigene Ausbaustufe dar, und so jonglieren viele Anbieter eben auch mit Begriffen wie Mitbauhaus oder Rohbau. Deshalb: Stellen Sie immer sicher, was die verschiedenen Ausbaustufen beinhalten und wer beispielsweise für die Deckung des Daches, die Montage von Fenstern und Türen und für die Installation von Wasser- und Heizungsleitungen zuständig sein soll. Denn was unbedarften Bauherren selbstverständlich anmutet, ist noch längst keine abgemachte Sache, oder wussten Sie, dass in einem Ausbauhaus der Ausbaustufe „Rohbau" bisweilen nicht einmal eine Treppe vorgesehen ist?

Als attraktive Lösung werden Ausbauhäuser gern von denjenigen empfunden, die über relativ wenig Eigenkapital verfügen und finanziell nicht die allergrößten Sprünge machen können und die mit der Variante Fertighaus in einer bestimmten Ausbaustufe eine sogenannte Muskelhypothek übernehmen.

Dagegen lässt sich im Grunde nichts sagen, solange die Bauherren sich vorab einige Punkte deutlich vor Augen geführt haben:
▶ Welche handwerklichen Aufgaben traue ich mir tatsächlich zu?
▶ Wie sieht es mit meiner verfügbaren Zeit aus? Bin ich etwa beruflich stark eingebunden, was die Bauzeit mitunter endlos lang hinauszögern kann?
▶ Welche Arbeiten sollte ich unbedingt vom Fachmann erledigen lassen?
▶ Wo gibt es Potenzial in meinem Freundes- und Bekanntenkreis? Hier sollten Sie genau abwägen, wen Sie um welche Dienste bitten, damit Sie einschätzen können, ob die Arbeiten auch tatsächlich erbracht werden – Verlässlichkeit und Qualität genießen oberste Priorität. Denken Sie auch daran, private Kontakte nicht überzustrapazieren.
▶ Denken Sie bei Inanspruchnahme von Hilfe auch an die Pflichtversicherungen auf der Baustelle (Bauhelfer-Unfallversicherung, siehe Seite 191).
▶ Welche Kosten (Materialien etc.) kommen durch die Ausbaumaßnahmen noch auf mich zu, habe ich sie in die Gesamtkalkulation mit einfließen lassen?

Besonders die abschließende Sanitärinstallation und die Elektrik sollten Sie an ausgebildete Fachleute abgeben, da es hier letztlich auch um gesetzliche Gewährleistung geht, also um die Frage: Wer haftet, falls später Mängel auftreten? Einige der zu erledigenden Aufgaben müssen deshalb ohnehin dem fachkundigen Handwerker überlassen oder von diesem abgenommen werden, hier ist an erster Stelle die Strominstallation zu nennen.

Grundsätzlich gilt: Machen sich im Nachhinein gravierende Fehler bemerkbar, kann eine ursprünglich als günstig gedachte Lösung schnell zur teuren Kostenfalle werden, wenn schließlich doch ein Fachmann hinzugezogen werden muss, der bereits verbaute Materialien aufgrund von Fehlinstallation rückbauen und womöglich ersetzen muss. Der Arbeitslohn für

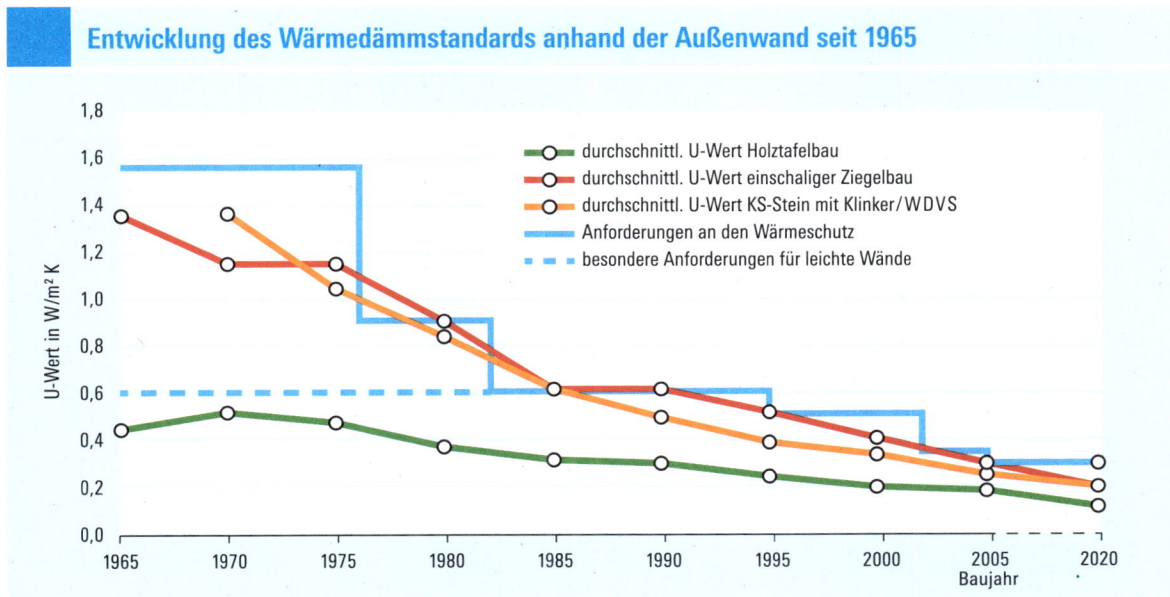

Entwicklung des Wärmedämmstandards anhand der Außenwand seit 1965

solche zumeist zeitaufwändigen Maßnahmen schießt dabei leicht in die Höhe.

Als Minimallösung besorgt der Fertighausanbieter tatsächlich „nur" die Erstellung der äußeren Hülle, der Bauherr übernimmt dann sämtliche noch ausstehenden Gewerke in Eigenregie: das Einbringen des Estrichs, die kompletten Trockenbauarbeiten, die Anbringung der Sanitärobjekte, die Wärmedämmung und so weiter bis hin zur Eindeckung des Daches neben sämtlichen Leitungsinstallationen. Die zu erledigenden Arbeiten können also durchaus anspruchsvoll sein und zahlreiche Fertigkeiten verlangen.

Länger als bei „schlüsselfertiger" Übergabe dauert die Bauphase ohnehin, da meist erst nach Feierabend auf Ihrer Baustelle weitergearbeitet werden kann. Setzen Sie die potenziellen Ersparnisse mit dem Mehraufwand an Miete ins Verhältnis, den Sie aufbringen müssen, weil Sie noch nicht sofort in Ihr Eigenheim einziehen können. Bedenken Sie auch, dass ein Fertighausanbieter andere Konditionen im Einkauf aller Baumaterialien hat als Sie. Beurteilen Sie anschließend, wie lohnenswert die Übernahme von Eigenleistungen tatsächlich ist.

Die von vielen Bauherren favorisierte Variante ist das Ausbauhaus, das vom Hersteller im Erdgeschoss bewohnbar fertiggestellt wird, wogegen Ober- und Dachgeschoss noch auf ihren Ausbau warten. Der eindeutige Vorzug dieser Ausbaustufe liegt in der Kostenersparnis, da gleichzeitige Zahlungen für Miete und Kredittilgung beziehungsweise sonstige Finanzierungskosten durch den unmittelbaren Bezug des Hauses vermieden werden können.

Außerdem kann das Haus ohne Zeitdruck im Nacken Schritt für Schritt vollständig ausgebaut werden, ohne dass Anfahrten extra bedacht werden müssten, weil man sich schließlich schon vor Ort befindet. Auf diese Weise können auch verhältnismäßig kleine zur Verfügung stehende Zeitfenster optimal zur Arbeit am Eigenheim genutzt werden.

In der Regel bieten die Fertighaushersteller für den Ausbau auch qualitativ wie quantitativ genau auf das erworbene Objekt abgestimmte Baumaterialienpakete an, die womöglich nicht die preisgünstigsten sind, dafür aber den eigenen Bedürfnissen exakt entsprechen.

Außerdem kann sich der Bauherr die Betreuung durch Fachleute des Herstellers direkt sichern, was Komplikationen vermeiden hilft, da die Mitarbeiter des Fertighausherstellers sich speziell mit den Gegebenheiten des eigenen Produkts sehr gut auskennen.

U-Werte aus dem GEG 2020 (gültig seit 1.11.2020)

Bauteile/Systeme	Maximaler U-Wert in W/(m²·K)
Außenwand (einschließlich Einbauten wie Rollladenkästen), Geschossdecke gegen Außenluft	0,28
Außenwand gegen Erdreich, Bodenplatte, Wände und Decken zu unbeheizten Räumen	0,35
Dach, oberste Geschossdecke, Wände zu Abseiten	0,2
Fenster, Fenstertüren	1,3
Dachflächenfenster	1,4
Lichtkuppeln	2,7
Außentüren	1,8

Quelle: Gebäudeenergiegesetz vom 8. August 2020

Die Bedeutung des U-Wertes

Eine gut gedämmte Wand hält den Innenraum im Winter warm, im Sommer aber dafür möglichst kühl. Der U-Wert (für Umkehr-Wert), auch unter der Bezeichnung Wärmedurchgangskoeffizient geläufig, zeigt an, mit welchem Energieverlust man durch eine entsprechende Wand (oder jedes andere Bauteil) zu rechnen hat, sprich wie gut oder schlecht eine Wand wärmegedämmt ist, wie viel Energie des beheizten Innenraums an die kühlere Umgebung abgegeben wird.

Hier eine Definition: „Der Wärmedurchgangskoeffizient oder U-Wert (früher k-Wert) eines Bauelements ist ein praktisches Maß für dessen Wärmedurchlässigkeit. Er kann angegeben werden für flache Bauelemente mit einer inneren und äußeren Fläche, also zum Beispiel für Dämmplatten und Dämmmatten, aber auch für zusammengesetzte Elemente wie Kombinationen von Platten aus verschiedenen Materialien oder auch für Fenster. Der U-Wert gibt an, welche Wärmeleistung durch das Bauelement pro Quadratmeter strömt, wenn die Außen- und Innenfläche einem konstanten Temperaturunterschied von einem Grad (1 K) ausgesetzt sind. Die Einheit des U-Wertes ist W/(m²·K) (Watt pro Quadratmeter und Kelvin).

Die durch eine Hauswand entweichende Wärmeleistung kann man berechnen als das Produkt aus U-Wert, Fläche und Temperaturdifferenz zwischen innen und außen. Beispielsweise verliert eine gut wärmegedämmte Wand mit U = 0,15 W/(m²·K), einer Fläche von 100 m² und einer Temperaturdifferenz von 20 K (zum Beispiel 20 °C innen, 0 °C außen) eine Wärmeleistung von 0,15 W/(m²·K) · 100 m² · 20 K = 300 W. Für eine ungedämmte Wand wären es unter den gleichen Umständen mehrere Kilowatt." (Quelle: www.energie-lexikon.info) Je niedriger der U-Wert für eine Wand, desto besser also deren Dämmeigenschaften und desto geringere Heizkosten kommen auf Sie als Hauseigentümer zu.

U-WERT UND GUTE DÄMMUNG

Der U-Wert steht für die Menge an Energie, die in 1 Sekunde durch die Fläche von 1 m² fließt – bei einem Temperaturunterschied zwischen beiden Seiten von 1 K. Der Wärmedurchgangswiderstand (R_T) wird durch den Kehrwert des U-Werts ermittelt und in (K·m²)/W angegeben. Wie bedeutsam die Wärmedämmung der Gebäudehülle für den Gesamtenergiebedarf eines Hauses ist, lässt sich genauer im Buch „Richtig Dämmen" der Stiftung Warentest (2020) erkunden. Bis zu 76 Prozent der in Wohngebäuden aufgewendeten Energie entfallen auf die Heizung, also jede Menge Einsparpotenzial. Doch bei den geringeren direkten Kosten ist noch nicht Schluss, denn auch der Wirkungsgrad einer Heizung sinkt, wenn die Vor- beziehungsweise Rücklauftemperaturen einer Anlage zu niedrig sind – was wiederum für einen höheren Heizenergiebedarf sorgt. Schließlich steigen auch Wohnkomfort und Lufthygiene, zugige Ecken, feuchte Wände und damit einhergehende Schimmelbildung sollten so aus Ihrem Problemhorizont getilgt sein.

Die Blockhausbauweise

Zur Errichtung von Blockhäusern werden massive Holzbalken verarbeitet, die zu einer äußerst stabilen Konstruktion führen. Die als Fertighäuser angebotenen Blockhäuser kennzeichnet oft ein doppelwandiger Aufbau, der zum einen für die Verfüllung von Dämmstoffen im Zwischenraum sinnvoll ist, zum anderen für zusätzliche Stabilität des Gebäudes sorgt. Diese Wände bestehen aus exakt in der Fertigungshalle vorgearbeiteten Holzbalken, die an der Baustelle aufeinander gelegt und besonders an den Eckpunkten mittels verschiedener Techniken (Sattelkerben, Schwalbenschwanzverbindungen etc.) miteinander verbunden werden. Zur Geschichte dieser Bauart siehe „Das (Wohn-)-Blockhaus", Seite 18. Zur weiteren Stabilisierung tragen in regelmäßigem Abstand in die Holzbalken eingebrachte Holzdübel bei.

Die Holzbalken, auch Blockbohlen und je nach Ausgangszustand des Holzes auch Stämme genannt, gibt es in unterschiedlichen Varianten: Geleimte, gerade und runde Blockbohlen weisen unterschiedliche Verarbeitungsmerkmale auf, die sowohl maschinell als auch manuell erzielt werden können. Zwischen diese zur Doppelwand gestapelten Bohlen ist ein Isolierkanal eingearbeitet, der für die Isolierung zwischen den Stämmen sorgen soll, indem ein Dichtungsband und ein witterungsresistent bearbeiteter Dämmstoff, beispielsweise Schafswolle, eingebracht wird.

In der Regel ist ein Blockhaus als Fertigbausatz erhältlich, der prinzipiell sämtliche zur Errichtung des Gebäudes notwendigen Einzelteile und Materialien stellt; Fertighäuser in Blockbauweise sind vor allem für den Selbstbau gut geeignet.

Wenig überraschend kommt die traditionelle Baukonstruktion ursprünglich aus den skandinavischen Ländern, die Bezeichnung Schwedenhaus ist in vielen Katalogen von Fertighausherstellern zu finden – beschreibt aber nicht unbedingt ein Haus, das nach Blockbauweise errichtet wird. Qualitativ besonders hochwertiges Material verwenden Anbieter, die ihren Rohstoff aus den nördlichen Ländern beziehen: Vor allem das Holz der dort heimischen Kiefern ist besonders widerstandsfähig, robust und hart, weil die Bäume in dem raueren Klima langsamer wachsen, wodurch deren Holz eine ganz eigene Härte aufweist. Konstruktiv muss aber immer die natürliche Setzung einer Blockhauskonstruktion berücksichtigt werden.

VOR- UND NACHTEILE DER BLOCKHAUSBAUWEISE

Heutzutage wird die Blockbohlenbauweise vor allem als Konstruktionstechnik für Fertighäuser genutzt. Hierbei variiert der Aufbau der Wände von klassischen Rundstämmen bis hin zu Vierkanthölzern oder modernen, mehrschichtig verleimten Einzellamellen.

Pro Blockhaus:
▶ Verwendung eines ökologischen Basisbaustoffs
▶ Als Selbstbauhaus erhältlich
▶ Urwüchsig und ausgefallen in der Optik
▶ Besonders gutes Raumklima

Kontra Blockhaus:
▶ Dichtung nicht sehr dauerhaft, da das Holz „arbeitet" und die Konstruktion dementsprechend anfällig ist für Fugen- und Rissbildung
▶ Risiko von Setzungsproblemen (Holzschwund, Verdichtung)
▶ Hoher Holzverbrauch, vor allem bei doppelwandigem Bau
▶ Notwendigkeit zusätzlicher Dämmmaterialien
▶ Verlust von Wohnraumvolumen durch relativ dicke Wände

Nach offiziellen Angaben kann es vor allem im ersten Jahr zu Setzungen auf den laufenden Meter aufsteigender Wandhöhe von bis zu 2,5 Zentimetern kommen. Das liegt zum einen an der weiteren Austrocknung und damit Verdichtung des Bauholzes, zum anderen am immer dichteren Verbund der einzelnen Blockbohlen miteinander.

Die heutzutage verbauten Hölzer werden jedoch alle auf eine Verwendungsfeuchte zwischen 8 und maximal 18 Prozent industriell vorgetrocknet (mehr zum Baustoff Holz siehe Interview „Gesundes Wohnen", Seiten 40 f.). Der genannte Wert von 2,5 Zentimetern „Holzschwund" pro Meter Wandhöhe ist also wohl eher als großzügig einzuschätzen. Vor allem in Fenster- und Türbereichen sowie hinsichtlich der Außen- beziehungsweise Innenfassade ist dieses Phänomen zu berücksichtigen, damit es im Lauf der Zeit nicht zu Spannungen im Baukörper kommt und in der Folge die Gesamtkonstruktion in ihrer Funktion gefährdet würde.

Schwalbenschwanz (oben) und Sattelkerbe (unten) im Blockhausbau

DAS „SCHWINDENDE" HOLZ
Entsprechende prophylaktische Vorkehrungen (wie etwa in die Wandkonstruktion eingebrachte nachspannbare Gewindestangen) sind in der Regel Standard im Holzblockhausbau. Klären Sie dieses Thema jedoch sicherheitshalber vor Vertragsunterzeichnung mit dem Hersteller ab – zumal wenn Sie nach der Baukastenbauweise das Blockhaus selbst errichten möchten.

Massivfertighäuser

Obwohl der deutlich größte Anteil der heute gebauten Fertighäuser in Holzbauweise errichtet wird, hat der Bauherr auch die Möglichkeit, sein Fertighaus massiv bauen zu lassen. Das Massivfertighaus vereint Elemente der massiven Bauweise mit denen des Fertigbaus. Ebenso wie beim Fertighausbau werden große Wandelemente, Decken und Teile des Daches im Werk vorproduziert, wie beim herkömmlichen Fertighausbau an die Baustelle transportiert und vor Ort zur Endmontage gebracht, das heißt zum fertigen Haus zusammengefügt.

Den Parallelen bei der Produktionsweise stehen entscheidende Unterschiede hinsichtlich der verwendeten Baustoffe gegenüber. Die Bauelemente im Massivfertigbau werden vor allem aus Blähton oder Porenbeton gefertigt, nicht selten auch aus Hohlkammerziegeln aus gepressten Holzspänen oder Blähton, die anschließend mit Beton ausgegossen werden (Verbundschaltechnik), wodurch die Elemente ihre Stabilität erlangen (genauere Informationen zur Verarbeitung siehe unter „Das Bausatz-Fertighaus", Seiten 34 ff.). Der Massivfertigbau bietet also wie der klassische Fertigbau in Holzbauweise den Vorteil der schnellen Errichtung des Hauses, da aufgrund des hohen Vorfertigungsgrads keine langen Trocknungszeiten des verbauten Materials vor Ort anfallen.

Auch können im Vergleich zum klassischen Massivbau zeitliche und ökonomische Reibungsverluste (ganz zu schweigen von den nervlichen) vermieden werden, da die weitgehende Vorinstallation nur wenige Handwerker auf der Baustelle erfordert.

Wem also der „gewöhnliche" Fertighausbau auf Basis von Holzwerkstoffen aufgrund von persönlichen Vorbehalten nicht behagt, wer sich aber dennoch vor dem zeitaufwendigen Projekt eines vor Ort gemauerten Neubaus scheut, für den stellt das Massivfertighaus eine attraktive Alternative dar.

Ein eindeutiger Vorteil der Massivbauweise eines Fertighauses besteht in der großen Wahlfreiheit bei der Gestaltung der Baupläne. Im Vergleich zum konventionellen Hausbau Stein auf Stein können durch die werkseitige Einbringung von Dämmstoffen direkt in die Wand Raumgewinne erzielt werden, da der Wandaufbau so schlanker gerät als beim „normalen" Bau. Die massiven Wände speichern die Wärme dennoch besser und kühlen bei geringerer Heizintensität nicht so schnell aus wie eine Holzwand. Und aufgrund der guten Dämmeigenschaften halten die massiven Wände im Sommer die Hitze auch weitgehend draußen. Das Resultat ist ein angenehmes Wohnklima.

Wärmedämmwirkung von Baustoffen

Dicke	Baustoff
1,0 cm	Polyurethan-Hartschaum
1,2 cm	Polystyrol-Hartschaum
1,2 cm	Polystyrol Extruderschaum
1,5 cm	Mineralfaser
2,3 cm	Zellulosedämmstoff
2,3 cm	Kork
2,3 cm	Holzfaserdämmplatte
2,5 cm	Schaumglas
4,5 cm	Holzwolleleichtbauplatte
6,0 cm	Gasbeton
6,5 cm	Holz
10,5 cm	Hochporosierter Ziegel
24,7 cm	Hochlochziegel
26,5 cm	Strohlehm
35,0 cm	Kalksandstein
105,3 cm	Beton

„Grüne" Dämmstoffe

	Blähton	Hanf/Flachs	Holzfaser	Holzwolle	Kork	Perlite	Schafwolle	Schaumglas	Vermikulit	Zellulosefasern
Alternativ-/Trivialname	—	—	Holzweichfaserplatte	„Sauerkrautplatten"	—	—	—	—	Blähglimmer	—
Material	Ton	Pflanzenfasern	Holz	Holz	Rinde der Korkeiche	Lavagestein	Schafwolle	Glas	Glimmerschiefer	Altpapier
Preis	Niedrig	Mittel	Mittel	Mittel	Mittel	Mittel	Mittel	Hoch	Niedrig	Niedrig
Wärmeleitwert W/(mK), typisch (kleinere Werte besser)	0,1	0,04	0,04	0,06	0,045	0,05	0,04	0,04	0,07	0,04
Dicke der Dämmung bei U-Wert von 0,4 W/(m²·K) in cm	25	10	10	15	11	13	10	10	18	10
Additive	—	Flamm- und Fäulnishemmer	Bindemittel	Zement	Eventuell Harze	—	Flamm- und Fäulnishemmer	—	—	Flamm- und Fäulnishemmer
Brennbarkeit	Nicht brennbar	Normal entflammbar	Normal entflammbar	Schwer entflammbar	Normal entflammbar	Nicht brennbar	Normal entflammbar	Nicht brennbar	Nicht brennbar	Normal entflammbar
Verarbeitung	Schüttung	Matten	Platten	Platten	Schüttung, Platten	Schüttung	Platten	Platten	Schüttung	Platten, Flocken
Besonders geeignet für	Balkendecke, Hohlräume	Dach, Geschossdecke, Ständerwerk	Fassade, Dach	Kellerdecke	Fassade, Dach	Dach, Geschossdecke, Ständerwerk	Fassade, Dach, Ständerwerk	Boden	Balkendecke, Hohlräume	Dach, Fassade, Hohlräume
Vorteile	Druckstabil, verrottungssicher	Gute Dämmwirkung, einfach zu verarbeiten	Vielseitig verwendbar, einfach zu verarbeiten	Einfach zu verarbeiten	Druckfest	Druckstabil, verrottungssicher	Einfach zu verarbeiten	Extrem druckstabil, verrottungssicher	Druckstabil, verrottungssicher	Gute Dämmwirkung, einfach zu verarbeiten
Nachteile	Mäßige Dämmwirkung	—	Anfällig für Fäulnis durch Feuchtigkeit	Mäßige Dämmwirkung	—	—	Anfällig für Fäulnis durch Feuchtigkeit	Teuer	Mäßige Dämmwirkung	Anfällig für Fäulnis durch Feuchtigkeit

Wohnflächenvergleich in Bezug auf die Wanddicke im Holzbau und im konventionellen Massivbau bei identischer Grundfläche

Bauweise (Wandaufbau von innen nach außen)	Wanddicke in mm	Wärmeschutz in W/(m²·K)	Brandschutzklasse	Schallschutz in dB	Wohnfläche in m²
Holzrahmenbau ▶ 20 mm Gipskartonplatte ▶ 250 mm Holzwolleleichtbauplatte, verputzt ▶ 38 mm Installationsebene, gedämmt ▶ 120 mm Ständerwerk mit Gefachdämmung	d = 248	U = 0,237	F 60-B	$R'_{w,R}$ = 48	140,29
Massivbauweise ▶ 240 mm KS-Mauerwerk, verputzt ▶ 120 mm WDVS	d = 385	U = 0,239	F 90-A	$R'_{w,R}$ = 50	131,66
Wohnflächengewinn					8,63 (= 6,5 %)

Quelle: Holzabsatzfonds 2009

Ein weiterer Vorteil: Feuchtigkeit stellt bei dieser Bauweise nicht die elementare Bedrohung dar, wie es bei der Holzbauweise noch der Fall sein kann.

Genau hinsehen sollte man allerdings bei der Bezeichnung, denn hier sind sich die Anbieter längst nicht alle einig: Läuft ein auf diese Weise errichtetes Haus bei dem einen Hersteller schlicht unter „Massivhaus", kann es sehr wohl sein, dass der nächste Hersteller es unter der Kategorie „Fertighaus" laufen lässt, ein dritter wiederum beschreibt es als „Massivfertighaus". Wo also keine Einheitlichkeit herrscht, heißt es: Augen auf und im Zweifel nachfragen!

> **INFO**
>
> **WASSERSCHÄDEN IM FERTIGHAUS**
> Sanierbar ist fast alles. Ist einmal ein Wasserschaden entstanden, geben die Wände eines Massivfertighauses die Feuchtigkeit auch gut wieder frei, beim komplexen Wandaufbau der Holzbauweise kann sich ein derartiger Schaden schon schwerwiegender bemerkbar machen, da sich beispielsweise vollgesogene Dämmmaterialien nicht so ohne Weiteres wieder trockenlegen lassen – das Holz ist in einem solchen Fall nicht besonders gefährdet, die Dämmung jedoch sollte ausgetauscht werden. Wird mit einer solchen Maßnahme länger gewartet, drohen Schimmel- und Pilzbefall, und sogar auftretende Fäulnis ist ein realistisches Szenario. Für die Sanierung nach einem Wasserschaden sollte in schwerwiegenderen Fällen auf jeden Fall ein Fachmann zu Rate gezogen werden: Aufgrund der aussteifenden Wirkung der Beplankung eines in Holzbauweise errichteten Fertighauses bedeutet ein Eingriff hier mitunter eine Schwächung der Statik der Gesamtkonstruktion. Es dürfen dann nie alle Planken auf einmal abgelöst und ausgetauscht, es muss immer schrittweise vorgegangen werden. Zu beachten ist ebenfalls, dass aufgrund der Kapillarkräfte der Dämmfasern das Wasser höher steigt, als es vorher maximal an der Wand gestanden hat. Je nach Grad des (Hoch-)Wasserschadens fallen aber sowohl beim Massiv(fertig)haus als auch beim Fertighaus umfangreiche Sanierungsarbeiten an, wobei weder die eine noch die andere Konstruktionsform benachteiligt ist – sie verteilen sich nur prinzipiell anders.

Das Bausatz-Fertighaus

Auch beim Fertighaus als Bausatz handelt es sich um eine Variante, nach der man beim Bau seines neuen Heims größtenteils selbst Hand anlegt. Anders noch als beim Ausbauhaus, das in verschiedenen Stufen erhältlich ist und dem Kunden teilweise bereits fertig aufgebaut wird, obliegt die Verantwortung beim Bausatz ganz dem Bauherrn. Ganz allein gelassen wird er dabei trotzdem nicht. Der ambitionierte Heimwerker hat normalerweise keine Probleme, die vorgefertigten Bauelemente, die er als Gesamtpaket an die Baustelle geliefert bekommt, zu montieren, da die Systeme in der Regel einfach zu durchschauen sind. Zwingend erwirbt man

mit dem Kauf eines Bausatz-Fertighauses in der Regel auch die fachmännische Betreuung an Ort und Stelle durch einen Experten der entsprechenden Firma. Die Fachkraft legt die einzelnen vorzunehmenden Schritte dar und überwacht gegebenenfalls ihre Ausführung. Holzbasierte Systeme bieten die am besten geeigneten Bausätze für einen Hausbau. Neben dem Fachmann können weitere Dienstleistungen von der Firma gebucht werden, die sich dann zu kleineren oder größeren Paketen schnüren lassen. Die klassischen Module sind:
- Architekt und Statiker
- Beratung bei der Baustoffwahl
- Leitung und Beaufsichtigung der Baustelle
- Fachgerechte Beaufsichtigung von Strom- und Sanitärinstallation
- Unterstützung bei Finanzierung und Umgang mit Behörden

Porenbeton

Porotonziegel

Kalksandstein

Bei aller eigenen Kompetenz und der im Freundes- und Bekanntenkreis lautet die goldene Regel hier ebenso wie beim Ausbauhaus: Die größte Freude am Eigenheim hat, wer sich zuvor beim Aufbau nicht überschätzt. Wem ist schließlich mit einem zügig errichteten Rohbau geholfen, wenn dann aber Elan, Zeit und womöglich auch Geld fehlen, das begonnene Projekt tatsächlich bis zum Ende durchzuziehen? Auch hier können die zeitlichen Verzögerungen, die gern auch mal länger dauern, letztlich eine erhebliche Teuerung des ursprünglich so günstigen Vorhabens nach sich ziehen.

Als grobe Richtlinie für das aufzuwendende Zeitpensum sollte man (in Abhängigkeit vom Ausmaß des zu errichtenden Hauses) die Arbeitsstundenzahl mit mindestens 1000 ansetzen, die für handwerklich Begabte eine ganz realistische Größe darstellen. Bei eher durchschnittlich oder weniger geschickten Handwerkern ist das bestenfalls als absolute Mindestmenge zu betrachten. Wer „mit zwei linken Händen geboren" ist, sollte also sehr gewissenhaft überlegen, ob er mit der Bausatzhaus-Variante glücklich werden kann. Wer es sich trotzdem zutraut, sollte auf jeden Fall Gebrauch machen von den von vielen Firmen angebotenen Schulungskursen. In diesen Schulungskursen werden die künftigen Hausbesitzer in die Grundlagen der Materie eingeführt. Und sollten während des Hausbaus Probleme auftreten, steht auf jeden Fall ein Bauleiter beratend zur Seite. Und ist der einmal nicht erreichbar, kann beim Hersteller telefonisch um Rat gefragt werden. Einige Hersteller haben eigens dafür eine Hotline eingerichtet.

Die Bausatz-Fertighäuser sind in Block-, Massiv- oder Holzrahmenbauweise, auf Basis von Holzspandämmstein, Mantelbeton oder auf Grundlage von Blähtonelementen erhältlich – also in allen denkbaren Variationen. Den gesamten Materialbedarf für ein Bausatz-Fertighaus in Massivbauweise bekommt der Bauherr an Ort und Stelle geliefert, was zeit- und nervenraubende Extratouren zum Baustoffhändler erspart. Die Massivhäuser bestehen in ihren Einzelteilen im Grunde aus Porenbeton, Porotonziegeln oder aus Kalksandsteinplansteinen und sind leicht in Eigenregie zu verarbeiten.

Welcher Bauherrentyp bin ich?

Schlüsselfertige Übergabe, Ausbauhaus oder gar der eigene Aufbau eines Bausatzhauses – Welche Lösung dürfte für Sie das beste Angebot darstellen? Die Auswertung Ihrer Antworten aus diesem Fragebogen finden Sie auf Seite 38.

Frage	Alternativen	Ihre Wahl	Punkte
Ich als Bauherr möchte ...	... möglichst wenig tun, das Haus schlüsselfertig übernehmen.		1
	... mitplanen und seitens des Architekten und der Handwerker eingebunden werden.		2
	... den Bau selbst überwachen.		3
Meine Arbeit ermöglicht es mir, ...	... mich um den Bauablauf selbst zu kümmern.		1
	... mich täglich auf der Baustelle blicken zu lassen.		2
	... flexibel die Baustelle aufzusuchen.		3
Meine Arbeit ermöglicht ...	... mir kaum, Arbeiten jeglicher Art in Eigenleistung zu erbringen.		1
	... es mir, teilweise größere Arbeiten in Eigenleistung zu erbringen.		2
	... es mir, einen Großteil der anfallenden Arbeiten in Eigenleistung zu erbringen.		3
Auf handwerklicher Ebene stufe ich mich als ...	... ungeschickt ein.		1
	... einigermaßen begabt ein.		2
	... sehr geschickt ein.		3
Meine finanzielle Situation muss mich ...	... nicht besonders hart die einzelnen Kostenpunkte abwägen lassen.		1
	... schon ziemlich genau an die Kalkulation halten lassen, ich habe allerdings einen Puffer.		2
	... ganz genau an die Kalkulation halten lassen, einen Puffer habe ich kaum.		3
Die Bauzeit meines Hauses sollte ...	... äußerst kurz sein, am besten nur einige Wochen dauern.		1
	... nicht allzu lang dauern, auf gar keinen Fall länger als ein Jahr.		2
	... sich nicht ewig hinziehen, besonders eilig habe ich es aber nicht.		3
	Summe:		

Blähton hat ein sehr hohes Wärmespeichervermögen und stellt mit seinen atmungsaktiven Eigenschaften ein angenehmes Raumklima her.

Über gute Wärmedämmeigenschaften verfügt auch der Porenbeton, obendrein weiß er mit seinem geringen Eigengewicht zu glänzen. Wegen seiner materialbedingten Eigenschaften und den zahlreichen Lufteinschlüssen ist er anfällig für die Aufnahme von Feuchtigkeit. Außenwände müssen deshalb zusätzlich gegen Nässe isoliert werden.

Der Holzspandämmstein vereinigt in sich die Vorteile von Holz und Beton: Der auch unter der Bezeichnung Holzspan-Schalungsstein laufende Baustoff bildet mit seinem äußeren Rahmen aus Holzspänen einen Hohlraum für einen Styroporeinsatz als Wärmedämmung oder für zu verfüllenden Beton, der die beim trockenen Übereinandersetzen der Steine entstandene Röhre ausfüllt. Derartige Steine nennt man auch Verfüllziegel. Mörteln braucht man also nicht, lediglich die erste Reihe muss klassisch vermauert werden, doch dabei hilft der Fachmann. Weitere vorteilhafte Materialeigenschaften dieses Steins sind seine Leichtigkeit und einfache Handhabung – mit einer normalen Säge ist er einfach in jeden Zuschnitt zu bringen. Ideal also für unbedarfte Häuslebauer.

Die Mantelbetonbauweise ähnelt der des Holzspandämmsteins, allerdings werden die Holzspäne durch Styropor oder Neopor ersetzt, wobei Neopor der weiterentwickelte Styropor ist. Seine signifikant besseren Isoliereigenschaften lassen den Materialaufwand deutlich geringer ausfallen, eine zusätzliche innenliegende Dämmung ist hier nicht mehr notwendig. Auch diese Steine sind in beinahe spielerischer Leichtigkeit zu setzen und lassen einen bei der Verarbeitung an den bekannten dänischen Bauklotzproduzenten denken. Ebenso wie beim Holzspandämmstein wird der entstehende Hohlraumkanal mit Beton ausgegossen.

Was die Holzrahmenbauweise prinzipiell bedeutet, ist an anderer Stelle bereits ausgeführt worden (siehe Seiten 24 f.). Aus den dortigen Schilderungen ist leicht ersichtlich, dass diese Bauweise in Eigenregie zwar durchaus möglich, aber kaum geläufig ist. Das Problem hier: Auch wenn sämtliche Außen- wie Innenwandelemente, die Decken und der Dachstuhl im Lieferumfang enthalten sind, braucht der Bauherr für das Setzen und Versetzen einen Autokran.

Außerdem sollte der Aufbau stets unabhängig überwacht sein, damit die fachgerechte Montage gesichert ist und es im Anschluss nicht zu Streitigkeiten hinsichtlich der Gewährleistung kommt. Der tatsächlich durch den Bauherrn zu erledigende Anteil ist also denkbar gering.

> **INFO**
>
> **BRETTSPERRHOLZ**
> Zum Thema Brettsperrholz als Baumaterial für Fertighäuser äußert sich Wolfgang Schäfer, technischer Referent des BDF: „Dieses Material wird von den Mitgliedsunternehmen des BDF nicht oder nur für spezielle Anwendungsfälle verwendet. Im Wesentlichen planen und bauen die BDF-Unternehmen Holztafelkonstruktionen. Brettsperrholz hat hier und da Vorteile gegenüber einer Tafel in Rippenbauweise. Da es aber sehr rohstoffintensiv ist, halte ich es, insbesondere mit Blick auf die aktuellen Preisentwicklungen, für wenig wirtschaftlich, zumindest im Bereich des Ein- und Zweifamilienhausbaus." Gleichwohl kommt dieses Material erfolgreich auch für größere Wohnkomplexe in erdbebengefährdeten Gebieten, wie etwa in Japan, zur Anwendung.

Bei Bausatzhäusern aus Blähtonelementen ist der Eigenanteil vergleichbar gering, auch ihre Dimensionen übersteigen ein gewöhnliches Handling und erfordern einen Autokran. Was den Aufbau anbelangt, ist „Do it yourself" nur sehr begrenzt möglich. Selbst Hand anlegen kann man hingegen bei einer Reihe anderer anstehender Arbeiten: wenn die Kanalgräben und die Drainage vorbereitet, die Sohle betoniert, die Fertigelemente isoliert, Fertigteildecken verlegt oder der Dachstuhl aufgebaut werden muss – dann stehen Muskeln und Geschick seitens des Bauherren sehr wohl auf dem Plan, wenn auch unter Anleitung. Maler-, Fliesen- und Fußbodenarbeiten können freilich in Gänze übernommen werden.

Beispielhafter Aufbau eines Wandelements im Holzfertigbau. Gut erkennbar ist hier der recht komplexe Aufbau (von links nach rechts) aus Putz, MDF-Platte, Massivholzlatten mit Dämmstoff und Sperrholz.

> **INFO**
>
> **ERFAHRUNGSWERTE NUTZEN – REFERENZOBJEKTE BESICHTIGEN**
> Um auch nur in etwa abschätzen zu können, was bei dieser Art zu bauen auf Sie zukommt, sollten Sie unbedingt auf die Erfahrungswerte von Bauherren zurückgreifen, die ein solches Projekt schon (erfolgreich) hinter sich gebracht haben.
> Seriöse Anbieter, und auch hier können Sie schnell die Spreu vom Weizen trennen, zögern nicht lange mit der Herausgabe von Kontaktdaten zu Kunden, die Ihnen als Referenz dienen können. Versuchen Sie einen guten Draht aufzubauen, um sich so wertvolle Ratschläge zu holen, die im wahrsten Sinne des Wortes Gold wert sein können. Die Investition in ein kleines Präsent für die bereitwilligen Ratgeber zahlt sich meist postwendend aus, denn entweder Sie bemerken, dass diese Art zu bauen doch nichts für Sie ist, oder Sie vermeiden im Vorfeld Fehler, die Sie ansonsten teuer zu stehen gekommen wären. Die Realität weiß in der Regel objektiver zu berichten als Hochglanzprospekte.

Auswertung zum Fragebogen auf Seite 36

Punkte	Bauherrentyp
1–6	**Der Bauherr fürs schlüsselfertige Bauen** Eines wissen Sie genau: Besonders viel Zeit für eigenes Engagement auf Ihrer Baustelle haben Sie nicht, dafür sind Sie beruflich zu sehr eingespannt. Selbst wenn Sie handwerklich womöglich nicht ganz ungeschickt sind, an so komplexe und umfangreiche Arbeiten wie sie im Laufe eines Hausbaus anfallen, trauen Sie sich doch nicht heran und überlassen das Feld klugerweise lieber den Profis – eben jeder nach seinen Fähigkeiten. Glücklicherweise sind Sie finanziell in der Position, nicht jeden Cent zweimal wenden zu müssen, bevor Sie sich für die eine oder andere Ausstattungsvariante extra entscheiden – gleichwohl diese im Idealfall vorab schon feststehen sollten. Sie machen Nägel mit Köpfen und bringen angefangene Projekte am liebsten zügig und fachgerecht über die Bühne.
7–12	**Der Bauherr fürs Ausbauhaus** Ihr Motto lautet: Was ich kann, mache ich selbst, für alles andere hole ich mir Fachmänner. Das gilt bei einem Fertighaus natürlich insbesondere für die Erstellung der Bodenplatte und das Montieren und Aufstellen der Außenwände sowie – falls gewünscht – für das Anlegen eines Kellers. Sie verfügen also über handwerkliches Geschick, wissen aber auch, wo Ihre Grenzen liegen. Sollten Sie im Verlauf des Bauens dann einmal doch nicht so viel schaffen, wie Sie zuvor gedacht hatten, wirft Sie das aufgrund einer klugen und realistischen Finanzierung nicht aus der Bahn. Zielstrebig arbeiten Sie auf die Vollendung Ihres Wohntraums hin, denn eine nicht enden wollende Baustelle findet weder in Ihrem Planungs- noch Vorstellungshorizont Platz – auch wenn Zeit für Sie nicht das alles beherrschende Thema darstellt, unendlich viel davon wollen Sie auch nicht entbehren. Für Sie könnte die Variante des fertig ausgebauten Erdgeschosses mit selbst auszubauendem Obergeschoss genau die richtige Lösung sein.
13–18	**Der Bauherr fürs Bausatzhaus / für eine niedrige Ausbaustufe** Sie wollen es ganz genau wissen und möglichst nah dran sein, wenn Sie sich Ihre eigenen vier Wände errichten. Ihre kreativen wie handwerklichen Fähigkeiten bilden neben den Finanzen die Grundpfeiler bei der Umsetzung Ihres Wohntraums. Dabei lassen Sie nur die notwendigsten Arbeiten (Errichtung des Dachstuhls, Sanitär- und Elektroinstallation etc.) vom Fachmann erledigen, alles andere können Sie selbst oder lassen es sich von einem Profi zeigen – so sparen Sie viel Geld. Womöglich verfügen Sie auch über gute Kontakte in Ihrem Familien-, Freundes- und Bekanntenkreis, die Ihnen mit Expertenwissen und/oder Muskelkraft beispringen, falls Ihre eigene Kapazität in bestimmten Phasen einmal an Grenzen stößt. Dabei spielt es dann auch keine nennenswerte Rolle, wenn das Haus nicht gleich nach ein paar Monaten steht. Zeit ist eine Ressource, die Ihnen einigermaßen viel Freiraum lässt, die Gestaltung Ihres eigenen Zuhauses selbst voranzutreiben. Und dennoch schätzen Sie den nötigen Zeitaufwand richtig ein und lassen Ihr Bauprojekt nicht zu einer never ending story werden. Was die Finanzen anbelangt, so haben Sie vorab für ein solides, wenn auch nicht üppiges Fundament gesorgt.

Luftdichtheit

Weshalb ist Luftdichtheit denn überhaupt so wichtig? Mit den zusehends besser isolierten Gebäudehüllen und auch dicker werdenden Dämmstoffschichten sinken die Energieverluste von innen nach außen zwar, doch damit steigt gleichzeitig die Bedeutung der Luftundurchlässigkeit, die die Grundlage für sämtliche modernen Energiekonzepte darstellt. Eine effiziente Energienutzung ist eben nur dann gewährleistet, wenn zwischen beheiztem Innenraum und unbeheizter äußerer Umgebung kein ungewollter Wärmeaustausch durch Konvektion (Wärmeübertragung durch Luftstrom) stattfindet; oder einfach gesagt: Wenn es zieht, wird es nicht warm.

Nach außen wird die Gebäudehülle idealerweise also winddicht ausgeführt, innenraumseitig befindet sich eine Luftdichtheitsschicht, die sogenannte Dampfbremse, die das Ein- und Ausströmen von kalt-feuchter beziehungsweise warm-feuchter Luft verhindert. Sowohl im Hinblick auf die Energieeffizienz als auch auf die Vermeidung möglicher Schimmelnester kommt der Luftdichte also größte Bedeutung zu.

Blower-Door-Test

Der Blower-Door-Test ist ein Verfahren, mit dem ein Fachmann überprüfen kann, inwieweit das Fertighaus im technisch definierten Sinne luftdicht ist. Die Luftdichtheit ist hierbei nicht als absolut zu verstehen, ein gewisser Mindestluftwechsel ist für ein gesundes Wohnklima auf jeden Fall erforderlich, wie es auch das GEG 2020 vorsieht. Hier heißt es in § 13 „Dichtheit": „Ein Gebäude ist so zu errichten, dass die wärmeübertragende Umfassungsfläche einschließlich der Fugen dauerhaft luftundurchlässig nach den anerkannten Regeln der Technik abgedichtet ist. Öffentlich-rechtliche Vorschriften über den zum Zweck der Gesundheit und Beheizung erforderlichen Mindestluftwechsel bleiben unberührt."

Bei neu errichteten Gebäuden, zumal bei Fertighäusern, gehört die Luftdichtheit zum geforderten Baustandard, denn nur bei einer luftdichten Gebäudehülle sind die vorgesehenen Energiekonzepte gewährleistet. Ohne zusätzli-

che Maßnahmen undichte Bauteile oder Konstruktionen sind beispielsweise:
- Trocken geputztes Mauerwerk
- Nicht verputztes Mauerwerk
- Porenbetonwände
- Brettschalungen (selbst mit Nut und Feder versehen)
- Faserdämmstoffe jeglicher Art
- Fensteranschlüsse in der gesamten Wand und Rollläden
- Fenster-, Terrassen- und Haustüren (besonders zur Sohlplatte/Kellerdecke)
- Anschluss Fußboden an Wand
- Schalter und Steckdosen in der äußeren Gebäudehülle
- Sämtliche Anschlüsse der Dampfbremse besonders bei Innen- an Außenwand, Dachflächenfenstern und Stößen im Dachgeschoss
- Verbindung einzelner Dampfbremsenbahnen untereinander
- Durchdringungen der Dampfbremse durch Zu- und Abluftrohre der Lüftungsanlage, Rohr-, Kabelleitungen etc.

Weil man mit bloßem Auge aber kaum überwachen kann, ob an der einen oder anderen Stelle etwa die Dampfbremse (versehentlich) durchdrungen und nicht fachgerecht wieder verschlossen wurde, ist der Blower-Door-Test essenziell. Konstruktionsfehler und während der Bauphase entstandene Schäden können damit eindeutig identifiziert werden.

Seriöse Anbieter führen deshalb vor Abschluss der Arbeiten und vor der Übergabe an den Eigentümer routinemäßig einen Blower-Door-Test (auch: Differenzdruckmessverfahren) durch. Ist ein solcher Test nicht im üblichen Leistungsumfang enthalten, und Sie sind dennoch sehr überzeugt vom Hersteller Ihrer Wahl, sollten Sie unbedingt auf die erfolgreiche Blower-Door-Prüfung im Kaufvertrag bestehen – zu Lasten des Anbieters. Sträubt er sich dagegen, wäre prinzipiell zu überdenken, ob die Entscheidung für den jeweiligen Fertighausanbieter die richtige war.

Wie funktioniert der Test? Mittels eines in eine provisorische Bautür eingesetzten Ventilators wird bei geschlossenen Außentüren und

Folientür mit Gebläse zur Durchführung des Blower-Door-Tests. Die Messung deckt Dichtheitsmängel in der Gebäudehülle auf, so werden handwerkliche Fehler entlarvt, bevor sie über erhöhten Energiebedarf im Geldbeutel spürbar werden.

Fenstern im gesamten Haus zunächst ein Über-, später auch ein Unterdruck erzeugt. Der für die Messung hergestellte Druckunterschied zwischen Innenraum und äußerer Umgebung beträgt generell jeweils 50 Pascal (Pa). Dabei wird die Luftwechselrate im Gebäude bestimmt, also eine wie große Luftmenge im Verlauf einer Stunde durch Luftleckagen nach außen strömt oder von außen nach innen eindringt.

Beim „Gebläse-Tür-Test" sollen Gebäude „ohne raumlufttechnische Anlagen" den Wert von 3,0 pro Stunde und Gebäude „mit raumlufttechnischen Anlagen" den Wert von 1,5 pro Stunde nicht überschreiten. Die Definition der Luftdichtheit als solche ist also durch technische Vorschriften zur Durchführung geregelt (DIN EN 13829), die Messung selbst allerdings nicht gesetzlich vorgeschrieben. Da diese Angaben keine besonders strikten Richtwerte darstellen, sollten Sie Ihren Anbieter je nach Gebäudeart möglichst auf eine Unterschreitung dieser Orientierungswerte verpflichten.

INTERVIEW: GESUNDES WOHNEN

Ein Gespräch über gesunde und behagliche Räume mit Herrn Peter Bachmann, Gründer und Geschäftsführer des Sentinel Haus Instituts

Gesundheit zu Hause spielt heute eine größere Rolle als jemals zuvor. Sie haben sich die Wohngesundheit zur Aufgabe gemacht. Was ist das genau?

Unsere Wohnumgebung kann Kopfschmerzen, Schlafstörungen, Allergien, Asthma und weitere Probleme auslösen. Gesundes Bauen ist deshalb heute viel mehr als ein behagliches Raumklima zu erzielen. Wir haben den Begriff der Wohngesundheit geprägt, um anhand klar messbarer, wissenschaftlich belegbarer Kriterien zu zeigen, was ein Gebäude leisten muss. Damit die Menschen, die in ihm leben, arbeiten oder lernen gesund und leistungsfähig sind und sich wohlfühlen. Das gilt besonders für die eigenen vier Wände. Bauherren bekommen klare Qualitätskriterien für Modernisierung, Neubau oder Produkte im Sentinel Portal. Dazu haben wir Verfahren entwickelt, mit denen Bauunternehmen und Fertighaushersteller diese Qualität prüfen und sichern können. Viele verantwortungsvolle Hausanbieter machen hier inzwischen ein freiwilliges Angebot.

Für uns und alle Menschen ist die Qualität der Luft besonders wichtig, weil wir uns zu 90 Prozent in geschlossenen Räumen aufhalten. Sie ist unser wichtigstes Lebensmittel. Luft im Gebäude kann vielfältig verschmutzt sein, etwa durch Formaldehyd, Lösemittel, Radon, Kohlenstoffdioxid. Diese wiederum können vielen Quellen entstammen, auch aus den verwendeten Baustoffen, Reinigungsmitteln und Einrichtungsgegenständen. Die transparenten Qualitätskriterien für den Konsumenten hat unser Institut auf den wertvollen Grundlagen des Umweltbundesamtes entwickelt, die sich mit normierten Messverfahren überprüfen lassen. Als Qualitätsmaßstab für die Wohnung, die Immobilie oder auch bestimmte Kategorien (z. B. ein Kinderzimmer) haben wir ein Siegel für Gebäude entwickelt. Parallel gibt es eines für geprüft gesündere Bauprodukte. Beide geben auf einen Blick Sicherheit.

Zum gesunden Wohnen gehören aber auch viel Tageslicht, eine gute Trinkwasserqualität und je nach Wunsch auch ein strahlungsarmes Umfeld – Thema Elektrosmog. Wenn der Babybrei mit Legionellen oder Schwermetallen belastet ist, führt dies zu massiven gesundheitlichen Folgen. In bestimmten Regionen sollte man den Baugrund auf Radon prüfen lassen. Das natürliche radioaktive Edelgas ist – nach dem Rauchen – die zweithäufigste Ursache für Lungenkrebs.

Holz als Baustoff gilt als besonders ökologisch, und zugleich soll es besten Einfluss auf das Raumklima haben. Können Sie diesen Standpunkt so bestätigen?

Seit fast 20 Jahren wohnen Menschen in Holzgebäuden, die unser Institut begleitet hat. Unter diesen gibt es sogar einige, die in ihren Gebäuden gesund geworden sind. Ich selbst liebe Holz. Für den Ausbau meines Schwarzwaldbauernhofes haben wir die Tannen selbst gefällt, sechs Kilometer transportiert, zu Bauholz verarbeitet und wieder zurück zum Haus gebracht. Holz ist ein traumhafter Baustoff und sehr nachhaltig. Jedoch ist eine pauschale

Aussage nicht möglich. Holz hat zahlreiche Vorteile, zum Beispiel hinsichtlich seiner feuchtigkeitsausgleichenden Eigenschaften. Gleichzeitig kann es aber gegenüber dauerhafter Feuchtigkeit empfindlicher sein als andere Baustoffe. Zudem ist Holz nicht gleich Holz: Für fast alle Häuser in sogenannter Fertigbauweise werden viele Holzwerkstoffe verwendet, nicht Massivholz. Das wäre zu teuer und zu aufwendig. Hier gibt es große Qualitätsunterschiede im Emissionsverhalten. Vorurteile verbieten sich in dem Zusammenhang allerdings: Es gibt Span- oder OSB-Platten, die sehr gute gesundheitliche Eigenschaften haben. Da hat sich in den letzten Jahren sehr viel getan, auch durch neue staatliche Vorgaben zum Beispiel beim Formaldehyd. Selbstverständlich ist das aber nicht. Auch Holzschutzmittel haben im Haus heute nichts mehr zu suchen.

Dafür werden andere Dinge immer wichtiger. Die Lüftung zum Beispiel. Ohne automatische Lüftungsanlage sollte man heute kein Haus mehr kaufen. Ein seriöses Unternehmen baut immer mit Lüftungsanlage. Lüftung hat viel mit Komfort und Gesundheit zu tun. Schutz vor sommerlicher Hitze, Feinstaub, Lärm, Kohlenstoffdioxid, Aerosolen ist nur mit einer hochwertigen Lüftungsanlage möglich. In keinem Kinderzimmer kann im Sommer oder Winter zuverlässig über die Fenster gelüftet werden. Viele Fertighaushersteller haben das schon lange erkannt und bieten ihre Häuser serienmäßig mit dieser Technik an. Damit schläft man besser, Kinder sind fitter und aufmerksamer und das Infektionsrisiko sinkt.

Woran erkenne ich als Interessent ein gesundes Fertighaus?

Kurz gesagt: am richtigen Zertifikat und einer seriösen Schadstoffmessung. Wenn der Anbieter eine hohe gesundheitliche Qualität vertraglich zusichert und das extern von unabhängigen Instituten prüfen lässt, ist das ein gutes Zeichen. Wir als Institut haben mit einem großen Fertighausanbieter eine umfassende Studie dazu erstellt. Dabei haben wir 650 Häuser auf ihre Raumluftqualität überprüft. Die Erkenntnisse und Verfahren, die wir gemeinsam daraus entwickelt haben, hat die Branche sehr positiv aufgenommen.

Die Fertighausindustrie hat denkbar gute Ausgangsbedingungen für gesundes Bauen: Sie kauft ihr Material zentral ein, fertigt nach Industriemaßstäben in trockenen Hallen mit gut ausgebildetem Personal und hat häufig festes Personal für Hausstellung. Denn der Faktor Mensch ist genauso wichtig wie gesundheitsgeprüfte Produkte. Aber: Man muss es auch machen.

Was müssen Fertighausanbieter tun, um ein Gesundheitszertifikat von Ihnen zu erhalten?

Alle Baustoffe im Innenraum müssen geprüft sein, und zwar transparent nach strengen Kriterien, die jeder auf unserer Webseite nachlesen kann. Das geht vom Dämmstoff über die Bodenbeläge bis zum Silikon für die Fugen im Bad. Gleichzeitig muss sich der Hersteller im gesunden Bauen schulen lassen – auf allen Ebenen. Das gilt auch für die Montagemitarbeiter, für die es zudem Baustellenregeln gibt. Mit das wichtigste sind regelmäßige Raumluftmessungen in fertigen Häusern. Hier messen wir mit offiziell anerkannter Technik nach genormten Verfahren. Die Proben wertet dann ein akkreditiertes, sprich öffentlich zugelassenes Labor aus. Damit die Messungen kein Einzelfall bleiben, muss der Hersteller eine bestimmte Zahl von Häusern messen lassen, abhängig von der jährlichen Anzahl produzierter Häuser. Als Baufamilie kann man sein Haus individuell messen lassen. Ob das mehr kostet, hängt vom Anbieter ab.

Manche Anbieter heben bestimmte Produkte, etwa beim Wandaufbau, hervor. Bringt mir das was?

Das kann, muss aber nicht sein. Aus gesundheitlicher Sicht zählt das Gesamtpaket – das ganze Haus. Und das besteht aus bis zu 500 Produkten. Der Verbraucher hat über das Sentinel Portal sentinel-haus.de – der größten Datenbank gesundheitlich geprüfter Produkte – Zugriff auf alle erforderlichen Waren für Gesundheit und Nachhaltigkeit. Dort finden sich für jedes Gewerk freigegebene Produkte. Die Datenbank integriert 30 unterschiedliche Label für gesündere Produkte. Da muss sich niemand mehr durch den Zertifikatsdschungel schlagen und Stunden am Rechner zubringen, um verlässliche Produkte zu finden. Das gilt übrigens auch für Eigenleistungen.

Ein gutes Stichwort. Viele Bauherren streichen Wände, verlegen Böden … Kann da etwas schiefgehen?
Oh ja! In der oben genannten Studie waren die Messwerte vor allem in den Häusern auffällig, in denen Eigenleistungen erbracht wurden. Einfach irgendetwas aus dem nächsten Baumarkt einzusetzen kann sich rächen. Die Schadstoffwerte gehen dann hoch. Das äußert sich zum Beispiel in Abgeschlagenheit, Müdigkeit, Kopfschmerzen und brennenden Augen. Auch Asthma durch Schimmel kann eine Folge sein. Besser ist es, gesundheitsgeprüfte Produkte zu wählen. Manche Fertighausfirmen bieten auch komplett zusammengestellte Renovierungs- oder Ausbaupakete an. Wenn der Hersteller gute Produkte wählt, kann man beruhigt loslegen. Viele Hersteller geben ihren Kunden zudem einen mit uns entwickelten Leitfaden mit Tipps zum wohngesunden Leben an die Hand. So bleibt ein Haus auch im Betrieb ein gesunder Lebensraum.

Können Sie dazu Beispiele nennen?
Neben der richtigen Lüftung, idealerweise mit Lüftungsanlage, sollte man generell die Belastung der Raumluft mit Schadstoffen vermeiden. Das reicht von Schimmelpilzen aus dem Komposteimer über schadstoffhaltige Reinigungsprodukte und Kosmetika bis hin zum Rauchen. Auch Geräte wie Laserdrucker, die Tonerpartikel freisetzen, können im Homeoffice negative Auswirkungen haben.

Im Zuge einer immer weiter voranschreitenden Hausautomation – sehen Sie hier Risiken für die Wohngesundheit?
Nein, im Gegenteil. Auch hier hat sich in den letzten Jahren enorm viel entwickelt. Denn Technik macht Unsichtbares sichtbar. Zum Beispiel Luftschadstoffe im Kinderzimmer. Die Qualität der Atemluft können Sie nicht sehen, nur manchmal riechen. Mit einem Raumluftwächter haben Sie die Luftqualität immer im Blick, direkt im Zimmer oder auf dem Smartphone fürs ganze Haus. Innovative Unternehmen bieten hier gute Lösungen. Aber Achtung: Technik braucht Wartung und Kontrolle: Eine Lüftungsanlage oder ein Wasserfilter ohne Wartung kann zum potenziellen Krankheitsverursacher werden. Elektronische Komponenten zur Komfortsteigerung und Energieeinsparung sind oft sinnvoll, wenn beispielsweise der Sonnenschutz automatisch auf die Sonneneinstrahlung reagiert und so die Temperaturbelastung im Haus reduziert. Die entstehenden elektromagnetischen Felder durch die Technik sind in der Regel gering, sodass keine Beeinträchtigungen zu erwarten sind. Generell sollte man elektromagnetische Felder allerdings vermeiden.

Wenn Sie sich Verbesserungen im Bereich der Wohngesundheit wünschen könnten, was wären die dringlichsten?
Dass Bauherren rundum darüber informiert sind, dass gesundes Bauen, gesunde Baustoffe in Deutschland nicht selbstverständlich sind. Und dass es so weitergeht wie in den letzten Jahren. Seit der ersten Auflage dieses Buches hat sich enorm viel getan. Der Baustoffhandel kennzeichnet jetzt deutlich mehr Baustoffe und Materialien und macht sie dem Kunden verfügbar. Auch im Bereich Selbermachen ist aktuell einiges im Schwange, sodass jeder, der will, im Baumarkt eine gesunde Alternative für sein Heimwerkerprojekt findet. Auch die Baustoffindustrie ist große Schritte gegangen. Der Anteil der Marketingtricks ist geringer, immer öfter legen die Hersteller belastbare Prüfzeugnisse akkreditierter Labore vor. Noch ist das nicht die Regel, aber es bewegt sich was. Vor allem bei den Fertighausherstellern. Dass in Deutschland allerdings nur jeder dritte Neubau über eine Lüftungsanlage verfügt, ist ein Fehler und eigentlich ein Skandal. Da wird an der falschen Stelle gespart. Gesundes Bauen ist bezahlbar und für jeden, ob Mieter oder Eigentümer, im Neubau und bei einer Modernisierung auch machbar!

DIE UMWELT- UND ENERGIEKONZEPTE

Der Bundesverband der Energie und Wasserwirtschaft e. V. (BDEW) stellte im Oktober 2019 fest: „Im Heizungsmarkt bleibt der Modernisierungsbedarf hoch", da „mehr als 50 Prozent der Heizungsanlagen in den deutschen Heizungskellern 15 Jahre oder älter sind."

Nachdem Sie sich hier schon unter anderem einen genaueren Einblick in Aufbau und Bedeutung der Außenhülle eines Fertighauses verschafft haben, geht es nun verstärkt um das energietechnische Innenleben Ihres neuen Heimes und darum, wie Sie möglichst lange zu den energieeffizienten Haushalten Deutschlands zählen. Natürlich müssen Sie sich im Vorfeld genauestens über die Gegebenheiten vor Ort informieren, sollten Sie schon ein Grundstück besitzen, denn nicht immer sind auch alle Arten der Energieerzeugung an jedem Standort möglich. Je genauer Sie hier im Vorfeld informiert sind, desto gezielter können Sie die für Sie passenden Energiekonzepte wählen. Da sämtliche Fertighaushersteller nahezu die gesamte Palette an möglichen Ausstattungen zur Energieversorgung anbieten, sollten Sie sich an dieser Haltestelle ganz bewusst machen, auf welche energetische Grundlage Sie Ihr Haus stellen wollen und können. Maßgeblich ist hierbei häufig der Unterschied in der Bilanz zwischen teilweise hohen Investitions- und niedrigeren Folgekosten einerseits und relativ niedrigen Investitions- und höheren Folgekosten andererseits. Folgekosten sind dabei meist mit Energiekosten gleichzusetzen.

Ein weiterer Aspekt ist die Umweltfreundlichkeit, denn wie viel ist Ihnen abseits aller Beteuerungen und bei nüchterner Betrachtung ein hoher ökologischer Standard wert? Heiztechnologien wie Pelletöfen, Wärmepumpen und Brennwerttechnik, aber auch andere energiesparende oder -gewinnende Systeme wie Mikro-Heizkraftwerke oder die kontrollierte Wohnraumbe- und -entlüftung werden hier erläutert und kurz bewertet. Doch den baulichen Wärmeschutz kann keine noch so avancierte und teure Heiztechnik ersetzen.

Heizungssysteme

Nicht allein für die Art der Warmwasser- und Heizwasseraufbereitung, also die Art des Heizsystems, sondern auch für die Form der Wärmeabgabe gibt es unterschiedliche Techniken im Angebot. Die Verteilung der Wärme im Haus bedient sich dabei der Prinzipien der Wärmeleitung, der Wärmestrahlung und der Konvektion.

Gesamtbestand zentrale Wärmeerzeuger 2019

- Biomasse-Kessel ca. 0,9 Mio. Stück
- Wärmepumpen 1,0 Mio. Stück
- Gas-Kessel (Heizwert) 7,0 Mio. Stück
- Öl-Kessel (Heizwert) 4,8 Mio. Stück
- Öl-Brennwertkessel ca. 0,7 Mio. Stück
- Gas-Brennwertkessel ca. 6,8 Mio. Stück

~ 21,2 Mio. Wärmeerzeuger im Bestand

Installierte Kollektorfläche, thermische Solaranlage ca. 20,8 Mio. m² ~ 2,4 Mio. Anlagen

Quelle: Erhebung des Schornsteinfegerhandwerkes für 2019 und BDH-Schätzung

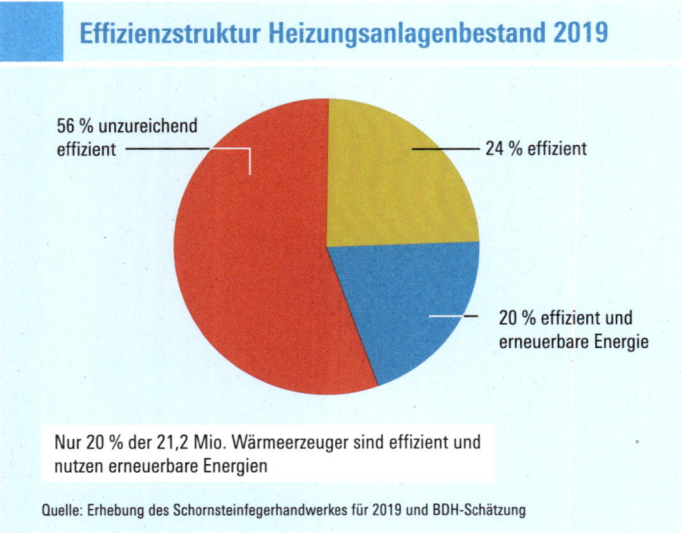

Effizienzstruktur Heizungsanlagenbestand 2019
- 56 % unzureichend effizient
- 24 % effizient
- 20 % effizient und erneuerbare Energie

Nur 20 % der 21,2 Mio. Wärmeerzeuger sind effizient und nutzen erneuerbare Energien

Quelle: Erhebung des Schornsteinfegerhandwerkes für 2019 und BDH-Schätzung

Die zunächst kostengünstigste Form der Wärmeabgabe kann sicherlich über die Installation von Heizkörpern erzielt werden. Sie sind einfach einzubauen, lassen sich mühelos auch nachträglich integrieren und benötigen wenig Raum. Sie geben Wärme hauptsächlich durch Konvektion (Wärmeübertragung durch Luftströmung) ab. Gleichwohl belegen sie den Platz vor einer Wand im Raum, der als Stellfläche verloren geht. Zusätzlich arbeitet ein Heizkörper aufgrund seiner vergleichsweise geringen Oberfläche wenig effizient, er braucht dazu eine verhältnismäßig hohe Vorlauftemperatur im Heizsystem, um einen Raum auf die gewünschte Zieltemperatur zu bringen. So muss das Heizwasser beispielsweise 65 Grad Celsius haben, damit behagliche 21 Grad Raumtemperatur erzielt werden können – selbstverständlich in Abhängigkeit von der Außentemperatur.

Sollte Ihr Fertighausanbieter also Heizkörper zur Wärmeabgabe vorsehen, fragen Sie zunächst sich und dann ihn, aus welchem Grund er das tut. Womöglich dient das nur dazu, die Kosten kleinzuhalten? Das könnte Sie im Lauf der Jahre jedoch teurer zu stehen kommen, zumal bei steigenden Brennstoffpreisen. Sollten Sie hingegen über ein schmales Ausgangsbudget verfügen, bieten Heizkörper anfangs wegen geringer Investitionskosten Potenzial für Einsparungen bei den Baukosten.

Fußbodenheizungen funktionieren sehr viel stärker nach dem Prinzip der Wärmestrahlung. Sie sorgen für ein angenehmeres Raumklima, da weniger Luftbewegung im Spiel ist. Aktuell gängige Modelle verwenden Rohrleitungen aus Kunststoff, die in Schlaufen gelegt unter dem Fußbodenbelag installiert werden.
UNSER TIPP: Geben Sie darauf acht, wie die Fußbodenheizung verlegt ist, denn bei einer „Nassverlegung" im Estrich ist eine zukünftige Reparatur der Leitungen nur verhältnismäßig aufwendig zu bewerkstelligen.

Wegen ihrer im Vergleich zu Heizkörpern viel größeren Oberfläche kommt eine Fußbodenheizung mit geringen Vorlauftemperaturen aus, was für aktuelle Heiztechnologien wie die Brennwerttechnik (siehe Seiten 46 f.) oder Wärmepumpen- und Pelletheizsysteme von großem Vorteil ist, weil sie die produzierte Wärmeenergie optimal nutzen können. Nicht jeder Bodenbelag ist allerdings gleich gut geeignet für den Einsatz einer Fußbodenheizung, am besten eignen sich Stein-, Fliesen- und Laminatböden, auch Parkett verträgt sich unter Umständen mit einer Fußbodenheizung; hier wird Ihr Anbieter wissen, welche Kombinationen möglich sind, Gleiches gilt für Teppichböden.
UNSER TIPP: Achten Sie beim Begriff „Parkett" auf die Schichtdicke des verlegten Materials, denn sie gibt Rückschlüsse auf die Qualität des Bodenbelags. Die Dicke der Holzschicht kann dabei zwischen wenigen Millimetern bis hin zu einigen Zentimetern schwanken.

Weiterhin vorteilhaft wirkt sich aus, dass durch die geringe Thermik kaum Staub aufgewirbelt wird und Fußbodenheizungen zudem das Milbenwachstum hemmen – eine gute Nachricht für Allergiker.

Nachteile: Änderungen der gewünschten Raumtemperatur setzt die Fußbodenheizung nur langsam um. Außerdem stellen viel Mobiliar und dicke Teppiche ein Hindernis für den Wärmetransport dar.

Ganz ähnlich wie die Fußbodenheizung funktioniert die Wandheizung, nur dass die Anordnung der Rohrschlaufen nicht horizontal im Boden, sondern vertikal in der Wand verläuft. Weil sich die Wandheizung in modernen Häusern in den Außenwänden befindet, müssen diese dann gut gedämmt sein, was Fertighausbauer in der Regel aber ausreichend berücksichtigen. Achten Sie diesbezüglich auf den U-Wert (siehe Seite 30) der Außenwände. Wie eine Fußbodenheizung benötigt eine Wandheizung nur niedrige Vorlauftemperaturen. Offensichtlicher Nachteil: Jegliche Montage von Regalen oder Bildern an den Wänden, sei es auch nur mit dem kleinsten Nagel, kann verheerende Folgen haben, wenn der genaue Verlauf der Leitungen nicht exakt berücksichtigt werden kann.

Bei der Planung eines Fertighauses kann man alternativ auch über die Installation einer Luftheizung nachdenken. Diese Technik ist eines der ältesten Systeme zur Wärmeverteilung. Ein beliebiges Heizsystem erhitzt die Luft, die über relativ großzügige Schächte in die Räume geführt wird. Luftheizungen werden heute fast immer mit einer kontrollierten Wohnraumbe- und -entlüftungsanlage (siehe Seite 57) betrieben. Ausschließliche Verwendung finden sie, wenn eine Luft-Luft-Wärmepumpe (siehe Seiten 49 f.) zum Einsatz kommt.

Fern- oder Nahwärme
Bei der Frage, ob eine Heizung mit Fernwärme in Betracht kommt, gilt ganz besonders: Holen Sie vorab Informationen ein a) über die Verfügbarkeit an Ihrem Grundstück (so schon vorhanden) und b) ob Ihr Fertighaushersteller diese Option im Angebot hat.

Können beide Punkte positiv beantwortet werden, steht Ihnen eine in mehreren Belangen günstige Energieversorgung offen. Ein sehr großer Vorteil ist, dass Sie die Anlage zur Wärmeerzeugung nicht in Ihrem Haus berücksichtigen müssen, nur die Anschlüsse und die Verteilungsleitungen müssen geplant werden. So bleibt mehr Freiraum, der ansonsten vom Kamin, von der Anlage zur Wärmeproduktion und auch vom Lagerraum für den Brennstoff beansprucht worden wäre. Nur der Wärmetauscher muss einen geeigneten Platz finden. Mit diesem Gerät wird in modernen Heizanlagen Energie von einem Medium (zum Beispiel Luft) auf ein anderes (Wasser) übertragen. Doch bei einer Größe, die einen Heizkessel locker unterschreitet, dürfte das kein Problem sein.

Von hier aus wird sowohl geheizt als auch Warmwasser bereitet. Hohe Wartungs- und Folgekosten sind Schnee von gestern, der Umwelt tun Sie mit Fern- oder Nahwärme auch einen Gefallen: Die ohnehin anfallende Abwärme von größeren Industrieanlagen oder Kraftwerken erfüllt so noch einen nützlichen Zweck. Außerdem können Energieverluste gering gehalten werden, weil immer mehrere Haushalte in Reihe versorgt werden.

Wo ist der Haken? Die Knackpunkte sind der Preis und die Versorgungssicherheit, wenn sie denn als solche gelten sollen. In beiden Aspekten sind Sie vom alleinigen Anbieter voll abhängig. Was die Sicherheit anbelangt, so können defekte Wärmeleitungen, etwa die versehentliche Beschädigung durch Erdarbeiten auf einer Baustelle, natürlich hier und da auftreten. Zu technischen Störungen und Ausfällen kann

---

Energieberater einschalten

Auch wenn Sie vom Fertighausanbieter ein Komplettangebot erhalten, in dem logischerweise die Heizanlage als Ganzes implementiert ist, lassen Sie dennoch einen unabhängigen Energieberater einen nüchternen und objektiven Blick auf die Gesamtplanung werfen. Dadurch kommen zunächst zusätzliche Kosten auf Sie zu, die sich möglicherweise jedoch schnell amortisieren, macht der Energieberater erst einmal Verbesserungspotenzial aus. Zudem wollen Sie für Ihr Haus auch einen energetisch individuellen Zuschnitt, denn ein Zweipersonenhaushalt stellt grundlegend andere Anforderungen an das eingebaute Energiesystem als einer, in dem drei Generationen wohnen und einige der Bewohner den ganzen Tag zu Hause sind.

Der Verband Privater Bauherren empfiehlt als derzeit kostengünstigste Variante beim Bauen die Kombination aus Fußbodenheizung mit Gasbrennwerttherme und Solarthermie; doch das ist nur eine Momentaufnahme, denn die Wirtschaftlichkeit der vorgesehenen Energiesysteme kann je nach Haushaltsstruktur und Anlage sehr unterschiedlich ausfallen, wie ein Vergleich der Heizsysteme der Stiftung Warentest im Jahr 2020 gezeigt hat. Unabhängige Energieberater finden Sie etwa hier:
www.verbraucherzentrale-energieberatung.de
dena.de   nrw-energieberatung.com
www.energie-effizienz-experten.de

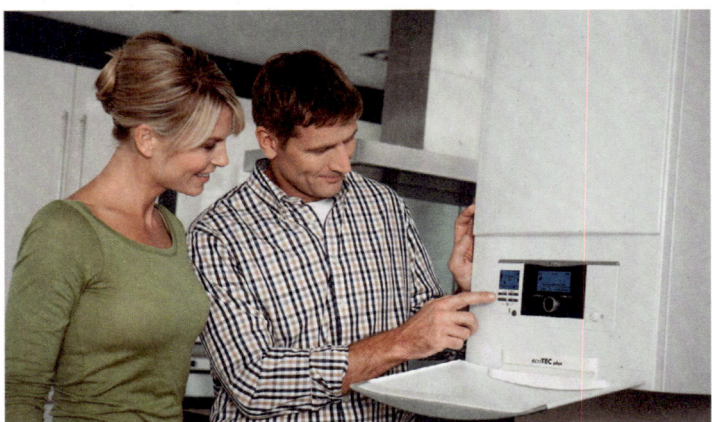

Moderne Anlagen zur Energieversorgung – vielfach individuell programmierbar und auf einfache Bedienung ausgelegt.

es aber bei den anderen Energiesystemen genauso kommen. Grundsätzlich kann die Versorgungssicherheit von Fern- oder Nahwärme als hoch eingestuft werden. Das wöchentliche Aufheizen zum Schutz vor Legionellen entfällt bei dieser Energiequelle.

SCHUTZ VOR LEGIONELLEN

Legionellen (Legionella pneumophila) sind bakterielle Erreger und Auslöser der Legionärskrankheit. Im kalten Wasser kommen sie kaum vor, erst bei Temperaturen zwischen 30 und 40 Grad steigt ihre Konzentration an. Wird mit Legionellen verunreinigtes Wasser getrunken, besteht keine Gefahr. Erst die Aufnahme durch feine und feinste Wassertröpfchen über die Atemwege ist riskant.

Ab einer Temperatur von 55 Grad Celsius werden die Bakterien abgetötet. Aus diesem Grund verfügen moderne Heizanlagen über eine Anti-Legionellen-Schaltung, die das Brauch- und Trinkwasser standardmäßig einmal wöchentlich auf etwa 70 Grad Celsius aufheizt. Inwiefern hierdurch der gesamte Wasserkreislauf und somit alle Legionellen erreicht werden, ist umstritten. Wegen des vergleichsweise hohen Wasserdurchsatzes häuslicher Warmwasser- und Heizanlagen wird das Risikopotenzial in Fachkreisen derzeit jedoch als niedrig eingeschätzt – anders als in größeren Anlagen wie Krankenhäusern und Hotels.

Gasheizkessel und Brennwerttechnik

Sämtliche Brennwertkessel machen sich ein simples physikalisches Gesetz zunutze: Bei der Kondensation von Wasserdampf wird Wärmeenergie frei. Bei der Verbrennung von unterschiedlichen Brennstoffen (Gas, Öl, Pellets) entsteht eben solcher Wasserdampf, der bei herkömmlichen Heizsystemen, die ausschließlich den Heizwert der Energieträger nutzen, in Verbindung mit CO_2 über den Schornstein verpufft – dabei ist gerade er es, in dem noch viel Energie steckt. Eine Brennwerttherme nutzt also die Wärme der Abgase selbst und kann so die Energie der Brennstoffe nahezu vollständig verwerten. Die Stiftung Warentest hat jedoch im Zuge zweier Vergleiche von Heizsystemen (5/2018 und 7/2020) Testreihen mit Brennwertkesseln durchgeführt und herausgefunden, dass diese umso effizienter Energie sparen, wenn sie mit Solartechnik und einer guten Wärmedämmung der Außenhülle gekoppelt sind. Die Verbrennung von Öl und Gas zum Heizen belastet die Umwelt stärker als unter Anwendung alternativer Energieträger.

Der Bundesindustrieverband Deutschland Haus-, Energie- und Umwelttechnik e. V. (BDH) empfiehlt beim Neubau daher per se die Kopplung vorgesehener Gas-Brennwerttechnik an Solarthermie (nur bedingt Photovoltaik, da diese vorrangig Strom erzeugt). Fertighausbauer haben aktuell ohnehin nahezu ausschließlich Hybridheizsysteme im Angebot. Der relativ niedrige Anschaffungspreis einer Brennwerttherme ist hier sicher ein Faktor, ein zweiter die bessere Umweltbilanz, ein dritter die Vorgaben des Gesetzgebers, der mindestens eine Kombination aus fossilen und regenerativen Energieträgern zum Heizen im Zuge eines Neubaus fordert. Obwohl Gas-Brennwertkessel die sauberste Verbrennung vor Ort bieten und relativ wenig Schadstoffe in die Umwelt blasen – die beste Ökobilanz können sie nicht aufweisen, da es sich nun einmal um einen fossilen, also nicht regenerativen Brennstoff handelt.

Weiterer Vorteil: Dadurch, dass sie schon relativ lange am Markt sind, sind die Brennwertthermen technisch ausgereift und lassen sich aufgrund ihrer bescheidenen Ausmaße leicht an verschiedenen Orten unterbringen.

Pellet- und Holzkessel

Die hochmoderne Ausgabe des guten alten Kachelofens tut sich unter allen derzeit gängigen Heizsystemen vor allem durch ihre klimaschonende Gesamtbilanz hervor. Auch in punkto vollautomatischer Steuerung der Heizanlage steht sie den anderen (Gas- und Ölkesselanlagen) in nichts mehr nach und ist bequem zu handhaben. Heute werden im Brenner aber keine Holzscheite mehr verbrannt, sondern normierte, aus Holzspänen gepresste Minizylinder (= Pellets) kommen in die Brennkammer: Über spezielle Förderschnecken und/ oder Gebläse gelangen die kleinen Holzpfropfen durch ein Leitungssystem bis direkt an den Verbrennungsort im Holzpelletkessel.

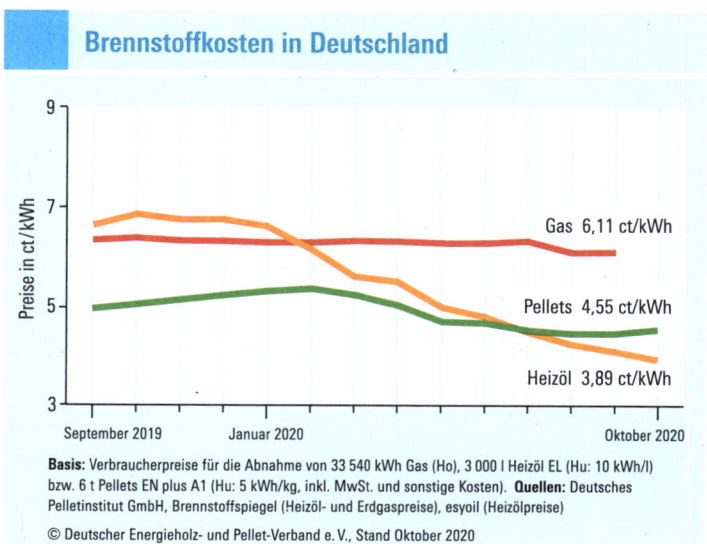

Die durch die Verbrennung freiwerdende Energie erwärmt das Wasser, das nach Bedarf direkt ins Heizsystem fließen kann, zu Zeiten geringeren Bedarfs in den sogenannten Pufferspeicher gelangt, aus dem das erwärmte Wasser dann nach und nach abgegeben wird, etwa als Warmwasser zum Duschen. Bei der Anschaffung sollte stets darauf geachtet werden, dass der Pufferspeicher so groß gewählt wird, dass die ausreichende Versorgung mit warmem Wasser gerade in Phasen hohen Verbrauchs wie im Winter immer gewährleistet ist. Ebenfalls ist es sinnvoll, die Kesselleistung im Blick zu behalten, die angibt, welcher Kilowattwert bei voller Belastung für die Heizung verfügbar ist. Doch nicht nur die maximale Leistung, sondern auch der Minimalwert bei nur teilweiser Auslastung – beispielsweise im Sommer – ist entscheidend, denn die Anlage wird auch in der warmen Jahreszeit betrieben. Ist der minimale Verbrauch bei sogenannter Teillast relativ hoch, so wird unnütze Wärmeenergie produziert, die nicht verbraucht werden kann. Hier ist der oftmals angegebene Jahresnutzungsgrad einer Anlage ein hilfreicher Parameter, der prozentual im Jahresmittel nämlich genau den Wert angibt, der bei der Verbrennung eines Pellets auch tatsächlich als Energie genutzt werden kann.

Größter Nachteil des Heizsystems mit Holzpelletkessel ist sicher sein Raumbedarf, da neben dem Platz für den Brennkessel und den Pufferspeicher auch ein Tank für den Pelletvorrat vorhanden sein muss. Doch so wie bei einem Öltank kann auch der Pellettank unter der Erde und außerhalb des Hauses angelegt werden, oder ein vorhandener Kellerraum wird kurzerhand umfunktioniert. Dieser sollte dann in möglichst kurzer Distanz zum Ort der Verbrennung liegen, da die optimale Verbrennung der Holzpellets nur gewährleistet ist, wenn diese auf ihrem Weg vom Tank in den Ofen nicht an allzu vielen Ecken und Windungen aufprallen und teilweise zerstört werden. Doch kann der Betreiber der Pelletheizung seinen Brennstoff und vor allem dessen Qualität selbst auswählen. So ist bei der Wahl der richtigen Pelletsorte darauf zu achten, dass die Pellets einen niedrigen Aschegehalt aufweisen. Bei einem Höchstwert von 1,5 Prozent fallen pro Tonne verbrannter Pellets immerhin 15 Kilogramm Asche an, die der Betreiber selbst entsorgen muss. Da lohnt es sich vielleicht, auf Pellets zurückzugreifen, die lediglich einen Aschegehalt von 0,5 Prozent aufweisen, wobei dann pro Tonne Heizmaterial lediglich 5 Kilo Asche entsorgt werden müssen.

Diesem kleinen Nachteil im Vergleich zu Gas- und Öl-Brennwertkesseln steht die Unabhängigkeit von nicht erneuerbaren Brennstoffen gegenüber: Beim nachwachsenden Rohstoff Holz ist in Mittel- und Nordeuropa mittelfristig nicht mit einer Knappheit zu rechnen.

Die Stiftung Warentest hat bei ihrem Heizsystemvergleich im Juli 2020 festgestellt, dass die Holzpelletkessel hinsichtlich ihrer Klima- und Umweltbilanz mehr als gut abschneiden: Während der Holzpelletkessel zugegebenermaßen in punkto Anschaffungs- und jährliche Kosten für Wärmebedarf am teuersten ist, stellt er hinsichtlich Klimabilanz und Primärenergieaufwand mit Abstand die umweltfreundlichste Alternative dar. Bei der Wahl der Anlage ist dennoch darauf zu achten, dass diese wenig Kohlendioxid ausstößt. Stark erhöht ist der Kohlendioxidausstoß zum Beispiel beim Anzünden, weshalb ein Anbrennen und Abschalten der Anlage zu vermeiden sind.

Achtung: Die Emissionen von Stickoxiden, Kohlenmonoxid und Feinstaub vor Ort sind bei Pelletanlagen von allen Heizsystemen am höchsten! Für eine möglichst effiziente Funktion der Heizanlage ist eine optimale Einstellung durch einen ausgewiesenen Techniker unabdingbar. Pauschal lässt sich aber festhalten, dass Pelletheizungen unter Einbezug von Herstellung und Transport des Brennstoffs nicht viel mehr Kohlendioxid an die Atmosphäre abgeben, als sie vorher als Baum aus der Luft gefiltert und gebunden haben, dass sie also weitgehend klimaneutral sind.

Prinzipiell von Vorteil sind die vom übrigen Energiemarkt (hier vorwiegend Gas und Öl) unabhängige Preisentwicklung des Holzes und der Umstand, dass beim Kauf von Holz nur 7 Prozent Mehrwertsteuer fällig werden, im Gegensatz zu 19 Prozent bei Gas und Öl.

Finanzielle Förderung von Pelletheizungen

Das Bundesamt für Wirtschaft und Ausfuhrkontrolle (BafA) fördert ab 5 KW Nennwärmeleistung aktuell die Installation von:

- **Kesseln** zur Verbrennung von Biomassepellets und -hackschnitzeln (auch als Kombinationskessel für Scheitholz)
- **Pelletöfen** mit Wassertasche
- **emissionsarmen Scheitholzvergaserkesseln**

Gefördert werden bis zu 35 Prozent der förderfähigen Kosten. Zu Förderungen für weitere Heiztechniken siehe Seite 51.

WAS SIND HOLZPELLETS?

Holzpellets sind nach einer Normvorschrift gepresste längliche Zylinder aus unbehandelten Holzspänen oder Waldholzresten (ohne Rinde), bestehen demnach nur aus Holzabfällen ohne chemische Zusatzstoffe. Die Presslinge sind 0,4 bis 1 Zentimeter dick und 2 bis 5 Zentimeter lang. Ihre Eigenschaften und Mindestanforderungen legt in Deutschland die Norm DIN 51731 fest. Generell gilt: Je glatter die Pellets sind, je weniger oberflächliche Abriebschäden oder Risse entdeckt werden können, je geringer der Staubanteil ist und je gleichförmiger die Größe der Presslinge ist, desto höher ist die Qualität der Pellets einzustufen. Feuchte Pellets stellen eine Gefahr für die Fördertechnik dar und sind für die Heizanlage unbrauchbar – eine absolut trockene Umgebung ist demnach unabdingbar.

Zur Berechnung der passenden **Lagerraumgröße** gilt folgende Faustregel: Je Kilowatt Wärmebedarf sind 0,9 Kubikmeter Lagerraum vonnöten. Aufgrund der erforderlichen Anschlüsse des Lagerraums für die Befüll- und Absauganlage können nur etwa 70 Prozent des Lagervolumens tatsächlich auch genutzt werden.

Ölheizanlagen

Der Zahn der Zeit und die Erkenntnis um die Endlichkeit des fossilen Brennstoffs Öl haben bei Neubauprojekten bereits zu einem deutlichen Rückgang der Heizsysteme geführt, die Öl als Brennstoff verwenden. Gleichzeitig hat auch hier eine deutliche Entwicklung hin zur Brennwerttechnik geführt, deren Prinzip bereits näher beschrieben wurde. Veraltete Ölheizkessel werden also zunehmend gegen technisch ausgereiftere ausgetauscht.

Neben den vergleichsweise geringen Anschaffungskosten für den Kessel selbst stehen allerdings der Raumbedarf, die Kosten für einen Tank und die unwägbaren Unterhaltskosten im Heizbetrieb wegen des schwankenden Ölpreises gegenüber: War lange mit den höchsten Preissteigerung aller verfügbaren Brennstoffe zu rechnen, liegt das Preisniveau Stand Januar 2021 in etwa mit dem von Holzpellets gleichauf – und unter dem für Gas. Doch hier handelt es sich lediglich um eine Momentaufnahme. Auch die Wartung des Tanks muss in die Gesamtkostenrechnung mit einbezogen werden. Obendrein haben mit Öl betriebene Heizanlagen eine schlechte Ökobilanz – das Heizen mit Öl scheint ein Auslaufmodell zu sein. Dementsprechend führen Fertighaushersteller kaum mehr auf Öl basierte Heizsysteme in ihrem Angebot.

Wärmepumpen

Galten frühere Generationen von Wärmepumpen noch als Stromfresser, muss dies für die fortan weiterentwickelte Technologie nicht mehr zutreffen.

Eine Wärmepumpe funktioniert ungefähr wie der gute alte Kühlschrank, nur umgekehrt. Während ein Kühlschrank die Wärme aus seinem Inneren nach außen leitet, daher seine warme Rückseite, kehrt die Wärmepumpe dieses Prinzip um: Der äußeren Umgebung, also der Umwelt außerhalb eines Hauses, wird Wärmeenergie entzogen, um diese ins Hausinnere zu leiten. Das Heizsystem mit einer Wärmepumpe besteht prinzipiell aus drei Komponenten:
▶ der Wärmequelle (oder auch mehreren),
▶ der eigentlichen Wärmepumpe und
▶ dem Verteil- beziehungsweise Speichersystem.

In einem ersten Schritt wird der Wärmequelle (Luft, Grundwasser, Erde) durch eine zirkulierende Flüssigkeit (in der Regel mit Frostschutz versehenes Wasser) die Umweltwärme entzogen, die im Anschluss weiter in die Wärmepumpe transportiert wird (im Falle von Luft als Wärmequelle wird der Pumpe die Wärme über einen Ventilator zugeführt).

Zwei Kreisläufe schließen sich an, die zum einen über einen Wärmetauscher (Verdampfer) die aus der Umwelt gewonnene Energie wieder freisetzen, ein Kältemitteldampf entsteht, der zum anderen über einen Kompressor in den zweiten Kreislauf gelangt, in dem er wieder kondensiert und dadurch heruntergekühlt wird. Die dabei frei gewordene Energie erwärmt das Wasser, das für die Heiz- und Warmwasserspeicheranlage das Heizmedium des zu beheizenden Gebäudes bildet. Luft-Luft-Wärmepumpen leiten die der Umgebung entzogene Wärme über warme Luft ins Hausinnere, wogegen Luft-Wasser-Wärmepumpen die gewonnene Energie zunächst an Wasser als Übertragungsmedium weiterleiten.

Grundsätzlich sind diese Heizsysteme also eine clevere Sache, wären da nicht zwei Haken: die relativ hohen Anschaffungs- und Betriebskosten. Wer sich davon nicht gleich verschrecken lässt und genauer kalkuliert, kann trotzdem in einer Wärmepumpe die für ihn günstigste Alternative entdecken. Je nach Beschaffenheit der Wärmepumpe liegt der Basispreis für das Herz der Anlage, die eigentliche Pumpe, zwischen 10 000 und 14 000 Euro. Hierzu addieren sich Ausgaben für Anschluss und Installation der Anlage, die sich auf weitere 3 000 bis 6 000 Euro belaufen. Je nach Art und Leistung der Wärmepumpe fördert der Staat den Einbau einer solchen derzeit mit bis zu 100 Euro pro Kilowattstunde.

Der Grafik „Wärmepumpen Absatzzahlen" (siehe Seite 50) ist abzulesen, dass geothermische Wärmepumpenanlagen (auch Sole-Wasser-Wärmepumpen) nicht so verbreitet sind. Der einfache Grund: Die Montage- und vor allem Bohrungskosten (nicht selten 100 Meter und tiefer) sind hoch. Aber auch hier

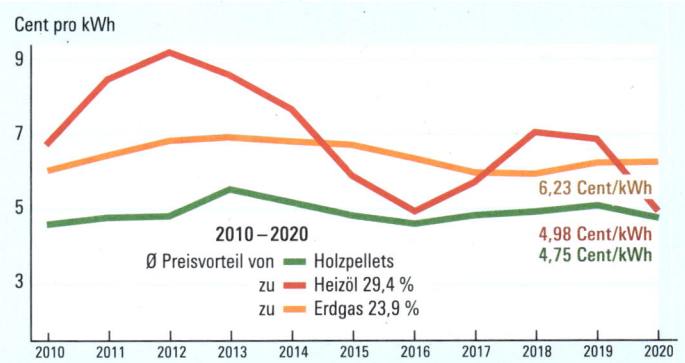

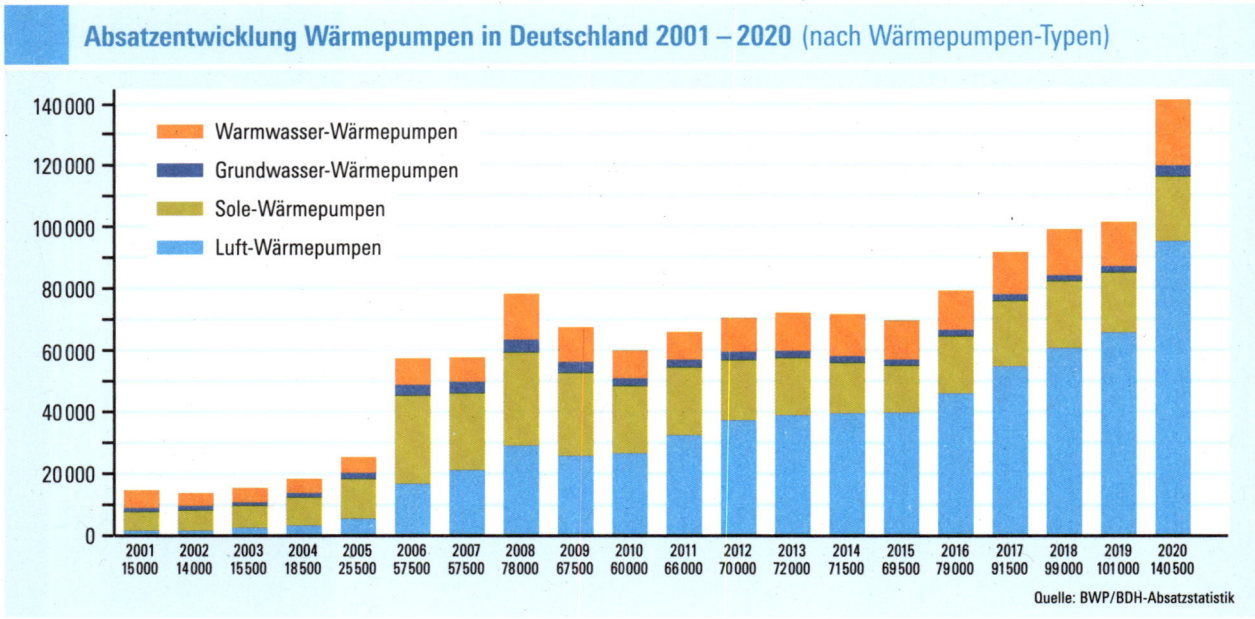

gilt der entscheidende zweite Blick, denn Erd-/Grundwasserwärmepumpen sind weitaus effizienter als Luftwärmepumpen. Am effizientesten arbeitet eine Wärmepumpe bei geringer Differenz zwischen Wärmequelle und gewünschter Systemtemperatur. Je kälter also die Wärmequelle, desto mehr Strom verschlingt die Wärmepumpe zur Energiegewinnung. Pumpen, die kalte Außenluft zur Wärmegewinnung nutzen, verbrauchen am meisten Strom – an kalten Tagen sinkt der Wirkungsgrad aufgrund der geringeren verfügbaren Wärme in der Luft, die

Was steht im Angebot?

Achten Sie bei den angebotenen Heizsystemen darauf, ob die Erdarbeiten im Angebot aufgeführt sind. Nur wenn das der Fall ist, entgehen Sie unwillkommenen Überraschungen. Hintergrund: Nicht selten ist mehr als eine Bohrung vonnöten, um die Heizungsanlage zu verlegen. Das Bohrunternehmen erbringt diese Leistung in der Regel nicht als Pauschalangebot, für jede zusätzliche Bohrung fallen jeweils separat Kosten an. Vereinbaren Sie deshalb möglichst die pauschale Stellung und komplette Montage der gesamten Heizanlage, dann sind Sie auf der sicheren Seite.

Stromkosten für den Betrieb der Kühlmittelpumpe schnellen in die Höhe. Das könnte sich noch als besonders problematisch herausstellen, wenn Stromanbieter sich künftig dazu entschließen sollten, den Strompreis an die Konjunkturen von Nachfrage und Angebot zu koppeln, was vor allem für die Wintermonate extreme Stromkosten nach sich zöge. Der von Gas und Öl losgelösten Art des Heizens steht also die Abhängigkeit von elektrischem Strom gegenüber. Ökonomisch kann sich die Anschaffung einer Wärmepumpe dennoch lohnen, wenn

- ▶ sie effizient ist, einen hohen Wirkungsgrad entfaltet,
- ▶ sie auf eine lange Laufzeit angelegt ist, die hohen Investitionskosten auf lange Sicht also wieder einspielt,
- ▶ die angeschlossene Heizungsanlage eine niedrige Vorlauftemperatur benötigt, diese idealerweise also 50 Grad Celsius nicht überschreitet,
- ▶ beim Stromanbieter ein Sondervertrag für den von ihr verbrauchten Strom geschlossen wurde (nicht selten für Wärmepumpen möglich).

Elektrische Wärmepumpen sind aus ökologischer Perspektive „vor Ort" sauber, denn sie verursachen hier keine Emissionen. Dies tun jedoch die meisten Kraftwerke, die den zum Betrieb der Pumpe nötigen Strom liefern und die Umwelt bekanntlich belasten. Die Ökobilanz von Wärmepumpen ließe sich durch die ausschließliche Speisung mit Ökostrom verbessern. Dazu müssen die Tarife der einzelnen Versorger auf jeden Fall sorgfältig verglichen werden. Bei allen Wärmepumpen gibt die Jahresarbeitszahl (JAZ) die Energiebilanz an, bei der sich Wärmeproduktion einer Wärmepumpe im Vergleich zu ihrem Eigenbedarf an Elektroenergie gegenüberstehen. Gute JAZ liegen bei über 4,5, wenn die Differenz zwischen Quellmedium und Vorlauftemperatur der Heizung möglichst gering ist.

Blockheizkraftwerke (BHKW)

In gut wärmegedämmten Häusern rentierten sich die eine Zeitlang populären Mini-BHKW nicht, weil sie schlichtweg so viel Energie erzeugten, dass diese gar nicht sinnvoll verbraucht werden konnte. Daher kommen zusehends „Mikro-BHKW" auf den Markt, die für den geringeren Energiebedarf von modernen Einfamilienhäusern entwickelt sind. Weitere Vorteile im Vergleich zu den älteren Minis: Die Mikros sind leiser, kostengünstiger im Betrieb und vor allem kleiner.

KRAFT-WÄRME-KOPPLUNG (KWK)

Mit KWK wird Energie in zweifacher Hinsicht nutzbar gemacht, Wärme und mechanische Energie (direkt umgesetzt in Strom). Die prinzipiell auch in großen Kraftwerken mit Verbrennungsmaschinen genutzte Technologie erzeugt in erster Linie Strom. Die dabei anfallende Wärme wird durch einen Wärmetauscher unmittelbar zum Heizen oder für die Warmwasserbereitung in den umliegenden Gebäuden genutzt. Ein Verlust ungenutzter Abwärme, die vielfach einfach durch den Schornstein entweicht, wird so deutlich reduziert. Die bei der Erzeugung von elektrischem Strom in einem entfernt liegenden Kraftwerk entstehenden Leitungsverluste (bis zum Verbraucher) verringert die KWK in der Heizungsanlage vor Ort deutlich, da die Produktion und Nutzung von Strom und Wärme in Eigenregie erfolgt.

Kalkulation der Heizungsanlage: Förderanteil prüfen

Bevor Sie sich für das eine oder andere Heizsystem entscheiden und den Vertrag eines Fertighausanbieters unterschreiben, prüfen Sie genau, inwieweit die einzelnen Komponenten dem Marktpreis entsprechen. Führt der Anbieter das Heizsystem mit dem gängigen Listenpreis, machen Sie sich über die Fördermöglichkeiten schlau. Hier haben Sie dann einen Ansatz für Verhandlungen, da der Hersteller mögliche Fördergelder seinerseits sicher mitkalkuliert. Mehr zu allgemeinen Fördermöglichkeiten von erneuerbaren Energien auf den Internetseiten des Bundesamts für Wirtschaft und Ausfuhrkontrolle: bafa.de/beg.

Eine weitere gute Übersicht über Förderprogramme liefert die Internetseite des Verbands Privater Bauherren e.V.: www.vpb.de/bauherren-foerderprogramme.html; die Onlinedatenbanken energieexperten.org und deutschland-machts-effizient.de (Stichwort „Förderprogramme") stellen ebenfalls umfangreiche und vor allem tagesaktuelle Informationen zur Verfügung.

Bei dieser also ursprünglich nur für Heizanlagen im größeren Maßstab vorgesehenen Technologie treibt ein Verbrennungsmotor (mögliche Brennstoffe: Gas, Holzpellets, Öl) einen Generator an, der die mechanische Bewegung in elektrische Energie umwandelt.

Die dabei entstehende Wärme wird diesem primären Kreislauf entzogen und in die Heizungsanlage überführt. Ein wirtschaftlich arbeitendes KWK-Heizsystem sollte immer durch eine Spitzenlast-Heizkomponente ergänzt werden, die sich besonders an kalten Tagen bei gesteigertem Heiz- und Warmwasserbedarf automatisch zuschaltet.

Warum ist das sinnvoll? Der Bedarf an Heizenergie in einem Einfamilienhaus übersteigt normalerweise nicht die Grundleistung von 1 Kilowatt. Die Basisenergieleistung des Systems im Dauerbetrieb kann so relativ niedrig gehalten werden.

Weitere Bestandteile der Energieerzeugung mit einem BHKW sind ein ausreichend dimensionierter Pufferspeicher zur Bevorratung von zeitweise nicht benötigter Wärmeenergie, ein Regler für die Anlage, hydraulische Einrichtungen zur Wärmeverteilung und die Abgasleitung.

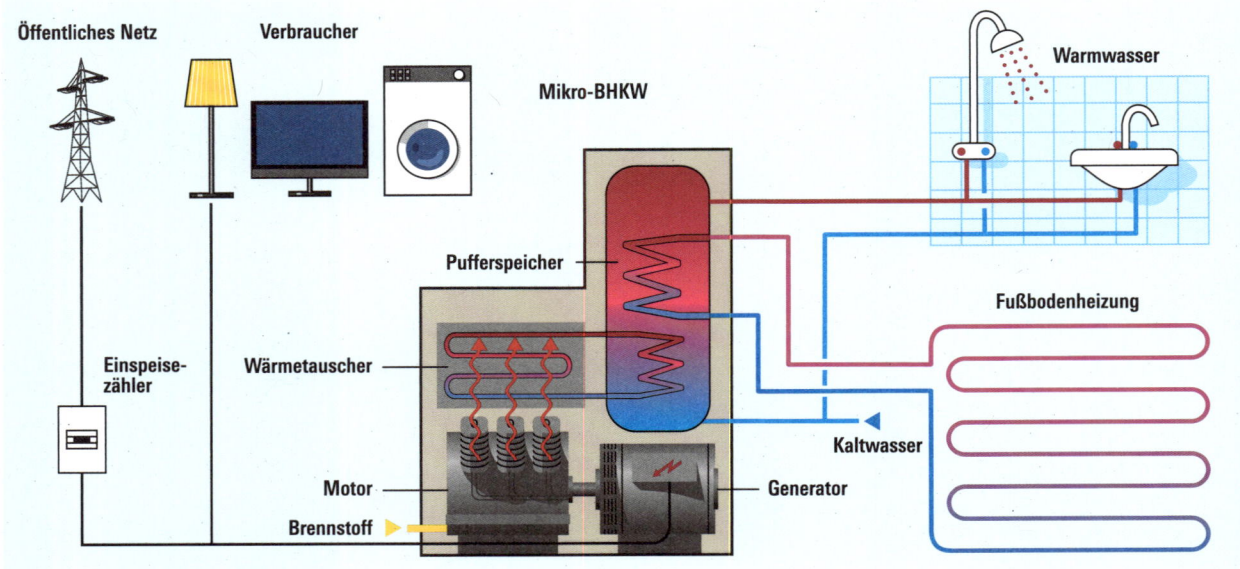

Als Motoren sind diverse Technologien im Angebot:

Verbrennungsmotoren sind ausgereifte, zuverlässige Systeme, die auf den Erfahrungswerten ähnlich funktionierender Antriebe beruhen, etwa Diesel- und Ottomotoren aus dem Kraftfahrzeugbau. Sie zeichnen sich durch hohe thermische (bis zu 92 Prozent) und elektrische Wirkungsgrade (bis zu 25 Prozent) aus. Als nachteilig müssen der vergleichsweise hohe Wartungsaufwand des Getriebes (relativ häufige Ölwechsel), die relativ hohen Emissionen und eine mäßige Lärmentwicklung angeführt werden.

Der Stirlingmotor basiert nicht auf einem internen Verbrennungsprozess, sondern auf der externen Erhitzung eines abgeschlossenen Kolbens, der dauerhaft mit einem Arbeitsgas befüllt ist und abwechselnd erhitzt und gekühlt wird, wodurch das Getriebe in Gang gesetzt wird. Weil der Betrieb eines Stirlingmotors mit unterschiedlichen Brennstoffen möglich ist, kann eine solche Anlage flexibel versorgt werden. Außerdem sind solche Motoren geräusch- und wartungsarm, da Ölwechsel prinzipiell entfallen. Zu guter Letzt können sie emissionsarm betrieben werden, weil sie mit konstanter Verbrennung arbeiten (zudem auf niedriger Flamme). Dem gewöhnlich niedrigeren elektrischen Wirkungsgrad (nur im Idealfall bis 25 Prozent) steht ein sehr guter Gesamtwirkungsgrad von über 90 Prozent gegenüber, weshalb er sich für den Einsatz in einem Einfamilienhaus eignet.

Dampfmotoren funktionieren nach einem ähnlichen Prinzip wie Stirlingmotoren. In einem geschlossenen Kreislauf wird Wasser von außen erhitzt, in Wasserdampf überführt und anschließend wieder kondensiert. Durch diesen Prozess wird ein Antrieb in Bewegung gebracht und die anfallende Wärmeenergie ins

Ökologischer Betrieb von Stirlingmotoren

Der Stirlingmotor lässt sich mit ganz unterschiedlichen Brennstoffen beheizen, sodass man durch Einsatz entsprechender BHKW völlig unabhängig von fossilen Energieträgern werden kann, wenn beispielsweise Holz als Brennstoff eingesetzt wird. Halten Sie Rücksprache mit einem Energieberater und lassen Sie sich aufklären, welches System am günstigsten für den von Ihnen bevorzugten Haustyp und Ihren anvisierten Energiebedarf ist. Verschaffen Sie sich einen Überblick über die von den Fertighausanbietern geführten Heizsysteme und lassen Sie sie vorab auf ihre Effizienz im jeweils ganz konkreten Fall prüfen. Das hört sich zwar aufwendig an, kann Ihnen am Ende aber horrende Energiekosten ersparen. Fragen Sie Ihren Fertighaushersteller nach seinem Programm.

Heizmodul eingespeist. Danach durchläuft das Wasser diesen Vorgang von vorn. Nachteil der Dampfmotoren ist der niedrige elektrische Wirkungsgrad (bis maximal 15 Prozent) bei einem allerdings hohen Gesamtwirkungsgrad von ebenfalls mehr als 90 Prozent. Wie der Stirlingmotor sind auch Dampfmotoren wartungsarm. In Deutschland spielen sie (noch) keine wesentliche Rolle.

Als jüngste Technik im Bereich der BHKW ist die Brennstoffzelle als Energiequelle anzusprechen. Mittlerweile engagieren sich auch in Deutschland mehrere Firmen an der Fortentwicklung und an Feldtests dieses fortschrittlichen Energiesystems, unter ihnen Viessmann, Vaillant und die Firma Bosch Buderus. Die auf europäischer Ebene agierende Brennstoffzellen-Initiative der Europäischen Kommission „ene.field" beschäftigt sich mit der Etablierung dieser neuartigen Technik am internationalen Energiemarkt. Auch die Arbeitsgemeinschaft für sparsamen und umweltfreundlichen Energieverbrauch e. V. setzt sich mit dieser und anderen innovativen Technologien auf dem Energiesektor auseinander und bietet gute Informationsgrundlagen (asue.de).

In einer Brennstoffzelle (Abbildung rechts) läuft eine katalytisch gesteuerte „kalte Verbrennung" (Oxidation) ab. Es erfolgt eine chemischen Reaktion zwischen einem kontinuierlich zugeführten Brennstoff (hier: Wasserstoffgas) mit einem Oxidationsmittel (hier: Luftsauerstoff). Die entstehende Potenzialdifferenz zwischen Anode und Kathode kann über einen separaten Stromkreislauf in elektrische Arbeit umgewandelt werden (zum Beispiel: Lampe leuchtet). Bei der chemischen Reaktion frei werdende Abwärme ist direkt nutzbar und kann dem Heizkreislauf zugeführt werden. Im Sprachgebrauch steht Brennstoffzelle meist für die Wasserstoff-Sauerstoff-Brennstoffzelle. Für die Blockheizkraftwerke sind vornehmlich die Typen PEFC (Polymer Electrolyte Fuel Cell) und SOFC (Solid Oxide Fuel Cell) von gesteigertem Interesse. Brennstoffzellen können mit einem elektrischen Wirkungsgrad von bis zu 60 Prozent aufwarten, sind zudem wartungsarm, da sie kaum über bewegte Teile verfügen, und so gut wie lautlos im Betrieb. In den letzten

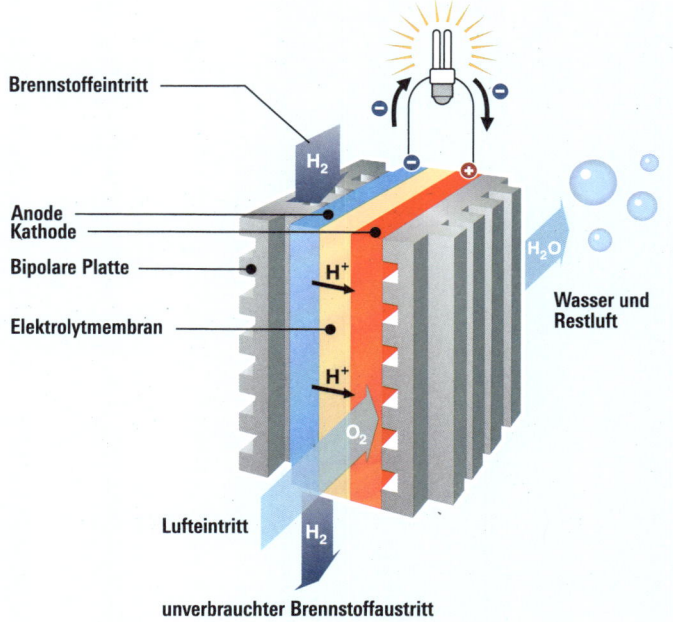

Jahren lässt sich ein Trend ablesen, wonach die rasante technische Weiterentwicklung eine alltagstaugliche Nutzung von Brennstoffzellen auch zur Energieversorgung von Ein- und Zweifamilienhäusern hervorbringt. Die BHKW arbeiten erstaunlich wirkungsvoll: Spitzenprodukte in diesem Segment können über 90 Prozent der chemisch gebundenen Energie eines Brennstoffs nutzen. Kommen beim Betrieb eines BHKW Biomassen zum Einsatz, erzielt dieses Heizsystem äußerst gute Umweltwerte. Beim Kauf sollten Sie sich primär an den Leistungswerten für die Stromproduktion orientieren.

Durch den direkten Anschluss des Mini-Blockheizkraftwerks – gleich welcher Art – an das lokale Stromnetz kann der selbst erzeugte Strom einerseits selbst verbraucht oder überschüssiger Strom ins öffentliche Netz eingespeist werden – ein separater Nettostromzähler garantiert zuverlässig eine entsprechende Vergütung seitens des Energieversorgers.

Bei vielen Fertighausanbietern werden Sie die Mikro-BHKW nicht standardmäßig im Programm finden. Wenn Sie hingegen von der Technik überzeugt sind, sollten Sie den Hersteller fragen, ob und unter welchen Bedingungen er eine Umsetzung ermöglichen kann.

Was bietet der Markt?

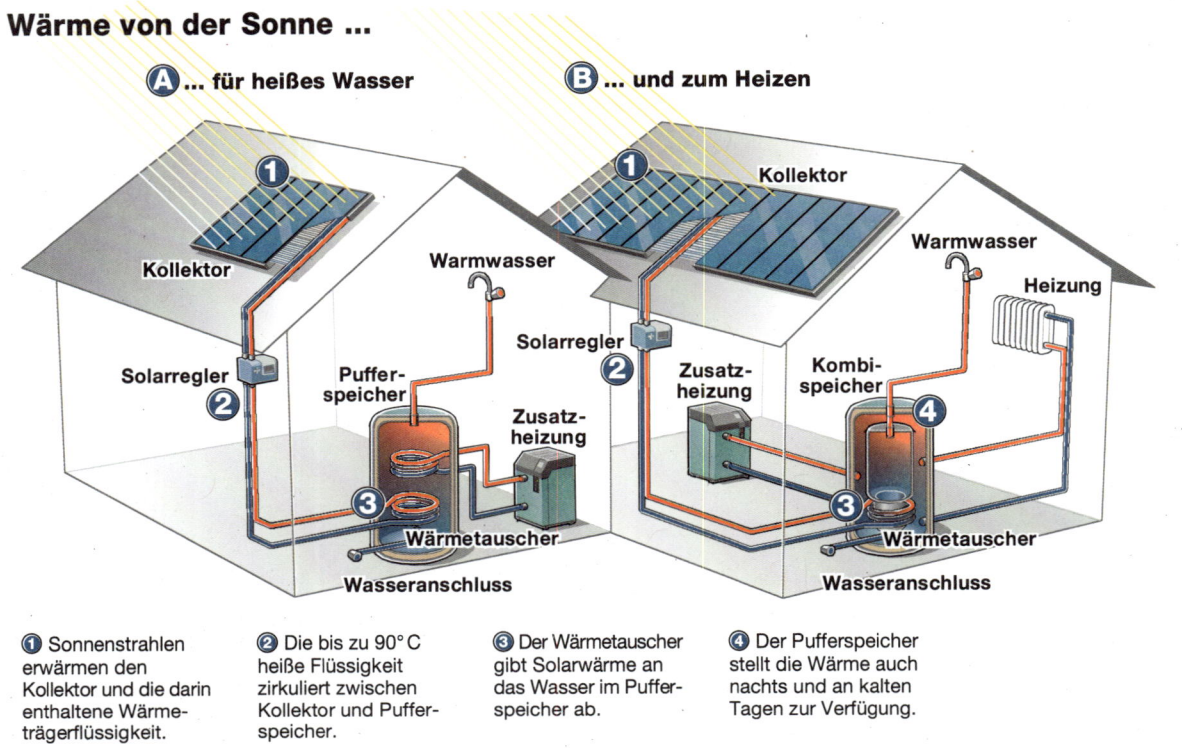

Sonnenkollektoren versorgen Ihr Haus die meiste Zeit des Jahres mit kostenlosem Warmwasser (links). Aufwendigere Anlagen (rechts) unterstützen auch die Wohnraumheizung.

 NIEDERTEMPERATURHEIZUNG
Derartige Heizsysteme arbeiten mit niedrigen Vorlauftemperaturen (eingespeistes Wasser mit einer Temperatur von etwa 38 Grad Celsius reicht schon aus), wodurch die bereitgestellte Heizwärme ökonomischer genutzt werden kann. Durch die Wärmestrahlungseigenschaften der hierzu verwendeten Flächenheizungen entsteht schon bei geringeren Temperaturen Wohlfühlatmosphäre. Wie etwa bei der Fußbodenheizung reagiert die Regelung einer solchen Anlage jedoch relativ träge auf Veränderungswünsche.

Sonnenenergie

Wer im Zuge des Erwerbs eines Fertighauses über Energiekonzepte nachdenkt, kommt an Solaranlagen (Umwandlung von Sonnenstrahlung in nutzbare thermische Energie = Solarthermie) kaum vorbei. Mit einem Solarmodul ergänzt nahezu jeder Fertighausanbieter die primäre Energieversorgungsanlage und sorgt somit per se für einen positiven Beitrag zur Ökobilanz – mal ganz abgesehen von den ökonomischen Vorteilen. Ganz von ungefähr kommt dieser flächendeckende Trend nicht, denn das Gebäudeenergiegesetz (GEG) – wie seine Vorgängerin, die Energieeinsparverordnung (EnEV) 2016, an das Erneuerbare-Energien-Gesetz (EEG) gekoppelt – schreibt zur Versorgung eines Hauses mit Strom und Wärme einen gewissen Anteil an erneuerbaren Energien gesetzlich vor (zum GEG 2020 siehe Seite 30). Die Fertighausbranche hat diesen Trend früh erkannt und führt schon lange Zeit solche ergänzenden Techniken in ihrem Standardangebot. Hier gilt wie auch bei anderen Energiesystemen: Der Staat fördert Anlagen, die vermehrt regenerative Energiequellen nutzen.

Lassen Sie sich auch hier von Ihrem Fertighausanbieter aufschlüsseln, inwiefern eine Förderung in der Kalkulation berücksichtigt worden ist. Thermische Solaranlagen unterstützen den Bedarf an Warmwasser oder auch die Heizungsanlage eines Hauses – aus der Sonneneinstrahlung wird Wärme gewonnen. Normalerweise reicht eine Kollektorfläche von 4 bis 6 Quadratmetern, um einen durchschnittlichen Haushalt mit vier Personen komplett mit warmem Brauchwasser zu versorgen. Kosten: etwa 5 000 Euro.

Zur Heizungsunterstützung ist eine drei- bis vierfach größere Kollektorfläche nötig.

Bei den Solaranlagen im privaten Bereich gibt es vorwiegend zwei Arten: Flachkollektoren und Vakuumröhrenkollektoren. Erstere sind nahezu wartungsfrei und in europäischen Breitengraden am meisten verbreitet. Beide können als Aufdachanlagen montiert und sollten zur größtmöglichen Effizienz nach Süden ausgerichtet werden. Hier ist das von Fertighausherstellern oft angebotene Pultdach als besonders attraktiv einzustufen: Trotz voller Zweigeschossigkeit und geringen Raumverlusts durch doppelte Dachschrägen kann eine große Dachfläche zusammenhängend für Solaranlagen genutzt werden – im Idealfall natürlich in Südausrichtung und mit nicht allzu flacher Neigung. Dies gilt für thermische Solartechnik wie für Photovoltaik.

Die beim Fertighaus gewöhnlich eingesetzte Bauform sind die Aufdachkollektoren. Mit ihnen wird die Sonneneinstrahlung flächig gesammelt und über ein Heizmedium (Solarflüssigkeit) in Form von Wärmeenergie in das Heizsystem eingeleitet. Je nach Art der Anlage ist das Heizmedium ein Gemisch aus Wasser und Propylenglykol oder besteht aus speziellen Ölen. Diese können mit deutlich höheren Temperaturen arbeiten.

Die Anlage springt an, sobald ein Messfühler auf dem Dach eine definierte Temperaturdifferenz zum Wasserkreislauf in der Heizanlage feststellt. Eine automatisch zugeschaltete Pumpe übernimmt dann den Transport des wärmeren Heizmediums vom Kollektor zum Wärmetauscher im Heizsystem. Speziell entwickelte Wärmespeicher gewährleisten die Lagerung und zeitversetzte Freigabe der überschüssig gewonnenen Energie. Der im Haus befindliche Pufferspeicher enthält entweder Wasser oder beispielsweise Paraffine, mit denen bei gleicher Energiemenge weit geringere Speichervolumen möglich sind. Reicht die Sonneneinstrahlung nicht aus, um genügend Warmwasser zu liefern, springt ein Heizkessel oder Heizstab im Puffertank ein.

Aufgrund der saisonal stark schwankenden Leistungsfähigkeit von Solaranlagen kann man sich zur Deckung des Heiz- und Warmwasserbedarfs nicht ausschließlich auf sie verlassen, eine lohnende Anschaffung sind sie allemal. Durch eine kombinierte warmwasser- und heizungsunterstützende Solaranlage lassen sich etwa 20 bis 30 Prozent des gesamten Wärmeenergiebedarfs einsparen. Thermische Solaranlagen amortisieren sich wirtschaftlich langsamer als Photovoltaikanlagen.

Die meisten modernen Heizanlagen sehen den Anschluss einer Solaranlage optional vor,

Haushaltsgeräte und Sonnenenergie

Versorgen Sie Ihre elektrischen Haushaltsgeräte wie Spül- und Waschmaschine direkt mit dem kostenlosen Warmwasser, sparen Sie zusätzlich den Strom, den die Geräte bräuchten, um kaltes Leitungswasser durch den internen Heizstab auf die benötigte Temperatur zu bringen. Bei der **Geschirrspülmaschine** funktioniert dies normalerweise problemlos, denn das zur Verfügung gestellte Temperaturniveau entspricht im Regelfall dem vom Gerät geforderten.

Ein wenig komplizierter verhält es sich bei der **Waschmaschine**, weil hier die Wassertemperaturen für die unterschiedlichen Waschprogramme stark variieren. Manchmal liegt die gewünschte Waschwassertemperatur sogar unter der des aus der Solarheizung zur Verfügung stehenden Warmwassers. Die Lösung liegt in einem zwischengeschalteten Temperaturmischer, der jedoch vor jedem Waschgang neu eingestellt werden muss. Steht ohnehin der Kauf einer neuen Maschine an, sollten Sie sich eine zuzulegen, die eine solche Regelung selbst übernimmt. Solche Waschmaschinen sind aber meist vergleichsweise teuer. Eine derartige Investition sollten Sie demnach eindeutig vom Waschaufkommen abhängig machen – je mehr gewaschen wird, desto eher zahlt sich diese extra Investition aus.

eine nachträgliche Ergänzung ist somit leicht möglich.

In den 1950er-Jahren kam die Idee der Photovoltaik (PV) in der Raumfahrt auf, die Vorstellung von Sonnensegeln war geboren. Mit Photovoltaik bezeichnet man die direkte Erzeugung von elektrischem Strom aus Sonnenstrahlung (photoelektrischer Effekt).

Lassen Sie sich vom Energieberater berechnen, ob sich für Ihren Standort thermische Solarenergie oder Photovoltaik wirtschaftlich rechnen – oder gar beides. Berücksichtigen Sie dabei aber, dass Ihre Dachflächen nur einmal belegt werden können.

Mit Photovoltaik erzeugen Sie also Strom. Bei diesem handelt es sich zunächst um Gleichstrom, der in einem Wechselrichter in Wechselstrom umgewandelt werden muss, damit er im Haushalt nutzbar wird. Denkbare Möglichkeiten, den selbst erzeugten Strom zu nutzen sind: Entweder wird die gesamte produzierte Energiemenge ins öffentliche Netz eingespeist (und der Eigenbedarf aus dem öffentlichen Netz entnommen), oder der produzierte Strom wird ausschließlich selbst genutzt. In diesem Fall stehen Zusatzkosten für Akkus und der Raumbedarf der Akkus auf der Rechnung. Unabhängig von Energieversorgungsunternehmen kann man sich dennoch nicht wähnen, schließlich muss hierzulande immer auch mit längeren Perioden gerechnet werden, in denen die Sonne wenig scheint. Dies gilt vor allem für den Winter.

Die bisher gängigste Variante war daher, die eigene PV-Anlage an das öffentliche Netz anzuschließen. Sobald mehr Strom verbraucht wird, als die eigene Anlage produziert, greift die Steuerung der Energieversorgung automatisch auf „fremden" Strom zurück. Andersherum: Ist die vor Ort geerntete Strommenge größer als der Eigenbedarf, wird der Überschuss dem öffentlichen Stromnetz zugeführt. Zwischengeschaltete Zähler halten genau fest, in welcher Richtung welche Mengen fließen.

Allerdings sinken alljährlich die Vergütungssätze, die Besitzer von PV-Anlagen für die Einspeisung ihres Stromes in das öffentliche Netz erhalten. Der Trend geht deshalb dahin, elektrische Energiespeicher im Haus einzubauen, meist in Form großer Akkumulatoren. Mehr Informationen über verschiedene Techniken und Anbieter im Bereich der Photovoltaik hält unser Handbuch „Photovoltaik und Batteriespeicher" (2021) bereit.

Eine Photovoltaikanlage produziert bei Sonneneinstrahlung unentwegt Strom und steht daher unter Spannung, sie lässt sich nicht einfach abschalten. Klären Sie deshalb unbedingt vorab mit der Gebäudeversicherung, dass sie auch hier bei einem eventuellen Hausbrand einspringt. Bei einem Brand kann es nämlich passieren, dass die Feuerwehr hilflos zuschauen muss, weil das Wohl der eigenen Löschkräfte auf dem Spiel stünde, wenn sie bei aktiver PV-Anlage mit Wasser löschen würden. Inzwischen gibt es wenigstens die „PV-Feuerwehrschalter", mit denen die Solaranlage vom übrigen Stromnetz entkoppelt werden kann, sodass man zumindest den sonstigen Hausbereich sicher betreten kann.

Konstruktiv ließe sich der Zugang zu einem Brandherd unter dem Dach durch eine relativ einfache Lösung bewerkstelligen – indem man die Einzelmodule in einem Abstand von mindestens 15 Zentimetern zueinander auf dem Dach anbringt. Allerdings kommt diese Maßnahme in der Praxis kaum zum Einsatz, weil so weniger Module auf dem Dach Platz haben, die Stromausbeute geringer wird und somit auch der Erlös durch Stromproduktion sinkt.

Solaranlagen-Rechner

Die reine Montage einer PV-Anlage kann man sogar selbst übernehmen, den Anschluss der Anlage muss dann ein Fachmann übernehmen. Bei verhältnismäßig geringen Anschaffungs- und Montagekosten und unter Umständen hohen Erlösen beziehungsweise Einsparungen ist eine Amortisation der Investition schon nach rund zehn Jahren möglich. Wollen Sie in etwa abschätzen, inwieweit die angegebenen Kosten für die Solaranlage des von Ihnen gewählten Fertighausanbieters gerechtfertigt sind, nehmen Sie eine einfache Probeberechnung vor. Hierzu gibt es einige kostenfreie Angebote im Internet wie beispielsweise:

www.solaranlagen-portal.com/photovoltaik-rechner
energieagentur.nrw/tool/pv-rechner

Kontrollierte Wohnraumbe- und -entlüftung

Mit Belüftung Energie gewinnen? Gesunde Raumluft atmen und zugleich den passenden Feuchtigkeitsgehalt festlegen? Obendrein auch noch schädlichen Feinstaub und für Allergiker problematische Pollen herausfiltern? So unspektakulär sich der Begriff „Lüftungsanlagen" auch anhört, sie bringen einige nennenswerte Vorteile mit. Und gerade weil Luft für den Menschen essentiell ist, machen sich Justierungen an dieser Lebensquelle mit Nachdruck bemerkbar.

> **INFO**
>
> **LÜFTUNGSKONZEPTE SIND PFLICHT**
> Seit Mai 2009 schreibt die aktualisierte DIN 1946–6 („Lüftung von Wohnungen") für alle Neubauten und umfangreichen Sanierungen genormte Lüftungskonzepte vor, wobei die DIN-Vorschrift vier Lüftungsstufen nennt, die jeweils erfüllt werden müssen:
> **Lüftung zum Feuchteschutz**: Grundlüftung zur Vermeidung von Feuchteschäden in Abhängigkeit vom Wärmeschutzniveau des Gebäudes bei teilweise reduzierten Feuchtelasten (zum Beispiel zeitweilige Abwesenheit der Nutzer). Diese Stufe muss ständig und ohne Beteiligung der Nutzer sichergestellt sein.
> **Reduzierte Lüftung**: Zusätzlich notwendige Lüftung zur Gewährleistung des hygienischen Mindeststandards unter Berücksichtigung durchschnittlicher Schadstoffbelastungen bei zeitweiliger Abwesenheit der Nutzer. Diese Stufe muss weitestgehend nutzerunabhängig sichergestellt sein.
> **Nennlüftung**: Beschreibt die notwendige Lüftung zur Gewährleistung der hygienischen und gesundheitlichen Erfordernisse sowie des Bautenschutzes bei Normalnutzung der Wohnung. Die Bewohner können hierzu teilweise mit aktiver Fensterlüftung einbezogen werden.
> **Intensivlüftung**: Dient dem Abbau von Lastspitzen (zum Beispiel durch Kochen, Waschen). Auch hier können die Bewohner teilweise mit aktiver Fensterlüftung herangezogen werden.
> Handelt es sich bei dem infrage kommenden Neubau um ein hoch energieeffizientes Gebäude, das obendrein höchsten Anforderungen an Schallschutz und Raumluftqualität genügen muss, sieht die DIN den Einbau entsprechender Lüftungstechnik vor.

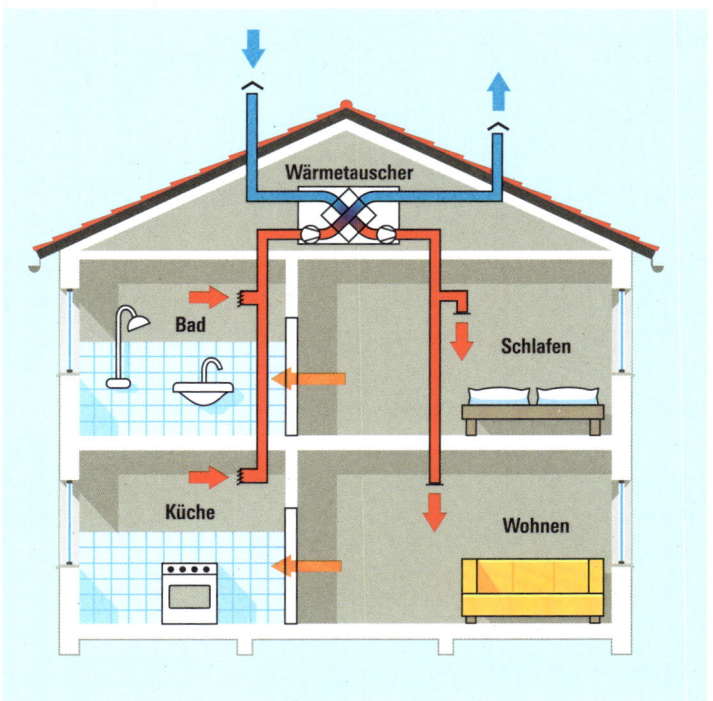

Ein zentrales Lüftungssystem verbessert das Klima in allen Räumen und kann die Heizung unterstützen.

Von der Bedeutung der Luftdichtheit einer Gebäudehülle war schon an anderer Stelle die Rede (siehe Seite 37). Einerseits fordert das GEG weitgehende Luftdichtheit, um Wärmeverluste durch Zugluft zu vermeiden, andererseits sollen raumklimatisch optimale Verhältnisse erreicht werden, indem ein regelmäßiger Luftaustausch zum Abtransport von Feuchtigkeit und Kohlendioxid (CO_2) stattfindet. Doch wie findet dieser Austausch statt? Denn wird ein Haus nicht fachgerecht gelüftet, kann das Raumklima schnell ins Schädliche kippen. Und wie findet man schon das genau passende Maß? Entweder lüftet man zu oft wertvolle Wärmeenergie zum Fenster hinaus, oder hohe Luftfeuchtigkeit mit anschließender Schimmelbildung und schlechte CO_2-Werte sind die Folgen.

Um hinsichtlich einer ausreichenden Frischluftversorgung des Hausinneren keinem Widerspruch zu unterliegen, gibt es Lüftungsanlagen. Im Fertighausbau begegnen Sie im Rahmen dieser Thematik häufig dem Begriff „kontrollierte Wohnraumbe- und -entlüftung".

Elf Fragen: Das Energiekonzept für Ihr Haus

1	Welche Form der Wärmeabgabe möchte ich?	☐ Heizkörper ☐ Wandheizung ☐ Fußbodenheizung ☐ Luftheizung
2	Ist ein Anschluss an Nah- oder Fernwärmeversorgung möglich?	☐ Ja ☐ Nein
3	Wenn eine Heizanlage mit Heizkessel gewählt wird, soll es ein …	☐ Gasheizkessel sein? ☐ Ölheizkessel sein? ☐ Pellet- oder Holzkessel sein?
4	Ist Brennwerttechnik vorgesehen?	☐ Ja ☐ Nein
5	Für den Fall eines auf Holz basierenden Heizkessels, soll mit …	☐ Pellets geheizt werden? ☐ Hackschnitzeln geheizt werden? ☐ Holzstücken geheizt werden?
6	Ich möchte eine Wärmepumpe, und zwar eine …	☐ Luft-Luft-Wärmepumpe ☐ Luft-Wasser-Wärmepumpe ☐ Grundwasser-/Erdwärmepumpe
7	Ich möchte ein Mikro-BHKW mit …	☐ Verbrennungsmotor ☐ Stirlingmotor ☐ Dampfmotor ☐ Brennstoffzelle
8	Ich möchte Sonnenenergie nutzen, und zwar …	☐ zur Stromerzeugung (Photovoltaik) ☐ zur Wärmeerzeugung (thermische Solaranlage) ☐ zur gekoppelten Strom- und Wärmeerzeugung
9	Ist eine Wohnraumbe- und -entlüftung gewünscht?	☐ Ja ☐ Nein
10	… mit Wärmerückgewinnung?	☐ Ja ☐ Nein
11	Sind unterstützende Heizquellen vorgesehen?	☐ Nein ☐ Ja, und zwar:

Der auf der Hand liegende Vorteil: Der Austausch der warmen Brauchluft (vorwiegend aus Küche und Bad) durch angesaugte zuströmende Frischluft von außen findet konstant statt. Bei Anlagen mit Wärmerückgewinnung (WRG) befindet sich an der Schnittstelle zwischen einströmender kalter Luft und ausströmender Warmluft ein Wärmetauscher, der mit der gewonnenen Wärme aus der Abluft die Heizlast des eigentlichen Heizsystems verringert. Der umgekehrte Prozess findet in der warmen Jahreszeit statt: In den Sommermonaten kann der warmen Außenluft per Wärmetauscher Energie entzogen werden, sodass sie kühl und frisch ins Haus einströmt – ohne den Einsatz zusätzlicher Energie. Bevor die Frischluft in die Räume eingeleitet wird, halten spezielle Filtervorrichtungen Pollen und Feinstaub zurück. Neben der steten Versorgung mit frischer Luft wird zugleich der Feuchtigkeitsgehalt der Raumluft niedrig gehalten, Atemwegsbelastungen und eine Schädigung der Bausubstanz durch Schimmelpilze können langfristig vermieden werden.

Die derzeit verfügbaren Anlagen zeichnen sich durch eine sehr niedrige bis gar nicht wahrnehmbare Geräuschentwicklung und geringen Energiebedarf aus. Auch die immer wieder auftauchende Mär von ständiger Zugluft und lästiger Aufwirbelung von Staub trifft nicht zu. Weil so gut wie jeder Fertighausanbieter Lüftungsanlagen in seinem Programm hat, sollten Sie sich überlegen, ob Sie die Vorzüge dieser komfortablen Technik nicht genießen wollen und hier ein Häkchen in der Bau- und Leistungsbeschreibung machen.

In Niedrigenergiehäusern (genauere Definition siehe Seiten 60 f.) mit entsprechender Ausstattung können im Verbund mit einer guten Lüftungsanlage sonstige Heizkörper oder Flächenheizungen gänzlich entfallen. Pro eingesetzter Kilowattstunde Strom zum Betrieb der Anlage (Ventilatoren, Pumpe) gewinnt eine kontrollierte Be- und Entlüftung mit Wärmerückgewinnung bis zu 30 Kilowattstunden Wärmeenergie; ein echter Gewinn.

Unterstützende Heizquellen

Aus Gründen der Wohnatmosphäre stehen offene oder halboffene Feuerstätten bei Bauherren nach wie vor hoch im Kurs. Und um die angenehme Strahlungsenergie eines Kachelofens, Kamins oder Kaminofens nicht allein am Ort der Brennkammer zur Entfaltung kommen zu lassen, bietet sich der Anschluss an das Heizsystem des Hauses an.

Welcher Art auch immer eine Feuerstätte sein soll, entscheidend ist, dass der Fertighaushersteller von den Wünschen vorab Kenntnis hat, denn ein nachträglicher Einbau ist nicht ohne Weiteres zu bewerkstelligen – gerade wenn der Kamin oder Ofen Bestandteil des gesamten Heizungssystems sein soll. Unterstüt-

Die vielen dünnen Schlaufen einer Fußbodenheizung helfen durch niedrige Vorlauftemperaturen auch beim Energiesparen.

zen diese Wärmequellen die Heizung, dann müssen sie über ein integriertes Wasserregister als Wärmespeicher verfügen, oder aber es ist direkt dahinter eines in die Wand eingearbeitet. Das hier erwärmte Wasser gelangt dann über eigens verlegte Rohrleitungen in den Heizkreislauf des Hauses.

Die Verwirklichung solcher Vorgaben zählt in der Fertighausbranche allerdings nicht zum Standard, was sich in mitunter hohen Zusatzkosten auf das Basisangebot niederschlagen kann. Besteht Ihr Traum vom eigenen Heim auch in der Vorstellung, dass Sie sich an kalten Winterabenden vor die wohlige Wärme eines Kaminfeuers setzen können, dann sprechen Sie mit Ihrem Fertighaushersteller, wie die Umsetzung Ihres Wunsches in einem konkreten Bauvorhaben aussehen kann.

DIE HAUSTYPEN NACH ENERGIESTANDARDS

In sämtlichen Prospekten aller Fertighaushersteller werden Ihnen Angaben zur Energiebeschaffenheit eines Hauses begegnen. Aber was unterscheidet denn jetzt ein Niedrigenergie- von einem Passivhaus? Kann es das überhaupt geben, das Plusenergiehaus? Und was steckt eigentlich hinter den Kürzeln KfW 40, 55 oder 95? All diese Codes bilden den Versuch ab, ein Haus bestimmten energetischen Rahmenbedingungen zuzuordnen. Nachdem Sie sich bis hier über die möglichen Ausstattungen im Hinblick auf Energieerzeugung und Einsparpotenziale schon gut informiert haben, machen Sie sich nun vertraut mit den globalen Klassifizierungen und welche Voraussetzungen erfüllt sein müssen, damit ein Haustyp berechtigterweise das eine oder andere Label tragen darf.

> **INFO**
>
> **ENERGIEKLASSEN-CHECK**
> Die im Bauvertrag festgeschriebenen Grenzwerte lassen sich in ihrem Zusammenspiel von Fachleuten prüfen. Schnell erweist sich dann, wie sinnvoll die Einzelkomponenten in der Gesamtheit sind und ob die energetische Einstufung des entstehenden Hauses zu Recht besteht. Die Überprüfung von Planung und Bau eines Einfamilienhauses wird vom Passivhaus-Institut (www.passiv.de) angeboten – die Kosten belaufen sich allerdings auf etwa 1 500 bis 2 500 Euro pro Prüfung. Auch das Bundesamt für Wirtschaft und Ausfuhrkontrolle bietet umfassende Energieberatungen an (bafa.de, Stichworte „Energiesparberatung, Förderkompass"). Die Mindestanforderung ist, dass Sie darüber mit Ihrem Energieberater sprechen.

Höhe der Zuschüsse für den Bau, Kauf oder die Sanierung von Effizienzhäusern

Energiestandard nach Bau, Kauf oder Sanierung	Höchstkredit (Euro)	Sollzins[1] (Prozent)	Tilgungszuschuss[2] (Prozent)	Effektivzins (Prozent)[3], 10 Jahre Zinsbindung		
				10 Jahre Laufzeit	20 Jahre Laufzeit	30 Jahre Laufzeit
Bau oder Kauf eines Effizienzhauses						
Effizienzhaus 40 Plus	150 000	0,57 – 0,76	25,0	– 5,66	– 3,21	– 2,74
Effizienzhaus 40	120 000	0,57 – 0,76	20,0	– 4,09	– 2,28	– 1,94
Effizienzhaus 40 EE oder NH	150 000	0,57 – 0,76	22,5	– 4,85	– 2,73	– 2,33
Effizienzhaus 55	120 000	0,57 – 0,76	15,0	– 2,70	– 1,44	– 1,19
Effizienzhaus 55 EE oder NH	150 000	0,57 – 0,76	17,5	– 3,37	– 1,85	– 1,56
Sanierung eines bestehenden Gebäudes[4]						
Effizienzhaus 40	120 000	0,57 – 0,76	45,0	– 14,65	– 8,32	– 6,86
Effizienzhaus 40 EE	150 000	0,57 – 0,76	50,0	– 17,87	– 10,30	– 8,26
Effizienzhaus 55	120 000	0,57 – 0,76	40,0	– 11,89	– 6,74	– 5,65
Effizienzhaus 55 EE	150 000	0,57 – 0,76	45,0	– 14,65	– 8,32	– 6,86

Die Haustypen nach Energiestandards

Energiestandard nach Bau, Kauf oder Sanierung	Höchstkredit (Euro)	Sollzins[1] (Prozent)	Tilgungszuschuss[2] (Prozent)	Effektivzins (Prozent)[3], 10 Jahre Zinsbindung		
				10 Jahre Laufzeit	20 Jahre Laufzeit	30 Jahre Laufzeit
Effizienzhaus 70	120 000	0,57 – 0,76	35,0	−9,52	−5,40	−4,58
Effizienzhaus 70 EE	150 000	0,57 – 0,76	40,0	−11,89	−6,74	−5,65
Effizienzhaus 85	120 000	0,57 – 0,76	30,0	−7,46	−4,24	−3,62
Effizienzhaus 85 EE	150 000	0,57 – 0,76	35,0	−9,52	−5,40	−4,58
Effizienzhaus 100	120 000	0,57 – 0,76	27,5	−6,53	−3,71	−3,17
Effizienzhaus 100 EE	150 000	0,57 – 0,76	32,5	−8,45	−4,80	−4,09
Effizienzhaus Denkmal	120 000	0,57 – 0,76	25,0	−5,66	−3,21	−2,74
Effizienzhaus Denkmal EE	150 000	0,57 – 0,76	30,0	−7,46	−4,24	−3,62

EE = Erneuerbare Energienklasse   NH = Nachhaltigkeitsklasse   Stand: 6. August 2021
[1] Zinssatz abhängig von der Laufzeit.   [2] Anteil am bewilligten Kredit.
[3] Unter Einrechnung des Tilgungszuschusses und einess tilgungsfreien Anlaufjahres, berechnet für die Dauer der Zinsbindung.
[4] Für einzelne Sanierungsmaßnahmen gibt es bei gleichen Sollzinssätzen bis zu 60 000 Euro Kredit und je nach Baumaßnahme Tilgungszuschüsse von 20 bis 50 Prozent.

Kosten der Energieeffizienz

Zur Übersicht, wie mit steigenden Ansprüchen an die Energieeffizienz und der simultanen Kostenentwicklung auch die Förderungen zunehmen, finden Sie hier die Fördersätze der KfW (links und oben) – bei Neubau wie Sanierung sollen Mehrkosten so nahezu gedeckt werden.

Das GEG (seit 1.11.2020)

Mit dem Gebäudeenergiegesetz (GEG) 2020 hat die Bundesregierung die Umsetzung der europäischen Richtlinie für energieeffiziente Gebäude, die seit 2021 in der EU verbindlich gilt, beschlossen. Weitgehende Schritte in diese Richtung waren vorbereitend bereits mit der Energieeinsparverordnung (EnEV) 2014 (2016) gegangen worden. Seitdem dürfen neue Wohngebäude ausschließlich im Niedrigstenergiestandard errichtet werden (für Behördengebäude gilt dies bereits ab 2019). Das GEG hat das Energieeinsparungsgesetz (EnEG), die Energieeinsparverordnung (EnEV) und das Erneuerbare-Energien-Wärmegesetz (EEWärmeG) abgelöst. Was regelt das GEG 2020 nun genau?
- Energetische Anforderungen für beheizte und klimatisierte Gebäude
- Maßgaben zur Heizungs- und Klimatechnik, zur Wärmedämmung und zum Hitzeschutz
- Festgelegte Anteile regenerativer Energien im Neubau, die als Heiz- oder Kühlenergien zur Anwendung kommen müssen
- Bestandsgebäude unterliegen definierten Nachrüst- und Austauschpflichten

Die wichtigsten Neuerungen für künftige Neubauten sind:
- Festlegung auf energetischen Mindeststandard Niedrigstenergiegebäude (KfW-Effizienzhaus 55 oder besser)
- Anrechnung von Strom aus erneuerbaren Energien: Photovoltaikstrom (am Gebäude erzeugt und größtenteils selbst verbraucht) ist auf a) Primärenergiebedarf (bis 30 Prozent ohne Speicher, bis 45 Prozent mit Speicher) und b) Wärmeerzeugung anrechenbar (wenn mindestens 15 Prozent des Wärme-/Kältebedarfs von Nichtwohngebäuden gedeckt)
- Konventionelle Anlagentechnik: Nachrüstpflichten von Heizkesseln (Einbau vor 1991 oder älter als 30: müssen außer Betrieb genommen werden)
- Ab 2026: Verbot von Ölheizungen (mit einigen Ausnahmen)
- Treibhausgasemissionen: einheitliches Berechnungsverfahren

Energetische Typenbezeichnungen von Häusern

Typenbezeichnung	Anforderungen	Grundlage	Allgemein
Niedrigenergiehaus	▶ Optimale Wärmedämmung der Außenhülle (Wände, Fenster, Türen) ▶ Maximaler Heizwärmebedarf: 70 kWh/(m² a) oder 7 Liter Heizöl (m² a)	GEG 2020	▶ Nicht geschützter Name ▶ Überholt (aus Anfangszeiten der EnEV, das neue GEG bietet eigene Vorgaben und Standards) ▶ Heutiger Mindeststandard, Häuser mit höherem Energiebedarf nicht mehr gebaut
Passivhaus	▶ Heizwärmebedarf ≤ 15 kWh/a (circa 1,5 Liter Heizöl) oder Heizwärmelast maximal 10 W/m² ▶ Behagliches Innenklima ohne zusätzliches Heizsystem/zusätzliche Klimaanlage ▶ U-Werte opaker Außenbauteile ≤ 0,15 W/(m² K) ▶ U-Werte transluzenter Bauteile ≤ 0,8 W/(m² K) ▶ Lüftungseffizienz; Temperatur ≥ 17 °C, bei geringer Schallbelastung (< 25 dBa); mindestens 75 % Wärmerückgewinnung aus Abluft ▶ Maximaler Primärenergiebedarf: 60 kWh/(m² a) ▶ Luftdichtheit: Leckagen von < 0,6 des Hausvolumens/h bei 50 Pascal Über-/Unterdruck ▶ Möglichst Wärmebrückenfreiheit	Passivhaus Projektierungs-Paket (PHPP) nach eigenen Maßgaben des Passivhaus Instituts Darmstadt	▶ Vom Passivhaus Institut Darmstadt vergebenes Zertifikat: „Qualitätsgeprüftes PASSIVHAUS Dr. Wolfgang Feist" ▶ Im Hausinnern befindliche Energie wird genutzt (technische Abwärme, aber auch Körperwärme, einfallende Sonnenstrahlen) ▶ Gleichbleibend frische Luft ohne hohe Temperaturdifferenzen
1-/2-/3-Liter-Häuser	▶ Literzahl gibt Verbrauch an Heizöl pro Quadratmeter und Jahr an (1 Liter: 10 kWh/(m² a); 2 Liter: 20 kWh/(m² a); 3 Liter: 30 kWh/(m² a)) ▶ Dämmung in Außenwand mindestens 45 cm dick ▶ Sehr gute Dämmung von Decken, Dach und Keller ▶ 3-fach-Wärmeverglasung und wärmedämmende Fensterrahmen ▶ Wärmebrückenfreiheit ▶ Energieeffiziente Heizung ▶ Solarthermische Warmwasserbereitung und Aufheizung von Zuluft ▶ Wärmepumpen ▶ Kontrollierte Wohnraumlüftung	GEG 2020	▶ 3-Liter-Haus: durch Fraunhofer Institut für Bauphysik (IBP) markenrechtlich geschützter Name ▶ Strom für Pumpen, Regler, Brenner etc. inklusive ▶ Bei nahezu jedem Bauvorhaben umsetzbarer Standard ▶ Vorrangige Einbeziehung der Sonnenstrahlung als natürlicher Energielieferant ▶ Nutzung weiterer natürlicher Energiequellen ▶ KfW-Status: Energiesparhaus 40
Nullenergiehaus	▶ Externer Energiebezug eines Gebäudes im Jahresmittel durch eigenen Energiegewinn (Wärme, Elektrizität) egalisiert ▶ Große, weitgehend nicht verschattete Fensterflächen nach Süden ▶ Weitestgehende Luftdichtheit ▶ Geringe U-Werte der Außenhülle ▶ Geringes A/V-Verhältnis (Verhältnis der Gebäudeoberfläche zum umbauten Volumen)		▶ Nicht geschützter Name ▶ Technische Fortführung der Idee des Passivhauses (passive Wärmerückgewinnung, Solartechnik …) ▶ Beim Nullenergiestandard noch nicht berücksichtigt: die eingesetzte (graue) Energie zur Errichtung eines Hauses
Effizienzhaus plus/ Plusenergiehaus	▶ Ähnlich dem Nullenergiehaus mit allerdings jährlich positiver Energiebilanz ▶ Benötigte Energie meist durch thermische Solar- und Photovoltaikanlagen vor Ort produziert ▶ Derzeit in Erprobung zur weiteren Energiegewinnung: Algen (in Fenstern), Wind, Verdunstungskälte		▶ Nicht geschützte Namen ▶ Produziert mehr Energie, als extern hinzugefügt wird (Ladung E-Mobilität …) ▶ Unklarheiten: Muss Elektrizitätsbedarf für Licht und sonstigen Strom ausgeglichen werden? Muss „graue Energie" (Herstellung, Transport, Lagerung etc.) ebenfalls bilanziert werden?

Die Haustypen nach Energiestandards

Typenbezeichnung	Anforderungen	Grundlage	Allgemein
KfW-Effizienz-häuser (KfW – Kreditanstalt für Wiederaufbau)	▶ Verschiedenste energietechnische Maßnahmen, die beim Einsparen von nicht regenerativer Energie helfen (siehe alle anderen Haustypen) ▶ Welche konkreten Maßnahmen für welchen KfW-Standard zwingend erforderlich sind, ist der Internetseite der KfW zu entnehmen (www.kfw.de). ▶ Ab 1.7.2021 werden Förderungen im Rahmen der Bundesförderung für effiziente Gebäude (BEG) beantragt, förderfähiger Mindeststandard.	GEG 2020	▶ Keine geschützte Bezeichnung, aber Bezug auf Vorgaben der KfW ▶ KfW-Standards unterschreiten Anforderungen des aktuellen GEG ▶ Erfüllung der GEG-Vorgaben entsprechen der Kennziffer 100, ein KfW-Effizienzhaus 40 unterschreitet diese Vorgaben an den Primärenergiebedarf eines Hauses beispielsweise um 60 %; gleiches gilt für alle anderen Kennziffern.

▶ Energieausweis (Beispiele): obligatorische Vor-Ort-Begehungen bzw. aussagekräftiges Bildmaterial; verbindliche Angaben zu Treibhausgasemissionen; Ausweitung der Ausstellungsberechtigung (kein Unterschied Wohn- und Nichtwohngebäude); verpflichtende energetische Beratung (Energieberater) bei Immobilienkauf

▶ Innovationsklausel: statt des (Jahres-)Primärenergiebedarfs Beschränkung von Treibhausgasemissionen möglich (unter bestimmten Voraussetzungen)

Beachten Sie: Da das GEG erst relativ kurze Zeit gesetzliche Gültigkeit besitzt, sollten Sie darauf achten, welchen Bezugsrahmen die von Ihnen in Betracht gezogenen Fertighaushersteller in der Bezeichnung ihrer Häuser gewählt haben. Idealerweise sollte er natürlich dem GEG 2020 entsprechen, da der Mindeststandard aktuell eben beim Effizienzhaus 55 liegt, wo es zuvor noch das Effizienzhaus 70 galt.

Interessant dabei: In vielen Fällen ist die Fertighausbranche dem Gesetzgeber sogar voraus und unterschreitet bereits schon einige Jahre zuvor die später gültigen Regelwerke. Allerdings ist auch anzumerken, dass bei allem Einsparwillen und Umweltbewusstsein irgendwann die Schallgrenze erreicht werden kann, ab der weitere standardisiert vorgesehene technische Neuerungen zur Einsparung von Energie nicht mehr den gewünschten Effekt einer Kostenersparnis haben, weil noch fortschrittlichere Technik natürlich ihren Preis hat. Diese Wirtschaftlichkeitsbetrachtung ist aber

Vorteile eines Fertighauses gegenüber Massivbauhaus (Stein auf Stein)

Legen Sie einfach für sich fest, welche Punkte von größerer und welche von geringerer Bedeutung für Sie sind, das erleichtert Ihre Entscheidung wahrscheinlich.

Die Argumente	Gewichtung	
	Sehr wichtig	Nicht so wichtig
Weitgehend witterungsunabhängige Herstellung – geringe Witterungsausfälle		
Kurze Montagezeit auf der Baustelle – geringere finanzielle (Doppel-)Belastung (Finanzierung, Miete etc.)		
Keine Trockenzeiten, daher kurze Bauzeit – geringere finanzielle (Doppel-)Belastung (Finanzierung, Miete etc.)		
Völlig gegen Witterungseinflüsse geschützter Baukörper schnell zu erzielen		
Gute U-Werte der Außenwände		
Gute Wärmedämmeigenschaften des Werkstoffs Holz		
Geringe Wandstärke – mehr Raumgewinn		
Kurze Aufheizzeit im Hausinneren		
Großes Energiesparpotenzial		
Fester Einzugstermin		
Feste Baukosten		
Leistungen aus einer Hand		
Einfache Kombinierbarkeit technischer Komponenten		

Nachteile eines Fertighauses gegenüber Massivbauhaus (Stein auf Stein) Legen Sie einfach für sich fest, welche Punkte von größerer und welche von geringerer Bedeutung für Sie sind, das erleichtert Ihre Entscheidung wahrscheinlich.

Die Argumente	Gewichtung	
	Sehr wichtig	Nicht so wichtig
Ausfallrisiko bei Insolvenz des Herstellers zwischen Vertragsunterzeichnung und Fertigstellung		
Feste Bindung an einen Hersteller, der für alle Gewerke steht – bei Unzufriedenheit kein Wechsel möglich		
Problematischere Renovierung etwa bei direkt auf die Wand aufgebrachter Tapete		
Teilweise schwierige Anbringung schwerer Möbel an Wände (jedoch maßgeblich abhängig vom Wandaufbau)		
Die Wände selbst speichern kaum Wärme.		
Möglichst genaue Vorabplanung (auch im Detail) – Änderungen in der Bauphase teilweise gar nicht, auf jeden Fall aber nur unter Mehrkosten möglich		
Nachschwingende Holzdecken – erhöhtes Schallrisiko		
Nachteilige Beleihungspraxis der Banken		
Teilweise schwer zu überblickendes Marktsegment		
Schlechterer Ruf bei Wiederverkauf		

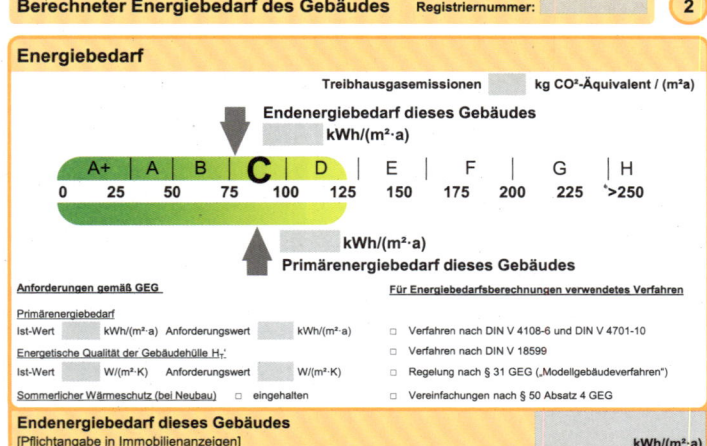

Die Skalierung des Bandtachos bleibt im Übergang von ENEV 2014 zu GEG 2020 grundsätzlich gleich, die CO_2-Emissionen sind jetzt Pflicht.

immer in Abhängigkeit von der Preisentwicklung der Brennstoffsorten zu sehen.

Das größte Problem bei Hausbau und Umweltschutz stellen ohnehin die langlebigen Bestandsimmobilien dar, da diese nicht problemlos flächendeckend auf den neuesten ökologischen Standard zu bringen sind – schlicht, weil solche Maßnahmen im ohnehin schmalen Budget vieler Bürger nicht vorgesehen sind.

Primärenergiebedarf & Co.

Beim (Jahres-)Primärenergiebedarf (Q_P) nach GEG 2020 wird zusätzlich zum Endenergiebedarf/Heizwärmebedarf des Hauses (um 25 Prozent bei Neubauten verringert im Vergleich zu definiertem Referenzgebäude) auch die Energie miteinbezogen, die für Herstellung, Transport und Lagerung des Brennstoffs nötig ist. Je kleiner der Wert ist, umso besser. Anhand dieser Zahl sowie weiteren Faktoren lässt sich ein Haus energetisch bewerten, die Energieeffizienz bestimmen und in einem Energieausweis dokumentieren.

Der Transmissionswärmeverlust (H'_T) definiert die Menge an Wärmeenergie, die ein beheiztes Gebäude durch seine Außenhülle an die Umgebung abgibt. Die Auskühlung gegenüber der Solltemperatur muss durch zusätzliche Heizleistung, die sogenannte Heizlast, ausgeglichen werden. Die U-Werte (siehe Seite 30) aller Bauteile in Summe dienen als Grundlage zur Berechnung des Transmissionswärmeverlusts für das Gebäude.

Das dem GEG 2020 zugrunde liegende Referenzgebäude beschreibt Vorgaben für festgelegte Werte von Bauteilen und Anlagen, die der Ermittlung des höchsten zulässigen Jahresprimärenergiebedarfs dienen. Im Verbund mit den physikalischen Eigenschaften Ihres Vergleichshauses und diesen Kennwerten ergibt sich der energetische Standard. Entscheidend sind die Werte in ihrer Summe.

Lassen Sie sich vom Anbieter nach Fertigstellung Ihres Hauses unbedingt einen aktuellen Energieausweis ausstellen. Dazu ist er gesetzlich verpflichtet. Achten Sie der Einfachheit halber vor Vertragsunterzeichnung darauf, dass auch dieser Punkt ins Vertragswerk aufgenommen wurde.

WO SOLL DAS HAUS STEHEN?

Bei Immobilien zählt erstens die Lage, zweitens die Lage und drittens die Lage. Was simpel klingt, ist mehr als nur ein Maklerspruch. Schließlich ist das einzige, was sich bei einem Haus nicht mehr verändern lässt, der Standort. Die Gebäudemerkmale wie Bausubstanz, Grundriss und Wohnfläche können Sie beeinflussen und auch verändern. Wer kein eigenes Grundstück besitzt, zum Beispiel durch eine Erbschaft oder Schenkung, sondern auf der Suche nach einem geeigneten Bauplatz ist, sollte vor einem Kauf gründlich überlegen: Ist die Lage des Grundstücks zukunftsfähig? Dafür gibt es eine ganze Reihe von Kriterien.

DIE LAGE BESTIMMT DEN KÜNFTIGEN ALLTAG

Zunächst wird unterschieden zwischen Makrolage und Mikrolage. Die Makrolage beschreibt die weiter gefasste räumliche Umgebung: die Stadt, den Stadtteil, das Baugebiet. Die Mikrolage hingegen bezeichnet das direkte Umfeld: die Lage des Baugrundstücks, seine Ausrichtung, die Lage der Straße und die unmittelbare Nachbarschaft.

Beurteilt wird das Ganze nach harten sowie nach weichen Kriterien. Harte Faktoren sind objektivierbar: Hierzu zählen die Anbindung an den öffentlichen Personennahverkehr, die Entfernung zur Stadtmitte und zu Einkaufsmöglichkeiten, zu Schulen und Kindergärten, Arztpraxen und Spielplätzen, Stadtparks oder anderen Naherholungszielen sowie kulturellen und gastronomischen Einrichtungen.

Weiche Faktoren hingegen sind nicht eindeutig messbar, sondern von der subjektiven Sichtweise einzelner Personen abhängig. Wer wohnt in der Nachbarschaft? Hat das Haus womöglich eine Vorgeschichte? Welches Image hat das Wohnviertel?

Makrolage

Die Region, in der das Haus gebaut werden soll, wird bei den meisten Familien durch den Arbeitsort bestimmt. Doch in größeren Städten haben Bauwillige häufig die Wahl zwischen verschiedenen Baugebieten in unterschiedlichen Stadtteilen. Je nach Entfernung und Verkehrsanbindung kann auch die Nachbarkommune, der Speckgürtel oder eine ländliche Region in Frage kommen.

Bei der Makrolage sind harte Kriterien vor allem die Anbindung an wichtige Verkehrsachsen, landschaftliche Besonderheiten (Seelage, Parks in der Nachbarschaft), die Nähe zum Stadtzentrum und die Struktur des Wohnumfelds. Handelt es sich um ein reines Wohngebiet mit vielen Grün- und Freiflächen oder liegen Gewerbebetriebe und viel befahrene Straßen in Sicht- oder Hörweite? Verlassen Sie sich dabei nicht nur auf das, was Sie vor Ort sehen: Wenn der sechsspurige Ausbau der Autobahn in zwei Kilometer Luftlinie Entfernung beschlossene Sache ist, ein neues Baugebiet in Sichtweite ausgewiesen werden oder die Schule im Stadtviertel durch eine große Sportanlage ergänzt werden soll, kann das die Wohnqualität in Zukunft beeinträchtigen.

Achten Sie auch auf geologische und topographische Faktoren. Die Bodenbeschaffenheit, der Grundwasserstand oder auch eine vorherige Nutzung des Geländes können sich erheblich auf Aushub, Gründung und Kellerbau auswirken (siehe „Grundwasser", Seite 72). In einem ehemaligen Bergbaugebiet ist mit Setzungen oder Ausgasungen zu rechnen. Auch die Hochwasserproblematik ist in den vergangenen Jahren zunehmend wichtiger geworden – nicht nur, weil Flüsse über die Ufer treten, sondern auch, weil die Versicherer häufiger Schäden durch plötzliche Starkregen regulieren müssen. Sie unterteilen das Bundesgebiet in verschiedene Risikozonen. In Gegenden mit hohem Risiko sind Versicherungen gegen Elementarschäden kaum zu bekommen oder sehr teuer (siehe „Elementarschadenversicherung", Seite 197).

Die Makrolage kann auch die Wahl Ihres Heizungssystems einschränken: Gut 80 Prozent aller 2019 errichteten Fertighäuser waren nach Angaben des Bundesverbands Deutscher Fertigbau (BDF) mit einer Wärmepumpe ausgestattet. Doch nicht jede Wärmepumpe darf

Die Lage bestimmt den künftigen Alltag 67

„Unverbaute Aussicht" schön und gut, aber wie wird sich der ganz banale Alltag für eine Familie hier bewältigen lassen?

überall gebaut werden. Grundsätzlich nicht genehmigungspflichtig sind Luftwärmepumpen. Das gilt in der Regel auch für Erdwärmepumpen mit Flach-, Flächen- oder Ringgrabenkollektoren, die keinen Kontakt zum Grundwasser haben und nicht in einem Wasserschutzgebiet liegen. Anders sieht es aus in Trinkwasserschutzgebieten aus und/oder wenn tiefere Bohrungen durchgeführt werden müssen, also bei Erdwärmesonden oder Grundwasserwärmepumpen. Sie sind meist anzeige- und genehmigungspflichtig. Die Vorschriften und Verfahren sind von Land zu Land sehr unterschiedlich. Erkundigen Sie sich deshalb frühzeitig zum Beispiel durch Einsicht in die sogenannte „Potenzialkarte Wärmepumpe" des geologischen Dienstes in Ihrem Bundesland.

Ebenfalls leicht vergessen wird die Frage nach der Höhe der Radonbelastung im Baugebiet. Bei einer hohen Konzentration des radioaktiven Edelgases sind bauliche Vorsorgemaßnahmen notwendig. Eine erste Einschätzung zur regionalen Verteilung von Radon in der Bodenluft liefern die Karten des Bundesamts für Strahlenschutz (BfS).

Mikrolage

Zu den wichtigsten harten Faktoren gehören kurze Wege zum Arbeitsplatz, zur Schule, zum Einkaufen, zu Ärzten und die Anbindung an den öffentlichen Personennahverkehr sowie ans Fernstraßennetz. Schauen Sie nicht nur, ob es eine Bushaltestelle gibt, sondern auch auf den Fahrplan: Wie häufig fahren Bus oder Bahn zu welchen Tageszeiten? Wie lange braucht der Bus bis in die Stadt?

Handelt es sich um ein reines Wohngebiet oder liegen Gewerbebetriebe in der Nähe? Dann kann das eine erhebliche Lärmbelastung mit sich bringen. Es empfiehlt sich, die Gegend an verschiedenen Wochentagen und zu verschiedenen Tageszeiten zu besichtigen. Was bei der Wochenendbegehung tagsüber ruhig und beschaulich wirkt, kann sich als bevorzugte Gegend für Nachtschwärmer oder als beliebte Abkürzung für Lehrer und Schüler

Die perfekte ländliche Idylle – solange der Bauer auf dem Feld gleich nebenan nicht die frische Jauche ausbringt.

einer nahen Schule herausstellen. Je nach Windrichtung kann eine entfernte Autobahn oder Hauptverkehrsstraße ziemlich laut oder kaum zu hören sein. Mancher fühlt sich vom sonntäglichen Kirchengeläut extrem gestört. Und wer nur im Winter die Gegend besichtigt, wird umso erstaunter sein, wenn er feststellt, dass das ruhige Lokal um die Ecke im Sommer einen florierenden Biergarten betreibt. Achten Sie auch auf Parkmöglichkeiten: Gibt es ausreichend Stellplätze auf Ihrem Grundstück oder in der näheren Umgebung? Auf dem Land kann die Idylle deutlich gestört werden, wenn hinterm Haus lauthals die Gänse schnattern oder der Landwirt nebenan seine Felder mit Gülle düngt.

Schauen Sie auch nach der Lage des Grundstücks zur Straße. Bei einem Eckgrundstück mit langer Straßenfront muss der Eigentümer im Winter erheblich mehr Schnee schippen als bei einem tiefen Grundstück mit geringer Straßenfront. Auch der Baumbestand in der direkten Umgebung ist einen Blick wert. Sein Schatten kann den erträumten Terrassenplatz oder auch die Solaranlage erheblich beeinträchtigen.

Neben diesen harten Faktoren verdienen auch bei der Mikrolage die weichen Faktoren eine Rolle. Schauen Sie, ob Sie sich in der Umgebung wohlfühlen. Je nach persönlichen Vorlieben können dafür die Dichte der Bebauung, die Altersstruktur in der Nachbarschaft, aber auch das Flair und der Zustand der Nachbarhäuser oder auch eine erkennbar große Zahl an Hundebesitzern eine Rolle spielen.

Wertentwicklung

Auch wenn das neue Fertighaus eigentlich als Lebensprojekt geplant ist, sollten Baufamilien sich darüber im Klaren sein, dass später vielleicht ein Verkauf notwendig werden kann. Mit Scheidung, Arbeitslosigkeit oder einer schweren chronischen Erkrankung rechnet niemand ernsthaft. Doch dies sind in der Praxis die Hauptgründe, wenn eine private Immobilienfinanzierung nach ein paar Jahren scheitert. Dann spielen die Wertentwicklung und der mögliche Verkaufspreis plötzlich doch eine wichtige Rolle.

Wer bauen möchte, sollte diesen Aspekt nicht aus den Augen lassen und unbedingt versuchen einzuschätzen, ob die Immobilienpreise in der Region mindestens stabil bleiben. In Boomgegenden, vor allem in den Ballungsräumen rund um attraktive Großstädte, sehen Experten auch langfristig eher weiter steigende Immobilienpreise. Hier ziehen verstärkt kaufkräftige junge Leute hin. Schon in den vergangenen Jahren waren die Metropolregionen stark gefragt. Dies werden vorerst auch die Gebiete bleiben, die von der insgesamt wahrscheinlich eher rückläufigen Bevölkerungsentwicklung nicht betroffen sind. Vielen Großstädten wird für die nächsten zehn Jahre weiteres Wachstum prognostiziert, sodass Wohnraum gefragt bleibt.

In vielen eher ländlichen Gegenden Deutschlands sind die Immobilienpreise schon heute auf dem Rückzug. Wer dort baut, wird kaum Wertsteigerungen erleben. Da kann es unter rein finanziellen Aspekten sinnvoller sein, weiter zur Miete zu wohnen oder ein gebrauchtes Haus günstig zu erwerben und dieses

Schritt für Schritt mit Modernisierungen an die eigenen Vorstellungen anzupassen.

Neben der regionalen Einordnung des Standorts können Baufamilien jedoch weitere Parameter heranziehen, um eine spätere Wertveränderung möglichst valide einzuschätzen. Anhaltspunkte liefern die Entwicklung des regionalen Arbeitsmarkts, der Einwohnerzahl der Kommune und die Immobilienpreise in den vergangenen Jahren. Eine wichtige Quelle dafür sind die Bodenrichtwerte der Gutachterausschüsse für Grundstückswerte. In Immobiliensuchportalen werden Preistrends für Bestandsimmobilien dargestellt.

Preismindernd für die Wertentwicklung des Hauses kann aufgrund des Lärms eine Diskothek, eine Feuerwehr- oder Polizeistation in der Nähe sein. Ähnliches gilt für Tierheime, Sportanlagen, Freibäder, Krankenhäuser, die zusätzlich viel Verkehr nach sich ziehen. Das ist auch bei Tankstellen der Fall.

Von Kläranlagen, landwirtschaftlichen Betrieben und zum Beispiel kunststoffverarbeitenden Industriebetrieben kann eine starke Geruchsbelästigung ausgehen.

UNSER TIPP: Achten Sie bei Ihrer Analyse der möglichen wertsteigernden oder wertmindernden Faktoren nicht nur auf den Ist-Zustand, sondern hinterfragen Sie auch mögliche mittelfristige Veränderungen. Wenn etwa neben dem heute idyllischen Wohngebiet am Rande der Stadt ein Gewerbegebiet ausgewiesen oder eine Umgehungsstraße ausgebaut werden soll, hat das in ein paar Jahren erhebliche Auswirkungen auf den Wert und oft auch auf die Wohnqualität.

IST DAS GRUNDSTÜCK GEEIGNET?

Vor dem Kauf müssen Interessenten klären, ob ihr Bauvorhaben auf dem Grundstück überhaupt möglich ist. Wer bereits konkrete Vorstellungen darüber hat, welches Haus und welcher Hersteller es sein sollen, zieht am besten frühzeitig die Firma hinzu. Viele Fertighausfirmen helfen bei der Suche nach einem passenden Grundstück. Mitunter kennen sie bereits die Situation vor Ort und hatten schon zuvor Kontakt zu den Behörden. Das kann für den praktischen Ablauf des Bauvorhabens ein echter Vorteil sein. Deshalb ist es für Bauherrenfamilie ohne konkrete Vorstellungen von ihrem Haus durchaus eine Überlegung wert, in einem für sie in Frage kommenden Baugebiet Erkundigungen über Hersteller einzuziehen.

Nicht jeder Haustyp kann auf jedem Grundstück errichtet werden. Beschränkungen ergeben sich aus dem Grundstück selbst, beispielsweise aus einer Topographie oder der Baugrundbeschaffenheit, und zum anderen aus den Vorgaben des kommunalen Bebauungsplans. Beides sollten künftige Grundstückseigentümer vor Vertragsunterzeichnung prüfen. Auch die Fertighausfirma sollte prüfen, ob das angebotene Haus auf dem Grundstück der Wahl zulässig ist. Dies sollte sie vertraglich bestätigen. Am besten ist es, wenn ein Vertreter des Fertighausanbieters persönlich vorbeikommt und sich das Grundstück anschaut.

Beschränkungen im Bebauungsplan

Üblicherweise sind im Bebauungsplan der Stadt oder Gemeinde sieben Parameter beschrieben, die den Korpus zulässiger Gebäude definieren und damit die Baufamilie bei der Auswahl ihres Wunschhauses deutlich einschränken können.

- Geschossflächenzahl (GFZ): Die Grundfläche aller Geschosse im Verhältnis zur Grundstücksfläche darf diesen Wert nicht überschreiten. Beispiel: Bei GFZ 0,5 und einem Grundstück mit 500 Quadratmetern dürfen alle Geschosse des Hauses zusammen nicht mehr als 250 Quadratmeter haben. Die GFZ kann als Höchst- und als Mindestmaß festgelegt werden.
- Grundflächenzahl (GRZ): Sie drückt das Verhältnis der Fläche des überbauten Grundstücks zur Gesamtfläche des Grundstücks aus. Beispiel: Bei GRZ 0,3 dürfen auf einem 500-Quadratmeter-Grundstück nur 150 Quadratmeter bebaut werden.
- Dachneigung (DN): Sie schreibt die Dachneigung vor – entweder exakt in Grad oder über eine Variationsbreite. Beispiel: Bei DN 30–40 darf die Dachneigung zwischen 30 und 40 Grad betragen. Dachform: Dachformen – zum Beispiel Sattel-, Pult- oder Walmdach – können vorgeschrieben oder auch ausgeschlossen sein. Firstrichtung: In welcher Richtung die Hauptfirstlinie, also die Linie, an der die Hauptflächen des Daches aufeinander treffen, verläuft, hat große Auswirkungen auf die Belichtung des Dachgeschosses oder auch die Ausrichtung einer Photovoltaik-Anlage.
- Zahl der Vollgeschosse: Sie kann als Höchstmaß, als Mindest- und Höchstmaß oder als zwingendes Maß vorgeschrieben sein.
- Baufenster: Die Baugrenzen beschreiben die maximal mögliche Ausdehnung der bebaubaren Fläche. Durch Baulinien wird zudem häufig eine verbindliche Platzierung der Gebäudefront festgelegt.

Es ist daher wichtig, vor dem Kauf des Grundstücks den Bebauungsplan einzusehen, spätestens aber vor der Entscheidung für ein bestimmtes Fertighaus. Achten Sie darauf, den aktuellen Stand des Planes zu bekommen, inklusive eventueller Nachträge.

Übrigens: In Siedlungsgebieten ohne Bebauungsplan wird meist § 34 des Baugesetzbuchs angewendet. Danach ist ein Bauvorhaben zulässig, „wenn es sich nach Art und Weise der baulichen Nutzung, der Bauweise und der Grundstücksfläche, die überbaut werden soll, in die Eigenart der näheren Umgebung einfügt und die Erschließung gesichert ist."

In der Regel stehen viel weniger freie Grundstücke zur Auswahl als mögliche Fertighausmodelle. Baufamilien werden daher eher das Haus den Erfordernissen des Grundstücks anpassen als sich für ein Haus entscheiden und anschließend nach einem dazu passenden Grundstück suchen.

Kann dies nicht vor dem Kauf geklärt werden, sollte der Vertrag ein Rücktrittsrecht vorsehen für den Fall, dass das geplante Bauvorhaben dort gar nicht möglich ist. Klären lässt sich das durch eine Bauvoranfrage im Bauamt.

Baulasten

Beim Kauf des Grundstücks sollten Bauinteressenten im Grundbuch oder im Baulastenverzeichnis prüfen, ob eventuell Baulasten eingetragen sind. Als Käufer werden Sie Rechtsnachfolger der bisherigen Eigentümer und übernehmen alle Rechte und alle Pflichten, also auch die Baulasten. Zum Beispiel kann hier ein Wegenutzungsrecht des Nachbarn in der zweiten Reihe festgeschrieben sein. Oder der bisherige Grundstückseigentümer war damit einverstanden, dass der Nachbar näher an der Grundstücksgrenze bauen durfte, als eigentlich gemäß Bauordnung erlaubt ist, und hat im Gegenzug die von der Kommune geforderte Abstandsfläche zwischen Gebäuden zu einem größeren Teil auf seinem Grundstück untergebracht. In solchen Fällen kann der neue Eigentümer nicht mehr völlig frei im Rahmen des Bebauungsplans über das Grundstück verfügen.

Schwieriger Untergrund. Wer kommt für die Kosten der Erdarbeiten auf, um die Bodenplatte vorbereiten zu können?

UNSER TIPP: Um ein Grundbuch oder ein Baulastenverzeichnis einzusehen, müssen Sie schriftlich oder mündlich einen Antrag stellen. Dabei müssen Sie ein berechtigtes Interesse nachweisen, denn die Register beinhalten vertrauliche Informationen. Es reicht nicht, wenn Sie angeben, dass Sie ein bestimmtes Grundstück kaufen wollen. Sie müssen Dokumente wie den Entwurf eines Kaufvertrags oder eine Vollmacht des Eigentümers vorlegen. Außerdem benötigen Sie Informationen über das Grundstück, mindestens die Adresse mit Straße und Hausnummer, besser noch Angaben zum Grundbuchbezirk und Grundbuchblattnummer.

Falls alte Bäume auf dem Grundstück stehen, brauchen Sie meist eine Genehmigung zum Fällen. Oder Sie müssen Ihr geplantes Haus so auswählen und es so auf dem Grundstück positionieren, dass der Baum bleiben kann. Lassen Sie vorher seine Standfestigkeit prüfen. Eventuell müssen einzelne Äste abgesägt werden.

Baugrunduntersuchung

Die Beschaffenheit des Bodens kann erhebliche technische Tücken und in der Folge erhöhte Baukosten bergen. Sobald Sie ein konkretes Grundstück ernsthaft ins Auge fassen, sollten Sie deshalb den Verkäufer nach einer Dokumentation einer Baugrunduntersuchung fragen. Kann er keine Papiere vorweisen, können Sie den Kaufvertrag vorbehaltlich einer Baugrunduntersuchung abschließen. Das gibt Ihnen die Möglichkeit, den Vertrag rückgängig zu machen, wenn eine solche Untersuchung beispielsweise ergibt, dass die Fläche Altlasten birgt, die teuer entsorgt werden müssen.

Wenn unklar ist, ob der Boden sich wirklich als Baugrund eignet, empfiehlt sich ein unabhängiges Bodengutachten. Das gilt vor allem, wenn es sich um künstlich aufgeschütteten Boden handelt, zum Beispiel wenn eine Grube verfüllt wurde, oder wenn es sich um morastigen Untergrund oder Torfboden handelt. Rechnen Sie mit Kosten ab 1000 Euro.

Ein solches Bodengutachten ist ein wichtiges Dokument, wenn es später um die Bauleistungsbeschreibung und die Kostenverhandlungen mit der Baufirma geht. Einige Baufirmen kalkulieren beim Preis nicht durchschnittliche Bodenverhältnisse ein, sondern nahezu perfekte. So wird zum Beispiel nur 0,5 Meter Aushub angesetzt. Dieser Kniff senkt den kalkulierten Preis des Hauses. Doch in der Realität sind die Umstände meist weniger günstig. Oft ist das Doppelte oder mehr an Aushub fällig, bis tragfähiger Grund erreicht wird, auf dem die Bodenplatte frostsicher gegründet werden kann. Die notwendigen Zusatzkosten muss die Baufamilie dann als Extraposition bezahlen. Das können schnell mal 3 000 Euro sein. Dabei sind die Bodenklassen genau definiert in der DIN 18196, von lockerem Mutterboden bis zu solidem Fels.

Grundwasser

Der Grundwasserstand ist vor allem dann wichtig, wenn ein Keller geplant ist. Steht das Grundwasser zu hoch, kann das den Bau eines Kellers enorm verteuern. Egal ob er aus Fertigteilen besteht oder auf der Baustelle gegossen wird, muss die Abdichtung später lückenlos und absolut dicht sein, damit kein Grundwasser in den Keller eindringt. Eventuell wäre dafür sogar eine Grundwasserabsenkung notwendige Voraussetzung, was über 10 000 Euro kosten kann – wenn es überhaupt möglich ist. Auskunft zum durchschnittlichen und auch zum bislang höchsten gemessenen Grundwasserstand erteilt das zuständige Wasserwirtschaftsamt.

Altlasten

Vor allem aber muss das Grundstück frei von Altlasten sein. Wenn die Fläche früher als Deponie gedient hat, als Kaserne, Fabrik oder anderweitig gewerblich genutzt wurde, sollten Käufer im Bauaufsichtsamt oder in der örtlichen Umweltbehörde nach möglichen Altlasten fragen und dort das Altlastenverzeichnis einsehen. Vor allem in städtischen Baugebieten liegen heute noch Blindgänger alter Fliegerbomben aus dem Zweiten Weltkrieg im Boden. Informieren Sie sich beim Bauamt, Ordnungsamt oder Regierungspräsidium, ob es in der Gegend, in der das Baugrundstück liegt, damals Bombenabwürfe gab. Mancherorts gibt es auch Verdachtsflächenkataster. Wenn ein Blindgänger erst während des Bauens gefunden wird, ist der Eigentümer im Rahmen seiner Verkehrssicherheitspflicht auch für die Beseitigung von Gefahren durch Kampfmittel zuständig und muss vielerorts die Kosten für die Kampfmittelräumung, für Aufräum- und Wiederherstellungsarbeiten und für den Bauverzug alleine tragen.

Die meisten Kaufverträge schließen eine Haftung des Verkäufers für Altlasten aus. Der Verkäufer sollte dann aber auch bescheinigen, dass der Boden keine Altlasten birgt, am besten durch ein neutrales Sachverständigengutachten. Liegt das nicht vor, sollten Käufer sich im Kaufvertrag ein zeitlich befristetes Rücktrittsrecht sichern für den Fall, dass Altlasten festgestellt werden.

Erschließung

Vor allem in Neubaugebieten sind die einzelnen Grundstücke zum Zeitpunkt des Verkaufs oft noch nicht an die öffentlichen Versorgungsnetze – also an Elektrizität, Gas, öffentliche Wasserversorgung und Kanalisation – angeschlossen. Und manch eine verkehrstechnische Erschließung (Straßenbau, Beleuchtung, Gehwege, öffentliche Grünflächen, Lärmschutz) steht meist auch noch aus. Wichtig für Ihr Finanzierungskonzept ist, ob und welche kommunalen Erschließungsgebühren bereits abgegolten, also für Sie im Grundstückspreis enthalten sind, oder noch anfallen. Fragen Sie den Verkäufer danach. Die zuständige Gemeinde kann Auskunft geben, auch über Gebühren, für die noch keine Rechnung gestellt wurde, und über Erschließungsprojekte, die in naher Zukunft anstehen und damit Gebühren mit sich bringen werden. Sowohl die absolute Höhe der Erschließungskosten als auch der prozentuale Anteil, der auf die Anlieger umgelegt wird, variieren örtlich stark. Mitunter müssen Anlieger sogar 90 Prozent der Kosten tragen. Meist geht es um mehrere tausend Euro.

In vielen Kaufverträgen stehen dazu nur vage Formulierungen, sodass es häufig zu gerichtlichen Auseinandersetzungen kommt. Deshalb sollte der Kaufvertrag regeln, ob der Käufer in so einem Fall einen Erstattungsanspruch gegen den Verkäufer hat.

Ist das Grundstück geeignet? 73

Wer kommt in so abgeschiedener Lage für die Erschließungskosten auf? Was ist mit der Zufahrtstraße, was mit Anschlüssen für Elektrizität, Wasser, Kanalisation, Telekommunikation und eventuell Gas?

 INFO

WAS HEISST ERSCHLIESSUNG?
Mit Erschließung eines Grundstücks ist gemeint: die Anschlüsse an öffentliche Versorgungsnetze, also Elektrizität, Gas, öffentliche Wasserversorgung, Kanalisation. Hinzu kommt die verkehrsmäßige Erschließung, der Anschluss ans Straßennetz. Mitunter liegt das Baugrundstück an einer Straße, die zwar befahrbar, aber nicht zeitgemäß ausgebaut ist. Dann kann die Kommune Jahre später einen Ausbau beschließen. Sie wird dann die Anlieger an den Kosten beteiligen, also Kosten für den Straßenbau inklusive Gehweg und Beleuchtung, für öffentliche Grünflächen und Lärmschutz. Das können mehrere tausend Euro für jeden Betroffenen sein.
Wenn die Straße zu Ihrem Grundstück keinen guten Eindruck macht, sollten Sie vorsichtshalber in der Behörde fragen, ob es bereits Pläne für einen Ausbau gibt. Die Anschlüsse auf dem Grundstück selber – die sogenannten Hausanschlüsse – zählen nicht zur Erschließung. Dafür ist der Bauherr verantwortlich.

Hanggrundstücke
Da kann es schwierig werden. Es gibt nur wenige Fertighausfirmen, die geeignete Haustypen anbieten, weil meist eine ebene Bodenplatte Voraussetzung für den Bau eines Fertighauses ist. Bei einem Hanggrundstück kann sie zwar durch einen zusätzlichen Kellerbau hergestellt werden, doch der gehört nicht bei jedem Hersteller zum Portfolio. Und die Beauftragung eines Subunternehmens birgt Risiken vor allem an den Schnittstellen zwischen Fertighaushersteller und Kellerbauer. Außerdem ist das Bauen am Hang technisch und konstruktiv teurer. Und schließlich besteht bei den meisten Böden das Risiko eines Hangabrutsches.

Informationspflichten der Fertighausfirma
Das 2018 in Kraft getretene Bauvertragsrecht hat die Rechte von Verbrauchern deutlich gestärkt. Beauftragt eine Bauherrenfamilie ein Unternehmen mit dem Bau eines neuen Gebäudes, dann qualifiziert das Gesetz dies als sogenannten Verbraucherbauvertrag. Die Fertighausfirma ist nun gesetzlich verpflichtet, den

Kunden rechtszeitig vor Vertragsabschluss eine Bauleistungsbeschreibung zu übergeben (§ 650j BGB). Darin muss sie unter anderem auf Unwägbarkeiten wie problematischen Baugrund oder schwierige Zufahrtsbedingungen und sich daraus möglicherweise ergebende Mehrkosten hinweisen (siehe „Bau- und Leistungsbeschreibung Seite 162).Das bezieht sich nicht nur auf das Haus selbst, sondern auch auf die Planung und die zu erwartenden Kosten. Es ist dann Sache der Bauherren, den Hinweisen nachzugehen und entsprechende Untersuchungen in Auftrag zu geben – natürlich auf eigene Kosten.

Der Vertrag sollte daher auch ein Rücktrittsrecht vorsehen für den Fall, dass solche Besonderheiten den Bau unmöglich machen oder verteuern. Allerdings ist im Einzelfall auch dann ein Rücktritt möglich, wenn dies vertraglich nicht vereinbart wurde. Dann muss der Kunde aber der Firma nachweisen, dass sie gegen ihre Aufklärungsverpflichtung verstoßen hat und dies für ihn zu unzumutbaren Mehrkosten geführt hat.

Der Preis des Grundstücks

Ob der Preis, den der Verkäufer für das Bauland haben will, angemessen ist oder nicht, lässt sich oft nur schwer einschätzen. In einem Baugebiet mit ähnlichen Grundstücken in derselben Lage ist ein Preisvergleich recht einfach möglich, da in der Regel für alle Parzellen derselbe Quadratmeterpreis aufgerufen wird. Bei einem Einzelgrundstück können die Kaufpreise anderer Grundstücke in ähnlicher Lage Anhaltspunkte bieten. Bei Preisausreißern sollten Interessenten hellhörig werden: Was sind die Gründe für den besonders hohen oder niedrigen Preis? Ein Schnäppchen kann auch den Hintergrund haben, dass demnächst eine laute Straße geplant ist, dass Altlasten oder Kampfmittel im Boden liegen.

Eine gute Orientierung bietet der Bodenrichtwert. Er beziffert den Wert für einen Quadratmeter unbebauten Boden in einer Bodenrichtwertzone, in der einheitliche Wertverhältnisse herrschen. Bodenrichtwertzonen können bestimmte Straßen, Straßenzüge oder ganze Stadtteile und Ortschaften umfassen. Die Bodenrichtwerte der meisten Bundesländer werden inzwischen im Onlineportal BORIS-D (www.bodenrichtwerte-boris.de/borisde/?lang=de) erfasst. Andernorts geben die Gutachterausschüsse der Länder oder die Bauämter der Kommunen Auskunft. In der Regel ist der Service kostenlos.

Allerdings werden die Bodenrichtwerte vielerorts nur alle zwei Jahre ermittelt und können angesichts rasant steigender oder fallender Preise bereits veraltet sein. Außerdem fließen zentrale Grundstückseigenschaften wie Mikrolage, Bebaubarkeit, Erschließung oder Bodenbeschaffenheit nicht in die Ermittlung der Bodenrichtwerte ein. Natürlich können Kaufinteressenten einen Bewertungsexperten zu Rate ziehen. Nur: Wer sein Wunschgrundstück in einer begehrten Lage haben will, muss im Zweifel den geforderten Preis zahlen – sonst schnappt es sich ein anderer.

WAS SUCHEN WIR?

Mit der Lage des Bauplatzes haben Sie schon eine elementare Entscheidung getroffen, mit der nun wesentliche Dinge für Ihr zukünftiges Alltagsleben feststehen. Die Frage nach dem Wo haben Sie also geklärt. Wir bleiben auch in diesem Kapitel ganz persönlich, verschieben den Fokus allerdings auf das Objekt Haus: „Wie will ich leben?" heißt es jetzt. Eine der ewig aktuellen Fragen der Menschheit lautet überdies: Wer bin ich? Im Hinblick auf einen Fertighauskauf können wir eine ähnlich existenzielle Fragestellung ableiten: Was will ich?

Jetzt soll es darum gehen, die eigene Lebenssituation einerseits klar und nüchtern zu analysieren, andererseits einen visionären Blick in die Zukunft zuzulassen – und diese möglichst konkret zu fassen. Denn was bringt schließlich ein perfekt auf die derzeitigen Anforderungen zugeschnittenes Haus, wenn mögliche Szenarien in der Zukunft diesen Zuschnitt allzu leicht über den Haufen werfen?

DEN BEDARF ERMITTELN

Ganz eindeutig spielt die Größe des zu erwerbenden Hauses die entscheidende Rolle, wenn Sie sich fragen, ob die Bedürfnisse aller darin lebenden Personen (und Tiere?) befriedigt werden. Doch was sich hier so einfach anhört, ist in Wirklichkeit eine eher schwammige Variable, hängt die „Größe" eines Hauses doch maßgeblich davon ab, auf welcher Grundlage ein Hersteller diese ermittelt. Klar ist es naturgemäß schwierig, die verbindlich exakte Wohnfläche vor Fertigstellung eines Hauses zu ermitteln. Andererseits haben Sie im Fertighausbau wenigstens die Möglichkeit, sich in Musterhäusern schon einen groben Einblick in die Raumaufteilung und -dimensionierung zu verschaffen. Nehmen Sie Ihr Maßband oder Lasermessgerät mit und messen Sie einfach schon einmal nach!

UNSER TIPP: Lassen Sie sich nicht nur die verbindliche Wohnfläche im Vertrag zusichern, sondern auch die Rechtsgrundlage, nach deren Regelwerk die Wohnfläche ermittelt wurde. Es befinden sich durchaus unterschiedliche Instrumente zur Wohnflächenberechnung im Umlauf.

Die Wohnflächenverordnung (WoFlV)

Die Wohnflächenverordnung (WoFlV) vom 01.01.2004 ist sicher die verlässlichste Grundlage – versuchen Sie deshalb, Ihren Fertighaushersteller darauf festzulegen. In der WoFlV ist eindeutig beschrieben, was zur Wohnfläche gehört und was nicht. Für einen objektiven Vergleich unterschiedlicher Objekte sollten Sie hinsichtlich der Wohnflächenangaben überall dieselben Maßstäbe ansetzen.
Diese Flächen werden als Wohnflächen angerechnet:
- Wohnräume, Küche, Bad, WC
- Dachschrägen/Räumlichkeiten zwischen 1 und 2 m Höhe: 50 Prozent
- Flure
- An Wohnräume angeschlossene Abstellräume
- Beheizter Wintergarten (unbeheizt nur zu 50 Prozent)
- Balkone/Terrassen (zu 25 Prozent, bei gehobener Ausstattung/Lage bis zu 50 Prozent, bei schlechter Ausstattung/Lage < 25 Prozent)

Folgende Räumlichkeiten zählen nicht als Wohnflächen:
- Abstellräume ohne direkten Anschluss an Wohnräume
- Garagen
- Kellerräume
- Waschräume/-keller
- Treppenhaus
- Dachschrägen/Räumlichkeiten unter 1 m Höhe
- Säulen, Vorsprünge, Schornsteine höher als 1,5 m mit Grundfläche $\geq 0{,}1$ m²

Der Bauherr

Die meisten Bauherren verlassen sich in zahlreichen Entscheidungen auf ihr Bauchgefühl und handeln in einer Situation vor Ort intuitiv, etwa bei der Bemusterung im Verkaufsgespräch mit dem Fertighaushersteller. An dieser Stelle sollten Sie sich einmal ganz bewusst damit beschäftigen. So sollen Kurzschlussentscheidungen vermieden und folgenschwere Fehler verhindert werden, die Sie nicht zuletzt finanziell empfindlich treffen können.

Mit der folgenden Liste „Der Situations- und Wunschkatalog" machen Sie sich gewissermaßen ein Bild von sich selbst. Viele der hier aufgeführten Punkte führen dabei mitunter schon weiter zum nächsten Abschnitt „Der Raumbedarf" (siehe Seite 80).

Der Situations- und Wunschkatalog

Wie viele Personen werden das Haus nutzen?			
☐ 1–2	☐ 3–4	☐ 5–6	☐ Mehr

Wie viele Generationen nutzen das Haus?		
☐ 2	☐ 3	☐ Mehr

Besondere Anforderungen sind zu beachten, nämlich …			
☐ Barrierefreiheit	☐ Tiere:	☐ Hobbys:	☐ Sonstiges:

Wie soll genutzt werden?		
☐ Rein privat	☐ Teilweise gewerblich	☐ Vorwiegend gewerblich

Wie viele Geschosse soll das Haus haben?			
☐ EG	☐ EG + OG	☐ EG + OG + KG	☐ EG + OG + DG + KG

Sind Anbauten oder sonstige zusätzliche Elemente gewünscht?				
☐ Garage	☐ Stellplatz	☐ Wintergarten	☐ Pool	☐ Sonstiges:

Auf wie viele Jahre ist die Nutzungsdauer angesetzt?			
☐ 10–20	☐ 20–30	☐ 30–40	☐ Unbegrenzt

Zeitplan – Gibt es schon bekannte fixe Zeitfristen? Wenn ja, …

Anvisierter Einzugstermin	
Spätester Baubeginn	
Späteste Baufertigstellung	

Persönliche Vorlieben – allgemein

	Wichtig	Neutral	Unwichtig
Atmosphäre			
Gemütlichkeit			
Helligkeit			
Fenster (Größe, Proportion)			
Große offene Räume			
Kleine Einheiten/Räume			
Rückzugsräume			
Funktionalität			
Sicherheit			
Dach (Art, Form)			
Türen (Material, Form)			
Terrasse/Freisitz/Balkon			
Wintergarten			
Garage/Autostellplatz			

Was suchen wir?

	Wichtig	Neutral	Unwichtig
Materialität der verwendeten Baustoffe			
Innovative Technik			
Neuartige Baustoffe			
Ökologische Baustoffe			
Wertigkeit des Hauses als solches			
Statussymbol			
Altersvorsorge			
Verpflichtende Leitlinien für das Haus			
Ökologie			
Ökonomie			
Energieeffizienz			
Energieeinsparung			
Architektonische Formensprache			
Gediegen			
Modern			
Extrovertiert			
Zurückhaltend/solide			
Antik			
Baustil			
Bungalow			
Blockhaus			
Fachwerkhaus			
Schwedenhaus			
Landhaus			
Villa			
Mediterranes Haus			
Designerhaus (extravagant)			
Bauhaus (kubistisch)			
Umgebung des Hauses			
Gartengestaltung			
Gartenbeleuchtung (Elektroinstallation)			
Gartenbewässerung (Leitungen)			
Einhegung			
Direkte Gebäudeumgebung			

Präferenzen in der Farbe/im Farbton			
	Bevorzugt	Neutral	Indiskutabel
Hell			
Dunkel			
Warm			
Kühl			
Creme			
Cashmere			
Honig			
Gelb			
Mango			
Orange			
Rot			
Amarena			
Malve			
Orchidee			
Blau			
Lagune			
Grün			
Farn			
Bambus			
Jade			
Braun			
Pearl			
Sand			
Mocca			
Schwarz			
Weiß			
Grau			
…			
Bevorzugte Formensprache generell			
Rund			
Oval			
Eckig			
Kantig			
Zart/Zurückhaltend			
Wuchtig/Offensiv			

Diese Liste enthält lediglich einige Auswahlpunkte und ist nur zusammen mit den anderen Checklisten (Haustypen, siehe Seite 22, das Energiekonzept, siehe Seite 58 etc.) zu bewerten. In ihrer Gesamtheit bilden diese Listen – und die, die noch kommen werden (etwa die zur Wahl des richtigen Herstellers, siehe Seite 134) – dann schon ziemlich genau Ihre Vorstellungen und Wünsche hinsichtlich Ihrer eigenen vier Wände ab.

Der Raumbedarf

Vielleicht haben Sie noch gar keinen richtigen Überblick über die einzelnen Räume, die Sie zum einen wirklich benötigen, sich zum anderen aber sehnlichst wünschen. Womöglich haben Sie aber schon ganz konkrete Vorstellungen von Ihrem Traumhaus, wissen nur noch nicht, wie Sie alle Wünsche auch unter ein Dach bringen. Die folgende Auswahlliste „Ihr Raumprogramm" (siehe rechts), mit der Sie den Ist-Zustand Ihrer aktuellen und den Wunsch-Zustand Ihrer zukünftigen Wohnsituation gegenüberstellen, bietet Ihnen eine Hilfestellung, den tatsächlichen Veränderungsbedarf festzustellen, herauszufinden, wo Extras möglich sind und was in Bezug auf das Kosten-Nutzen-Verhältnis aus Ihrer Sicht vielleicht entbehrlich ist.

Die Zuordnung der einzelnen Räume zu bestimmten Bereichen sind lediglich als Vorschläge zu betrachten, da andere Lösungen in der Raumaufteilung genauso denkbar sind.

Die erste Spalte gibt Ihnen also solche Raumbezeichnungen nur vor, um Ihren Horizont für die Möglichkeiten zu öffnen, wenngleich die Liste keinen Anspruch auf Vollständigkeit erhebt.

In die zweite Spalte tragen Sie bitte die von Ihnen gemessene Quadratmeterzahl der Räume ein, die Sie augenblicklich bewohnen.

Anhand dieser Werte setzen Sie in der dritten Spalte die Wunschgröße Ihrer zukünftigen Räume fest.

Die Spalten vier (Kann) und fünf (Muss) sind dazu gedacht, dass Sie sich selbst einen schnell erfassbaren Überblick über die minimal notwendige Raumstruktur Ihres neuen Heimes verschaffen können – und über mögliche Erweiterungen.

In die Kommentarfelder tragen Sie Ihre Wünsche für die jeweilige Raumgestaltung ein, beim Werkraum könnte der entsprechende Kommentar beispielsweise lauten: „Mit direktem Zugang nach draußen/in den Garten" oder „Südwestlich ausgerichtet für möglichst viel Licht". Für den Wellnessbereich können Sie beispielsweise auch kommentieren: „Lage: im Erdgeschoss". Sie werden sich mit dieser Liste wahrscheinlich mehr als einmal auseinandersetzen, denn Änderungen und Anpassungen sind nur allzu normal, wenn es um die Investition Ihres Lebens geht.

Berücksichtigen Sie bei der Vermessung Ihrer derzeitigen Wohnsituation neben den ganz konkreten Metermaßen auch die qualitativen Aspekte der einzelnen Räume. Damit Sie Ihre Ansprüche an die neuen Räume genau kennenlernen, haben wir einen exemplarischen Fragenkatalog aufgestellt, anhand dessen Sie eine Idee bekommen können, was Ihr neues Haus alles leisten muss. Anpassungen und Erweiterungen sind selbstverständlich beliebig möglich, wenn nicht sogar nötig:

▶ Finden im Garderobenbereich ausreichend Jacken und Schuhe ihren Platz – eigene und die von Gästen?
▶ Wie sind die Lichtverhältnisse in den unterschiedlichen Räumen, bin ich zufrieden mit der jetzigen Situation, oder bedarf es bei bestimmten Zimmern einer Anpassung?
▶ Möchte ich etwa ein helles, ruhiges Arbeitszimmer, oder darf es auch zur Straße gehen?
▶ Muss womöglich auf eine gute Verschattung geachtet werden, zumal wenn viel am Computerbildschirm gearbeitet wird?
▶ Welchen Anforderungen muss die Lage der Küche genügen, soll sie einen direkten Zugang zur Garage/zum Autostellplatz haben, um kurze, eventuell auch regengeschützte Wege zwischen Auto und Küche zurücklegen zu können?
▶ Spielen die Raumhöhen im Allgemeinen eine wichtige Rolle und bin ich zufrieden mit der jetzigen Situation in dieser Hinsicht?
▶ Kann ich jetzt alle Möbel an den gewünschten Ort stellen, muss bezüglich vorhandener Möbel gesondert Rücksicht genommen werden?

Ihr Raumprogramm

Kellergeschoss	Ist (in m²)	Soll (in m²)	Kann	Muss	Kommentar
Werkraum					
Waschküche					
Trockenraum					
Vorratsraum					
Freizeit-/Partyraum					
Haustechnik					
Wellness (Sauna, Ruheraum, Fitness)					
Erdgeschoss					
Esszimmer					
Wohnzimmer (mit Kamin)					
Küche					
Hauswirtschaftraum					
Gästezimmer					
Gästebad (ebenerdig)					
Garderobe					
Diele					
Windfang					
Terrasse (davon überdacht …?)					
Wintergarten (beheizt?)					
Arbeitszimmer					
Anbauten wie Garage, Geräteschuppen etc.					
Obergeschoss					
Elternschlafzimmer					
Elternbad					
Ankleideraum					
Kinderzimmer 1					
Kinderzimmer 2					
Kinderzimmer 3					
Kinderbad					
Spielzimmer					
Arbeitszimmer					
Balkon / Loggia					
Dachgeschoss					
Studio / Lesezimmer					
Summe					

- Soll besonders auf Barrierefreiheit geachtet werden?
- Müssen spezielle Vorkehrungen für Haustiere getroffen werden?
- Soll das Haus später teilbar sein oder ist direkt eine Einliegerwohnung gewünscht?

Aus den Fehlern oder Mängeln der Vergangenheit kann man schließlich lernen und diese abstellen, das vorhandene Gute lässt sich manchmal noch besser machen.

Spielen Sie ganz bewusst unterschiedliche Szenarien in Ihrem Leben durch: Lassen Sie den Alltag mit seinen (Raum-)Anforderungen Revue passieren. Wie sieht es mit dem Platz aus, wenn Sie Gäste einladen? Wagen Sie einen Blick in die nahe und fernere Zukunft. Stellen Sie sich vor, wie Sie Ihre Zeit im Sommer und im Winter im und am Haus verbringen wollen. Machen Sie sich schlichtweg klar, dass Sie Ihr Haus in ganz verschiedenen Lebensphasen nutzen werden und dass diese Nutzung mitunter vollkommen unterschiedlich aussehen kann. Vielleicht soll aber eines der Kinder auch einmal einen Bereich des Hauses komplett für sich allein haben, dann wäre eine entsprechend sinnvolle Planung in der Aufteilung im Vorfeld ebenso zu berücksichtigen.

An dieser Stelle seien drei fiktiv entworfene Szenarien kurz vorgestellt, anhand derer die für Sie persönlich geltenden Kriterien möglicherweise noch fassbarer werden.

- **SZENARIO 1: ALLEINSTEHENDES JUNGES PÄRCHEN**

Angenommen, Sie sind ein Pärchen im Alter von Ende zwanzig, Anfang dreißig. Sie haben Ihre Ausbildung schon ein paar Jahre abgeschlossen und klettern gerade munter die Karriereleiter hinauf – einer von Ihnen als Angestellter in einem Unternehmen, der andere als Freiberufler. Sie sind beide voll im Berufsleben eingespannt, wobei der eine das Haus schon relativ früh morgens verlässt und erst am frühen Abend wieder von der Arbeit zurückkehrt. Der andere hingegen arbeitet zum Großteil vom heimischen Büro aus, wenn er oder sie nicht beruflich unterwegs ist. Demnach ist schon jetzt der versetzte Tagesrhythmus für die Raumstrukturierung und Grundrissplanung (Arbeitszimmer: Größe, Ausrichtung etc.) zu berücksichtigen. Allerdings sollten auch mögliche Änderungen der beruflichen und persönlichen Gemengelage mitschwingen, wenn Sie Ihr Fertighaus planen, denn Kinder bringen – zumindest vorübergehend – Änderungen im Tagesablauf mit sich, die sich in der Nutzung des Eigenheims niederschlagen. Und auch wenn Ihnen der Zeitpunkt, da Barrierefreiheit für Sie eine Rolle spielt, noch weit weg erscheint, bedenken Sie zumindest, inwiefern sie in Teilen jetzt schon umsetzbar ist und später womöglich nachträglich hergestellt werden kann. Sie sollten sich prinzipiell Gedanken darüber machen, wie weit in die Zukunft Sie planen möchten. Steht für Sie ohnehin fest, dass Sie als älteres Paar eher wieder die Nähe der Stadt suchen und in eine seniorengerechte Wohnung mit möglichst geringem Instandhaltungsaufwand ziehen wollen, brauchen Sie an Barrierefreiheit für Ihre aktuellen Planungen nicht so viele Gedanken verschwenden.

Als junges, voll berufstätiges Pärchen werden Sie einem differenziert gestalteten Garten im ersten Augenblick ebenfalls nicht die größte Dringlichkeit beimessen. Tragen Sie sich aber mit dem Gedanken an Familie, kann auch hier Weitsicht Vorteile verschaffen: Bäume, die bereits drei, vier Jahre wachsen konnten, spenden dann im Garten schon unmittelbar nach Familiengründung natürlichen Schatten.

- **SZENARIO 2: JUNGE VIERKÖPFIGE FAMILIE**

Als Familie mit Kindern sind Ihre Ansprüche an ein neues Haus automatisch anders gelagert. Jedes Familienmitglied wird seinen eigenen Rückzugsraum einfordern, auf die Hobbys eines jeden Einzelnen muss entsprechend – mitunter auch räumlich – eingegangen werden. Die größere Anzahl von Individualräumen erfordert erhöhte Aufmerksamkeit bei der Grundrissplanung, ganz in Abhängigkeit von der Nutzung im

Verlauf des Tages. Am besten statten Sie die Individual- als nutzungsneutrale Räume aus, so sind sie nicht ein für alle Mal in ihrer Funktion festgelegt, sondern können, beispielsweise nachdem die Kinder aus dem Haus sind, gemäß den neuen individuellen Erfordernissen umgewidmet werden.

Bei einem Vierpersonenhaushalt gestaltet sich auch die Größenstruktur der verschiedenen Räume anders als bei einem Haushalt mit nur zwei Personen. Wenn Sie etwa keinen Wäschetrockner wollen, sollten Sie beachten, dass die Trocknung der Wäsche von vier Personen sehr viel „raumgreifender" ist als bei nur zwei Personen. Dies insbesondere im Winter, wenn das Trocknen deutlich länger dauert und die Verweildauer der Wäschestücke auf der Leine steigt.

Die Hochfrequenzzeit in jedem Haushalt ist der Morgen. Wenn dann noch alle Familienmitglieder zur etwa selben Zeit den Tag beginnen, ist Stress programmiert, wenn im Bad oder den Bädern nicht ausreichend Platz ist. Entspannung bringt da meist schon ein separates Kinderbad neben dem gängigen Elternbad.

Bei der Gestaltung des Gartens werden Sie wahrscheinlich einen stärkeren Fokus auf die Freizeitnutzung Ihrer grünen Oase legen, weil der Garten nicht nur am Abend oder Wochenende, sondern auch regelmäßig unter der Woche aufgesucht – und besonders strapaziert – wird.

▶ **SZENARIO 3: AGILES SENIORENEHEPAAR**

Entscheiden Sie sich gegen Ende Ihres Berufslebens etwa, endlich Ihren Wunsch vom Traumhaus in die Tat umzusetzen, stehen für Sie ganz andere Kriterien im Vordergrund. Sie werden sich womöglich eher für einen ebenerdigen Bungalow entscheiden, vielleicht noch mit einem Keller, und nicht für die Stadtvilla mit zwei Vollgeschossen und eventuellem Loft mit entsprechend vielen Treppenstufen. Wenn der Bau eines Bungalows auch die teuerste Art zu bauen ist, weil bei ähnlich großem Aufwand weniger Wohnraum entsteht als bei Mehrgeschossern, setzen Sie ganz bewusst auf

Barrierefreiheit

Die persönliche Nutzungsdauer verlängern Sie, indem Sie Ihr Haus weitestgehend barrierefrei ausführen lassen. Bei mehrgeschossigen Entwürfen ist das zwar nur bedingt möglich. Hindernisse wie Bodenschwellen (vor allem im Übergang vom Außen- zum Innenbereich) oder Niveauunterschiede auf einer Etage sollten dennoch möglichst vermieden werden. Wo Sie hier Stolperfallen umgehen und bei der Erstellung dafür etwas tiefer in die Tasche greifen müssen, erfreuen Sie sich umso länger an Ihrem Eigenheim. Auch ein stabiler Handlauf an der Treppe ist ein einfacher und doch sehr effektiver Eingriff, um Sicherheit beim Treppensteigen zu gewährleisten. Und selbst durch die vorausschauende Bemaßung der Treppenbreite lässt sich zum Beispiel später leichter ein Treppenlift nachrüsten. Obendrein fördern Sie durch derlei Eingriffe den potenziellen Verkaufswert Ihrer Immobilie. Den kompletten Maßnahmenkatalog zur Barrierefreiheit stellt die DIN 18040 dar (hier vor allem Teil 2 für Wohngebäude), die 2011 veröffentlicht wurde.

---

die bequeme Erreichbarkeit aller Wohnbereiche – auch wenn Sie noch voll im Leben stehen und körperlich glücklicherweise noch nicht eingeschränkt sind.

Die Gestaltung der einzelnen Zimmer entspricht häufig einer Mischung aus Pragmatik, Ästhetik und vor allem Großzügigkeit. So wird ein Bad eher über einen großen als zwei kleinere Waschtische verfügen, ebenso erscheint ein ebenerdiges großzügig angelegtes Duschbad sinnvoller als eine Duschkabine und eine Badewanne. Arbeitszimmer werden, wenn überhaupt noch eingeplant, nicht mehr dieselbe Priorität einnehmen wie bei jüngeren Bauherren, stattdessen richten Sie entsprechende Räume sehr viel stärker nach Ihren Freizeitgewohnheiten aus.

Beim Garten wird es sich ähnlich verhalten: Die kinder- oder jugendgerechten Elemente werden kaum noch Beachtung erfahren, wogegen Sie Ihrer Kreativität und Ihren Vorlieben bei der Gestaltung freien Lauf lassen. Wasserquellen und ganze Bachläufe sind jetzt ohne Weiteres möglich. Vielleicht möchten Sie aber Ihren Garten auch verstärkt mit Nutzpflanzen bestücken und sich selbst ökologische Nahrungsmittel ins Haus holen. Der Garten als solcher wird aller Wahrscheinlichkeit nach als täglicher Aufenthaltsort eine sehr viel größere Bedeutung erhalten als noch zu den Zeiten Ihrer Berufstätigkeit.

Wie auch immer die Szenarien im Einzelnen ausfallen: Versuchen Sie, alle für Sie infrage kommenden und vorstellbaren Konstellationen zu bedenken und bei der Planung mit einzubeziehen. Haben Sie dann Ihren persönlichen Wunschkatalog zusammengestellt, halten Sie ein wichtiges Dokument in den Händen, das Ihnen die Entscheidung für ein Fertighaus erleichtert.

So konkret Ihre Vorstellungen hinsichtlich Größe und Qualität in dem nun erstellten Raumprogramm und in der vorhergegangenen Situations- und Wunschanalyse vielleicht schon geworden sind, sollten Sie offen bleiben für bislang womöglich noch nicht Bedachtes. Nicht unbedingt alle Vorstellungen sind von jedem Fertighaushersteller umsetzbar. Und wenn Sie nun einmal partout einen Bungalow bewohnen wollen, dann kommt selbstredend kein Loft infrage.

Doch auch weniger offensichtliche, einander ausschließende Kriterien wollen bedacht werden: Die meist attraktivere Ausrichtung für Wohn- und Aufenthaltsräume ist die Orientierung nach Süden/Südwesten, aber das Angebot in dieser Lage ist selbstverständlich auch im eigenen Haus begrenzt (mehr zur Ausrichtung des Hauses siehe Seite 87).

Und legen Sie später bei den genaueren Planungen nachdrücklich Wert auf eine gut durchdachte Anordnung der Räume zueinander, denn es kann schon nerven- und zeitraubend sein, wenn der Hauswirtschaftsraum nicht direkt von der Küche aus erreicht werden kann.

Neben den absoluten Notwendigkeiten und den eher emotionalen Wünschen muss das Raumprogramm natürlich in Übereinstimmung mit der gebotenen Fläche eines Hausentwurfs gebracht werden, die wiederum, wie auch die übrigen persönlichen Anforderungen, maßgeblich vom Preis abhängt. Hier halten die diversen Haustypen (siehe Seiten 17 ff.) unterschiedlich viel Spielraum bereit, ein Landhaus etwa bietet mehr Gestaltungsfreiräume als ein Bungalow oder Reihenhaus.

Haben Sie nun Ihr Raumprogramm erstellt und auch eine ungefähre Vorstellung von Architektonik, Bauweise und energietechnischer Ausstattung, dann steht der zielgerichteten Suche nach dem passenden Fertighaushersteller nichts mehr im Weg. Ein guter Raumplaner findet sicher eine Lösung, wie sich Ihre Bedürfnisse unter einen Hut bringen lassen.

Grundrisse

Im Verlauf Ihrer Auseinandersetzung mit verschiedenen Fertighausentwürfen werden Sie einer Vielzahl von Grundrissen begegnen. Mit diesen lässt sich die Lage der einzelnen Räume planen, sie bilden unterschiedliche Wohntypen eines Hauses ab. Zentrale Position bei der Frage nach dem passenden Grundriss nimmt das Familienleben ein und welche Bedeutung ihm zugemessen wird.

Der schon relativ lang anhaltende Trend geht zur Auflösung der klassischen Raumverteilung im Erdgeschoss: Abgetrennte Küchen, Esszimmer und Wohnzimmer sind kaum noch anzutreffen, der Übergang zwischen diesen Bereichen des alltäglichen Lebens ist zunehmend fließend. Die Zeiten, in denen der Einzelne, meist die Frau, einsam in der Küche vor sich hinschuften musste, die Gerichte aus der Küche im Esszimmer verspeist und der Mittagsschlaf dann auf der Couch im Wohnzimmer gehalten wurde, scheinen endgültig vorbei. Zum großen Teil liegt das sicher an Veränderungen in unserer Gesellschaft, in der zunehmend Männer und Frauen arbeiten, die Rollenverhältnisse auch im Haushalt nicht länger eindeutig sind und dementsprechend der Fokus sehr viel stärker auf der Kommunikation liegt. Auch avanciert das Kochen immer mehr zur Freizeitaktivität, an der sich mehr als nur eine Person beteiligt und die als Event des Austauschs untereinander gilt. Nicht selten werden Freunde eingeladen, mit denen man gemeinsam zubereitet, was man in Gemeinschaft isst – und selbst wenn nicht jeder mitschnippeln, kochen oder braten kann, das Gemeinschafts-

gefühl kann durch einen großen Wohn-Ess-Bereich aufrechterhalten werden.

Die klassische Nutzungsstruktur für das althergebrachte Wohnzimmer – lesen, Musik hören, fernsehen – hat sich aufgrund zunehmend ortsunabhängigen Medienkonsums (WLan und Laptop/Computer) weitgehend überholt. Die architektonische Konsequenz: Im Erdgeschoss sind neben dem Gäste-WC als abgetrennte Einheiten allenfalls noch der Hauswirtschaftsraum und der Eingangsbereich anzutreffen. Die Verschmelzung von Ess-, Wohnzimmer und Küche dient heute vielfach als zentraler Sammelpunkt für die ganze Familie zu den Stoßzeiten des Familienlebens – morgens und abends, wenn auch die Mahlzeiten möglichst zusammen eingenommen werden.

Nachteilig kann sich diese Entwicklung freilich auswirken, wenn auch im Erdgeschossbereich Privatsphäre gewünscht wird. Dem begegnen einige Fertighaushersteller, indem sie zwischen Koch- und Essbereich ein halbhohes, zu beiden Seiten offenes Wandelement einziehen, wodurch der Eindruck von Abgeschiedenheit bei gleichzeitiger Offenheit erweckt wird. An dieser Stelle sprechen die Planer gemeinhin vom offenen Grundriss, bei dem gestalterisch quasi keine Grenzen gesetzt sind und Sie mit Ihrer Kreativität freie Entfaltungsmöglichkeit haben. Meistens werden offene Grundrisse im Erdgeschoss umgesetzt, wobei es sie auch im Obergeschoss gibt – wenn auch lange nicht so häufig.

Im durchschnittlichen Obergeschoss ist die Raumaufteilung weit weniger revolutionär verlaufen. Hier wie natürlich grundsätzlich auch im Erdgeschoss lassen sich drei Hauptkategorien von Grundrissen unterscheiden: einseitig, zweiseitig und zentral orientierte Grundrisse.

Der einseitig wie der zweiseitig orientierte Grundriss richtet sich strukturgebend an einem Flur aus. Einseitig orientierte Grundrisse spielen ihre Stärke bei Grundstückslagen aus, deren Reiz eindeutig auf einer Grundstücksseite liegt (Aussicht, Helligkeit, Ruhe), denn damit lassen sich alle Räume entlang der attraktiveren Seite

Schmaler Baukörper, durch Flachdach dennoch zwei Vollgeschosse. Durch behutsam gewählte Versätze sieht dieses Fertighaus auch wohl kaum aus wie „von der Stange".

ausrichten. Allein der Flur, ein Teil des Treppenhauses und gegebenenfalls ein oder mehrere Bäder verlaufen dann entlang der weniger gefragten Seite, wodurch Straßenlärm oder ähnliche unliebsame Umwelteinflüsse keine so starke Gewichtung mehr erfahren. Solche Entwürfe haben zwangsläufig den Nachteil einer geringen Raumtiefe und eines relativ langgestreckten Baukörpers, was wiederum zu höheren Kosten aufgrund der größeren Gebäudehülle führt.

Bei zweiseitig orientierten Grundrissen stellt ein Flur die Mittelachse dar, von der aus beidseitig die weiteren Räumlichkeiten zu erreichen sind. Hier sind vergleichsweise tiefe Baukörper möglich, weil die flach einfallenden Sonnenstrahlen am Morgen wie am Abend bis tief in die Individualräume (Rückzugsräume der einzelnen Bewohner) reichen. Weniger vorteilhaft bei diesen Grundrissen ist die verhältnismäßig geringe Versorgung des Flures mit Sonnenlicht, denn nur an einer Stirnseite (seltener an beiden) lässt sich dem durch den Einbau eines Fenster entgegenwirken.

Eine Variante des Grundrisses mit zweiseitiger Ausrichtung ist der zentral orientierte Grundriss. Die Besonderheit bei ihm besteht darin, dass er bewusst wenig raumgreifend ausgeführt ist und von ihm aus sternförmig alle anderen Bereiche des Obergeschosses begehbar sind. Somit lässt er viel Platz für die anderen Räume, für ausreichend Licht sorgt meist ein einzelnes Fenster im Treppenhaus.

Geschossigkeit

Ganz eindeutig: Kleinere Grundstücke erfordern eher eine Zwei- und Mehrgeschossigkeit als große. Dem politischen Willen nach Begrenzung des Flächenbedarfs für neu zu erschließenden Wohnraum folgend, schrumpfen die angebotenen Grundstücksgrößen zusehends, in Ballungsgebieten auch schon aus rein finanziellen Gründen. Logische Folge: Die Häuser, auch Einfamilienhäuser, schießen in die Höhe; drei Wohngeschosse sind in Städten keine Seltenheit mehr. Was diesen Aspekt anbelangt, sind Sie jedoch vollkommen abhängig von den lokalen Gegebenheiten und vom gültigen Bebauungsplan (siehe das Kapitel „Wo soll das Haus stehen?", Seiten 66 ff.). Besteht ein solcher nicht, gibt der umliegende Bestand meist sehr enge Grenzen vor, was übrigens auch für die Dachgestaltung gilt.

Klar ist aber auch, dass kompakte Baukörper geringere Flächengrößen der Gebäudehüllen fordern und so geringere Kosten verursachen, da der Material- und Arbeitsaufwand geringer ist. Weiterer Vorteil: Werden Abtrennungen beispielsweise von Eltern- und Kinderbereich gewünscht, lässt sich das hier mehr oder weniger automatisch durch die Verteilung auf verschiedene Ebenen erzielen. Wohngebäude mit geringerer Grundfläche und einer höheren Anzahl Geschosse lassen auf einem ohnehin kleinen Grundstück zusätzlich mehr Platz für einen Garten übrig.

Den Bedarf ermitteln | **87**

Morgens ein kühles Auto, abends auf der warmen Holzbank in den Sonnenuntergang schauen.

Nachteilig wirkt sich aus, dass bei kleinerer Grundfläche eine Barrierefreiheit in allen Wohnbereichen nur schwierig zu erlangen ist oder sehr teuer wird. Die im Verhältnis zum Raum geringe Dachfläche limitiert die Anbringung von Solartechnik, wodurch dem maximal möglichen Ertrag eine niedrigere Grenze gesetzt ist.

Die Größe Ihres Grundstücks gibt möglicherweise Maßgaben für die Art der Bebauung vor. Sind Sie einigermaßen frei in der Wahl des Baukörpers, wägen Sie die Vor- und Nachteile der unterschiedlich hohen Geschossigkeit gegeneinander ab und bringen Sie sie in Verbindung mit Ihrer persönlichen Lebenssituation. Auch die wählbaren Dachformen wirken sich mitunter auf die von Ihnen bevorzugte Anzahl der Etagen aus (siehe Seite 89).

 HANGLAGEN KLUG NUTZEN: Viele Fertighaushersteller verfügen über jahrelange Erfahrung in der Bebauung von Grundstücken mit Hanglage. Entscheiden sich Bauherren mit einem Grundstück auf ebener Fläche oftmals für einen Keller, sind in Hanglage attraktive Alternativen umsetzbar: Vom zusätzlichen kompletten Wohngeschoss über eine Kombination aus Wohnraum und Garage bis hin zum lichtdurchfluteten Wellnessbereich ist alles möglich. Gerade wegen der Lage an einem Hang fällt nämlich mindestens von einer Front her sehr viel Licht ein – grandiose Aussicht häufig inklusive.

Ausrichtung des Hauses

Ebenso wie die Wahl des passenden Grundrisses entscheidet die Ausrichtung Ihres Hauses nach den Himmelsrichtungen auf dem von Ihnen erworbenen Grundstück über die Wohnqualität in Ihrem eigenen Heim. Neben dem Bebauungsplan der jeweiligen Kommune legt der Grund und Boden dabei meist schon gewisse Kriterien (Bebauungsgrenzen) fest. Achten Sie also schon beim Kauf darauf, in welchen Dimensionierungen ein Hausbau auf dem Grundstück möglich ist.

Zusätzlich sollten Sie an dieser Stelle auch schon genau überlegen, inwieweit Sie sich mit natürlicher Sonnenenergie für Strom und Warmwasser versorgen wollen. Tragen Sie sich mit dem Gedanken an eine thermische Solaranlage zur Warmwasserbereitung (siehe Seite 54) oder an eine Photovoltaikanlage zur Stromgewinnung (siehe Seite 56), müssen Sie mit Ihrem Fertighausanbieter die optimale Ausrichtung Ihres Hauses für eine größtmögliche Ausschöpfung der Sonnenstrahlen festlegen (gilt vornehmlich für die Lage beziehungsweise Ausrichtung des Daches).

Als Faustregel für die Anordnung von Räumen kann prinzipiell Folgendes gelten: Richten Sie Schlafräume möglichst nach Osten aus, damit die morgens aus dieser Himmelsrichtung einfallenden Sonnenstrahlen Sie beim Wachwerden unterstützen. Wohn- und Freizeiträume hingegen finden in südlicher Ausrichtung ihren wohl besten Platz, da die Bewohner

88 Was suchen wir?

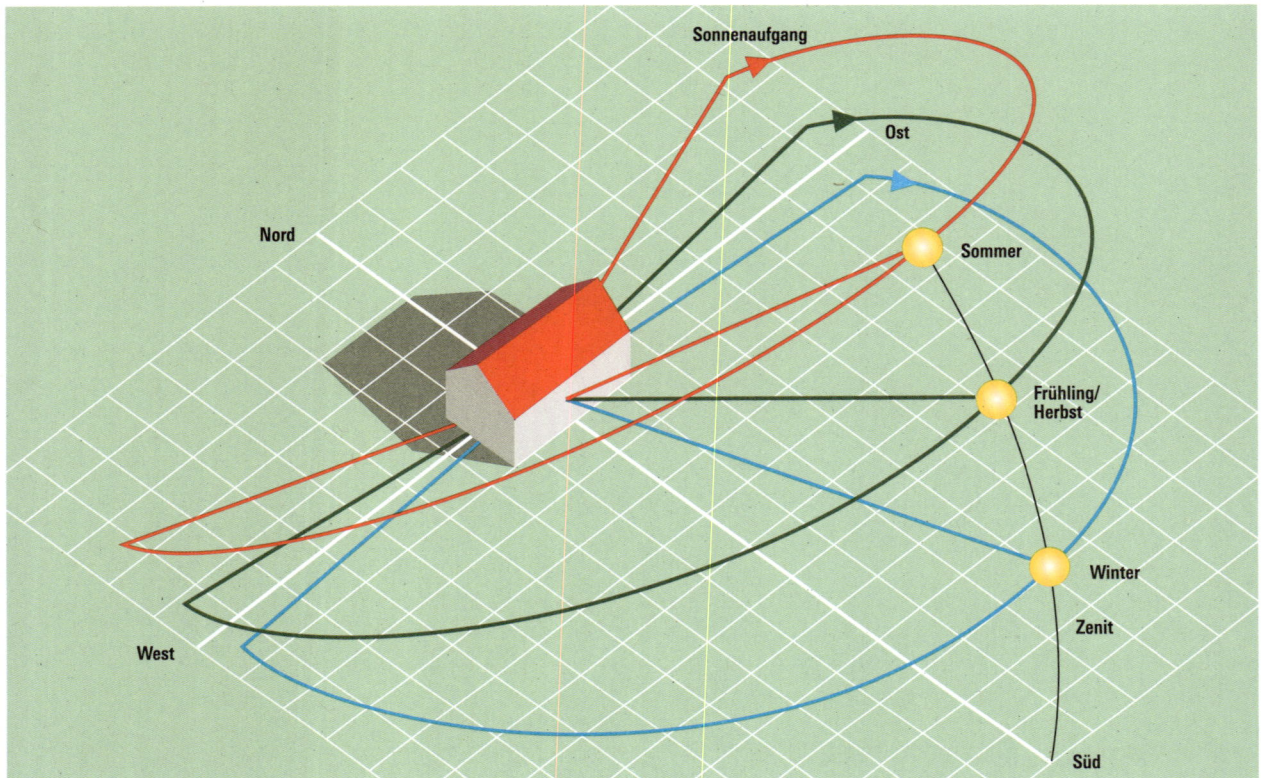

Im Sommer steht die Mittagssonne erheblich steiler als im Winter. Die Illustration stellt beispielhaft die Sonnenstände für Frankfurt am Main zu den Zeitpunkten der Sommersonnenwende (21. Juni), der Tag- und Nachtgleiche und der Wintersonnenwende (21. Dezember) dar. Die Sonne geht morgens im Osten auf und steht zunächst sehr niedrig am Himmel. Ihre Strahlen treffen dann flach auf die Erde und können daher durch Fenster tief in Räume eindringen. Über Mittag steht die Sonne im Süden steil am Himmel und kann durch Dachvorsprünge aus dem Haus ferngehalten werden. Nachmittags sinkt die Sonne kontinuierlich ab, bevor sie im Westen untergeht. Die tief stehende Abendsonne kann wiederum weit in die Räume eindringen und wird in ihrer Kraft oft unterschätzt.

eines durchschnittlichen Einfamilienhauses sich dort am ehesten am Nachmittag und Abend aufhalten. Entspricht Ihre Lebensrealität allerdings nicht dem gängigen Muster – Sie arbeiten etwa nicht tagsüber außer Haus –, dann sollten Sie überlegen, wie Sie den Sonnenlauf am liebsten nutzen und von der genannten Faustregel abweichen wollen.

Zwar erleben wir auch in Mitteleuropa die Auswirkungen des weltweiten Klimawandels, doch den Lauf der Sonne wird das nicht beeinflussen, weshalb er als Konstante einer grundlegenden Berücksichtigung im Hausbau bedarf. Im Folgenden finden Sie die Vorzüge aber auch möglichen Nachteile der jeweiligen Himmelsrichtung aufgelistet:

Osten
- Sonnenaufgang
- Flach eintretende Sonnenstrahlen dringen morgens bis tief in den Raum.
- Positive Auswirkung auf einen guten Start in den Tag.

Süden
- Lange direkte Sonneneinstrahlung tagsüber, morgens und abends hingegen nicht
- Sehr gut geeignet für Wohnbereich und Kinderzimmer, da Nutzung vermehrt auch tagsüber
- Sonnen- und Blendschutz müssen gesondert berücksichtigt werden, weil der Einfallswinkel der Sonne das Jahr über stark variiert

Den Bedarf ermitteln **89**

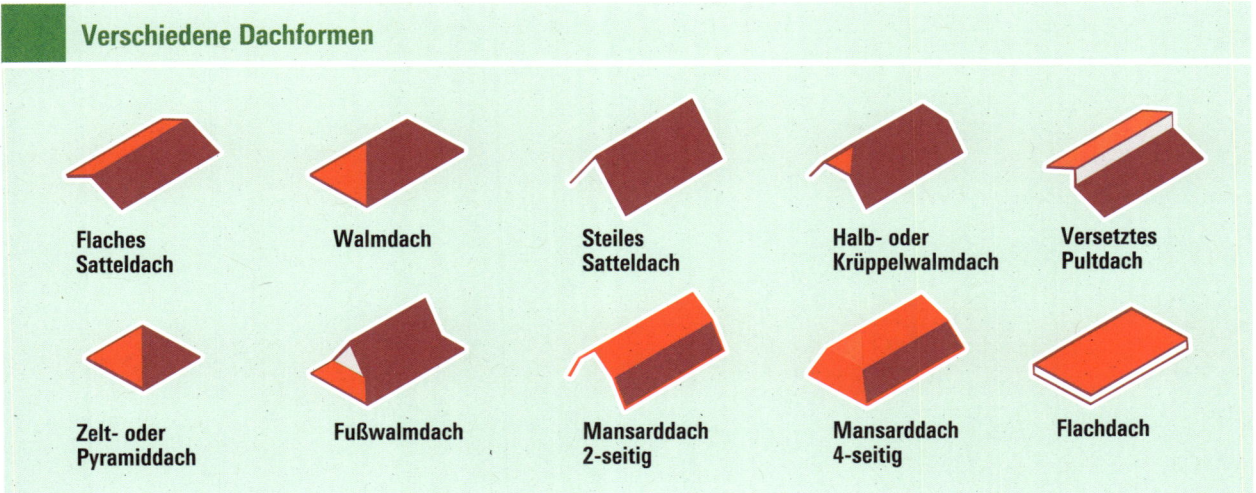

- Im Sommer Gefahr der Überhitzung, im Winter wegen der niedrig stehenden Sonne unangenehme Blendung möglich

Westen
- Relativ flache Sonneneinstrahlung nachmittags bis abends, verhältnismäßig kraftvoll
- Ideale Himmelsrichtung für zu diesen Zeiten genutzte Räume, auf Sonnenschutz beziehungsweise mögliche Beschattung nicht verzichten

Norden
- Direkte Sonneneinstrahlung bestenfalls etwas in den Wochen um die Sommersonnenwende (um den 21. Juni)
- Im Hochsommer kühle Räume, im Winter dunkel
- Kein Sonnen- beziehungsweise Blendschutz nötig
- Ideal für Räume, die möglichst wenig der direkten Sonnenstrahlung ausgesetzt sein sollen (Arbeitszimmer, Bibliotheken, Räume mit Gemälden an den Wänden)

Der Überhitzung im Sommer kann natürlich durch große Dachüberstände begegnet werden, doch muss dies auch wieder im Einklang mit dem gesamten Energiekonzept eines Hauses stehen, denn bei hochwertig ausgeführter Dreifachverglasung kommt der Sonneneinstrahlung auch zur Energiegewinnung über die Fenster große Bedeutung zu.

Zwei Bereiche eines Hauses haben bislang weniger Aufmerksamkeit erfahren: das Dach und der Keller, also der obere und gegebenenfalls untere Abschluss eines Hauses. Jeder Fertighausanbieter hat Häuser mit ganz unterschiedlich ausgeführten Dächern in seinem Programm, aber nur wenige bieten auch die Erstellung eines Kellers mit an. Beide Elemente sollen kurz mit ihren jeweiligen Besonderheiten vorgestellt werden.

Das Dach

Trotz der großen Variationsmöglichkeit in der Dachform sind sie in der faktischen Wahl einer besonderen abhängig von zwei Kriterien:
- vom lokal gültigen Bebauungsplan oder
- von den Dachformen der Bestandsimmobilien im Umfeld, die insgesamt ein Bild ergeben, in das sich Ihre Dachform stimmig einfügen muss.

Die unterschiedlichen Ausformungen eines Daches ziehen außerdem eine Reihe von Konsequenzen nach sich, die Sie in der Tabelle auf Seite 90 oben rasch überschauen können. Auf jeden Fall müssen Sie immer beachten, dass die Ausrichtung des Daches (und damit auch des Hauses) entscheidenden Einfluss nimmt auf die Effizienz der auf ihm angebrachten

Dachformen – Vorzüge und Nachteile

Dachkonstruktion	Wohnnutzung	Kosten	Photovoltaik u. Solarthermie	Sonstiges
Flachdach	Sehr gut (volles Geschoss)	Gering	Geeignet, aber relativ kostenintensiv wegen der notwendigen Unterkonstruktion	Abweichende Nutzung als Dachterrasse oder Dachgarten möglich
Pultdach	Sehr gut bei passender Raumhöhe (volles Geschoss)	Sehr gering	Sehr gut geeignet (bei passender Sonnenausrichtung und entsprechender Neigung)	Nachträgliche Wohnraumerweiterung durch Gauben möglich, relativ kostenintensiv; ebenso Dachterrassen
Satteldach	Gut bis befriedigend (je nach Traufhöhe und Dachneigung)	Gering	Gut geeignet (abhängig von Sonnenausrichtung und entsprechender Neigung)	
Walmdach		Mäßig (relativ viele Grate)		
Krüppelwalmdach		Hoch (viele Grate)		
Mansarddach		Sehr hoch (sehr viele Grate)		

Solarthermik und/oder Photovoltaik: Ein Pultdach mit Nordausrichtung wäre für die Anbringung von Solartechnik nahezu ungeeignet.

Keller, Bodenplatte & Co.

Die Fertighaushersteller, die ihre Bauten nicht „ab OK Bodenplatte" anbieten, befinden sich zahlenmäßig in der Minderheit. Das Kürzel „OK" steht dabei für Oberkante. Somit beinhalten viele Angebote also weder die Errichtung eines Kellers noch die Bereitstellung des Fundaments, auf dem Ihr Haus stehen soll, also der Bodenplatte. Selbst wenn Sie keinen Keller wünschen, der für sich genommen einen ansehnlichen Kostenaufwand verursacht, so müssen Sie als Bauherr dennoch einkalkulieren, dass die Gründung – die fachgerechte Vorbereitung des Baugrunds für die Bebauung und die Legung des Fundaments – zusätzlich von Ihnen organisiert und im Finanzplan mitbedacht werden muss. Ab „OK" meint ja nichts anderes, als dass der Grund, auf dem die Wände Ihres Fertighauses stehen sollen, nicht von Ihrem Anbieter bereitet wird.

Eine weitere Entscheidung lautet demnach: mit Keller oder „nur" auf Bodenplatte bauen? Die Erstellung eines Kellers ist mit Mehrausgaben verbunden, die mitunter anderweitig sinnvoller angelegt wären, sofern der zusätzliche Raum nicht adäquat genutzt wird. Andererseits haben Sie wohl nie wieder die Möglichkeit, ein so großes Extra an Raumvolumen auf ein- und derselben Grundfläche hinzuzugewinnen. Der Keller bietet klassischerweise oft auch den Platz für Heiz- und Elektrotechnik samt Brennstoffvorrat, den man im eigentlichen Wohnbereich nur ungern hergibt.

Entscheiden Sie sich gegen einen Keller und für das Bauen auf einer Bodenplatte, müssen Sie diese als Bauherr in der Regel in Eigenverantwortung erstellen lassen. Der von der Branche gern verwendete Slogan „Alles aus einer Hand" ist also nur bedingt berechtigt. Wenn auch nicht so tief wie für einen Keller, so fällt

Es ist angerichtet: Die Baugrube für den sehr variabel gestaltbaren Kellerraum an dieser Hanglage ist ausgehoben.

ein Aushub für die Bodenplatte – die sogenannte Gründung – trotzdem an. Nach dem Grundstückskauf stellt diese vorbereitende Maßnahme den zweiten wesentlichen Schritt vor dem eigentlichen Hausbau dar, auch finanziell.

Von herausragender Bedeutung ist an dieser Stelle das ==Bodengutachten==, das Sie sich im Idealfall schon im Zuge des Grundstückskaufs erstellen lassen haben (mehr zum Bodengutachten siehe Seite 71). Ohne ein solches können Sie nicht mit gutem Gewissheit sagen, ob Sie auf dem von Ihnen erworbenen Grund überhaupt ein Haus bauen können, und, wenn ja, welche Vorarbeiten hierfür eventuell nötig sind. Ein Gutachten im Vorhinein erspart Ihnen in jedem Fall unliebsame Überraschungen.

Die fachgerechte Anfertigung einer Bodenplatte obliegt dem klassischen Rohbauunternehmen. Dessen Arbeiten gliedern sich in folgende Einzelbereiche:
- Erdarbeiten (falls nötig Baugrundverbesserung; Verdichten der Baugrundsohle etc.)
- Dränage und Verfüllung des Baugrunds (Sauberkeitsschicht aus Kies etc.)
- Eigentliche Betonarbeiten für Fundament und Bodenplatte (auf Folie und druckfesten Dämmplatten)

Die Bodenplatte samt Fundament hat später die Aufgabe, Ihr Haus zum Erdreich hin zu begrenzen. Sie übernimmt also eine extrem wichtige Funktion an einer empfindlichen Schnittstelle eines jeden Hauses, da sie zum einen in direkten Kontakt mit dem Boden und damit automatisch auch mit Erdfeuchte und Grundwasser kommt, zum anderen muss sie verlässlichen, setzungsfreien Halt für die vier Wände bieten. Die Dichtigkeit der Bodenplatte ist essentiell. Andererseits hilft Ihnen auch ein absolut dichter Gebäudeabschluss nach unten nichts, wenn die Anschlüsse der Wände auf der Platte nicht entsprechend ausgeführt werden. An dieser Nahtstelle, wo der Fertighaushersteller den Rohbauer ablöst, ist deshalb besondere Sorgfalt geboten – hier müssen beide Instanzen ähnlich perfekt ineinander greifen wie das vielzitierte Schweizer Uhrwerk. Der Rohbauer muss ohnehin von Anfang an mit dem Fertighaushersteller im Austausch stehen, denn die Tragfähigkeit des Fundaments samt Bodenplatte muss nach dem zu erbauenden Haus ausgerichtet werden, damit das Gebäude dauerhaft Bestand haben kann. Weil hier zwei unterschiedliche Unternehmen wechselseitig auf präzises Arbeiten angewiesen sind, diese aber unabhängig voneinander operieren, ist das Einschalten eines unabhängigen Bauleiters unbedingt zu empfehlen – schließlich sehen Sie, wenn Sie nicht gerade vom Fach sind, Mängel nicht nur nicht auf den ersten Blick, sondern mitunter überhaupt nicht.

Die ==Unterkellerung eines Fertighauses==, die im Normalfall in Ihren eigenen Aufgabenbereich fällt, verläuft in den meisten Stadien ganz nach dem Muster eines klassischen Hausbaus, wenn Sie sich nicht gerade für einen Fertigkeller entschieden haben. Wahrscheinlich wird Ihr Fertighaushersteller Ihnen auch eine Empfehlung für ein Unternehmen

Unabhängigen Bauleiter einschalten

Einen neutralen Bauleiter einzuschalten, ist aus mehreren Gründen sinnvoll:
- Wenn Sie keine Zeit oder keinen Nerv haben, sich um die Ausschreibung der anfallenden Keller- und/oder Arbeiten für die Bodenplatte und die damit zusammenhängende Sichtung von Angeboten und schließlich die Vergabe an ein entsprechendes Rohbauunternehmen zu kümmern
- Wenn Sie nicht vom Baufach sind und eventuelle Mängel an dieser empfindlichen Stelle nicht ausmachen können
- Weil die genau abgestimmte Koordination von Rohbauer und Fertighausbauer elementar ist für den langjährigen sicheren Stand des Eigenheims

Als Ihr eigener Bauleiter kommt beispielsweise ein Architekt infrage. Suchen Sie am besten einen erfahrenen Bauleiter aus, der bereits mehrere vergleichbare Bauvorhaben durchgeführt hat und über einen guten Ruf verfügt. Zudem tun Sie gut daran, einen lokalen Architekten auszuwählen, da der sich mit den baurechtlichen Gegebenheiten vor Ort gut auskennt und weiß, was das örtliche Bauordnungsamt durchgehen lässt und was nicht. Und zu guter Letzt benötigen Sie einen Architekten ohnehin, weil dieser in Ihrem Auftrag den Bauantrag mit den dazugehörigen Plänen einreichen muss.

Hausstellung auf der Kellerbodenplatte. Hier wird der wichtige Übergang von Kellertreppe zum Erdgeschoss vorbereitet.

aussprechen, mit dem er schon häufiger zusammengearbeitet hat. Vergleichen lohnt sich aber bekanntermaßen immer, auch wenn es nur dazu dient, dass Sie letzten Endes wirklich der Überzeugung sind, das richtige Unternehmen zur Fertigstellung Ihres Kellers gefunden zu haben. Nicht selten aber ist der empfohlene Bauunternehmer zu teuer (Musteranschreiben zur Einholung von Angeboten siehe rechts).

Bietet Ihr Hausbauer hingegen die Fertigstellung eines Kellers mit an, sollten Sie ernsthaft erwägen, Keller und Haus bei ein- und demselben Hersteller in Auftrag zu geben, weil Sie somit wirklich sämtliche Leistungen aus einer Hand erhalten und bei eventuellen Streitfällen am Übergang von Bodenplatte/Keller(decke) zum oberirdischen Gebäudeteil bei Haftungsfragen nicht zum Spielball zwischen beiden Unternehmen werden können.

Was kostet ein Fertigkeller?

Die Wand- und Deckenelemente eines Fertigkellers werden nach den Vorgaben der Kellerplanung im Werk in Einzelteilen vorgefertigt und auf der Baustelle montiert. Dabei sind schon alle Öffnungen für Kellertüren, Kellerfenster, Kamine, Stiegen etc. vorhanden. Auf Wunsch können auch Tür- und Fensterzargen oder Schutzraumteile bereits mit eingebaut werden. Nachdem die Wandelemente mittels eines Lkw-Spezialkrans auf das Fundament gesetzt wurden, werden die Wand- und Deckenelemente mit Fertigbeton eingegossen. Die Vorteile des Fertigkellers sind Fixpreis, fester Liefertermin, die kurze Bauzeit und die Möglichkeit, rascher weiterbauen zu können.

Eine genaue Preisangabe kann man auf Anhieb nicht machen. Viele Faktoren können den endgültigen Preis hochtreiben: In Abhängigkeit von den statischen Verhältnissen und dem Baugrund muss ein Haus zum Beispiel unterschiedlich gegründet werden. Besteht der Boden aus felsigem Untergrund, sind kostenintensive Sprengarbeiten notwendig. Stößt man auf drückendes Wasser, zum Beispiel eine Wasserader, kann schnell mal die ganze Baugrube zum Teich werden.

Gehen wir einmal davon aus, dass solche Probleme hier nicht auftreten. Das geplante Fertighaus hat eine Grundfläche von 10 x 8,70 Meter.

Vom Bauherr zu erfüllende Vorarbeiten sind: Erdarbeiten, Baugrube fachgerecht ausheben, Druckfestigkeit des Bodens nach technischer Norm, höchster Grundwasserstand maximal 50 Zentimeter unter der Gründungssohle, Sauberkeitsschicht (darf Höhentoleranz von +/- 2 Zentimeter nicht überschreiten), Kranstandplatz einrichten.

Um die Angebote verschiedener Anbieter vergleichen zu können, muss ein einheitliches Leistungsverzeichnis zugrunde liegen. Das soll im Angebot enthalten sein:
▶ Planungsleistungen: Erstellung der Montagepläne, statische Berechnung, Fachbauleitung, Schnurgerüst
▶ Entwässerung und Fundamentarbeiten: Aushub von Rohrgräben unter der Bodenplatte, Schmutzwasserleitung unter der Bodenplatte, Fundamenterder verlegen, Bodenplatte mit Bewehrung und Folie, Dränage als Dränschalung, Spülrohr für Eckpunkt der Dränage
▶ Wand- und Deckenelemente: Außenwände tragend, Innenwände tragend, Innenwände

Musteranschreiben Architekt/Rohbauunternehmen für Kellerbau

Architekt/Firma XXX
Herrn/Frau Müller
Hauptstraße 21
23456 Musterstadt

Musterstadt, den XX.XX.2021

Planung/Erstellung eines Kellers für unser Fertighaus

Sehr geehrte(r) Herr/Frau Müller,

mit der Firma XXX haben wir einen Vertrag zur Erstellung eines Fertighauses geschlossen, in dem die Unterkellerung des Hauses nicht inbegriffen ist. Anhand der beigefügten Unterlagen möchten wir Sie bitten, uns ein Angebot zukommen zu lassen, wenn Sie sich vorstellen können, die Planung und Bauleitung/Fertigstellung eines passenden Kellers zu übernehmen.

Damit wir uns ein Bild von Ihren bisherigen Tätigkeiten machen können, bitten wir hiermit zugleich um die Zusendung von Referenzobjekten ähnlichen Ausmaßes und entsprechende Kontaktdaten bauherrenseits. Nach Durchsicht beziehungsweise Besichtigung von Angebot sowie Referenzobjekten melden wir uns zwecks Vertragsvergabe umgehend wieder bei Ihnen.

Mit freundlichen Grüßen

Familie XXX

---

nicht tragend, Fertigteildecke inklusive Bewehrung, Wand- und Deckendurchbrüche anlegen
- **Einbauteile**: Vier schließbare Kellerfenster Metallrahmen verglast, Lichtschächte, Tür- und Fensterrohbauöffnungen anlegen, Kellerinnentreppe
- **Abdichtung**: Horizontalabdichtung mit Sperrmörtel, Vertikalabdichtung im Erdreich, Dränplatten vor Abdichtung anbringen
- **Geschosshöhe für den Keller**: Die Höhen variieren durchaus zwischen 2,25 und 2,55 Meter. Gegen Aufpreis bieten alle Firmen in der Regel auch einen höheren Keller an.

Die Erdarbeiten sind vom Bauherrn separat zu bezahlen. Je nach Menge des Erdaushubs kommen auf ihn leicht 4 000 bis 5 000 Euro hinzu (Oberboden bis 30 Zentimeter abtragen und zur späteren Andeckung zwischenlagern. Boden bis 2,50 Meter tief ausheben und auf

Aufgaben bei der Kellerplanung

Aufgabe	Status	Erledigt (Datum)
Bodengutachten für das Baugrundstück		
Vermessung des Grundstücks		
Beauftragung Architekt mit der Erstellung der Kellerpläne (Statik und Prüfstatik in der Regel vom Architekt bei Statiker seiner Wahl in Auftrag gegeben)		
Beantragung Bauvorhaben beim Bauordnungsamt		
Antrag für Hausanschlüsse bei den lokalen Versorgungsunternehmen für Gas, Strom, Wasser und Telekommunikation, also Stadtwerke, Telekom oder entsprechende alternative Unternehmen		
Einholen von Angeboten bei div. Bauunternehmern		
Vergabe der Arbeiten		
Kellerbau als solcher (Aushub, Fundament, Bodenplatte, Hausanschlüsse, Aufmauerung, Decke, Abdichtung, Drainage, Wiederverfüllen des Aushubs)		
Kellerausbau (Fenster, Türen, Putz, Estrich, Bodenbelag, Heizung, Sanitär, Elektro, …)		
Wärmedämmung		
Baukontrolle		
Abnahme		
Abrechnung		

Deponie entsorgen beziehungsweise zur späteren Verfüllung auf der Baustelle lagern). Zusammenfassend kann man feststellen, dass Bauherren bei einer Grundfläche von 87 Quadratmetern für den kompletten Fertigkeller inklusive Erdaushub mit rund 35 000 Euro rechnen müssen. Für 100 Quadratmeter werden das schnell rund 40 000 Euro, für 120 Quadratmeter bis zu 45 000 Euro.

Keller und Fertighaus von unterschiedlichen Unternehmen
Erstellen unterschiedliche Unternehmen Keller und Fertighaus, sind besonders die Schnittstellen in Übereinstimmung zu bringen. Die genauen Positionen der Treppen, Handläufe, Fenster, Türen und nicht zuletzt die Hausmontagepunkte müssen abgeglichen werden.

Ihr Fertighaushersteller muss Ihnen eine Baubeschreibung für den Keller erstellen, der genau zu Ihrem Fertighaus passt. Holen Sie anhand dieser Baubeschreibung dann Angebote bei unterschiedlichen Kellerbauern in Ihrer Region ein.

> **INFO**
> **ENERGETISCHE GESAMTBILANZ**
> Der Keller muss in die energetische Gesamtbilanz für ein Haus einbezogen werden. Wird er im Gesamtkonzept des Fertighausherstellers als unbeheizte Fläche vorgesehen, aber über eine offene Treppe an das Haus angeschlossen, tritt zwischen Haus- und Kellerbereich ein thermisches Gefälle auf, über das viel Energie zur Bewirtschaftung Ihres Fertighauses verloren geht. Jeder Fertighaushersteller muss einen Keller also in der Gesamtplanung des Energiesystems mit berücksichtigen, damit das Konzept stimmig ist und sowohl ökologisch und ökonomisch funktionieren kann.

Hat der Fertighausbauer keine Empfehlung und fällt Ihre Wahl nicht auf einen Fertigkeller, können Sie sich an unserer Liste „Aufgaben bei der Kellerplanung" (siehe links) orientieren, um sicher zu sein, alle notwendigen Schritte in der richtigen Reihenfolge zu gehen.

Klären Sie vor Vertragsunterzeichnung unbedingt, welche Leistungen vom Rohbauunternehmen für Ihren Kellerbau übernommen werden. Elektro-, Heizungs- und Sanitärinstallation sowie das Verlegen des Estrichs und viele andere Leistungen stellen unterschiedliche Gewerke dar, die Sie oftmals noch einmal getrennt organisieren müssen.

Was Sie bei der Baudurchführung in Bezug auf Dokumentation (Bauherrentagebuch), Abnahme (Abnahmeprotokoll), Mängelbeseitigung und Gewährleistung beachten müssen, lesen Sie ab Seite 202 nach.

Mit einem Kellerbau zusätzlich zu den überirdischen Räumen tun Sie auf jeden Fall einiges, um den Wiederverkaufswert Ihres Hauses zu steigern, auch wenn Sie einen Verkauf nicht einplanen – man kann ja nie wissen.

WIE FINANZIEREN WIR?

Kann man sich ihn auch leisten, den Wunsch vom Eigenheim? Die Motivation ist bei den meisten klar: Das eigene Haus soll auf Dauer unabhängig machen von – besonders in den größeren Städten – steigenden Mieten und soll so einen Teil der Altersvorsorge abdecken. Realisierbar ist dieses Vorhaben dann, wenn die Hypothekenschuld spätestens mit Erreichen des Renteneintrittsalters beglichen ist und das Wohnen über die laufenden Kosten für Strom, Heizung und Wasser hinaus im Alter keinen nennenswerten monatlichen Kostenposten mehr darstellt. Um dieses Ziel zu erreichen, muss ein guter Finanzierungsplan her, inklusive realistischer Einschätzung der eigenen Möglichkeiten. In diesem Kapitel erfahren Sie mehr darüber, was Sie selbst schon mitbringen sollten und welche die für Sie sinnvollsten Finanzierungsstrategien sein können.

DIE PERSÖNLICHE SITUATION

Jede Immobilienfinanzierung folgt einem ganz individuellen Plan, der allein auf die persönlichen Verhältnisse der Bauherren abgestimmt ist. Das heißt, dass Einkommen, Vermögen, Belastbarkeit, Bedürfnisse und Zukunftsplanung geklärt und bei der Finanzierung berücksichtigt werden müssen.

Der Finanzbedarf

Bei einem ausgewogenen Finanzierungsplan sind verschiedene Bestandteile eng miteinander verzahnt. Ausgangsgröße ist dabei stets der gesamte abzudeckende Finanzrahmen. Dazu werden dann Ihre Vermögens- und Einkommensverhältnisse gegengerechnet. Anhand der Aufstellung „Mein Finanzbedarf" auf Seite 98 können Sie gut und übersichtlich den von Ihnen benötigten finanziellen Rahmen darstellen. Zuvor werden hier die einzelnen Kostenfelder knapp aufgelistet und kurz kommentiert.

Gesamtkosten für den Hausbau

Die Gesamtkosten für einen Hausbau setzen sich zusammen aus Grundstücks-, Gebäude- und Finanzierungskosten.
Zu den Grundstückskosten gehören:
▶ Kaufpreis für das Grundstück
▶ Grunderwerbsteuer (je nach Bundesland, siehe Liste „Grunderwerbsteuer nach Bundesländern" auf Seite 97)
▶ Notarkosten (etwa 1 Prozent des Kaufpreises)
▶ Grundbuchkosten (Eigentumsumschreibung; etwa 0,5 Prozent des Kaufpreises)
▶ Maklerprovision/Courtage: zwischen 4,76 und 7,14 Prozent des Kaufpreises (hälftig verteilt; Vorsicht Bestellerprinzip! Mancherorts wird nämlich versucht, dem Auftraggeber die gesamten Kosten aufzubürden.)
▶ Kosten für die Erschließung (Ver- und Entsorgung, Vermessungs- und Straßenanliegergebühren)
▶ Herrichtungskosten (Rodung, Beseitigung von Altlasten etc.)
▶ Bodengutachten

Für den Fall, dass Fertighaus und Grundstück aus einer Hand kommen, achten Sie darauf, dass Sie das Grundstück separat über einen eigenen Kaufvertrag erwerben. Das Problem dabei: Fertighausunternehmer und Grundstücksverkäufer dürfen rechtlich nicht identisch sein. Am besten ist, wenn zwei völlig unterschiedliche Verkäufer vorliegen, denn nur so können Sie dem Umstand entgehen, dass Sie sowohl auf das Grundstück als auch auf Ihr Haus Grunderwerbsteuern zahlen müssen. Erwerben Sie Ihr Grundstück ohnehin auf eigene Faust, droht Ihnen von dieser Warte kein Ungemach. Wie Sie der Liste „Gesamtkosten für einen Hausbau" und der Aufstellung über die Höhe der Grunderwerbsteuern in den jeweiligen Bundesländern entnehmen können, addieren sich die Kaufnebenkosten schnell auf weit über 10 Prozent des eigentlichen Kaufpreises für das Grundstück. Hier wären Kostenscheuklappen fatal.
Auf die Gebäudekosten selbst entfallen:
▶ Baukosten: Roh- und Innenausbau, mit sämtlichen Erdarbeiten, Baustelleneinrichtung und Stellung eines Krans samt behördlicher Genehmigungen; hier ist abermals entscheidend, ob Sie einen Keller planen oder nicht und, wenn ja, ob er im Angebot des Fertighausunternehmens enthalten ist – ist dies nicht der Fall, muss ein separater Unterposten her mit allen Teilkosten (siehe „Keller, Bodenplatte & Co.", Seite 90)

- Kosten für Außenanlagen
- Gebühren für Bauantrag/-genehmigung und Prüfung durch das Bauordnungsamt
- Bauversicherung (sichert Ihre Baustelle während der Zeit der Fertigstellung)

Baunebenkosten wie Honorare für Architekten und Statiker/Ingenieure und die an das Bauordnungsamt abzuführenden Gebühren fallen beim klassischen Fertighausbau in der Regel weg, es sei denn, Sie planen abseits vom Typenhaus eine individuelle Lösung, wie sie heute vielfach angeboten wird. Klären Sie in diesem Falle, in welchem Umfang die Leistungen des üblicherweise herstellereigenen Architekten enthalten sind und ab wann Sie mit einem Aufschlag zu rechnen haben. Obwohl Architekt und Statiker also eigentlich schon im Angebot des Fertighausherstellers enthalten sind, sollten Sie die sonstigen Baunebenkosten in Ihrer Kalkulation nicht unterschätzen. Hier kommen schnell noch einmal 8–10 Prozent zu den Baukosten im eigentlichen Sinne hinzu – also ein mitunter erkleckliches Sümmchen, das Ihre Kalkulation ins Wanken bringen könnte, wenn Sie es verdrängen.

Was die Bauversicherung angeht, so wird Ihr Fertighausbauer Sie wahrscheinlich davon in Kenntnis setzen, dass Sie eine solche für die Bauphase abschließen sollten, denn der Bauherr, gleich wer das Haus für Sie baut, sind ja immer noch Sie selbst. Die daraus entstehenden Kosten zählen ebenso zu den Baunebenkosten.

Die **Finanzierungsnebenkosten** setzen sich zusammen aus:
- Gebühren für Notar (Grundschuldbestellung = etwa 0,5 Prozent der Darlehenssumme) und Grundbuchamt (Grundbucheintragung)
- Bauzeitzinsen (Zwischenfinanzierung, Bereitstellungszinsen)
- Wertermittlungsgebühr (nur noch selten von Banken geltend gemacht)

Der Notar wird also an zweimal für Sie tätig werden – ein Mal bei der Grundschuldbestellung, das zweite Mal beim Grundstückerwerb. Ebenfalls zweimal wird das Grundbuchamt Sie anschreiben und Gebühren verlangen:

Grunderwerbsteuer 2021 nach Bundesländern

Bundesland	Grunderwerbsteuer (Prozent vom Kaufpreis)
Baden-Württemberg	5,0 %
Bayern	3,5 %
Berlin	6,0 %
Bremen	5,0 %
Brandenburg	6,5 %
Hamburg	4,5 %
Hessen	6,0 %
Mecklenburg-Vorpommern	6,0 %
Niedersachen	5,0 %
Nordrhein-Westfalen	6,5 %
Rheinland-Pfalz	5,0 %
Saarland	6,5 %
Sachsen	3,5 %
Sachsen-Anhalt	5,0 %
Schleswig-Holstein	6,5 %
Thüringen	6,5 %

erstens für die Grundschuldeintragung (Eintragung des sogenannten Briefgrundpfandrechts) und zweitens für die Auflassungsvormerkung und anschließende Eigentumsumschreibung. Um die **Bauzeitzinsen** möglichst niedrig zu halten, ist es wichtig, dass Sie mit Ihrer Bank, dem Grundstücksverkäufer und dem Fertighaushersteller einen genauen Zeitplan aufstellen, damit die von Ihnen benötigten Gelder von der kreditgebenden Bank nicht unnötig lang für Sie reserviert werden müssen, weil der Baugrund noch genauer untersucht werden oder vielleicht auch hergerichtet werden muss.

Grundstückskosten, Gebäudekosten, Finanzierungskosten und sonstige Kosten, die für den Umzug und eventuelle Neuanschaffungen (Möbel, Küche etc.) anfallen, ergeben dann in Summe die **Gesamtkosten**.

Der errechnete Gesamtfinanzbedarf abzüglich des vorhandenen Eigenkapitals ergibt letzten Endes den durch ein Finanzinstitut zu

Mein Finanzbedarf

1. Grundstückskosten	
Kaufpreis	
Grunderwerbsteuer	
Notarkosten	
Grundbuchkosten (Eigentumsumschreibung)	
Maklerprovision	
Kosten für die Erschließung	
Herrichtungskosten	
Bodengutachten	
Zwischensumme	

2. Gebäudekosten	
Baukosten	
Separater Keller	
Kosten für Außenanlagen	
Gebühren Bauordnungsamt	
Bauversicherung	
Zwischensumme	

3. Finanzierungsnebenkosten	
Gebühren für Notar (Grundschuldbestellung)	
Gebühren für Grundbuchamt (Grundbucheintragung)	
Bauzeitzinsen	
Zwischenfinanzierung	
Bereitstellungszinsen	
Wertermittlungsgebühr	
Zwischensumme	

4. Sonstige Kosten	
Möbel	
Küche	
Umzug	
Sonstiges	
Zwischensumme	
Endsumme = Mein Finanzbedarf	

deckenden Finanzbedarf. Wir gehen hier von einer Eigenkapitalquote von 30 Prozent aus (135 000 Euro / 450 000 Euro x 100). Das ist ansehnlich, wenngleich eine etwas höhere Quote Ihnen eine bessere Verhandlungsposition mit den Banken verschaffen würde. Eine Bilanz könnte folgendermaßen aussehen:

Kreditaufnahme von einem Geldinstitut

Gesamtkosten Hausbau (mein Finanzbedarf)	450 000 €
Eigenkapital (inklusive eigenkapitalähnliche Darlehen[1])	– 135 000 €
Finanzierungsbedarf	**315 000 €**

[1] Bei unserer Musterrechnung werden die eigenkapitalähnlichen Darlehen als zinslos vorausgesetzt – sie müssen selbstverständlich auch in die Überlegungen für die anschließende Tilgung mit einfließen. Doch eventuell bedienen Sie diesen Kredit am Tag der Fälligkeit ja auf einen Schlag mit Festgeldern, die zum Stichtermin frei werden.
Fördermittel kommen in der Regel erst in die Finanzierung rein, die von der Bank ermittelt wird (zum Beispiel KfW/Bafa) und zählen im Vorhinein nicht zum Eigenkapital. Anders sieht es da aus bei Eigenleistungen: Hier nimmt die Bank eine grobe Berechnung vor und schlägt die eingesparten Summen fiktiv dem Eigenkapital zu.

Bestandsaufnahme: Das Vermögen

Im finanziellen Gesamtgefüge Ihres Bauvorhabens nimmt die Wahl des Grundstücks eine zentrale Position ein, denn die Lage des Baugrunds und die damit verbundenen Vor- und Nachteile sind ausschlaggebend dafür, wie tief Sie in die Tasche greifen müssen. Immerhin treffen Sie hier eine Wahl, die Ihr gesamtes weiteres Leben auf viele Jahre hinaus beeinflusst: Liegt das zukünftige Haus an einer viel befahrenen Straße oder an einer Sackgasse ohne Durchgangsverkehr? Habe ich Bäcker, Supermarkt und Ärztehaus gleich um die Ecke, oder muss ich mitunter lange Wegstrecken für die tägliche Versorgung auf mich nehmen? Nicht zuletzt kommt es auf den Weg zur Arbeit an, der in den meisten Fällen an fünf Tagen pro Woche zurückgelegt werden muss – und zwar in beide Richtungen.

Die „Standortanalyse" ab Seite 66 macht deutlich, wo Ihre Prioritäten liegen. Nicht immer

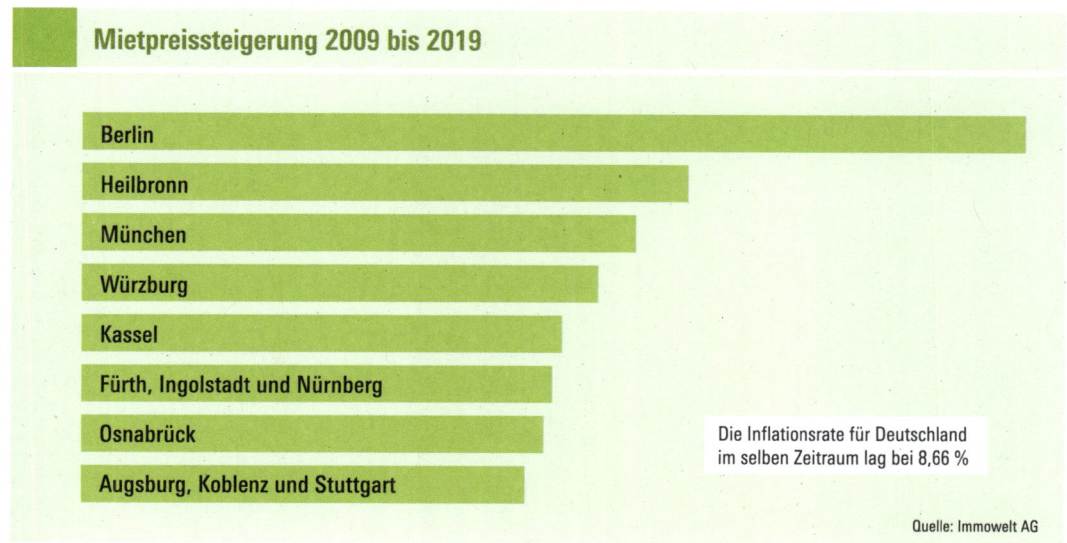

Mietpreissteigerung 2009 bis 2019
- Berlin
- Heilbronn
- München
- Würzburg
- Kassel
- Fürth, Ingolstadt und Nürnberg
- Osnabrück
- Augsburg, Koblenz und Stuttgart

Die Inflationsrate für Deutschland im selben Zeitraum lag bei 8,66 %

Quelle: Immowelt AG

lassen sich Wunsch und Realität in Einklang bringen, aber eine größtmögliche Annäherung sollte schon stattfinden, immer natürlich unter Berücksichtigung des finanziellen Spielraums. Um diesen gänzlich auszuloten und damit auch die Geldmittel zu ermitteln, die nach dem Grundstückskauf noch zur Verfügung stehen, ist eine genaue Analyse des eigenen Vermögens vonnöten. Auch wenn Bauchentscheidungen manchmal ganz interessant sein können, im Fall der Immobilienfinanzierung sind sie fehl am Platze, weil diese über einen sehr langen Zeitraum läuft und schon kleinere Unachtsamkeiten zu enormen Geldverlusten führen können.

Apropos Geldverlust: Der ist Ihnen ziemlich gewiss, wenn Sie weiterhin Miete zahlen und nicht den Weg in ein eigenes Zuhause wählen. Trotz der in den letzten Jahren konstant gestiegenen Bau- und Grundstückskosten sollten Sie nicht vor dem Unternehmen Fertighausbau zurückschrecken. Die Grafik „Mietpreissteigerung" (oben) belegt eindrucksvoll, dass das Wohnen zur Miete auch nicht gerade erschwinglicher wird – und dabei erhalten Sie schließlich nicht einmal ein Mehr an Wohnraum oder -qualität.

Die Grafik zeigt, wie stark die Mietpreise zwischen 2009 und 2019 in begehrten Städten angezogen haben: In Berlin waren es über das Doppelte, in Heilbronn rund zwei Drittel; München belegte mit gut 60 Prozent ebenso eine Topposition wie Würzburg und Kassel, wo man innerhalb dieses Zeitraums mehr als 50 Prozent Mietpreissteigerung hinnehmen musste.

Dagegen hat die Immobilienmarktforschungsgesellschaft vdp Research eine Untersuchung veröffentlicht, in der unter anderem die Preise für Einfamilienhäuser verglichen wurden. Die Lage gibt den Ausschlag: In der Liste „Preisentwicklung von Einfamilienhäusern" hier unten sind die sieben Städte/Landkreise aufgeführt, die den deutlichsten Anstieg im Vergleich zum Vorjahr zu verzeichnen hatten (verglichen wurden die Jahre 2019 und 2020).

Preisentwicklung bei Einfamilienhäusern von 2019 auf 2020

Stadt	Prozentualer Anstieg
Hamburg (Freie Hansestadt)	5,8 %
Köln	5,4 %
Düsseldorf (Landeshauptstadt)	5,1 %
Berlin (Stadt)	4,4 %
München (Landeshauptstadt)	3,8 %
Stuttgart (Landeshauptstadt)	3,5 %
Frankfurt am Main (Stadt)	3,1 %

Quelle: vdp Research

Wie finanzieren wir?

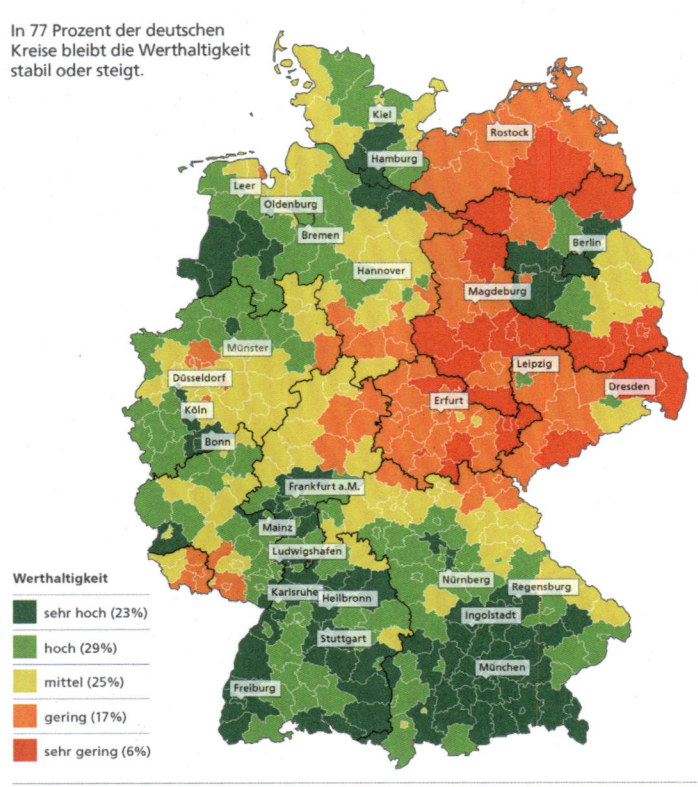

Wo sich der Immobilienkauf langfristig lohnt
Der Werthaltigkeitsindex zeigt die Entwicklung bis 2030 in den verschiedenen Kreisen auf.

In 77 Prozent der deutschen Kreise bleibt die Werthaltigkeit stabil oder steigt.

Werthaltigkeit
- sehr hoch (23%)
- hoch (29%)
- mittel (25%)
- gering (17%)
- sehr gering (6%)

Quelle: Postbank

Wenngleich der Preisanstieg beim Kauf von Immobilien auch mittelfristig wohl nicht stagnieren wird, die Mietpreise stehen dem jedenfalls in nichts nach. Und bei der in den letzten Jahren flachen Zinskurve für Baugeld auf historisch niedrigem Niveau lohnt sich die Investition in die eigenen vier Wände auf Dauer doch – besonders, wenn Sie Ihren Kreditvertrag so aushandeln, dass ein niedriger Effektivzinssatz über einen langen Zeitraum festgeschrieben ist.

Das bedeutet auch, dass wenn Sie beispielsweise in einer der genannten Top-Ten-Städte oder einer anderen mit ähnlichen Preissteigerungen ein Haus bauen, Ihnen eine Wertsteigerung so gut wie garantiert ist. Auch das schafft Ihnen unter Umständen gute Argumente beim Kreditgespräch mit Ihrer Bank. Künftige Preissteigerungen sind für heutige Käufer von Immobilien schließlich die Rendite des investierten Geldes.

Eine Studie der Postbank (Abbildung links) prognostiziert, wie sich der Wert von Wohnimmobilien regional unterschiedlich bis zum Jahr 2030 voraussichtlich entwickeln wird. Die süddeutschen Landkreise haben hier in großen Bereichen die Nase eindeutig vorn, wogegen weite Teile Ostdeutschlands – mit Ausnahme einiger Stadtgebiete und rund um Berlin – mit vergleichsweise hohen Risiken behaftet sind, was die Wertsteigerung der dortigen Wohnimmobilien betrifft. In den Top Ten des Wertsteigerungspotenzials (siehe Seite 101) kann sich als einzige Region, die nicht zur bayrischen Dominanz zählt, allein Breisgau-Hochschwarzwald behaupten – und liegt dennoch in Süddeutschland.

Die Nutzen-Risiko-Abwägung hat aber immer zwei Seiten: Vermeintliche Vorteile wiegen gerade beim Thema Eigenheimbau vermeintliche Nachteile auf. Wo für die Zukunft auf eine hohe Wertsteigerung für Immobilien spekuliert wird, sind der Erwerb von Grund und Boden und der Bau eines Hauses aus heutiger Sicht oft unverhältnismäßig teuer. Dann ermöglichen oft noch sogenannte B-Lagen vielen Bauherren überhaupt erst, ihren Traum vom Eigenheim anzugehen.

So oder so: Standortwahl und Hausbau sind immer Ermessenssache, wobei die eigenen Träume und Emotionen sowie die finanziellen Aussichten klug miteinander in Einklang gebracht werden müssen.

Das Eigenkapital

Für Sie als Bauherr eines Fertighauses, das Sie selbst bewohnen möchten, gilt die Faustregel von einer möglichst hohen Eigenkapitalquote, also: So viel eigenes Geld wie möglich, so wenig fremdes wie möglich.

Banken verlangen normalerweise eine Eigenkapitalquote von mindestens 20 Prozent der Gesamtkosten für den Hausbau (eine genaue Aufschlüsselung finden Sie unter „Mein Finanzbedarf" auf Seite 98). In Niedrigzinsphasen wie zurzeit lassen Banken auch niedrigere

Wertsteigerungspotenzial bei Wohnimmobilien

Rangfolge	Stadt/Region	Bundesland
1	Hamburg	Hamburg
2	München	Bayern
3	Oldenburg	Niedersachsen
4	Stuttgart	Baden-Württemberg
5	Bonn	Nordrhein-Westfalen
6	Ingolstadt	Bayern
7	Ludwigshafen	Rheinland-Pfalz
8	Regensburg	Bayern
9	Köln	Nordrhein-Westfalen
10	Heilbronn	Baden-Württemberg

Eigenkapitalquoten von unter 20 Prozent zu oder akzeptieren aktuell sogar oft eine Finanzierung von 100 Prozent der Baukosten. Letzteres ist ein extremer Ausnahmefall und sollte nur von Haushalten mit sehr starken und womöglich doppelten Einkommen erwogen werden. Meist lohnt sich eine Quote von unter 20 Prozent für Sie aber nicht, da die Banken dann einen höheren Sollzinssatz für das von ihnen zur Verfügung gestellte Geld veranschlagen.

Zu empfehlen ist ein Eigenkapitaleinsatz von 40 Prozent und mehr, wenn es irgendwie machbar ist, denn dann sind die Banken im Normalfall bereit, einen Zinsbonus, also einen besonders niedrigen Sollzinssatz zu gewähren. Außerdem sollten die kompletten Nebenkosten (Grunderwerbsteuer, Gebühren für Notar und Grundbuchamt, Makler) ebenfalls aus eigenen Mitteln beglichen werden.

Bei Gesamtkosten von 250 000 Euro entsprechen 20 Prozent also 50 000 Euro Eigenkapital, für die 30-Prozent-Grenze sind 75 000 und für die magischen 40 Prozent 100 000 Euro eigenes Geld nötig. Im Wesentlichen beruhen die Gesamtkosten eines neu zu bauenden Hauses auf folgenden Merkmalen:
▶ Größe (Grundstück und Wohnfläche)
▶ Lage (abhängig von Region, Stadt und innerstädtischen Faktoren)
▶ Ausstattung (zwischen Standard- und Luxusausführung bezüglich Sanitär-, Elektro-, Energie- und sonstigen Installationen)

Wollen Sie die Kosten anfänglich möglichst gering halten, so ist die Ausstattung sicher einer der ersten Angriffspunkte, denn an dieser Stelle können Sie im Nachhinein leicht noch Veränderungen vornehmen, wogegen die Lage Ihres Hauses ein für allemal feststeht.

Das Gespräch mit der Bank steht nun unmittelbar bevor, Sie benötigen also eine Übersicht über Ihr Vermögen abzüglich eventuell ausstehender Schulden (Ratenzahlungen etwa für Auto, Unterhaltungselektronik, Möbel). Hierzu empfiehlt es sich, sämtliche Positionen in einer Liste mit einer Haben- und einer Sollseite einander gegenüberzustellen (siehe Aufstellung, Seite 102).

Nicht alle der aufgeführten Geldmittel können unmittelbar in die Finanzierung Ihres Fertighauses eingebracht werden. Festgelder etwa können nicht gekündigt, allenfalls beliehen werden, Sparguthaben, aber auch Termingelder müssen zu einem bestimmten Zeitpunkt gekündigt werden, damit sie passend zur Verfügung stehen und Sie keine Vorschusszinsen zahlen müssen. Da allerdings die Zinsen für Sparguthaben alles andere als hoch ausfallen, wäre ein geringer Verlust wahrscheinlich sogar noch zu verschmerzen. Anteile an Geldmarktfonds dagegen können Sie innerhalb weniger Tage flüssig machen.

Bei Aktien und ähnlichen Geldanlagen sieht es dagegen schon wieder ganz anders aus: Hier bestimmt der Börsenkurs mitunter, ob Sie mit Gewinn oder möglicherweise starken Verlusten verkaufen. Ratsam ist es daher, dass Sie den Markt schon einige Zeit beobachten, bevor das Immobilienkreditgeschäft mit Ihrer Bank aktuell wird, damit Sie einen möglichst hohen Kurs für den Verkauf Ihrer Aktien erwischen. Sprechen Sie nötigenfalls mit Ihrer Bank und erwägen Sie zunächst eine höhere Kreditsumme, die Sie nach Verkauf Ihrer Aktien bei günstigeren Kursen dann über eine Sondertilgung wieder herunterschrauben.

Ähnliches gilt für kapitalbildende Lebensversicherungen. Kündigen Sie diese nicht Hals

Aufstellung des verfügbaren Eigenkapitals

Form	Betrag in Euro	Verfügbarkeit	Kommentar
Barmittel (Bargeld, Giro- und Tagesgeldkonto)	+	Sofort	
Edelmetalle	+	Sofort	
Anteile an Geldmarktfonds	+	Kurzfristig	
Sparguthaben	+	Kurzfristig	
Bundeswertpapiere	+	Kurz- bis mittelfristig	
Aktien	+	Kurz- bis mittelfristig	
Anleihen und Pfandbriefe	+	Kurz- bis mittelfristig	
Kunstobjekte	+	Kurz- bis mittelfristig	
Sonstige veräußerbare Sachwerte	+	Kurz- bis mittelfristig	
Sparbriefe	+	Mittelfristig	Auszahlung am
Festgelder	+	Mittelfristig	Rückzahlung am
Ererbte oder gekaufte Grundstückswerte	+	Mittelfristig	
Immobilienverkehrswerte	+	Mittelfristig	
Bausparguthaben	+	Langfristig	Zuteilungsreif am
Guthaben aus Lebens- und/oder privaten Rentenversicherungen	+	Langfristig	Rückkauf am
Guthaben in Riester- oder Rürup-Verträgen	+	Langfristig	
Sonstiges	+		
Zwischensumme Haben	+		
Ratenzahlung Auto	−		Bis
Ratenzahlung Flachbildfernseher	−		Bis
Ratenzahlung xyz	−		Bis
Laufender Immobilienkredit	−		Bis
Sonstiges (zum Beispiel bestehender Verwandtenkredit, Überziehungskredit etc.)	−		
Liquiditätsreserve[1]	−		
Zwischensumme Soll	−		
Gesamtsumme			

[1] Die Liquiditätsreserve ist eine schwankende Größe, die je nach Lebensstandard einbehalten werden sollte, um unvorhergesehene Kosten aufzufangen. Es gibt hier keine feste Regel, man spricht aber häufig von drei Nettomonatsgehältern, die zurückbehalten werden sollten.

Die persönliche Situation

über Kopf, da der Rückkaufwert im Verhältnis zum bisher eingezahlten Gesamtbetrag gering ausfällt – das Modell der Lebensversicherung beruht auf einer tatsächlich langfristigen Geldanlage. Dennoch kann sie in die Immobilienfinanzierung eingebracht werden, indem Sie die Ansprüche (nur) in Höhe der garantierten Ablaufleistung an die Bank abtreten, um mit den weiterhin gezahlten Versicherungsbeiträgen die Tilgung eines weiteren Teildarlehens zu bestreiten, das Sie von der Bank im Gegenzug erhalten. So erhöht sich Ihre Tilgungsrate nicht, also der Prozentsatz, zu dem Sie jährlich einen Teil Ihrer Schuld bei der Bank abbezahlen. Sie zahlen also weiterhin die Beiträge zu Ihrer Lebensversicherung ein, nur dass diese als solche auf die Bank übergegangen ist.

Vielleicht haben Sie in der Vergangenheit Edelmetalle in Form von Goldmünzen oder sogar Kunstobjekte angeschafft, die Sie jetzt direkt in die Finanzierung der eigenen vier Wände einbringen können und wollen. Auch bereits vorhandener Grundbesitz kann einen Teil der Finanzierung ausmachen. Wenn es sich dabei sogar um das Grundstück handelt, auf dem Sie bauen möchten, fällt schließlich der Verkehrswert aus der Gesamtfinanzierung heraus, den Sie sonst in den Gesamtkosten hätten berücksichtigen müssen.

Als Eigenkapital im engeren Sinne können für die Immobilienfinanzierung nur die Geldmittel gelten, die Sie zu dem Zeitpunkt flüssig machen können, an dem Sie Ihre Unterschrift unter den Kreditvertrag mit dem entsprechenden Finanzdienstleister setzen. Von daher ist es wichtig, sich schon einigermaßen weit im Vorfeld zu überlegen, welche Kündigungsfristen einzuhalten sind, damit die Gelder zum gewünschten Zeitpunkt verfügbar sind. Es ist aber auch möglich, über unterschiedliche Abschnittsfinanzierungen verschiedene Fälligkeiten von aktuell noch festliegenden Mitteln in die Gesamtfinanzierung mit einzubeziehen. Überstürzen sollten Sie aber weder Verkauf noch Kündigung – egal, um welche Wertanlage es sich auch handelt. Im Zweifelsfall kommt Sie eine anfänglich höhere Kreditsumme weniger teuer zu stehen, als wenn Sie Ihre Geldanlagen verlustbringend allzu hastig auflösen. Ein seriöser Finanzberater oder Ihre Bank machen Sie normalerweise auf die nach Ihrem individuellen Portfolio möglichen Szenarien aufmerksam.

Neben den Schulden, die Sie sich selbst zuliebe offen und ehrlich in ihrem gesamten Umfang mit in die Vermögensbilanz aufnehmen sollten, ist ein weiterer Betrag in Abzug zu bringen, der Ihr Netz bei der Balance über das Hochseil Ihrer Baufinanzierung darstellt – die ==Liquiditätsreserve==. Diese wird üblicherweise mit drei bis vier Nettomonatsgehältern veranschlagt und lässt Sie auch dann noch ruhig schlafen, wenn dann doch einmal unvorhergesehen die Waschmaschine oder der Pkw den Geist aufgibt.

Bereits gebildete Vermögen über Riester- beziehungsweise Rürup-Verträge lassen sich bisweilen sehr attraktiv in die Eigenheimfinanzierung einbringen, indem man sie umwidmet. Vom Gesetzgeber ist das sogar ausdrücklich gewünscht, da er das eigene Haus als vollwertige Altersvorsorge anerkennt (mehr zur Riester-Wohnfinanzierung im Kapitel „Wohn-Riestern" Seite 113).

Neben den aufgeführten primären Mitteln zählen auch solche Gelder zum Eigenkapital, die das streng genommen (noch) nicht sind:

▶ Darlehen zur Förderung von Wohnraum (von Ländern, Kommunen oder Kirchen vermittelt)
▶ Arbeitgeberdarlehen (zinsgünstig, bisweilen sogar zinsfrei)
▶ Familien- oder Freundschaftsdarlehen
▶ Darlehen auf Lebensversicherungen (in Höhe des Rückkaufwerts)
▶ Darlehen der KfW
▶ Eigenleistungen des Bauherren (die sogenannte „Muskelhypothek" in Höhe der im Vergleich anfallenden Handwerkerkosten)

Inwieweit die Bank welchen Posten in welcher Höhe dem Eigenkapital zuschlägt, hängt davon ab, ob etwa die Darlehenszusagen schriftlich dokumentiert vorliegen beziehungsweise schon ausgezahlt sind und, im Falle von Eigenleistungen, wie plausibel Sie die tatsächliche Übernahme der Handwerkerleistungen machen können. Die Eigenkapitalquote lässt sich also mitunter deutlich erhöhen, auch wenn auf den ersten

Blick gar nicht so viel „Bares" verfügbar sein sollte. Dies senkt den Sollzinssatz, den Ihnen Ihre Bank für den Baukredit einräumt, um einige Zehntel Prozentpunkte.

Die Belastbarkeit

Nachdem Sie nun über Ihre Rücklagen genauestens im Bilde sind, gilt es, den monatlich verfügbaren Finanzrahmen zu bestimmen. Die Referenzgröße schlechthin wird in den meisten Fällen die Höhe des Einkommens sein. Aus den jeden Monat eingehenden Geldsummen müssen die Kosten für die Finanzierung und die Bedienung des Kredits bestritten werden, sprich Zins und Tilgung. Daneben dürfen aber auch die weiteren laufenden Kosten für die Bewirtschaftung des Hauses und die Lebenshaltung nicht aus dem Blick geraten. Verfügt ein Haushalt also über ein hohes Haushaltsnettoeinkommen, kann die Belastbarkeit entsprechend groß ausfallen – und umgekehrt. Das Verhältnis aus der Summe von Tilgung und Sollzins zum Einkommen gibt die Belastungsquote an, die ein Haushalt zur Bedienung des Schuldendiensts aufbringen muss. Finanzexperten meinen unisono, dass diese Quote die 40-Prozentmarke nicht überschreiten, bestenfalls bei 25 Prozent oder niedriger liegen sollte.

Die Mietbelastungsquote, also der Anteil der Bruttokaltmiete am Haushaltsnettoeinkommen von bundesweit durchschnittlich etwa 27 Prozent (nach Angaben des Statistischen Bundesamts für das Mittel aus dem Jahr 2018) zusammen mit den Betriebs- und Nebenkosten (Feuerversicherung, Müllabfuhr, Strom, Wasser, Grundsteuer) von 8 Prozent des Einkommens ergibt demnach 35 Prozent eines Monatsgehalts, die fürs Wohnen aufgebracht werden müssen.

Für ein Eigenheim werden Sie mit diesem Wert wohl nicht hinkommen, denn wenn Ihre Belastungsquote für den Schuldendienst schon 35 Prozent ausmacht, dann addieren sich immer noch die Neben- und Betriebskosten hinzu. Und die sind in den meisten Fällen auch höher als vorher in der Mietwohnung, da der neue Wohnraum im eigenen Haus in Quadratmetern ausgedrückt größer ausfällt; aber hiermit steigen eben auch die Unterhaltungskosten.

Parallel zu bildende Rücklagen für laufende Instandhaltungs- und Modernisierungskosten müssen ebenfalls berücksichtigt werden. Auch wenn diese bei Ihrem neu errichteten Fertighaus nicht unmittelbar anfallen, ist es sinnvoll, mit der Bildung von Rücklagen möglichst frühzeitig zu beginnen. So steigt Ihre Belastungsquote schnell auf einen Wert um 40 Prozent. Diese Grenze sollten Sie nach Möglichkeit nicht überschreiten, denn wenn neben den Verbindlichkeiten für das Fertighaus keine Luft mehr bleibt für Zerstreuung und die schönen Seiten des Lebens, stellt sich über kurz oder lang doch die Frage, ob das Eigenheim nicht eher Fluch denn Segen bringt. Hobbys und Urlaubsreisen sollten weiterhin ihren Platz in Ihrem Leben finden, es müssen ja nicht die exklusivsten Freizeitbeschäftigungen und am weitesten entfernten Reiseziele sein.

Aber wissen Sie auch, was nicht nur monatlich, sondern übers ganze Jahr gesehen in Ihre Kasse kommt? Haben Sie andererseits im Blick, wofür jeden Monat, jedes Quartal, jedes Jahr das Geld von Ihrem Konto verschwindet? Einen ganz nüchternen und objektiven Überblick schafft auch hier am besten eine kurze Auflistung, dieses Mal nach dem Schema einer Einnahmen-Ausgaben-Überschussrechnung: Was hier am Ende herauskommt, stellen Ihre bereinigten Ausgaben pro Monat dar, die Sie bestreiten können müssen.

Und auch wenn es zur Ermittlung der veränderlichen Lebenshaltungskosten recht

---

Einen kühlen Kopf bewahren

Lassen Sie sich in Immobilienangelegenheiten keinesfalls drängen. Überstürzte Entscheidungen führen oft zu teuren Fehltritten. Das gilt sowohl für den Kauf eines Grundstücks, die Entscheidung für einen Fertighausanbieter als auch besonders für die Wahl des richtigen Finanzdienstleisters. Seien Sie im Gegenteil eher misstrauisch, wenn Ihnen jemand ein Angebot macht, das „nur noch diese Woche" gilt.
Wer Ihnen so wenig Zeit zur ausgewogenen Planung der wohl finanziell gewichtigsten Entscheidung Ihres Lebens lässt, der hat vermutlich etwas zu verbergen.

Einnahmen-Ausgaben-Überschussrechnung

Familieneinnahmen	Pro Monat in Euro	Familienausgaben	Pro Monat in Euro
Nettogehalt Hauptverdiener		Versicherungen (Auto, Haftpflicht, Hausrat etc.)	
Nettogehalt Partner		Kfz (Steuern, Reparaturen, Treibstoff, Pflege)	
Einnahmen Nebentätigkeiten		Sparbeiträge (Bausparen, Fonds etc.)	
Gewerbeeinnahmen		Kreditraten	
Tantiemen		Rundfunkgebühren	
Kindergeld		Wohnnebenkosten	
Unterhaltszahlungen		Unterhaltszahlungen	
Renten		Internet, Telefon und Handy(s)	
Mieteinnahmen		Abonnements	
Zinserträge		Vereinsbeiträge	
…		Kita-Abgaben	
		Nahrungs- und Genussmittel	
		Verkehrsmittel (Monatskarte)	
		Bekleidung	
		Bildung	
		Unterhaltung	
		…	
Summe Familieneinnahmen		**Summe Familienausgaben**	
Monatlicher Familien-Überschuss			

mühsam ist – erwägen Sie, wenigstens über einen gewissen Zeitraum (beispielsweise drei bis sechs Monate) ein Haushaltsbuch zu führen, das Ergebnis kann Sie allenfalls in Ihren Vermutungen bestätigen oder Sie dazu veranlassen, Korrekturen nach oben oder unten vorzunehmen.

Nicht alle Positionen dieser Aufstellung müssen besetzt sein. Vor allem sollte etwa ein Posten wie das Einkommen des Partners nur dann eingerechnet werden, wenn er oder sie auch plant, die Tätigkeit langfristig im gleichen Ausmaß beizubehalten.

Einnahmen aus Nebentätigkeit und Gewerbe müssen über einen Durchschnittswert aus mehreren Monaten ermittelt werden, wenn die Höhe dieser Einkünfte von Monat zu Monat stark variiert.

Zinserträge schließlich können nur dann in die Berechnung einfließen, wenn das zugrunde liegende Kapital nicht für die Finanzierung der Immobilie verplant ist.

Stellen Sie nun fest, dass Ihre Ausgaben insgesamt zu hoch und die positive Einnahmenmarge zu gering sind, haben Sie einige Möglichkeiten, diese Bilanz aufzupolieren. Gerade der nahende Wechsel von der Mietwohnung ins Eigenheim bietet eine passende Zäsur, an der Sie einige Ausgabenposten auf den Prüfstand stellen sollten.

Wie finanzieren wir?

Ein Umzug bietet die ideale Gelegenheit Ballast abzuwerfen – nicht nur physischen, sondern auch im Sinne überflüssiger Abos etc.

Wie sieht es etwa aus bei:
- ▶ Verträgen mit Stromanbietern
- ▶ Verträgen mit Telefon- und Mobilfunkunternehmen
- ▶ Versicherungsbeiträgen
- ▶ Kosten für Pkw (einen oder mehrere?)
- ▶ Verbrauchsverhalten bei Heizung, Strom und Wasser
- ▶ Kontoführungsgebühren
- ▶ Vereinsbeiträgen
- ▶ Zeitschriftenabonnements
- ▶ Förderbeiträgen

Was die Rubrik der Verträge anbelangt, so kann es nicht schaden, die teilweise schon jahrelang bestehenden Vereinbarungen auf ihre Wirtschaftlichkeit zu prüfen und zu schauen, ob es da nicht inzwischen günstigere Möglichkeiten gibt; womöglich muss auch ein Anbieterwechsel in Betracht gezogen werden. Viele Bundesbürger neigen dazu, sich überversichern zu lassen – da gibt es nur eines: den jeweiligen Einzelfall abwägen und allen überflüssigen Ballast kündigen. Muss es beispielsweise der PS-starke Pkw sein, den man zu allem Überfluss auch für die noch so kurzen Wegstrecken benutzt? Der Umstieg auf ein etwas weniger spritziges Modell birgt nicht selten große Ersparnisse bei der Kfz-Versicherung und der Kfz-Steuer. Zusätzliche Kosteneinsparungen sind denkbar, wenn man häufiger den öffentlichen Nahverkehr nutzt oder womöglich auf Carsharing umsteigt.

Generell helfen beim bewussteren Umgang mit Energie und Wasser bereits wenige Maßnahmen, übers Jahr betrachtet beträchtliche Geldsummen einzusparen. Tauschen Sie zum Beispiel sämtliche einfache Mehrfachsteckdosen durch solche aus, die man ein- und ausschalten kann, wird der stromfressende Standby-Betrieb vieler moderner Elektrogeräte deutlich eingedämmt.

Sollte Ihre Bank Ihnen nach wie vor Kosten für die Kontoführung berechnen, konfrontieren Sie diese offensiv damit und fordern Sie alternative Lösungen wie etwa ein gebührenfreies Gehaltskonto.

Im Bereich Freizeit und Hobby schlummern vielfach Einsparpotenziale in Form von Vereins- und Förderbeiträgen oder zahlreicher Zeitschriftenabonnements. Nutzen Sie beispielsweise das Angebot der Vereine, die Sie durch Ihre monatlichen Zahlungen unterstützen, überhaupt noch aktiv? Gehen Sie inhaltlich noch konform mit den Organisationen, deren Förderung Sie irgendwann einmal begonnen haben? Brauchen Sie die wöchentlich erscheinende Programmzeitschrift im Zeitalter des Internets tatsächlich noch? So können Sie Ihre monatlichen Geldmittel durch Einsparungen erhöhen.

Ein weiteres Potenzial liegt in möglichen Mehreinnahmen, etwa durch eine ohnehin längst anstehende Gehaltserhöhung, deren Durchsetzung Sie ja nun anlässlich Ihres Eigenheimplans mit frischem Schwung vorantreiben können. Haben Sie bei der Steuererklärung bereits sämtliche legalen Wege der Steuerersparnis ausgeschöpft? Wenn Sie nicht selbstständig sind, lohnt hier womöglich der Gang zu einem Steuerhilfeverein. Zudem können Sie Ihre momentanen Geldanlagen auf ihre Wirtschaftlichkeit untersuchen und gegebenenfalls zu attraktiveren Zinsen umschichten.

Kreditinstitute haben in ihren Berechnungen nun ganz bestimmte Vorstellungen davon, wie viel Geld pro Person in einem Haushalt pro Monat für den laufenden Lebensunterhalt mindestens übrig bleiben muss. Dieser sogenannte Mindestbehalt stellt sich in Zahlen ausgedrückt folgendermaßen dar:

Mindestbehalt für die Lebensführung

Personen pro Haushalt	Betrag pro Monat
Einzelperson	750 €
Paar	1 000 €
Paar mit einem Kind (3 Personen)	1 250 €
Paar mit zwei Kindern (4 Personen)	1 500 €

Für eine Person werden monatlich 750 Euro gefordert, für jede weitere Person in einem Haushalt werden 250 Euro im Monat zugeschlagen. Diese Berechnung kann somit ganz einfach der Personenzahl im Haushalt als wirtschaftlicher Einheit angepasst werden, indem 750 Euro + (X x 250) Euro zusammengerechnet werden. Der Mindestbehalt deckt in den meisten Fällen nur den minimalen Lebensstandard ab, kleinere und größere Hobby- beziehungsweise Urlaubseskapaden sind nicht enthalten.

Ausgehend von den aus unserem Musterfall errechneten 315 000 Euro Finanzbedarf kann anhand einer einfachen Formel die monatliche Belastung für die Kredittilgung ermittelt werden:

Finanzbedarf [Euro] x Annuität [Prozent] : 12 [Monate]
= Monatliche Belastung (Kreditrate)

Bei einem Finanzbedarf von 315 000 Euro und einer Annuität (Jahresrate bestehend aus anfänglichem Soll- + Tilgungszinssatz) von 4 Prozent (derzeit günstige 1 Prozent Sollzins + 3 Prozent Tilgung) ergibt das eine monatliche Belastung von:

315 000 Euro x 4 Prozent : 12 Monate
= 1 050 Euro

Diese Summe muss aus dem monatlichen Haushaltsüberschuss der Familie zur Bedienung des Schuldendiensts mindestens erreicht werden.

Weil diese Rate vergleichsweise niedrig liegt und Finanzexperten gerade in Niedrigzinsphasen eine anfänglich höhere Tilgung empfehlen, könnte in diesem Fall ein höherer Tilgungszinssatz von beispielsweise 4 Prozent angestrebt werden. Hierdurch steigt zwar die monatliche Belastung, Sie sind Ihren Kredit aber viel früher los und zahlen daher insgesamt weniger Zinsen (siehe auch unter „Der Klassiker – Hypothekendarlehen" auf den Seiten 108 ff.).

315 000 Euro x 5 Prozent : 12 Monate
= 1 312,50 Euro

Auch umgekehrt wird ein Schuh draus: Angenommen, Sie schrauben Ihre Ausgaben herunter und Ihre Einnahmen herauf, sodass Sie pro Monat über 120 Euro mehr verfügen. Weiterhin nehmen wir an, die Annuität liegt wie ursprünglich bei schmalen 4 Prozent, dann können Sie Ihren Finanzierungsrahmen mit der folgenden Rechnung grob selbst bestimmen:

1 170 Euro (monatliche Belastung) x 12 Monate : 4 Prozent
= 351 000 Euro

Indem Sie Ihre monatlich positive Einnahmenmarge um 120 Euro erhöhen, steigert das Ihren möglichen Kreditrahmen schon um satte 36 000 Euro.

Weil die monatliche Belastungsquote für den Schuldendienst im Idealfall ja aber nicht mehr als 35 Prozent der Nettoeinnahmen einer Familie betragen soll, müssen einer Belastungsquote von 1 050 Euro Einnahmen in Höhe von mindestens 3 000 Euro gegenüberstehen. Wird dieser Wert nicht erreicht und können die Einnahmen unter keinen Umständen erhöht werden, sollten Sie als Bauherr realistisch sein und bei Ihrem gewünschten Eigenheim den Rotstift ansetzen. Es bringt nichts, wenn Sie sich in Zukunft nur noch für das Haus krummlegen und das gesamte Familienleben einzig und allein um die Bedienung der aufgenommenen Schulden für das Haus kreist.

WEGE ZUM GELD

Der Ratgeber „Immobilienfinanzierung – Die richtige Strategie" der Stiftung Warentest nimmt sämtliche Themenbereiche unter die Lupe und erklärt vor allem auch die Finanzierungsmodelle genauer, die hier im Folgenden aufgezeigt werden. Vor allem kann festgehalten werden, dass in den meisten Fällen die ganz normalen Hypothekendarlehen oder die etablierten Wohn-Riester-Bauspardarlehen die Finanzprodukte sind, bei denen Sie als Kreditnehmer am günstigsten abschneiden.

Oberste Gebote sind in jedem Fall: Garantiert niedrige Zinsen über einen langen Zeitraum und möglichst viel tilgen, gerade in einer Niedrigzinsphase – so werden Sie den Kredit schnell wieder los und zahlen nur geringe Finanzierungskosten. Die Fertighausanbieter sind erfahrene Akteure auf dem Gebiet der Immobilienfinanzierung und werden Ihnen sicher den einen oder anderen wertvollen Tipp geben. Manche offerieren auch eine komplette Finanzberatung und -abwicklung in Zusammenarbeit mit Ihrer Bank; hier sind die Unterschiede innerhalb der Unternehmen mannigfaltig. Sich informieren und vergleichen sind ohnehin ein Muss!

Der Klassiker – Hypothekendarlehen

Wie Sie sicher schon bemerkt haben werden, sind die drei wesentlichen Bausteine einer jeden Immobilienfinanzierung der (Soll-)Zins, die Tilgung und die Belastung. Letztere, auch als Annuität bezeichnet, errechnet sich aus den Ausgaben für das zur Verfügung gestellte Geld (Zins) und dem Rückzahlungssatz des Darlehens (Tilgung). Diese Elemente flankieren Sie zum einen mit Ihrem Eigenkapital (siehe Seite 102), zum anderen mit Fördergeldern aus den unterschiedlichen Töpfen (siehe Seiten 113 ff.). Konventionelle Hypotheken- oder Annuitätendarlehen werden von Banken, Bausparkassen,

> **INFO** **KREDITANGEBOTE VERGLEICHEN**
> Liegen Ihnen Angebote unterschiedlicher Kreditgeber mit gleicher Zinsbindungsfrist vor, dann ist der Effektivzins die Größe, mit der Sie vergleichen können. Zu Prüfzwecken steht Ihnen im Internet auch der Kreditrechner der Stiftung Warentest zur Verfügung: www.test.de/kreditrechner.

Versicherungen und unterschiedlichen Fördereinrichtungen wie etwa der KfW Bankengruppe (kurz: KfW) vergeben (nähere Informationen zur KfW siehe Seite 116). Geht es für Sie nun um den Vergleich unterschiedlicher Kreditgeber, müssen Sie den Effektivzins, der Ihnen womöglich auch als „Gesamteffektivzins" begegnet, im Auge behalten. Falls dieser nicht automatisch angegeben ist, lassen Sie ihn sich unbedingt errechnen – und zwar für das gesamte Finanzierungsmodell und nicht etwa nur für den Anfangskredit mit festgeschriebenen (häufig niedrigen) Zinsen, also für die Zinsbindungsfrist, sondern eben auch für den Anschlusskredit. Dieser wird fällig, wenn nach Ablauf der Zinsbindung die Restschuld noch offensteht. Das ist der Schuldenbetrag, der übrig bleibt, nachdem der erste Kredit zu fest vereinbarten Zinsen und Tilgung ausgelaufen ist (oft nach 10 bis 15 Jahren). Weil Sie neben den Zinsen für das zur Verfügung gestellte Geld mit jeder monatlichen Zahlung auch einen Teil der Schuldensumme tilgen und die Restschuld demzufolge im Lauf der Zeit stetig sinkt, würden normalerweise auch die Zinszahlungen kontinuierlich absinken. Die Vereinbarung beim Annuitätendarlehen ist aber, dass die monatliche Rate über die Laufzeit des Kredites konstant bleibt. Dadurch kann der Tilgungsanteil über die Laufzeit sogar permanent steigen.

INFO **ANNUITÄT, ANNUITÄTEN-DARLEHEN & CO.:** Die Annuität beschreibt die jährlich gleichbleibende Zahlung, die sich aus Zins- und Tilgungssatz zusammensetzt. Da mit jeder Kreditrate der Betrag der Restschuld sinkt, auf den Zinsen gezahlt werden müssen, sinkt der Zins- beziehungsweise steigt der Tilgungssatz umgekehrt proportional zueinander. Weil die Zahlungen in der Regel monatlich entrichtet werden, betragen diese ein Zwölftel der Annuität.

Für das Annuitätendarlehen sind für die festgeschriebene Dauer konstante monatliche Raten (aus Zins und Tilgung) fällig. Von entscheidender Bedeutung ist die Höhe der Restschuld nach Ablauf der Zinsbindung. Gelingt es, die Zinsen für die gesamte Laufzeit bis zur Abbezahlung des Kredits festzulegen, spricht man von einem Volltilgerdarlehen. Ist dies bereits nach 10 bis 20 Jahren geschafft, belohnen einige Kreditinstitute dies mit einem Zinsrabatt von bis zu 0,5 Prozent. Bestenfalls kann zusätzlich ein variabler Tilgungssatz vereinbart werden, der er erlaubt, die Ratenzahlung ganz nach den persönlichen Verhältnissen auszurichten.

Paradox mag es manch einen Kreditnehmer anmuten, dass es länger dauert, zinsgünstige Kredite zurückzuzahlen, als dies bei teuren Krediten der Fall ist. Die Erklärung ist aber relativ einfach: Weil die monatlichen Ratenzahlungen in gleicher Höhe über die gesamte Laufzeit des Kredites beibehalten werden, steht zum Ende der Kreditlaufzeit, wenn die Restschuld schon relativ gering ist, bei einem teuren Kredit mit hohem Zinssatz umso mehr Geld für die Tilgung zur Verfügung, da der Bank nur Zinsen für die verbleibende Restschuld zustehen. Die Stiftung Warentest hat im März 2019 eine Übersicht zu diesem Phänomen erstellt. Die Tabelle (siehe Seite 110 oben) zeigt die unterschiedliche Rückzahlungsdauer eines Kredits bis zur vollkommenen Entschuldung in Abhängigkeit von verschiedenen Zins- beziehungsweise Tilgungssätzen.

Die kürzere Rückzahlungsdauer ist aber mitnichten gleichbedeutend mit einer geringeren Gesamtbelastung: Wer einen teureren Kreditvertrag unterschreibt und höhere Sollzinsen vereinbart, der bezahlt schlichtweg mehr für das geliehene Geld – auch wenn er den Kredit schneller wieder los ist.

Ganz allgemein wird den Kreditnehmern eine Annuität von 6 Prozent empfohlen, bei niedrigen Zinsen von 2 Prozent oder weniger sollten dann am besten auch 4 Prozent getilgt werden – das spart Zeit, weil man den Kredit schneller zurückzahlt, und Geld, weil mit einer relativ hohen anfänglichen Tilgung der Restschuldbetrag verhältnismäßig schnell sinkt und somit auch die darauf zu zahlenden Zinsen. Grundregel: Je höher bei einer gegebenen Kreditsumme der Tilgungssatz/die Jahresbelastung, desto geringer bleibt die Gesamtbelastung!

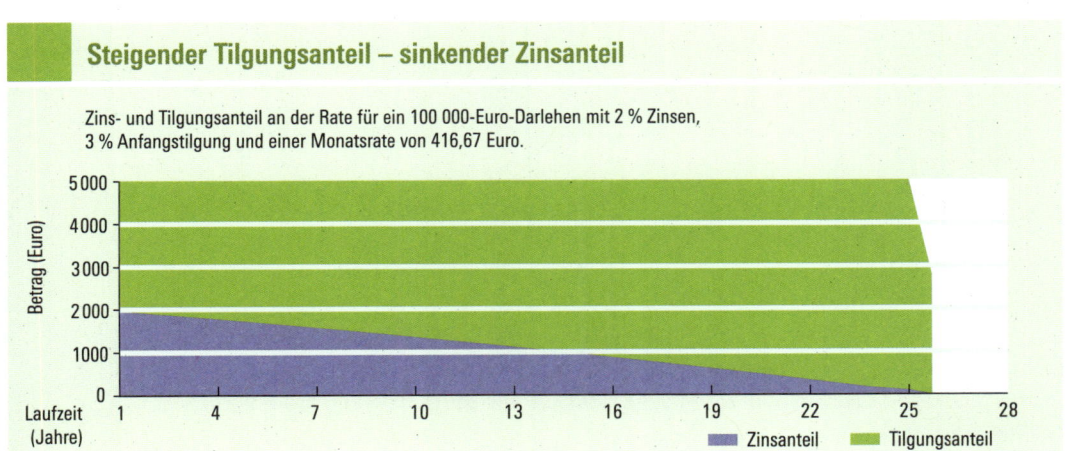

Steigender Tilgungsanteil – sinkender Zinsanteil

Zins- und Tilgungsanteil an der Rate für ein 100 000-Euro-Darlehen mit 2 % Zinsen, 3 % Anfangstilgung und einer Monatsrate von 416,67 Euro.

Tilgungsdauer in Jahren in Abhängigkeit von Zins- und Tilgungssatz

Zins-satz [1]	Tilgungssatz [2]		
	1%	2%	3%
1,0%	69,4 Jahre	40,6 Jahre	28,8 Jahre
1,5%	61,2 Jahre	37,3 Jahre	27,1 Jahre
2,0%	55,0 Jahre	34,8 Jahre	25,6 Jahre
2,5%	50,2 Jahre	32,5 Jahre	24,3 Jahre
3,0%	46,3 Jahre	30,6 Jahre	23,2 Jahre
3,5%	43,1 Jahre	29,0 Jahre	22,2 Jahre
4,0%	40,3 Jahre	27,6 Jahre	21,3 Jahre
4,5%	38,0 Jahre	26,3 Jahre	20,4 Jahre
5,0%	35,9 Jahre	25,2 Jahre	19,7 Jahre

1 Sollzins als jährlicher Zinssatz in % der Darlehenssumme (der anfängliche effektive Jahreszins liegt bei monatlicher beziehungsweise vierteljährlicher Zahlung höher)

2 Jährlicher Tilgungssatz in % der Darlehenssumme zuzüglich ersparter Zinsen

In einen festen Zinssatz über die gesamte Laufzeit willigen die Kreditinstitute in der Regel nicht ohne Zinsaufschlag ein. Im August 2021 können Sie auf einen Baukredit bei 40 Prozent Eigenkapital einen Zinssatz von 0,68 Prozent über eine Laufzeit von 10 Jahren festschreiben. Wollen Sie einen Festzins über 15 Jahre, beläuft sich der Zinssatz auf 0,97 Prozent, bei 20 Jahren Laufzeit sind es schließlich 1,18 Prozent.

Wollen Sie 100-prozentige Zinssicherheit über einen möglichst langen Zeitraum, dann sollten Sie sich nicht von den niedrigen Zinsen für die Laufzeit von 10 Jahren in Ihrer Entscheidung (ver-)leiten lassen. Mit Ablauf des fest verzinsten Darlehens, nach beispielsweise 10 Jahren, stellt sich nämlich die Frage nach der Anschlussfinanzierung. Und wer kann schon sagen, ob die Zinsen in einem Jahrzehnt noch ähnlich niedrig sein werden wie aktuell? Wenn die marktüblichen Zinsen innerhalb dieser 10 Jahre deutlich steigen sollten, zahlen Sie für die Anschlussfinanzierung der noch ausstehenden Restschuld mitunter einen hohen Preis. Sollten die Zinsen hingegen noch weiter sinken – was zum jetzigen Zeitpunkt sehr unwahrscheinlich ist, da sie schon historisch niedrig liegen –, dann würden Sie mit einer langen Zinsbindung zum jetzigen Zeitpunkt auf Dauer betrachtet kein Geld sparen. Man muss immer die Risiken mit dem Nutzen angemessen ins Verhältnis setzen. Als Faustregel kann gesagt werden: Bei niedrigen Zinsen lange Laufzeiten, bei hohen Zinsen kurze Laufzeiten vereinbaren.

Ein Detail, dem gemeinhin nicht die gebührende Aufmerksamkeit zukommt, ist das der Kreditnebenkosten. Gebühren für die Grundschuldbestellung und -eintragung (siehe Seite 97), eine eventuelle Wertschätzung und vor allem Kosten für eine Zwischenfinanzierung und/oder Bereitstellungszinsen geraten bei Abschluss des Kreditvertrags gern mal aus dem Blickfeld.

Eine Zwischenfinanzierung kann notwendig werden, wenn Sie zum Beispiel schnell Geld benötigen, weil sich Ihnen unverhofft die Möglichkeit eröffnet hat, ein Grundstück in absoluter Traumlage zu erwerben. Weil Sie bei derlei begehrten Objekten immer im Wettbewerb mit anderen potenziellen Käufern stehen, kann schnelles Handeln erforderlich sein. Doch auch hier gilt: Kein kopfloses Agieren! Sie können auch in kurzer Zeit eine wohldurchdachte Kaufentscheidung treffen.

Banken stellen Ihnen nach einer Bonitätsprüfung (Prüfung der Kreditwürdigkeit) das Geld für einen zeitnahen Kauf zur Verfügung, wenn Sie nicht ausreichend Eigenkapital haben. Sobald die Finanzmittel Ihrer regulären Finanzierung ausgeschüttet werden, lösen Sie die Zwischenfinanzierung ab, die sich üblicherweise am Zinssatz für Ihren Kredit orientiert. Bei einer solchen Zwischenfinanzierung zahlen Sie lediglich Zinsen auf den vorgeschossenen Betrag, Ihr Kredit wird noch mit keinem Euro getilgt.

Bereitstellungszinsen fallen an, wenn Sie den zur Verfügung gestellten Betrag nicht unmittelbar abrufen. Bisweilen werden die Gelder ohnehin nur sukzessive und je nach Baufortschritt ausgezahlt. Verzögert sich das Bauvorhaben und wird die Spanne zwischen Baubeginn und dem Tag der Unterzeichnung des Kreditvertrags immer größer, wachsen auch die Kosten für das bereitgestellte, aber noch nicht abgerufene Geld. Bauherren eines Fertighauses sind hier klar im Vorteil, weil die Termine meist im Vorhinein klar festgelegt werden können und die Unternehmen gewillt sind, diese auch einzuhalten – schließlich haben Sie sich den Fertigstellungs- und möglichen Einzugstermin vertraglich zusichern lassen! Banken und Bausparkassen bieten oft Karenzzeiten an, während derer keine Bereitstellungszinsen gezahlt werden müssen. Sicherheitshalber sollten Sie bei den Kreditverhandlungen darauf drängen, dass diese möglichst lang sind, mindestens aber 6 Monate. Dann stehen die Chancen gut, dass Ihr Fertighaus steht, bevor diese zusätzlichen Kosten auf Sie zukommen.

INFO — **DER GRENZZINSSATZ**
Mit dem Grenzzinssatz als Richtschnur können Sie herausfinden, wie hoch die Differenz der Zinsen zwischen Erst- und Anschlussfinanzierung sein darf, damit Letztere im Vergleich mit einem Volltilgerdarlehen, bei dem die Zinsen über einen langen Zeitraum festgeschrieben sind, noch eine günstigere Lösung darstellt. Seit 2010 sind Kreditgeber den Kreditnehmern gegenüber verpflichtet, den Gesamteffektivzins der Abschnittsfinanzierung mitzuteilen. Dieser kann jedoch nur einen Näherungswert darstellen, da zum Zeitpunkt des Vertragsabschlusses der zukünftige Zinssatz (also beispielsweise in 10 Jahren) noch gar nicht feststeht.
Die Stiftung Warentest bietet hierzu einen Rechner (test.de, Stichwort: Rechner Immobilienkredite), bei dem Sie den zukünftigen Sollzins variabel entweder optimistisch niedrig oder pessimistisch hoch einstellen und somit unterschiedliche Szenarien entwerfen können. Oft reicht der Einsatz einer relativ gering höheren Summe Eigenkapitals, um eine große Zinsersparnis zu erzielen.

Ein Fehler, der leider immer noch vielfach begangen wird, liegt darin, sich von den niedrigen Anfangszinsen kurzer Zinsbindungen verführen zu lassen. Nach Ablauf der Vertragszeit tappen die Kreditnehmer dann in die Falle zu hoher Folgeraten, was folgendes Beispiel verdeutlicht:

Ein Kreditnehmer entscheidet sich für ein Volumen von 240 000 Euro mit 10-jähriger Zinsbindung. Er zahlt 3 Prozent anfängliche Tilgung und 1 Prozent Zinsen, was einer Monatsrate von 800,00 Euro entspricht. Nach 10 Jahren beträgt die Restschuld noch rund 164 310,08 Euro.

Bekommt er die Anschlussfinanzierung zu unveränderten Konditionen, reduziert sich seine monatliche Rate auf 547,70 Euro.

Sind die Zinsen aber inzwischen spürbar gestiegen, steigt die Monatsrate trotz der geringeren Kreditsumme an – von einer erhofften Entlastung kann dann keine Rede mehr sein.

Anschlusskredit, Restschuld von 164 310,08 Euro, 3 % Tilgung

Zinssatz	Monatsrate
3 %	821,55 €
4 %	958,48 €
5 %	1 095,40 €
6 %	1 232,33 €
7 %	1 369,25 €

Niedrige Zinsen zu Beginn einer Kreditaufnahme verführen überdies zu höheren Kreditsummen, wenn man nicht die Tilgung möglichst ausreizt, sondern die Kreditsumme erhöht.

Gesetzt den Fall, Sie können sich eine Monatsrate von 800 Euro leisten und die Belastung durch den Kredit mit 10-jähriger Zinsbindung liegt bei jährlich nur 3 Prozent (2 Prozent Tilgung, 1 Prozent Zinsen), dann können Sie sich einen Kredit bis zu 320 000 Euro leisten.

Der Haken dabei: Sie tilgen in den ersten 10 Jahren viel weniger vom höheren Darlehen und müssen nach Ablauf der Zinsbindung noch eine deutlich größere Restschuld neu finanzieren. Statt jetzt also angesichts günstiger Kreditzinsen den Kreditrahmen hochzusetzen und bis zum Äußersten auszureizen, sollten Sie für Ihren benötigten Kredit eine höhere Tilgung wählen. Ein halber bis 1 Prozentpunkt mehr Tilgung von Anfang an verschafft Ihnen bei den Zinszahlungen bis zur vollständigen Tilgung insgesamt beträchtliche Einsparungen.

Mit einem Volltilgerdarlehen sind Sie natürlich gegen diese Risiken gefeit. Sie zahlen aufgrund des höheren Zinssatzes aber verhältnismäßig lange zurück – wieder abhängig auch vom Tilgungssatz.

Eine weitere gute Übersicht bietet die Tabelle unten, in der ein möglicher Kreditrahmen bei gegebener Monatsrate im Verhältnis zur Annuität (Zins + Tilgung) angegeben ist.

Die Zeitschrift Finanztest bietet mit einem Kreditrechner im Internet unter www.test.de (Stichwort: „Kredit- und Tilgungsrechner") ein Instrument an, mit dem Sie einen kompletten Zins- und Tilgungsplan ganz Ihren Umständen entsprechend selbst aufstellen können. Die Stiftung Warentest bietet darüber hinaus weitere nützliche Rechner rund um das Thema Immobilienfinanzierung an (www.test.de, Stichworte: „Rechner Immobilienfinanzierung").

Möglicher Kreditrahmen bei gegebener Monatsrate im Verhältnis zur Annuität

Kreditrate pro Monat in Euro	Kreditrahmen in Euro im Verhältnis zur Annuität		
	4 %	6 %	8 %
500 €	150 000 €	100 000 €	75 000 €
600 €	180 000 €	120 000 €	90 000 €
700 €	210 000 €	140 000 €	105 000 €
800 €	240 000 €	160 000 €	120 000 €
900 €	270 000 €	180 000 €	135 000 €
1 000 €	300 000 €	200 000 €	150 000 €
1 100 €	330 000 €	220 000 €	165 000 €
1 200 €	360 000 €	240 000 €	180 000 €
1 300 €	390 000 €	260 000 €	195 000 €
1 400 €	420 000 €	280 000 €	210 000 €
1 500 €	450 000 €	300 000 €	225 000 €

Haben Sie einen „krummen" Betrag monatlich zur Verfügung, können Sie ihren Kreditrahmen ebenfalls nach der Formel: „X Euro Kreditsumme = X Euro monatliche Belastung x 12 Monate : X Prozent" genau berechnen.

Sondertilgungen vereinbaren

Eine gute Alternative bietet eine lange Zinsbindung mit einer niedrigen anfänglichen Tilgung, wenn Sie für jedes Jahr während der Laufzeit zusätzlich Sondertilgungen aushandeln können. Dann bleibt Ihre monatliche Belastung vergleichsweise gering, unvorhergesehene Ausgaben werfen Ihre Finanzierung nicht aus der Bahn, und am Ende des Jahres können Sie schauen, wie viel Geld Sie übrig haben, um den Restschuldenbetrag mit einer Einmalzahlung außer der Reihe zu verringern. Niedrige Tilgungsraten von unter 2 Prozent sollten stets mit der Option auf Zahlung von Sondertilgungen einhergehen. Letztere sind in einem vertraglich festgelegten Rahmen und zu bestimmten Zeitpunkten möglich – hier kommt es auf Ihr Verhandlungsgeschick an.

Geld von der Versicherung

Immer öfter bieten auch Versicherungsgesellschaften die Möglichkeit, gewöhnliche Hypothekendarlehen bei ihnen aufzunehmen. Und dabei offerieren sie deutlich bereitwilliger Annuitätendarlehen mit langen Laufzeiten von 15 Jahren aufwärts.

Bevor die Versicherer auch auf diese Modelle umgeschwenkt sind, haben sie ein endfälliges Darlehen mit einer kapitalbildenden Lebensversicherung kombiniert, mit der man am Ende der Vertragslaufzeit das Darlehen auf einen Schlag bedient hat. Die Nachteile dieser Variante: Die Zinsen fallen über die gesamte Laufzeit auf den vollen Darlehensbetrag an. Außerdem ist der Lebensversicherte den Schwankungen des Kapitalmarkts unterworfen, denn dort legen die Versicherungen ihr Geld an. Bei steigenden Zinsen wirkt sich das natürlich positiv auf die eigene Kapitalanlage aus, was sich freilich ins Gegenteil verkehrt, sobald die Guthabenzinsen sinken. Dann droht eine Deckungslücke, weil die Abschlussleistung womöglich nicht der Darlehenssumme entspricht. Und eben weil die Guthabenzinsen lange Zeit schon auf einem niedrigen Stand verharren, reichen die Versicherungsgesellschaften normale Hypothekendarlehen aus.

Was ist Bausparen?

Die Idee: Der Kunde spart Geld bis zu einem bestimmten Betrag an und kann ab dem Erreichen dieses Betrags, ab der Zuteilungsreife, über ein zinsgünstiges Baudarlehen verfügen. Einer der Vorteile: Die Bausparkassen fordern im Grundbuch lediglich eine nachrangig fixierte Sicherheit – wenn überhaupt. Außerdem können Tilgungsraten in beliebiger Anzahl und Höhe geleistet werden; das ist bei einem normalen Hypothekendarlehen in dieser Form kaum möglich. Weil man zu einem Zeitpunkt zu sparen beginnt, an dem noch gar nicht klar ist, wann ein Darlehen benötigt wird, kann man die Bausparsumme immer weiter erhöhen, bis die Notwendigkeit des Bausparkredits in greifbare Nähe rückt.

Nachteilig sind die während der gesamten Ansparphase niedrigen Guthabenzinsen. Aufgrund der vorgesehenen hohen Tilgungsraten (Minimum 4 Prozent) ist die anfängliche monatliche Belastung ebenfalls einigermaßen hoch, was im Umkehrschluss natürlich zu einer schnelleren Entschuldung führt. Die Gefahr der Überbelastung schwebt auf jeden Fall im Hintergrund. Der ungewisse Zuteilungszeitpunkt des Darlehens, der auf einer Bewertungszahl und anderen Faktoren wie dem ersparten Guthaben, dem Guthabenzins und dem Regelsparbeitrag ermittelt wird, lässt das Bauspardarlehen zu einem recht unflexiblen Finanzierungsinstrument werden.

Als Lösung bieten Bausparkassen in Kombination ein Vorausdarlehen an. Dieses beläuft sich auf die Höhe der Bausparsumme, wird allerdings direkt ausgezahlt. Für den Bausparvertrag spart man also nachträglich und bedient bei dessen Zuteilung das Vorausdarlehen. Diese Finanzierungsform ist relativ teuer und lohnt sich nur, wenn der Sparer seine Guthabenrendite durch Sparzulagen, Wohnungsbauprämien und Fördergelder (wie etwa die Wohn-Riester-Förderung) deutlich aufpäppeln kann – so minimiert er die Negativspanne zwischen (niedrigen) Guthabenzinsen und effektiven Darlehenszinsen.

Doch auch hier gilt: Anhand des Gesamteffektivzinses kann festgestellt werden, ob dieses Finanzierungsmodell ein lohnendes ist. Und da liegt der Haken – weil die Banken vom Gesetzgeber bislang nicht verpflichtet sind, den Gesamteffektivzins dieser sogenannten Kombikredite auszuweisen. Viele Angebote halten nicht, was sie versprechen, weil sie mit niedrigen Zinsen bewusst in die Irre führen, oftmals aber versteckte Kreditkosten bergen.

Baukindergeld

Wer bis Ende März 2021 eine Baugenehmigung bekommen oder den Hauskauf über den Notar geschlossen hatte, konnte pro Kind 12 000 Euro vom Staat erhalten – das sogenannte Baukindergeld. Diese Fördermaßnahme ist inzwischen ausgelaufen und greift bei nach dieser Frist abgeschlossenen Verträgen nicht mehr.

Beinahe haarsträubend wird es, wenn die Zinsbindung des Vorausdarlehens weit vor der Zuteilung des Bausparvertrags endet und der Kreditnehmer eine mitunter teure Anschlussfinanzierung schultern muss. Gesetzlich sind die Bausparkassen bislang nur dann zur Nennung des Gesamteffektivzinses verpflichtet, wenn ein Bausparvertrag in Kombination mit einer Riester-Förderung (siehe den Abschnitt „Wohn-Riestern" unten) abgeschlossen wird.

Die Zeitschrift Finanztest hat in der Ausgabe 9/2018 einen ausführlichen Artikel zu diesem Thema veröffentlicht und einige Angebot von Bausparkassen einer genauen Untersuchung unterzogen.

Weil wir uns aber in einer schon lange anhaltenden Niedrigzinsphase befinden, ist das klassische ungeförderte Bausparen wenig attraktiv geworden, weil die gewöhnlichen Banken oft ähnlich niedrige Zinsen anbieten, wie man sie sich über das Bausparen und das anschließende Bauspardarlehen gesichert hat. Gewöhnliche Hypothekendarlehen von Banken sind nicht selten sogar effektiv günstiger als Bauspardarlehen.

Informieren sollten Sie sich im Zweifelsfall dennoch: Die Stiftung Warentest hält auf ihrem Internetportal sowohl eine Checkliste für Bausparwillige (www.test.de, Stichworte: „Checkliste Immobilienfinanzierung") als auch einen Bausparrechner (www.test.de, Stichwort: „Bausparrechner") für Sie bereit.

Wohn-Riestern

Für Sie als Bauherr eines Fertighauses, das Sie selbst nutzen möchten, sind die Wohn-Riester-Förderungen des Staates unbedingt eine Überlegung wert. Der Staat unterstützt Sie durch

Wie finanzieren wir?

Unterlagen für die Kreditprüfung im Immobilienfinanzierungsgeschäft
Denken Sie immer an Kopien Ihrer gültigen Personalausweise.

	Eigentums-wohnung	Bauplatz	Neubau (nicht älter als 10 Jahre)	Häuser (älter als 10 Jahre)
Darlehensanfrage / Selbstauskunft				
Einkommensnachweis	Letzter Einkommensteuerbescheid und bei Nichtselbstständigen: letzte 3 Lohn-/Gehaltsabrechnungen und bei Selbstständigen: ▸ bilanzierend (letzte 2 Bilanzen), ▸ nicht bilanzierend (letzte 2 Gewinnermittlungen), ▸ aktuelle betriebswirtschaftliche Auswertung mit Summen- und Saldenliste			
Eigenkapitalnachweis				
Unbeglaubigte Grundbuchablichtung auf neuestem Stand				
Kaufvertrag, gegebenenfalls im Entwurf (bei Kauf in letzten 5 Jahren)				
Erbbaurecht: Abschrift Erbbaurechtsvertrag				
Fertighaus: Kopie des Vertrags mit dem Hersteller				
Mehrfamilienwohnhaus: Aktuelle Mietaufstellung/Kopie Mietverträge				
Teilungserklärung nach Wohnungseigentumsgesetz				
Amtlicher Lageplan beziehungsweise Flurkarte				
Baupläne: ▸ Zeichnungen ▸ Wohnflächen-/Kubusberechnung ▸ Baubeschreibung				
Baukostenberechnung: Detaillierte Aufstellung vom Architekten; bei General-unternehmer Vertragskopie				
Vier Lichtbilder: (Vorder- und Rückseite) des Objekts + 2 Innenaufnahmen				
Wertgutachten /Verkehrswertschätzung	Da unterschiedliche Voraussetzungen bei den verschiedenen Kreditanbietern bestehen, bitte im Einzelfall klären!			
Feuerversicherungsnachweis: Kopie der Gebäude-versicherungspolice				
Zusätzlich bei Umbau und Modernisierung: ▸ Detaillierte Kostenaufstellung vom Architekten ▸ Bei genehmigungspflichtigen Vorhaben auch Baupläne				
Zusätzlich bei Umschuldungen: ▸ Aktuelle Nachweise/Kontoauszüge über abzulösende Darlehen				
Zusätzlich bei Finanzierung mit öffentlichen Mitteln des Landes NRW (WFA): ▸ Antragskopie/Förderzusage				
Zusätzlich bei Zusatzsicherheiten: ▸ LV-Police + Mitteilung über aktuellen Rückkaufswert oder Bausparauszug				

Zulagen und Steuervorteile sowohl bei der Tilgung eines Darlehens, das Sie für eine ab 2008 gekaufte oder gebaute Wohnimmobilie aufnehmen, als auch in der Sparphase. Neben dem Baujahr und der Eigennutzung ist eine weitere Voraussetzung, dass Sie das aufgenommene Darlehen bis zum 68. Lebensjahr vollständig getilgt haben werden.

Unterschiede in der Vertragsgestaltung zu ungeförderten Bausparverträgen gibt es kaum, allerdings sichern Sie sich derzeit niedrige Kreditzinsen zwischen 1,15 und 1,73 Prozent schon jetzt dauerhaft und bekommen auch beim Ansparen Hilfe durch die öffentliche Hand. Wegen der Riester-Zuschüsse, die Sie entweder zur Minderung der monatlichen Spar- oder Tilgungsrate oder zur Verminderung des Restschuldenbetrags einsetzen, verringern Sie so Ihre monatliche Belastung respektive die Tilgungsdauer des aufgenommenen Darlehens.

Als Grundzulage gewährt der Staat jeder Person, die einen Riester-Vertrag abschließt, 175 Euro, (Ehe-)Partner müssen einen separaten Vertrag abschließen, damit die volle Förderung in Anspruch genommen werden kann. Für vor 2008 geborene Kinder werden 185 Euro Kinderzulage entrichtet, für Kinder, die nach 2008 auf die Welt gekommen sind, fallen gar 300 Euro pro Kind und Jahr an. Bei einer Familie mit zwei Kindern kommen also jährlich Zulagen in Höhe von 950 Euro zusammen, was eine theoretische monatliche Minderbelastung von immerhin knapp 80 Euro entspricht. Die steuerlichen Vorteile sind hierbei noch nicht einmal berücksichtigt. Für bis zu 25-Jährige sieht der Staat überdies eine Einmalzahlung von 200 Euro vor.

In den Genuss der Zulagen kommt derjenige Förderberechtigte, der pro Jahr 4 Prozent seines sozialversicherungspflichtigen Vorjahreseinkommens in Form von Spar- oder Tilgungsraten für den Riester-Vertrag einzahlt; 2100 Euro bilden hier – abzüglich der eventuell gewährten Zulagen (zu denen sich möglicherweise die des mittelbar berechtigten Ehepartners hinzuaddieren) – die jährliche Obergrenze. Sind Sie unmittelbar förderberechtigt, haben Sie zusätzlich die Möglichkeit, jährlich einen Sonderausgabenabzug in Höhe von wiederum bis zu 2100 Euro steuerlich geltend zu machen – die Riester-Vorsorge ist also steuerlich absetzbar.

Das ist noch zu beachten

Achten Sie unbedingt darauf, dass der Kreditvertrag von der Bundesanstalt für Finanzdienstleistungsaufsicht zertifiziert worden ist.

Sollten Sie Ihr durch einen Wohn-Riester-Vertrag gefördertes Eigenheim einmal verkaufen wollen, steht dem prinzipiell nichts im Wege, wenn Sie den Erlös innerhalb von 5 Jahren komplett in den Kauf oder Bau eines neuen von Ihnen selbst bewohnten Zuhauses stecken. Tun Sie das nicht, drohen Ihnen Rückzahlungsforderungen, da Sie die erhaltenen Förderungen nun nicht mehr in die Altersvorsorge in Form eines Eigenheims investieren.

Vermieten dürfen Sie Ihr Haus vorübergehend sogar auch, wenn berufliche Gründe den Ausschlag dafür geben, das Mietverhältnis befristet ist und Sie spätestens im Alter von 67 Jahren Ihr Eigenheim wieder selbst beziehen. Mit Wohn-Riestern ist also auch berufliche Mobilität möglich!

> **INFO**
>
> **FRISTEN, FRISTEN, FRISTEN!**
> Nur wenn Sie rechtzeitig einzahlen, erhalten Sie die Prämien auch in vollem Umfang. Auch die Zulagen müssen pünktlich beantragt werden. Viele Banken bieten inzwischen allerdings den Service, dass sie die Zulagen automatisch für ihre Darlehensnehmer beantragen. Haken Sie aber sicherheitshalber lieber einmal nach, bevor Ihnen bares Geld durch die Hände rinnt.

Das über das Wohn-Riestern aufgebaute „Fördervermögen" wird auf einem Wohnförderkonto registriert und mit fixen 2 Prozent verzinst. Auf dieses Wohnvermögen zahlen Sie nachgelagert ab dem 68. Lebensjahr Steuern, die Sie zum einen in gleichbleibenden Raten bis zum 85. Lebensjahr zahlen (anders als bei der Riester-Rente, die über das gesamte Rentenalter hinweg zu besteuern ist). Sie können bei Rentenbeginn die Steuerschuld allerdings auch auf einmal begleichen – hierbei würde

Ihnen nur ein um 30 Prozent verringerter Betrag zum Besteuern angerechnet. Dieser Nachteil der nachträglichen Besteuerung wiegt nicht sonderlich schwer, da der Steuersatz im Rentenalter erheblich geringer ist als für Berufstätige. Als grobe Richtschnur fallen bei vollständiger Ausnutzung aller Riester-Förderungen im Rentenalter etwa zwischen 40 und 80 Euro Steuern pro Monat an – abhängig vom persönlichen Steuersatz und vom Stand des Wohnförderkontos im Renteneintrittsalter.

Übrigens: Sollten Sie feststellen, dass Sie nicht den optimalen aller Wohn-Riester-Verträge abgeschlossen haben, ist ein Wechsel normalerweise keine günstige Option, weil in vielen Fällen sowohl Wechsel- als auch neue Abschlussgebühren fällig werden. Zudem verschwindet auch die für die schnelle Zuteilung notwendige Bewertungszahl, die man beim neuen Vertragspartner erst von null an wieder aufbauen muss.

Wie der Name schon verrät, ist das Wohn-Riestern nur dann sinnvoll, wenn Sie auch tatsächlich ein Eigenheim damit finanzieren wollen. Zwar könnten Sie auch bis zum Rentenbeginn einzahlen und das Guthaben dann in eine lebenslange Rente umwandeln lassen, doch wegen der niedrigen Guthabenzinsen ist ein solches Vorgehen nicht zu empfehlen – und Sie wollen ja ohnehin bald in Ihr eigenes Fertighaus ziehen!

Neben der nachgelagerten Besteuerung des Wohnvermögens im Rentenalter mögen die verhältnismäßig lange Bindung, die Abhängigkeit der Förderung und die alleinige Fokussierung auf den Wohn-Riester-Vertrag hinsichtlich der Altersvorsorge als mögliche Risiken gelten. Zwar ist es richtig, dass Sie sich für die Dauer von 18 bis 28 Jahren verhältnismäßig lange binden, dem stehen allerdings auch die langfristig niedrigen Zinsen und die durchgehende Förderung Ihrer Finanzierung gegenüber. Dass die Förderung an die eigene Nutzung Ihrer Immobilie geknüpft ist, überrascht wenig, denn dieses Förderinstrument des Staates dient in erster Linie der Altersvorsorge und weniger der Anschaffung mehrerer Immobilien; Ausnahmen, die das Regelwerk ein wenig flexibler machen, finden Sie auf Seite 113 erläutert.

Problematisch kann es in der Tat werden, wenn die eigenen vier Wände als alleinige Altersvorsorge dienen, denn nur weil im Alter die Miete wegfällt, sieht die Lage in der Haushaltskasse noch nicht unbedingt rosig aus. Im Laufe der Zeit sollte über eine zusätzliche Altersvorsorge wie etwa eine Betriebsrente nachgedacht werden. Andere Riester-Programme sind für Sie jedoch keine wählbare Option mehr, wenn Sie sich fürs Wohn-Riestern entschieden haben.

Die Zeitschrift Finanztest hat in ihrer Ausgabe 10/2020 vierzehn Wohn-Riester-Verträge unterschiedlicher Bausparkassen miteinander verglichen und kam zu dem Schluss, dass selbst die in der Rangliste nicht ganz oben platzierten Angebote letztlich noch attraktiver waren als andere Finanzierungsmodelle. In dieser Testreihe schneiden unter den Riester-Kombikrediten diejenigen der LBS durchgehend am besten ab: Die LBS Südwest liegt klar in Front, gefolgt von den gleichauf liegenden LBS Saar und LBS Bayern, und nur knapp dahinter belegt die LBS West den dritten Rang. Zur eigenen Bewertung und Information im Voraus bieten sich Rechner nahezu aller Bausparkassen im Internet an, auch die Stiftung Warentest bietet einen eigenen Bausparrechner (www.test.de/bausparrechner). Ein weiteres unabhängiges Portal eröffnet Ihnen die Möglichkeit, unterschiedliche Wohn-Riester-Angebote miteinander zu vergleichen (www.wohn-riester-vergleich.de).

KfW- und Bafa-Förderung

Viele der KfW-Maßnahmen zielen auf die politische Maßgabe der weitreichenden Reduktion von CO_2-Emissionen durch Wohnimmobilien ab, indem sie solche (Um-)Bauvorhaben unterstützt, die diese Anforderungen in die Praxis umsetzen. Die gesetzliche Grundlage bildet hier das im Jahr 2020 verabschiedete Gebäudeenergiegesetz (GEG), auf dem wiederum die Förderprogramme des Bundes im Rahmen der Bundesförderung effiziente Gebäude (BEG) fußen.

Neben den Riester-Programmen, Wohnungsbauprämien für Bausparverträge und der Arbeitnehmersparzulage hält der Staat somit ein weiteres Instrument in Händen, um den Bau und Kauf von Wohnimmobilien zu forcieren, die man selbst nutzt. Die Kreditanstalt für Wiederaufbau (KfW) gewährt in Verbindung mit dem Bundesamt für Wirtschaft und Ausfuhrkontrolle (Bafa) über eine jeweilige Bank Kredite und Tilgungszuschüsse an die antragstellenden Bauherren – diese Bank ist im Idealfall dieselbe Bank, die auch die übrige Finanzierung Ihrer Immobilie übernimmt. Allerdings wird Ihre Bank die KfW-Mittel nicht aktiv bewerben, da sie lieber ihre eigenen Finanzprodukte unters Volk bringt. Sie müssen schon gezielt nachfragen, sollten Sie sich für die Förderung durch die KfW entschieden haben.

INFO — WAS KANN MIR DIE KFW BIETEN?
Tagesaktuelle Konditionen über Zins und Tilgung sowie detaillierte Informationen erfahren Sie über die Homepage der KfW (www.kfw.de) oder an ihrer kostenlosen Telefon-Hotline (08 00 / 539 90 02).

Seit dem 1. Juli 2021 besteht also die Möglichkeit, Förderkredite oder Zuschüsse in Verbindung mit der Bundesförderung für effiziente Gebäude (BEG) zu beantragen – dies gilt sowohl für Neubau als auch Sanierung. Zwar kommt für den Fall eines Fertighauses nur die Förderung eines Neubaus und nicht die von Einzelmaßnahmen infrage, doch gibt es darüber hinaus etwa die ergänzende Fördermöglichkeit der Baubegleitung (siehe rechts oben). Ab 2023 sollen sämtliche Förderungen dann aus einer Hand kommen.

Die folgenden beiden Hauptförderprodukte bei Neubau stehen über die KfW zur Verfügung:
▶ Wohngebäude – Kredit (261, 262)
▶ Wohngebäude – Zuschuss (461)

Ganz gleich welche Option Sie in Anspruch nehmen wollen: Sie müssen die aus Bundesmitteln finanzierten Vergünstigungen immer schon beantragen, bevor Sie das Bauvorhaben beginnen lassen; ein seriöses Fertighausunternehmen wird Sie im Regelfall über die Grundanforderungen informieren.

Baubegleitung

Immobilie	Max. Kreditbetrag	Tilgungszuschuss
Ein- und Zweifamilienhaus, Doppelhaushälfte und Reihenhaus	10 000 Euro je Vorhaben, bei dem eine neue Effizienzhaus-Stufe erreicht wird	50 %, bis zu 5 000 Euro
Eigentumswohnung	4 000 Euro je Vorhaben, bei dem eine neue Effizienzhaus-Stufe erreicht wird	50 %, bis zu 2 000 Euro
Mehrfamilienhaus mit 3 oder mehr Wohneinheiten	4 000 Euro je Wohneinheit, bis zu 40 000 Euro je Vorhaben, bei dem eine neue Effizienzhaus-Stufe erreicht wird	50 %, bis zu 20 000 Euro

Hierin ist generell ein großer Vorteil in der Zusammenarbeit mit einem am Markt arrivierten Partner zu sehen: Die jahrelange Erfahrung mit einer Vielzahl an fertiggestellten Häusern und dementsprechend zigfache Begleitung auch in finanziellen Angelegenheiten können Sie nutzen und auch hier Zeit und Nerven sparen. Nahezu alle Anbieter zählen die KfW-Anforderungen an die Energieeffizienz und die des neuen Qualitätssiegels Nachhaltige Gebäude (QNG) – im Rahmen der BEG aus der Taufe gehoben – überdies inzwischen zu ihrem Standardprogramm und übertreffen diese meist spielend. Dennoch gilt: Die zumindest ergänzende eigene Meinung ist unabdingbar, weil auch ein Branchenfachmann nicht unfehlbar ist und ihm womöglich die eine oder andere aktuelle Neuerung noch nicht in Fleisch und Blut übergegangen ist.

KfW-Förderung über Kredite im Überblick

Laufzeit	Tilgungsfreie Anlaufzeit	Zinsbindung
4 bis 10 Jahre	1 bis 2 Jahre	10 Jahre
11 bis 20 Jahre	1 bis 3 Jahre	10 Jahre
21 bis 30 Jahre	1 bis 5 Jahre	10 Jahre

Zwei Formen der Finanzierung (Die Laufzeit und Zinsbindung beträgt 4 bis 10 Jahre):
1 Beim **Annuitätendarlehen** zahlen Sie in den ersten Jahren (tilgungsfreie Anlaufzeit) nur Zinsen – danach gleich hohe monatliche Annuitäten.
2 Beim **endfälligen Darlehen** zahlen Sie während der gesamten Laufzeit nur die Zinsen und am Ende den kompletten Kreditbetrag in einer Summe zurück.

Quelle: kfw.de, Stand: 28.5.2021

KfW-Förderung über Tilgungszuschüsse im Überblick

Effizienzhaus/ Name des Programms	(Tilgungs-)zuschuss in % je Wohnung	Maximalbetrag je Wohnung
Effizienzhaus 40 Plus	25 % von maximal 150 000 Euro Kreditbetrag / geförderte Kosten	bis zu 37 500 Euro
Effizienzhaus 40	20 % von maximal 120 000 Euro Kreditbetrag / förderfähigen Kosten	bis zu 24 000 Euro
Effizienzhaus 40 Erneuerbare-Energien-Klasse oder Nachhaltigkeits-Klasse	22,5 % von maximal 150 000 Euro Kreditbetrag / geförderte Kosten	bis zu 33 750 Euro
Effizienzhaus 55 Erneuerbare-Energien-Klasse oder Nachhaltigkeits-Klasse	17,5 % von maximal 150 000 Euro Kreditbetrag / geförderte Kosten	bis zu 26 250 Euro

Quelle: kfw.de, Stand: 6.9.2021

Sachverständiger Energieberater

Für Sie als angehenden Bauherrn eines Fertighauses ist interessant, wie die KfW zu der Frage steht, ob für die Antragstellung die sachverständigen Energieberater einer Fertighausfirma die Effizienzklasse nach KfW-Normen bestätigen können:

Prinzipiell ja, „wenn das Unternehmen, bei dem der Sachverständige angestellt ist, Mitglied in einer der folgenden von der KfW zugelassenen Gütegemeinschaften ist:
- Qualitätsgemeinschaft Deutscher Fertigbau (QDF, www.fertigbau.de)
- Gütegemeinschaft Holzbau-Ausbau-Dachbau e. V. (GHAD, www.ghad.de)
- Gütegemeinschaft Deutscher Fertigbau e. V. (GDF, guete-gemeinschaft.de)
- Bundes-Gütegemeinschaft Montagebau und Fertighäuser e. V. (BMF, guetesicherung-bau.de).

Haben Sie sich für Bauunternehmen entschieden, das Mitglied in einer der Gütegemeinschaften ist, steht Ihnen in der Abwicklung von Anträgen mit der KfW normalerweise kein kompliziertes Hin und Her ins Haus (mehr zu den Gütegemeinschaften auf Seite 126 und im Kapitel „Wer ist der richtige?" auf den Seiten 131 ff.). Gehört Ihr Fertighausanbieter diesen Gütegemeinschaften nicht an, müssen Sie den Sachverständigen für das Bauvorhaben „wirtschaftlich unabhängig beauftragen".

Für eine Förderung der Baubegleitung, wie beim Fertighausbau eigentlich immer der Fall, entscheidend: Die Energieexperten müssen von der Deutschen Energie-Agentur (dena) gelistet sein. Die meisten seriösen Fertighausbauer sind jedoch ohnehin von den Förderstellen anerkannt, sofern sie Mitglieder der entsprechenden Gütegemeinschaften sind (siehe Kasten links unten).

Oben links in der Tabelle sind die Hauptförderinstrumente, die einzelnen Kredit- bzw. Zuschussmodelle der KfW, mit den wichtigsten Grundzügen im Überblick aufgeführt (Stand: September 2021).

Nach wie vor werden die folgenden Fördermöglichkeiten der KfW angeboten:
- Brennstoffzellen-Heizgeräte (Programm 433)
- PV-Ladestationen für Elektroautos (Programm 440)
- Photovoltaikanlagen und Solarstromspeicher (zinsgünstige Darlehen, Programm 270)
- Steigerung der Barrierefreiheit (KfW 455-B)
- Verbesserung des Einbruchschutzes (KfW 455-E)

Überdies können Sie sich vorab beraten lassen, welche Maßnahmen in Ihrem ganz individuellen Fall sinnvoll umzusetzen sind. Und die gute Nachricht: Auch diese Entscheidungsfindung ist förderfähig. Hierzu das Bundesamt für Wirtschaft und Ausfuhrkontrolle (Bafa): „Bei der Entscheidung, welche Maßnahmen umgesetzt werden sollten, unterstützt die ‚Energieberatung für Wohngebäude (EBW)' ... mit einem Zuschuss in Höhe von 80 Prozent. Anträge für eine Förderung müssen vor Maßnahmenbeginn beim Bafa gestellt werden."

Des Weiteren förderfähig seitens des Bafa sind prinzipiell folgende Maßnahmen im Rahmen der BEG:
- eine akustische Fachplanung
- die Nachhaltigkeitszertifizierung eines Neubaus mit dem Qualitätssiegel „Nachhaltiges Gebäude" (siehe Seite 129)
- Smart-Home-Systeme (Hausautomation)
- Blockheizkraftwerke (Mini-KWK-Anlagen)

Sie sehen, es gibt einige Stellschrauben, an denen gedreht werden kann, wenn Sie sich ein möglichst energieeffizientes Heim vom Fertighausunternehmen Ihrer Wahl bauen lassen. Sprechen Sie die jeweilige Firma an, inwieweit diese Förderwege schon in Ihrem Bauvorhaben inbegriffen sind und berücksichtigt wurden und wie sich diese womöglich vergünstigend auf das Gesamtangebot niederschlagen. Sollten Sie etwa eine PV-Ladestation an Ihrem neuen Fertighaus wünschen, lohnt unter Umständen der Verweis auf das entsprechende Förderprogramm.

Erwähnenswert ist auch, dass Sie in jedem Fall den für Sie günstigsten Tageszinssatz bekommen. Hierzu der Wortlaut der KfW: „Es gilt der am Tag der Zusage der KfW gültige Produktzinssatz oder der bei Antragseingang bei der KfW für Sie günstigere Produktzinssatz." Außerdem werden KfW-Kredite einkommensunabhängig vergeben.

Kommen Sie zu dem Schluss, die Kredite der KfW seien im Vergleich zu sonstigen Kreditangeboten gar nicht mal so günstig, dann bedenken Sie, dass die Kreditzusagen der Banken lediglich für erstrangige Darlehen gelten, die in der Besicherung der Immobilie meist 60 Prozent des Beleihungswerts beziehungsweise 50 Prozent der tatsächlichen Anschaffungskosten ausmachen. Da für viele Kreditnehmer dann noch ein Gutteil fehlt, empfiehlt sich ein KfW-Kredit für den nachrangigen Teil, was die KfW im Gegensatz zu den meisten anderen Banken zulässt. Mit einem KfW-Kredit können Sie also gut die Lücke schließen, die zwischen erstrangigem Darlehen und Eigenkapital noch klafft, und haben Ihr Zinsaufkommen weitestgehend minimiert. Eine solche Darlehensaufteilung ist nicht unüblich.

Förderungen auf Landesebene

Auch wenn ein wichtiges Finanzierungsinstrument, die KfW-Kredite, Bundesangelegenheit ist, ist Wohnungsbauförderung in erster Linie Ländersache. Auch wenn die Förderungen zum Bau und Erwerb von Wohneigentum in den letzten Jahren teilweise drastisch zurückgefahren wurden, ganz versiegt sind die Geldquellen lediglich in Bremen (seit 2007), Berlin (seit 2004) und Mecklenburg-Vorpommern (kein spezifisches Programm zum Bau oder

Die 11 wichtigsten Finanzierungsregeln

1 Informieren Sie sich selbst eingehend und bereiten Sie sich gut auf den Termin mit der Bank vor!
2 Legen Sie Ihren Kreditrahmen passgenau fest, denn Unter- wie Überschreitungen kosten viel Geld!
3 Die monatliche Belastung muss stimmen!
4 Nehmen Sie alles an Förderungen mit, was geht!
5 Lassen Sie sich nicht von missverständlichen Zinsversprechen ins Bockshorn jagen!
6 Setzen Sie möglichst viel Eigenkapital ein!
7 Vergleichen Sie Angebote unterschiedlicher Banken anhand des Gesamteffektivzinses!
8 Lassen Sie sich Flexibilität in Ihrem Kreditvertrag schriftlich fixieren!
9 Bei niedrigen Zinsen lange und bei hohen Zinsen kurze Laufzeiten vereinbaren!
10 Vergessen Sie keinesfalls die Nebenkosten (für Kauf und Kredit)!
11 Rücklagen (mindestens drei Nettomonatsgehälter) bilden und ruhiger schlafen, denn unverhofft kommt oft!

Erwerb von Wohneigentum mehr). Die Fördermaßnahmen wie
▶ Zuschüsse (Aufwendungszuschüsse),
▶ Zinsverbilligte Darlehen (Aufwendungsdarlehen),
▶ (Ausfall-)Bürgschaften als Eigenkapitalhilfen (Schaffung einer besseren Ausgangsposition bei Kreditverhandlungen mit der Bank)
müssen im Regelfall vor Baubeginn bei den zuständigen Behörden beantragt werden.

Auch wenn vor allem einkommensschwächeren und kinderreichen Familien diese Türen offenstehen, sind auch Besserverdiener nicht ganz ausgeschlossen. Dennoch: Nach § 9 des Wohnraumförderungsgesetzes (WoFG) dürfen nur diejenigen Privatpersonen in den Genuss von sozialen Fördermitteln geraten, wenn sie gewisse Einkommensgrenzen nicht überschreiten. Welche Art der Förderung in welcher Höhe und unter welchen Voraussetzungen bewilligt wird, hängt ganz von den Maßgaben der einzelnen Bundesländer ab. Informieren Sie sich

Wie finanzieren wir?

Bauförderung der katholischen Kirche

Bistümer in alphabetischer Reihe	Art der Förderung	Link im Internet
Bamberg	Erbbaurecht	www.erzbistum-bamberg.de
Dresden-Meißen	Darlehen (vorbehaltlich)[1]	www.bistum-dresden-meissen.de
Eichstätt	Erbbaurecht	www.bistum-eichstaett.de
Erfurt	Erbbaurecht	www.bistum-erfurt.de
Essen	Darlehen (vorbehaltlich)[1]	www.bistum-essen.de
Freiburg	Erbbaurecht	www.ordinariat-freiburg.de
Limburg	Erbbaurecht	www.bistum-limburg.de
Mainz	Erbbaurecht	www.bistummainz.de
München und Freising	Erbbaurecht	www.erzbistum-muenchen.de
Münster	Darlehen[1]	www.familienheimbewegung.de
Osnabrück	Erbbaurecht	www.bistum-osnabrueck.de
Passau	Erbbaurecht	www.bistum-passau.de
Regensburg	Erbbaurecht	www.bistum-regensburg.de
Rottenburg-Stuttgart	Erbbaurecht	www.drs.de
Speyer	Erbbaurecht	www.bistum-speyer.de
Trier	Erbbaurecht	www.bistum-trier.de
Würzburg	Erbbaurecht	www.bistum-wuerzburg.de

[1] Die meist zinslos vergebenen Darlehen stehen derzeit auf dem Prüfstand, nachdem die Bundesanstalt für Finanzdienstleistungsaufsicht (BaFin) dem Erzbistum Köln die Familien-Bauförderung einkommensschwacher Haushalte im März 2014 verboten hatte.

hierzu über das Internetportal aktion-pro-eigen heim.de/haus/foerderung/bundeslaender, wo Links zu den Förderungen der einzelnen Bundesländer aufgelistet sind. So erfahren Sie, an welche Behörde genau Sie sich wenden müssen. Die günstigsten Voraussetzungen für eine erfolgreiche Bewerbung um Fördermittel sind:
▶ Selbstgenutzter Wohnraum
▶ Familie mit mindestens zwei Kindern (am besten klein)/Alleinerziehende
▶ Unterschreitung einer festgeschriebenen Einkommensgrenze
▶ Eigenkapitalquote von mindestens 15 Prozent
▶ Mindestbehalt (siehe Seite 107) von mindestens 800 Euro pro Ehepaar + 200 Euro pro Kind

Einwe weitere gute Anlaufstelle im Internet ist: vergleich.de/wohnungsbaufoerderung.html.
Nachteil: Sind die Töpfe eines Haushaltsjahrs bereits ausgeschöpft, besteht kein Rechtsanspruch auf Förderung, dann bleibt Ihnen nichts übrig, als sich zum nächsten Haushaltsjahr erneut zu bewerben.

Förderungen durch Kommunen

Auch auf der untersten Verwaltungsebene wird eigener Wohnraum gefördert, entweder durch die Vergabe günstigen Baugrunds, über Baukostenzuschüsse oder ebenfalls durch zinsverbilligte Baudarlehen.

Die Kommunen stehen mit den größeren Städten in starkem Wettbewerb, weshalb sie besonders versuchen, bauwillige Familien mit Kindern an sich zu binden. Und so bieten zahlreiche Kommunen bundesweit Bauwilligen unter bestimmten Voraussetzungen vergünstigten Baugrund an.

Im nordrhein-westfälischen Arnsberg etwa können Familien und Alleinerziehende mit mindestens einem Kind in den Genuss kommen, unbebaute Grundstücke für den Bau von Ein- oder Zweifamilienhäusern zu vergünstigten Konditionen zu erwerben. Pro Kind fallen 2 000 Euro Rabatt auf den Gesamtkaufpreis an.

Die Gemeinde Luckau im Landkreis Dahme-Spreewald, Brandenburg, fördert ebenfalls Familien mit Kindern. In speziell ausgewiesenen Baugebieten eröffnet sich bauwilligen Familien der attraktive Erwerb von Bauland. Die Pauschale fällt hier nicht pro Kind an, hängt also nicht von der Familiengröße beziehungsweise der Anzahl der Kinder ab, sondern reduziert sich hier der Grundstückspreis um 30 Euro pro Quadratmeter.

Über die unterschiedlichen – auch kirchlichen – Förderungen informiert sehr vielfältig die Datenbank www.aktion-pro-eigenheim.de. Die Förderdatenbank des Bundesministeriums für Wirtschaft und Energie (www.foerderdatenbank.de)

bietet ebenfalls detaillierte Informationen zum Themenkreis.

Weitere Förderungen der öffentlichen Hand

Neben den schon genannten Subventionen zur Schaffung oder zum Erwerb von Wohnraum seitens des Staates (Wohn-Riester-Programm, Arbeitnehmersparzulagen, Bausparförderung) zählen für Fertighausbauherren vor allem noch:

▶ Die steuerliche Förderung: Handwerkerkosten können steuerlich geltend gemacht werden (20 Prozent der Lohnkosten laut Rechnung, bis 1 200 Euro pro Jahr), ebenso die sogenannten haushaltsnahen Dienstleistungen (auch hier 20 Prozent der Lohnkosten, bis 4 000 Euro pro Jahr). Anteilige Kosten für das Arbeitszimmer im eigenen Zuhause (bis 1 250 Euro pro Jahr, je nach Umfang der Nutzung) können als Werbungskosten die eigene Steuerlast vermindern.
▶ Der Lastenzuschuss dient Immobilienbesitzern, die eine gewisse Einkommensgrenze unterschreiten. Er wird als Zuschuss zum Kapitaldienst und zur Bewirtschaftung gewährt und senkt die monatliche Belastung. Der Lastenzuschuss ist unbedingt an selbstgenutzten Wohnraum gebunden und stellt eine Art Wohngeld für Immobilienbesitzer dar (Richtlinien bilden das Wohngeldgesetz WoGG und die Wohngeldverordnung).

Alternative Darlehen

Neben den üblichen Wegen an Geld zu kommen, sprich über Banken und Bausparkassen, gibt es noch andere Möglichkeiten, wie man sein Eigenkapital erhöhen und damit bessere Zinskonditionen rausholen kann, die einem vielleicht nicht unmittelbar einfallen.

Privatdarlehen

Privatdarlehen erhalten Sie von Freunden und Bekannten, Eltern, Geschwistern oder sonstigen Verwandten. Sie zählen ebenso wie etwa Arbeitgeberdarlehen (siehe folgender Abschnitt) oder die sogenannte Muskelhypothek (Eigenleistungen am Bau, siehe Seite 171) aus Sicht der Banken zu den Eigenkapitalersatzmitteln. Privatdarlehen zeichnen sich erfahrungsgemäß

Bauförderung der evangelischen Kirche

Landeskirche	Art der Förderung	Link im Internet
Ev. Landeskirche in Baden	Erbbaurecht	www.ekiba.de
Ev.-Luth. Kirche in Bayern	Erbbaurecht	www.bayern-evangelisch.de
Ev. Kirche Berlin-Brandenburg-Schlesische Oberlausitz	Erbbaurecht	www.ekbo.de
Ev.-Luth. Landeskirche in Braunschweig	Erbbaurecht	www.landeskirche-braunschweig.de
Ev.-Luth. Landeskirche Hannovers	Erbbaurecht	www.landeskirche-hannover.de
Ev. Kirche in Hessen und Nassau	Erbbaurecht	www.ekhn.de
Ev. Kirche von Kurhessen-Waldeck	Erbbaurecht	www.ekkw.de
Lippische Landeskirche	Erbbaurecht	www.lippische-landeskirche.de
Evangelisch-Lutherische Kirche in Norddeutschland (Nordkirche)	Erbbaurecht	www.nordkirche.de
Evangelische Kirche der Pfalz	Erbbaurecht	www.evkirchepfalz.de
Ev. Kirche im Rheinland	Erbbaurecht	www.ekir.de
Ev.-Luth. Landeskirche Sachsens	Erbbaurecht	www.landeskirche-sachsen.de
Ev. Kirche von Westfalen	Erbbaurecht	www.ekvw.de
Ev. Landeskirche in Württemberg	Erbbaurecht	www.elk-wue.de www.pfarreistiftung.de

durch besonders moderate bis kostenfreie Zins- und flexible Rückzahlungsmodalitäten aus.

Arbeitgeberdarlehen

Das Unternehmen/der Arbeitgeber lässt seinem Arbeitnehmer einen bestimmten Geldbetrag zukommen, den dieser in einem festgesetzten Zeitfenster nach und nach zurückzahlt. Nachfragen lohnt sich oft, denn viele Arbeitgeber gewähren ihren Mitarbeitern besonders niedrig verzinste oder gar zinsfreie Darlehen. Bei solchen Arbeitgeberdarlehen verlangt die Bank lediglich eine Gehaltsabrechnung als Sicherheit, bei ähnlichen Darlehen sind für derlei nachrangige Einträge im Grundbuch oft Bürgschaften erforderlich.

Geregelt wird ein solches Darlehen vom Chef über einen Vertrag, in dem Darlehenshöhe, Zweck der Zahlung, Laufzeit, Verzinsung, Rückzahlung, Sicherheiten und Kündigungsbedingungen schriftlich niedergelegt sind. Enthält der Vertrag keine Angaben zur Verzinsung, gilt das Darlehen als zinslos. Ein Schriftstück muss unbedingt her, da ansonsten die Zahlungen vom Fiskus als steuerpflichtiges Einkommen gewertet werden.

Der Arbeitnehmer zahlt die Beträge zurück, indem die monatlichen Rückzahlungen mit dem Gehalt verrechnet werden. Sollte das Arbeitsverhältnis vor Ablauf der Kreditlaufzeit beendet werden, kann der Arbeitgeber nicht auf die sofortige vollständige Rückzahlung bestehen. Das Darlehen kann von diesem mit dreimonatiger Kündigungsfrist gekündigt werden, auch an die niedrigen Zinssätze ist er nicht länger gebunden – nun kann er die am Markt aktuell üblichen Zinsen verlangen, Wucherzinsen sind aber nicht gestattet.

Wird ein Arbeitgeberdarlehen als Wohnungsbaukredit gewährt, kommt der Kreditnehmer in den Genuss niedrigerer Zinsen als im Vergleich etwa zu einem Konsumentenkredit. Diese Zinsersparnis kann sich deutlich bemerkbar machen und ist bei Unterschreiten einer gewissen Grenze (44 Euro pro Monat, 528 Euro pro Jahr) von Steuer- beziehungsweise Zahlungen an die Sozialversicherung befreit.

Was ist mein Fertighaus aus Sicht der Finanzierer in Zukunft wert?
Obwohl sich der Ruf von Fertighäusern hinsichtlich der Bauqualität innerhalb der letzten zehn Jahre bedeutend gebessert hat, messen Banken Fertighäusern im Vergleich zu Stein auf Stein gebauten Häusern immer noch einen niedrigeren Werterhalt bei – das führt zur Festsetzung eines geringeren Beleihungswerts und infolgedessen zu schlechteren Kreditkonditionen.

Die Gesamtnutzungsdauer (GND) gibt den Zeitraum an, über den eine Immobilie bei normaler Instandhaltung und Bewirtschaftung nutzbar ist. Der klassischen Perspektive folgend veranschlagen Finanzinstitute die GND eines Fertighauses auf nur 60–80 Jahre, abhängig vom Standard (im Vergleich zu 80–100 Jahren bei einem in Massivbauweise errichteten Haus). Allerdings ist eine Trendabkehr von dieser Bewertungsweise zu erkennen: Ausschlaggebend ist demnach weniger die Bauweise als vielmehr die Ausstattung eines jeweiligen Hauses.

Diese Differenz mutet beim heutigen Stand der Technik im Fertighausbau und vor allem bei Verwendung hochwertiger Materialien ohnehin willkürlich an. Weithin plädieren Branchenvertreter für eine Neubewertung zumindest der ab 1985 erbauten Fertighäuser, wonach ihnen eine GND von ebenfalls 80–100 Jahren beigemessen wird. Andere Akteure auf dem Markt wie das Auktionshaus für Immobilien (AFI) schlagen eine Erhöhung der Lebensdauer für ab 1990 errichtete Fertighäuser auf 90 Jahre vor.

Eine Stellungnahme des Bundesministeriums für Umwelt, Naturschutz, Bau und Reaktorsicherheit, Ressort Besonderes Städtebaurecht, Wertermittlung, Kleingartenrecht, diesbezüglich lautet: „Was die Wertermittlung für ein Fertighaus – und hier insbesondere Unterschiede hinsichtlich der Wertermittlung zu einem konventionell gebauten Haus – anbelangt, so gibt es keine diesbezüglichen verlässlichen Untersuchungen, auch nicht hinsichtlich des gegebenenfalls bestehenden Wertunterschieds. Das dürfte insbesondere auch daran liegen, dass der Begriff ‚Fertighaus' nicht eindeutig definiert ist. Im Rahmen der Grundstückswertermittlung und hier insbesondere des Sachwertverfahrens wird die genannte Unterscheidung auch nicht getroffen. Sowohl die Normalherstellungskosten (NHK 2010) als auch die Gesamt- und Restnutzungsdauer unterscheiden nicht in Fertighäuser und sonstige Häuser." Und dann kommt das aber: „Das heißt aber nicht, dass im einzelnen Bewertungsfall nicht doch eine Wertminderung gegenüber konventionellen Häusern besteht. Letztlich kommt es vor allem auf die Bauweise und die Qualität und Verarbeitung der verwendeten Materialien an."

WER IST DER RICHTIGE?

Mit der Suche nach und der Entscheidung für den passenden Hersteller sind Sie an einer weiteren markanten Station auf dem Weg in die eigenen Fertighauswände angelangt. Doch dieser Halt hat es noch einmal in sich, weil sich hier ein Großteil aller Vorüberlegungen bündelt. Zuvor noch abstrakte Vorstellungen werden nun konkret und vertraglich fixiert. Welche Firma setzt meine Wünsche am besten um, wer hat den ansprechendsten Entwurf und nicht zuletzt: Wo bekomme ich am meisten für mein Geld – sowohl an Qualität als auch an Menge? Dieses Kapitel soll Ihnen eine Art Anleitung bei der Suche nach dem richtigen Fertighausanbieter sein und Fragen aufwerfen, denen Sie sich unbedingt stellen müssen, damit Ihr Bauprojekt kein (auch finanziell) abenteuerliches Unterfangen wird.

DIE SUCHE BEGINNT

So verschieden die Hausentwürfe, -stile und -größen sein können, so viele Unterschiede gibt es auch innerhalb der Branche der Fertighaushersteller – die vom absoluten Minimalservice bis hin zum Rundumdienstleister mit Komplettbetreuung reichen können. Sie haben die Möglichkeit, ein kleines, relativ schlicht gehaltenes Typenhaus mit begrenzten Variationsmöglichkeiten in der Grundrissplanung und einer Standardausstattung zu erwerben. Oder aber Sie lassen sich eine Villa im Fachwerkstil mit Holz und Glas im Verbund als primären Werkstoffen ganz nach Ihren eigenen Wünschen entwerfen, hochwertig ausstatten und dabei obendrein noch in der Finanzierung unterstützen. Sie können viel mitarbeiten oder jeden einzelnen Handschlag in die Hände eines Fertighausunternehmens legen – buchstäblich alles ist möglich. Diese nahezu endlosen Möglichkeiten werfen für Ihre Entscheidungsfindung, wer denn nun Ihr Traumhaus bauen soll, allerdings auch Fragen auf. Schließlich macht genau dieses breite Spektrum der Branche einen adäquaten Vergleich der Firmen nur schwer möglich.

Richtig informiert ist halb gewonnen. Diverse Informationsquellen stellen wichtige Instrumente für Ihre Entscheidungsfindung dar:
- Freunde und Bekannte
- Prospekte direkt vom Hersteller
- Internet
- Musterhäuser der einzelnen Hersteller
- Musterhausparks, in denen verschiedene Hersteller ihre Häuser präsentieren
- Referenzobjekte, deren Adressen teilweise von Herstellern herausgegeben werden

Auf der Suche nach Ihrem Hersteller ist es an erster Stelle hilfreich, wenn Sie Augen und Ohren aufsperren und sich in Ihrem Umfeld bei Nachbarn, Freunden und Bekannten nach Erfahrungen mit dem einen oder anderen Anbieter erkundigen. Wenn in Ihrem unmittelbaren Umfeld niemand ein Fertighaus gebaut hat, so kennt in der Regel doch der eine oder andere wieder jemanden, der von seinem Projekt in Fertigbauweise zu berichten weiß. Der persönliche Austausch über konkret Erlebtes kann Ihnen ein sehr gutes Gefühl vermitteln und den einen oder anderen Hersteller gleich in ein positives Licht rücken – oder eben umgekehrt, Sie schließen ihn direkt aus.

Prospekte direkt vom Hersteller können Sie sich selbstverständlich auch kommen lassen oder aber im Internet recherchieren, hier sind Sie vollkommen frei bei Ihrer Auswahl. Für einen groben ersten Überblick können diese

Seriosität prüfen

Haben es einige Anbieter in Ihre engere Auswahl geschafft, sollte an erster Stelle stehen, dass Sie diese auf ihre Seriosität – also auf ihre gesunde wirtschaftliche Situation, auf ihre Bonität – prüfen. Wer will schließlich schon ein Haus bauen, das nur halb fertig wird, weil währenddessen der Bauunternehmer insolvent geht? Zu diesem Zwecke firmieren das Handelsregister und der Bundesanzeiger neben Creditreform und Schufa als Instrumente der Wahl (www.handelsregister.de, www.bundesanzeiger.de, www.creditreform.de, www.schufa.de). Firmensitz und Rechtsform des Unternehmens, Jahr der Gründung, Namen der Gesellschafter, Bilanzen, Jahresabschlüsse und vieles mehr können Sie über diese Kanäle in Erfahrung bringen. Wer Mitglied im Bauherren-Schutzbund e. V. ist, kann auch über ihn Wirtschaftsauskünfte zu entsprechenden Fertighausbauern abrufen. Überdies können Sie aus der Frage, wie lange es die Firma beziehungsweise den infrage kommenden Hausentwurf schon am Markt gibt, wichtige Informationen ableiten. Je länger, desto besser – denn wer oder was keinen Erfolg hat, hält sich gewöhnlich nicht im Wettbewerb.

Die Suche beginnt

Musterhausparks bieten die Gelegenheit, gleich mehrere Haustypen auf einmal zu besichtigen.

zudem gute Dienste leisten. Doch wie alle Prospekte dienen auch diese gezielt einem Vermarktungsinteresse. Daher halten Sie stets im Blick, dass der erste Schein oft trügt – gerade was die Abbildungen anbelangt. Ähnliches haben Sie vielleicht schon mit Reiseprospekten erlebt: Die abgebildeten Hotels und Zimmer versprachen auf Hochglanzpapier etwas ganz anderes, als die Realität dann geboten hat. Die in den Prospekten vorgestellten Hausentwürfe bilden nicht selten die Ausstattungsvarianten der höheren Preiskategorie ab, der über niedrige Preise beworbene Standard fällt eigentlich immer deutlich magerer aus.

Wie sollte es auch anders sein: Das Internet hält selbstredend eine große Menge an Informationen für Sie bereit. Da diese aber ungefiltert auf Sie einströmen, empfiehlt sich stets der nüchterne Blick ins Impressum. Dann weiß man wenigstens, wer veröffentlicht hier was mit welchen Interessen? Gleichwohl ist das Internet eine kostbare Ressource zur eigenen Meinungsbildung. Im Serviceteil auf den Seiten 256 f. haben wir einige interessante Links für Sie gesammelt.

Als ein anderes Werbemittel der Firmen und für Sie viel verlässlicherer Maßstab können die Musterhäuser einzelner Firmen oder ganze Musterhausparks gelten. Im Anhang auf den Seiten 258 f. finden Sie Adressen zu den größeren Musterhausparks in Deutschland. Zwar entsprechen auch die dort vorgeführten Häuser nur selten dem Standardniveau, anders als auf dem Papier können Sie sich hier aber selbst ein Bild davon machen, was mit den verschiedenen Herstellern möglich ist – oder aber auch nicht. Die Eindrücke, die Sie bei einer Besichtigung vor Ort sammeln, sind wertvolle Orientierungsmarken hinsichtlich Architekturstil, Grundrissplanung und Ausstattung. Vielleicht konnten Sie im Verbund mit den bisher gesammelten Informationen schon eine grobe Vorauswahl potenzieller Anbieter treffen?

Sollte Ihnen eine Vorauswahl geglückt sein, und Sie liebäugeln schon mit diesem oder jenem Entwurf der einen oder anderen Firma, nehmen Sie Kontakt zu den Herstellern auf und erbitten Sie die Adressdaten möglicher Referenzhäuser. Mit den Bauherren dieser Fertighäuser können Sie dann idealerweise einen Termin vereinbaren und in gelöster Stimmung im Lauf eines gemütlichen Abends ein wenig detaillierter Vorzüge und eventuelle Schwierigkeiten in Erfahrung bringen. Wie etwa sieht es mit der Einhaltung von Terminen aus? Wurden Arbeiten zuverlässig und gründlich erledigt? Führte die Beseitigung von Mängeln zu Schwierigkeiten? Solche ganz persönlichen Erfahrungsberichte bringen einen oft weiter als das Wälzen des 101. Fertighauskatalogs. Vielleicht ergibt sich seitens des Herstellers ja auch die Gelegenheit, dass Sie bei der Fertigstellung eines gerade im Bau befindlichen Hauses einmal zuschauen können.

VON ZERTIFIKATEN, SIEGELN & LABELN

Die Fülle an Siegeln und Zertifikaten ist riesig, da fällt es nicht leicht zu unterscheiden, welche tatsächlich belastbare Aussagen machen und welche lediglich Augenwischerei betreiben, also nur aus Werbezwecken der Feder irgendeiner Marketingabteilung entsprungen sind. Wir listen hier einige der bekannteren und auf jeden Fall seriösen Siegel auf, prüfen Sie im Einzelfall die Aussagekraft solcher Label selbst.

Das Gütesiegel Effizienzhaus

Das Gütesiegel Effizienzhaus der dena (Deutsche Energie-Agentur) wird an Wohngebäude vergeben, die durch einen niedrigen Eigenenergiebedarf hervorstechen. Hierzu hat die dena eigens ein Verfahren entwickelt, mit dem die Qualitätsanforderungen sichergestellt werden. Weil dieses Siegel an das Gesamtenergiekonzept eines ganzen Hausentwurfs gekoppelt ist, sind Fertighausunternehmen hier klar im Vorteil: Deren unterschiedliche Entwürfe sind energietechnisch fein aufeinander abgestimmt, in der Realität erprobt und bereits zertifiziert. Bauherren in spe bekommen mit dem dena-Siegel eine gute Entscheidungshilfe. Weil auch die Kennziffern zugefügt werden, inwieweit die Effizienzhäuser die Vorgaben des aktuellen GEG unterschreiten, weiß man zudem genau, welche KfW-Förderprogramme für den Hausbau infrage kommen (siehe Seite 116).

QDF-Siegel

Die in der Qualitätsgemeinschaft Deutscher Fertigbau (QDF) versammelten Fertigbauunternehmen erlegen sich selbst weitreichende Kontrollmechanismen auf, um eine höchstmögliche Qualität in der Erstellung von Fertighäusern zu gewährleisten. Unangemeldet besuchen unabhängige Prüfer die Werkshallen und kontrollieren sowohl Fertigungsprozesse als auch Materialien – Wohnbiologie und Umweltbewusstsein sind maßgebliche Kriterien. Neben werksinternen Kontrollen finden zusätzliche Inspektionen vor Ort bei der Montage der Fertighäuser statt. Das QDF-Siegel soll endverbraucherfreundliche Gewährleistungen, ein fixes Fertigstellungsdatum und einen festen Endpreis garantieren.

RAL-Gütezeichen Holzhausbau

RAL-Gütezeichen gibt es für zahlreiche Produkte in den verschiedensten Bereichen wie der Baubranche, der Land- und Ernährungswirtschaft und der Dienstleistungsbranche. Das Kürzel steht historisch für „Reichs-Ausschuss für Lieferbedingungen", aktuell ist das Deutsche Institut für Gütesicherung und Kennzeichnung e. V. Hüterin des Siegels. Gemeinsam aus einer privatwirtschaftlichen und Regierungsinitiative der Weimarer Republik wurde der Ausschuss im Jahr 1925 ins Leben gerufen, um Instrumente zu schaffen, die der Rationalisierung der deutschen Wirtschaft dienen sollten. Inzwischen gibt es mehr als 160 solcher Gütezeichen, die anhand spezieller Prüfkriterien für bestimmte Produkte vergeben werden. Lange Haltbarkeit, Umweltverträglichkeit, leichte Bedienbarkeit und zuverlässige Funktionsweise sind einige der Kernkriterien. Unternehmen, an die das RAL-Gütezeichen vergeben wird, stellen ihrerseits durch konsistente Prüfketten sicher, dass die qualitativen Ansprüche dauerhaft gesichert sind – neben einer dauerhaften neutralen Überwachung durch Prüfinstitute und Sachverständige.

Für den Sektor Fertigbau gibt es das RAL-Gütezeichen Holzhausbau, das wiederum konkret an die Dachorganisationen im Fertighausbau Bundes-Gütegemeinschaft Montagebau und Fertighäuser e. V. (BMF), Gütegemeinschaft Deutscher Fertigbau e. V. (GDF) und Gütegemeinschaft Holzbau, Ausbau, Dachbau e. V. (GHAD) übertragen wird (mehr zu Qualitäts- und Gütegemeinschaften siehe die Seiten 130 ff.). Dieses Gütezeichen fällt in zwei Teile, und zwar:

▶ Herstellung vorgefertigter Bauprodukte (RAL-GZ 422/1)
▶ Errichtung von Gebäuden, Montage (RAL-GZ 422/2)

Unter www.ral-holzhaus.de finden Sie alle Unternehmen, die Mitglied dieser Gemeinschaften

und somit auch zum Tragen des RAL-Gütezeichens Holzhausbau berechtigt sind. Die Gütegemeinschaften ihrerseits haben zum einen die Pflicht, das Gütezeichen vor Missbrauch zu schützen, zum anderen sind sie berechtigt, gegen Verstöße vorzugehen. Mit dem RAL-Gütezeichen sollen im Holzhausbau (handwerklich wie industriell) folgende Aspekte zusammenwirken beziehungsweise einheitlich geregelt werden:

▶ Qualität im Werk wie auf der Baustelle
▶ Sicherheit durch bautechnische Überwachung und Einhaltung bautechnischer Standards
▶ Erfahrungsaustausch durch Zusammenschluss in der Gemeinschaft
▶ Garantie hochwertiger Produkte und Dienstleistungen durch Eigen- und Fremdüberwachung sowohl in der Produktionsstätte als auch auf der Baustelle
▶ Maßstab für Werthaltigkeit auf dem Immobilienmarkt und gegenüber Banken
▶ Konsistente Eigenüberwachung des Herstellers

Anhand von Prüfkriterien wie Brand-, Schall-, Umwelt-, Wärmeschutz, Standsicherheit, Hygiene, Nutzungssicherheit, Energieeffizienz und anderen wird der Holzhausbau einer hochwertigen qualitativen Prüfung unterzogen.

TÜV

Einige Vertreter auf dem Fertighausmarkt bieten an, ihre Bauprojekte vom TÜV begleiten zu lassen. Konkret heißt das, dass der TÜV das unabhängige Baucontrolling übernimmt und für eine den Sicherheits- und Qualitätsanforderungen genügende Bauphase steht. Somit werben Fertighaushersteller mit einem bundesweit anerkannten Label, um Transparenz und allgemein verbindliche Standards nach außen zu kommunizieren. Was fürs Auto gilt, kann also auch für Ihr Haus stehen: Kommt es durch den TÜV, sind Sie zumindest in Sachen Konstruktion auf der sicheren Seite. Der TÜV kontrolliert allerdings beispielsweise nicht die Herkunft der verwendeten Materialien oder Ähnliches.

DGNB-Zertifikate

DGNB-Zertifikate werden von der 2007 gegründeten Deutschen Gesellschaft für Nachhaltiges Bauen e. V. (DGNB) vergeben. Nach eigenen Angaben fühlt sich der Verein dem Allgemeinwohl verpflichtet, wobei Bau und Umwelt im Idealfall eine Symbiose eingehen, von der folgende Generationen ökologisch wie ökonomisch profitieren und so zu einem höherwertigen Zusammenleben finden können. Diese drei Eckpfeiler bilden den Nachhaltigkeitsgedanken, auf deren Grundlage die DGNB einzelne Bauvorhaben bewertet und gegebenenfalls zertifiziert.

Auch im Hinblick auf Fertighäuser rückt der gemeinnützige Verein folgende Punkte ins Blickfeld:
- ► Ökologie: Wahl der Baustoffe im Hinblick auf Folgen für die Umwelt während der Bau- und Nutzungsphase
- ► Ökonomie: Kosten-Nutzen-Relation während der gesamten Nutzung
- ► Soziokulturelle Aspekte: Anpassung an geänderte Lebensverhältnisse (Invalidität, Alter, etc.) fließend möglich?

Der Kriterienkatalog und die Bewertungsmaßnahmen zur Nachhaltigkeitsqualität von Gebäuden hat die DGNB gemeinsam mit dem Bundesministerium für Verkehr, Bau und Stadtentwicklung (BMVBS) herausgearbeitet. Mit diesen Zertifikaten wird der Versuch unternommen, Nachhaltigkeit während der Bauplanung, -ausführung und -nutzung auf einer breiten Basis zu bewerten. Die Zertifikate werden in Platin, Gold und Silber erteilt. Einige Musterhäuser haben sich bereits erfolgreich einer Zertifikation durch die DGNB unterzogen.

FSC-Logo

Weil der Fertighausbau Holz zu einem seiner Hauptbaustoffe zählt, darf an dieser Stelle die Erwähnung des Forest Stewardship Council (FSC) nicht fehlen. Der FSC unternimmt den Versuch, eine weltweit nachhaltige Waldwirtschaft zu etablieren, und zertifiziert Holz und Holzprodukte auf der Grundlage eines international geltenden umfassenden Prinzipienkatalogs unter Berücksichtigung der jeweiligen nationalen soziokulturellen, ökologischen und wirtschaftlichen Gegebenheiten. Zu den Prinzipien des FSC zählen unter anderem die

Fertighäuser – insbesondere mit viel sichtbarem Holz – gelten als umweltschonend. Nachhaltigkeit beim Bauen hat aber viele Aspekte. „Qualitäts"-Label und -Logos im Prospekt darf man also durchaus kritisch hinterfragen.

Wahrung von Besitzansprüchen, Landnutzungsrechten und Verantwortlichkeiten, die Rechte indigener Völker, die Beziehungen zur lokalen Bevölkerung und Arbeitnehmerrechte, die effiziente Nutzung der Ressource Wald, die Berücksichtigung der Auswirkungen auf die Umwelt und viele mehr. Auch fußt die Zertifizierung auf konkreter Kontrolle der Erträge der geernteten Waldprodukte, der Handels- und Verwertungsketten, der Bewirtschaftungsmaßnahmen sowie deren soziale und ökologische Auswirkungen. Zudem forciert der FSC den Schutz erhaltenswerter Waldbestände und setzt sich dafür ein, dass verstärkt Plantagenwälder als Ergänzung zur Befriedigung des Nutzholzbedarfs betrieben werden, wo die Bewirtschaftung wiederum im Einklang mit soziokulturellen, wirtschaftlichen und ökologischen Maßgaben steht.

natureplus

Ebenfalls der Nachhaltigkeit verbunden ist das Siegel natureplus – hierbei handelt es sich jedoch um ein reines Umweltgütesiegel.

Nachdem im Lauf der 1990er-Jahre die Vielzahl unterschiedlichster Siegel Verbraucher und Händler verwirrt hat und niemand mehr wusste, welches nun verlässliche Aussagen bot, beschlossen unterschiedliche Verbände und Institutionen – unter ihnen das ECO-Umweltinstitut Köln, der TÜV Umwelt München, das Institut für Umwelt und Gesundheit (IUG) Fulda, das Österreichische Institut für Baubiologie und Bauökologie (IBO) Wien und das Bremer Umweltinstitut – eine gemeinsame Bewertungs- und Kontrollbasis für unterschiedliche Produkte in der Baustoffbranche. Die wichtigsten Maßstäbe sind Vermeidung von Pestiziden, Chemikalien und Kunstdünger in der Produktion, Rohstoffe allein aus nachhaltiger Plantagenwirtschaft, Berücksichtigung etablierter ökobiologischer Qualitätssicherung in Land- und Forstwirtschaft. Allerdings müssen die mit diesem Siegel versehenen Bau- und Wohnprodukte nur zu 85 Prozent aus regenerativen/mineralischen Rohstoffen bestehen.

cradle to cradle

Das Prinzip „cradle to cradle", also von der Wiege bis zur Wiege – im Gegensatz zur linearen Aussagekraft der Redewendung „from the cradle to the grave" – von der Wiege bis zur Bahre – bezeichnet die verantwortungsvolle Nutzung sämtlicher zur Verfügung stehender

Ressourcen im Hinblick auf folgende Generationen, eben von der einen Wiege bis zur nächsten. Abfall stellt in diesem Konzept eine unbekannte Größe dar und soll insofern gar nicht erst anfallen, als dass entstehende „Abfälle" produktiv weitergenutzt werden. Auf die Kategorien Materialien, Materialkreislaufführung, Energie, Wasser und soziale Verantwortung fällt somit das Hauptaugenmerk.

Kritiker verlautbaren, der EPEA Internationale Umweltforschung GmbH obliege der gesamte Zertifizierungsprozess, eine unabhängige Begutachtung nicht erfolge. Als ebenso problematisch wird erachtet, dass die infrage kommenden Produkte lediglich hinsichtlich ihres Entstehungsprozesses begutachtet werden, nicht aber in Bezug auf ihre Nutzungsphase – ein Gutteil der Produkte entfalte aber gerade hier sein umweltschädliches Potenzial.

QNG-Siegel

Bei dem mit dem 1. Juli 2021 eingeführten

„Qualitätssiegel Nachhaltiges Gebäude (QNG)" handelt es sich um eine staatliche Qualitätssicherung für Gebäude, die ökologische, soziokulturelle

und ökonomische Qualitätsansprüche festlegt. Mit der Vergabe dieses Siegels kann die Nachhaltigkeitsklasse (NH-Klasse) eines Gebäude im Rahmen der Bundesförderung Effiziente Gebäude (BEG) nachgewiesen werden, was Bauherren einen Förderbonus sichert.

Die qualitativen Kriterien für das QNG-Siegel legt das Bundesbauministerium fest, das die Vergabe wiederum an unabhängige Zertifizierungsstellen delegiert (u. a. DGNB GmbH, siehe auch Seite 138). Sämtliche Zertifizierer können über die Geschäftsstelle Nachhaltiges Bauen des Bundesinstituts für Bau-, Stadt- und Raumforschung (BBSR) in Erfahrung gebracht werden.

Das Qualitätssiegel wird in den Anforderungsniveaus „PLUS" (überdurchschnittliche Anforderungen) oder „PREMIUM" (deutlich überdurchschnittliche Anforderungen) vergeben, deren Voraussetzungen im Einzelnen im „Handbuch des Qualitätssiegels Nachhaltiges Gebäude" zusammengefasst sind. Sämtliche Informationen zum QNG-Siegel finden Sie übrigens auch über die Internetseite www.nachhaltigesbauen.de.

Auch die schon erwähnten Zertifizierungen des Passivhaus Instituts (siehe Seite 260) sowie des Sentinel Haus Instituts (siehe Seite 261) bieten ein Höchstmaß an Seriosität und Verlässlichkeit.

GÜTE- UND QUALITÄTS-GEMEINSCHAFTEN IM FERTIGHAUSBAU

Was die umfassenden DIN- beziehungsweise ISO-Normen auf einer ganz allgemeinen Ebene sind, das sind Güte- und Qualitätsgemeinschaften auf der kleinen Ebene, beispielsweise im Fertigbau. Gehen Güte- und Qualitätsgemeinschaften in einer Branche den Weg der freiwilligen Selbstverpflichtung, macht sich der Gesetzgeber die ursprünglich freiwillige Normierung zunutze und legt sie als Standard in vielen Bereichen gesetzlich zugrunde. In der Regel verfolgt jeder dieser Zusammenschlüsse die Sicherung höchster Qualitätsansprüche und schreibt sich und seinen Mitgliedern ganz bestimmte qualitative Standards vor. Für den Fertigbau gibt es eine ganze Reihe solcher Vereinigungen, die zukünftigen Bauherren signalisieren wollen, dass ihre Mitglieder die selbst gewählten Standards einhalten und somit eine garantierte Mindestgüte anbieten.

Wir haben hier für Sie die wichtigen Qualitätsgemeinschaften aufgelistet und erläutern sie kurz. Bei allen diesen Zusammenschlüssen handelt es sich stets um Interessensverbände, es steht also immer die marktwirtschaftliche

Förderung der Fertigbaubranche als Motor im Hintergrund. Dennoch kann die Mitgliedschaft eines Unternehmens in einer dieser Gütegemeinschaften Ihnen Hinweise bieten, die auf die Qualität des angebotenen (Haus-)Produkts schließen lassen, denn eine unabhängige Kontrolle von außen müssen die Mitgliedsfirmen in der Regel zulassen – was immerhin schon ein Ansatz für Transparenz ist. Im Serviceteil ab Seite 260 finden Sie Adressen zu diesen und weiteren Gütegemeinschaften und Verbänden.

Bundesgütegemeinschaft Montagebau und Fertighäuser (BMF) e. V.

Die Bundesgütegemeinschaft Montagebau und Fertighäuser (BMF) e. V. vergibt unterschiedliche RAL-Gütezeichen, zertifiziert und überwacht im Bereich Fertigbau die Fertigung und Montage von Häusern. Neben dem RAL-Gütezeichen Holzhausbau (RAL-GZ 422, siehe auch Seite 126) verleiht sie die RAL-Gütezeichen Stahlsystembauweise (RAL-GZ 613) und Fertigkeller (RAL-GZ 518). Die BMF ist nach den Landesbauordnungen dazu berechtigt, den Bereich Holzhausbau zu überwachen und zu zertifizieren. Dies trifft besonders für vorgefertigte Holztafelelemente, Fachwerkträger und Bausätze sowohl für den Holzrahmenbau als auch für Blockhäuser nach europäischen technischen Leitlinien zu. Sämtliche Mitgliedsfirmen der Gütegemeinschaft tragen eines der genannten RAL-Zeichen und werden fortlaufend überwacht und zertifiziert. Die BMF zählt etwa 100 Mitglieder.

Qualitätsgemeinschaft Deutscher Fertigbau (QDF)

Die Fertigbauunternehmen des BDF haben sich 1989 zu der Qualitätsgemeinschaft Deutscher Fertigbau (QDF) zusammengeschlossen, um sich durch die Bildung selbst auferlegter Standards qualitativ von schwarzen Schafen der Branche abzusetzen und Vertrauen bei potenziellen Bauwilligen zu gewinnen. Diese Standards sind nach Angaben der Gemeinschaft streng und gehen weit über die Anfor-

derungen des Gesetzgebers hinaus. Die QDF regelt in ihrer Satzung (siehe www.fertigbau.de/bdf/wer-wir-sind/qualitaetsgemeinschaft) die Bereiche Produkt- und Prozessqualität (etwa reines Massivholz als Hauptbaustoff, naturbelassenes Holz), technische Gebäudeausrüstung (hier unter anderem auch Holz-, Schall-, Brandschutz, Dämmstoffe, Wartung), Fertigung und Montage, Überwachung, Servicequalität und den Gesundheits- und Umweltschutz. Gesondert zu erwähnen ist die eigens eingerichtete Ombudsstelle, die beim BDF angerufen werden kann und die bei Streitigkeiten als Vermittlerin zwischen Bauherr und Fertigbauunternehmen tätig wird. Diese Instanz steht dem Bauherren kostenlos zur Verfügung und ist für den Fertigbauer verpflichtend.

Gütegemeinschaft Fertigkeller e. V.

Qualitätssicherung im Bereich Fertigkeller hat sich die Gütegemeinschaft Fertigkeller (GÜF)

e. V. – ebenfalls unter dem Dach des BDF vertreten – auf die Fahnen geschrieben. Die GÜF besteht seit über 20 Jahren und ist berechtigt, das RAL-Gütezeichen Fertigkeller (RAL-GZ 518) an ihre Mitglieder zu vergeben. Das Tragen des Gütezeichens verpflichtet die Unternehmen zu strengen und umfassenden Prüf- und Gütebestimmungen, die von den Unternehmen selbst, aber auch von unabhängigen Prüfstellen und Sachverständigen während der Produktion und Montage überwacht werden.

Deutscher Fertigbauverband (DFV) e. V.

Der Deutsche Fertigbauverband (DFV) e. V., neben dem BDF die zweite größere Dachorganisation in Deutschland im Bereich Fertig-

bau, hat zur Qualitätssicherung die Gütegemeinschaft Deutscher Fertigbau (GDF) e. V. ins Leben gerufen. Die Ursprünge des DFV reichen bis in das Jahr 1961 zurück, als selbstständige Zimmermeister, die im Holzfertigbau tätig waren, den Verein gründeten. Gute zehn Jahre später wurde schließlich die GDF ins Leben gerufen, die das RAL-Gütezeichen „Holzhausbau Herstellung" nutzen darf und es unter Einhaltung der Gütekriterien an ihre heute etwa 100 kleineren Hersteller vergibt.

Gütegemeinschaft Blockhausbau

Ganz ähnlich verhält es sich mit der Gütegemeinschaft Blockhausbau e. V., die aus dem Deutschen Massivholz- und Blockhausverband (DMBV) e. V. hervorgegangen ist und dessen qualitative Anforderungen an den Massivholz- und Blockhausbau nach außen kommunizieren soll.

Die Mitglieder der Gütegemeinschaft dürfen unter Einhaltung entsprechender Kriterien das eigens für Massiv- und Blockhäuser bestehende RAL-Gütezeichen (RAL-GZ 402 „Blockhausbau" – das Gütezeichen umfasst Herstellung und Montage, die im Blockhausbau untrennbar aneinander gekoppelt sind) führen. Die Hersteller auch dieses Verbandes sehen sich verpflichtet, dem Kunden einen konstant hohen Standard zu garantieren.

Gütegemeinschaft Holzbau, Ausbau, Dachbau (GHAD) e. V.

Auch die in der Gütegemeinschaft Holzbau, Ausbau, Dachbau (GHAD) e. V. vertretenen Unternehmen dürfen das RAL-Gütezeichen (sowohl Holzbau als auch Montage) tragen. In ihr versammeln sich Zimmerei- und Holzbauunternehmen aus dem gesamten Bundesgebiet, die sich selbst und fremdüberwachen lassen. Genauer beschriebene Fachbereiche definiert sie selbst im Dach-, Holzhaus-, Ingenieurholz-, Treppen- und Ge-

länderbau. Ein weiterer Fachbereich, Bauen im Bestand, befindet sich derzeit im Aufbau.

ZimmerMeisterHaus® Service- und Dienstleistungs-GmbH

Die ZimmerMeisterHaus® Service- und Dienstleistungs-GmbH versteht sich als Netzwerk

von deutschlandweit rund 100 Vertretern des Zimmererhandwerks, die sich in ihr versammeln. Seit 1987 sind bereits mehr als 30 000 Häuser unter dieser Rechtsschutzmarke entstanden. Die als Manufakturen bezeichneten Betriebe setzen dabei auf Individualität und Hochwertigkeit im Holzhausbau, wobei sich die unterschiedlichen Unternehmen durch Erfahrungsaustausch gegenseitig befruchten und ihre Kenntnisse laufend an aktuelle Neuerungen im Bereich Holzfertigbau anpassen.

Diese Liste ist nicht vollständig und kann nicht allein ausschlaggebend dafür sein, welchen Anbieter Sie nun wählen, doch ist der von Ihnen anvisierte Hersteller beispielsweise nicht Mitglied eines dieser Zusammenschlüsse, können Sie immerhin nach den Gründen fragen und abschließend selbst beurteilen, für wie stichhaltig Sie die Antwort halten.

Nachdem Sie nun einige mögliche Grundlagen für die Vorauswahl von Herstellern an die Hand bekommen haben, sollten Sie den direkten Vergleich der infrage kommenden Anbieter starten.

DER ANBIETERVERGLEICH

In Verbindung mit Ihrem persönlichen Raumprogramm (siehe Seite 81), der Checkliste für Ihr Energiekonzept (siehe Seite 58), den Haustypenbezeichnungen nach Energiestandards (siehe Seiten 60 ff.) und dem individuellen Situations- und Wunschkatalog (siehe Seite 77) sind Sie nun bestens vorbereitet für den finalen Vergleich der Anbieter, weil Sie schon wissen, was Sie wollen.

Behalten Sie stets im Hinterkopf: Der Verkäufer will Ihnen etwas verkaufen, am besten so viel wie möglich. Doch dieser ist nicht die relevante Person für Ihr Bauvorhaben, legen Sie vielmehr besonderes Augenmerk darauf, wer Ihr Bauleiter ist, welchen Eindruck er auf Sie macht, mit welchen Erfahrungswerten er aufwarten kann – kurz: dass Sie ihn persönlich kennenlernen. Ist der Bauleiter kompetent, zuverlässig und stets ansprechbar, stehen die Zeichen für einen (annähernd) reibungslosen Hausbau schon einmal ganz gut.

Um eine möglichst große Objektivität und Vergleichbarkeit überhaupt erst herzustellen – in Gänze kann dies jedoch nie gelingen, weil die Unterschiede einfach zu groß sind –, empfiehlt es sich, die Liste „Anbietervergleich" (siehe Seite 134) zu führen, anhand derer Sie aus der Vorauswahl besser zu Ihrem letztendlichen „Sieger" finden. Können Sie einige Punkte nicht gleich auf Anhieb mit Ja oder Nein beantworten, sammeln Sie offene Fragen und haken Sie beim Anbieter nach. Am besten ist es, wenn man sich nicht mit den Angeboten allzu vieler Fertighaushersteller verzettelt, denn leicht verliert man so den Überblick. Wählen Sie Ihre absoluten Favoriten aus und fokussieren Sie sich auf diese. Sollten Sie mehr als drei Anbieter miteinander vergleichen wollen, kopieren Sie die Liste vorm ersten Ausfüllen einfach in beliebiger Anzahl.

Auch anhand dieser umfangreichen Checkliste werden Sie die gewählten Anbieter nicht 1:1 miteinander vergleichen können, da der eine etwa kaum individuelle Änderungswünsche am Grundriss seines Typenhauses zulässt, wogegen der andere Ihnen nahezu freie Hand lässt. Dieser Extraservice macht sich aber selbstverständlich in der Endabrechnung bemerkbar, denn der Vorteil des fix und fertigen Hauses geht bei starken Eingriffen in den vorhandenen Entwurf teilweise verloren, der Architekt muss neu planen und den Statiker mit einbeziehen – das kostet. Dennoch: Die Zeiten des Schuhkarton-Fertighauses sind vorbei. Wie stark Sie eigene Wünsche verwirklichen, hängt maßgeblich auch von Ihrem Finanzbudget ab. Fragen Sie Ihren Hersteller nach womöglich bereits ausgeführten Varianten eines Typenhauses und inwieweit und zu welchen Zusatzkosten Nachbesserungen am Grundriss möglich sind.

Obwohl sich die Baustoffe und Konstruktionsweisen der Angebote auf dem Papier vielleicht sogar entsprechen, können Sie die bauliche Qualität eines Fertighauses erst anhand unterschiedlicher baurelevanter Faktoren wie der Planung, der verwendeten Materialien, der Konstruktion und der Bauausführung beurteilen. Welche Punkte Sie hierzu und auch hinsichtlich des Ausfallrisikos durch Insolvenz des Herstellers bei der Vertragsgestaltung beachten sollten, finden Sie auf den Seiten 158 ff..

Auch ein genauer Vergleich aller in der Baubeschreibung aufgeführten Positionen lässt objektive Rückschlüsse zu. Muss man ein scheinbar günstiges Angebot anders einstufen als gedacht, weil man feststellen muss, dass einige Details, die als selbstverständlich gelten können, nicht im Standard des Angebots enthalten sind?

Gegebenenfalls können Sie zur Auswahl des richtigen Fertighausherstellers auch schon einen staatlich anerkannten Bausachverständigen hinzuziehen, zumal wenn Sie sich nicht sicher sind in Ihrer Entscheidung.

Der Anbietervergleich

	Anbieter 1 Angebot _____ Euro		Anbieter 2 Angebot _____ Euro		Anbieter 3 Angebot _____ Euro	
	Ja	Nein	Ja	Nein	Ja	Nein
Konstruktionsart						
Massivfertigbau ▸ Material (Marke)						
Skelett-/Ständerbauweise						
Rahmenbauweise						
Tafelbauweise						
Blockhausbauweise						
Hausdimensionen						
Wohnfläche gesamt						
Außenabmessungen						
Geschossigkeit						
Geschosshöhe						
Dachform						
Dachneigung						
Energetische Typenbezeichnung des Hauses						
Material Geschossdecken						
Holz						
Beton						
Schallschutz Innenwände (Wanddicke in cm)						
Bauantrag komplett ▸ Architekt/Statiker bei individuellem Grundriss						
Im Angebot enthalten						
Transport						
Baustelleneinrichtung						
Bodenplatte						
Keller ▸ Als weiße Wanne[1] ▸ Als schwarze Wanne[2] ▸ Erdarbeiten ▸ Lagerung/Abfuhr Erdaushub ▸ Wiederverfüllen						
Kaminzug						

U-Werte Bauteile [3]

U-Wert Fenster ≤ 1,2	
U-Wert Dachfenster ≤ 1,3	
U-Wert Haustür(en) ≤ 1,7	
U-Wert Außenwand gegen Erdreich, Bodenplatte, Wände und Decken zu unbeheizten Räumen ≤ 0,30	
U-Wert Dach, oberste Geschossdecke, Wände zu Abseiten ≤ 0,15	
U-Wert Außenwand, Geschossdecke gegen Außenluft ≤ 0,20	

Ausbaustufen

Schlüssel-/Bezugsfertig	
Ausbauhaus ▶ Malerarbeiten ▶ Bodenbeläge ▶ Fliesenbeläge ▶ Dachgeschossausbau ▶ Treppe(n) ▶ Gartenanlagen ▶ Anrechnung von Eigenleistungen?	
Bausatzhaus Preise Sonderwünsche ▶ a) ▶ b) ▶ c)	

Fassade

▶ Putz ▶ Fachwerk ▶ Klinker ▶ Glas ▶ Holz ▶ Kombination	

Haustechnik

Hausanschlüsse komplett inklusive Gebühren (Strom, Wasser, Gas etc.)	
Installation von Strom- und Multimediatechnik	
Installation sämtlicher Sanitärausstattung	
Heiz-/Energiesysteme wunschgemäß kombinierbar	
Lüftungssystem	
Qualität der Materialien durch Markenprodukte gesichert	

Wer ist der richtige?

Herstellerprofil	
Gerichtsstand Deutschland	
Ausfallrisiko abgedeckt	
Am Markt vertreten seit 10 Jahren	
Am Markt vertreten seit 30 Jahren	
Am Markt vertreten seit mehr als 50 Jahren	
Typenhaus am Markt vertreten seit … Jahren	
Individuelle Grundrisse möglich	
Referenzadressen	
Unabhängige Qualitätsprüfung während der Bauphase	
Mitglied in einer Gütegemeinschaft	
Kompetenter, sympathischer Bauleiter	
Zahlungsplan liegt vor	
Kostenfreies Rücktrittsrecht vom Vertrag (Frist?)	
Bindefrist des Angebots liegt vor	
Einzugstermin garantiert	

1 Als weiße Wanne bezeichnet man einen Keller, dessen tragende Konstruktion von vornherein wasserdicht gebaut ist, indem wasserundurchlässiger Beton verwendet wird.

2 Als schwarze Wanne bezeichnet man einen Keller, dessen tragende Konstruktion im Nachhinein abgedichtet wird, etwa durch einen Bitumenanstrich (wegen dessen schwarzer Farbe also der Name). Womöglich müssen Sie prinzipiell die Frage an Ihren Hersteller richten, ob eine dichte Kellerausführung im Preis inbegriffen ist.

3 Die in dieser Tabelle angegebenen U-Werte sind Richtwerte, die bereits unter denen des GEG 2020 liegen; bei vielen Effizienzhäusern rangieren sie allerdings schon weit unter den hier aufgelisteten Werten.

Seriöse Hausanbieter werben auch damit, dass ihre Bauvorhaben von unabhängigen Fachleuten kontrolliert werden, etwa durch Bauingenieure vom TÜV oder von anderen Kontrollbehörden, um einen objektiven Qualitätsstandard zu gewährleisten. Achten Sie daher gern auf den Ausdruck „baubegleitende Qualitätssicherung", die etwa vom TÜV oder anderen unabhängigen Institutionen durchgeführt wird. Viele Fertighausbauer, die in Deutschland aktiv sind, gehören zur Qualitätsgemeinschaft Deutscher Fertigbau (QDF), die unter anderem ebenfalls für eine neutrale Kontrolle der in ihr versammelten Firmen steht (siehe auch Seite 131).

Fertighaushersteller aus dem Ausland

Zwei große Einflussbereiche von ausländischen Anbietern kristallisieren sich in Deutschland heraus: die sogenannten Schwedenhäuser (siehe Seite 19) und Fertighäuser aus Polen. Für beide gilt, dass sich in den letzten Jahren massiv Strukturen gebildet haben, über die von diesen Ländern aus Fertighäuser auf dem deutschen Markt vertrieben werden.

Eine Vorabbesichtigung von Referenzobjekten und Musterhäusern ist in einigen Fällen problemlos möglich, in anderen Fällen sucht man vergeblich nach einem solchen Angebot. Als angehender Bauherr stellen Sie vollkommen berechtigt die Frage nach Qualität bei Baustoffen und Montage, und auch hier liefern die ausländischen Hersteller ein zwiespältiges Bild.

Nimmt man große, bereits etablierte Anbieter, ist eine Überprüfung der für den Standort Deutschland maßgeblichen gesetzlichen und qualitativen Kriterien relativ einfach und weitgehend gesichert. Nicht selten sind sie mit deutschen Gütesiegeln ausgestattet und arbeiten nach den entsprechend geltenden Normen. Bei anderen Herstellern sucht man vergeblich nach solchen freiwillig übermittelten Qualitätsstandards, viele Internetauftritte wirken aufgrund ihrer Sprache, Form und Gesamterscheinung dubios. Das schreckt zunächst ab, muss aber nicht gleich ein Ausschlusskriterium sein. Es ist Ihnen unbenommen, bei den einzelnen Anbietern gezielt Infomaterial einzufordern und sich nach Qualitätsstandards, Referenzadressen und Musterhäusern zu erkundigen. Entspricht der Rücklauf nicht Ihren Erwartungen, sollten Sie lieber die Finger von dem jeweiligen Anbieter lassen.

Bei im Ausland produzierten Fertigbauteilen müssen zwei weitere wesentliche Faktoren berücksichtigt werden: Einerseits verteuert sich ein Bauvorhaben, je länger die zum Ort der Montage zurückzulegende Strecke ist – mit einem polnischen Fertigbauunternehmen baut es sich an der niederländischen Grenze also teurer als in der Lausitz. Andererseits ist es ausländischen Firmen untersagt, in Deutschland die Gründung vorzunehmen, also ein Fundament (mit oder ohne Keller) zu legen. Darum müssen Sie sich immer selbst kümmern. Das Fundament wiederum bietet großes Problempotenzial, weil der Fertigbauer aus dem Ausland an dieser Stelle die Verankerung des Hausaufbaus vornehmen muss. Das Vorgehen ist grundsätzlich zwar auch bei deutschen Herstellern so, die nicht selbst die Bodenplatte gelegt haben, doch müssen Sie hier besonders darauf achten, dass eine fachmännische Verankerung gewährleistet ist. Das inländische Bauunternehmen für das Fundament muss also penibel abgestimmt und im Austausch mit dem ausländischen Fertigbauer arbeiten.

Diese beiden besonderen Kostenpunkte lassen ein auf den ersten Blick günstiges Angebot

Passt der Traum auf den Grund?

Ist Ihr Wunschhaus auf Ihrem konkreten Grundstück ohne Zusatzkosten umsetzbar? Haben Sie schon ein Grundstück, ist das eine unbedingt zu klärende Frage, bevor Sie irgendetwas unterschreiben. Die häufigsten Gründe für einen Aufpreis sind Gegebenheiten vor Ort wie felsiger Untergrund, hoch stehendes Grundwasser oder Probleme mit der Zufahrt. Anhand des beim Grundstückskauf ausgehändigten Bodengutachtens kann der Fertighausbauer die Notwendigkeiten leicht feststellen. Zudem sind nicht jedes Haus und jeder Stil machbar – hier gibt der kommunale Bebauungsplan den Ausschlag. Zu den Einzelheiten im Hinblick auf den Grundstückskauf siehe die Seiten 154 ff..

aus dem Ausland teurer werden als zunächst vermutet. Außerdem kommen im schlechtesten Fall noch Zollgebühren und Einfuhrumsatzsteuer obendrauf – ein Schnäppchen relativiert sich so schnell einmal.

Grundsätzlich sollten Sie darauf achten, dass Sie sich die Qualität und Herkunft der zur Verwendung kommenden Baustoffe anhand von Herkunfts- und Gütezertifikaten nachweisen lassen.

Ein weiteres mögliches Problemfeld stellt der Bereich der Finanzierung und hier die KfW-Förderung dar. Letztere ist stets an die EnEV gekoppelt – und hier stellt sich die Frage: Wer stellt die Anträge? Unterstützt Sie der Fertighausanbieter aus dem Ausland dabei? Werden die energetischen Ansprüche, die an die unterschiedlichen Effizienzklassen gestellt werden, von dem ausländischen Unternehmen erfüllt? Wo liegt der Gerichtsstand der Firma, wie sieht es mit der Gewährleistung aus, und ist der Bauablauf garantiert? Wer beaufsichtigt die Bauphase schließlich, wer baut das Haus auf? Muss ein Trupp ausländischer Arbeiter herbeigefahren und auch noch untergebracht werden?

Einige deutsche Firmen haben sich auf den Import von Fertighäusern aus Polen spezialisiert. Da diese Unternehmen mit den baurechtlichen Gegebenheiten in Deutschland vertraut sind, stellen sich solche administrativen Fragen nicht unbedingt. Doch auch hier sollten die angebotenen Hausprodukte Ihrem persönlichen Kriterienkatalog an Qualität und Sicherheit genügen.

Zurückhaltend sollten Sie mit Foren im Internet umgehen, die vorgeben, neutrale Auskünfte über den Fertighausbau mit Anbietern aus Polen zu geben. Sie werden nicht selten von Marketingleuten entsprechender Firmen moderiert und von deren Interessen gesteuert. Vorsicht ist also geboten. Fertighausbauer aus dem Ausland müssen Ihrer strengen Überprüfung genauso standhalten wie deutsche.

INTERVIEW: BAUSTOFFE UND ZERTIFIKATE

Interview zum Thema Zertifizierung von Nachhaltigkeit/Ökologie im Bereich (Fertig-)Hausbau mit Frau Dr. Christine Lemaitre, Geschäftsführender Vorstand der Deutschen Gesellschaft für Nachhaltiges Bauen e.V. (DGNB)

Im Dickicht von dena- und RAL-Gütesiegel, EU-Energielabel und zahlreichen anderen Nachweisen ist das DGNB-Zertifikat noch relativ neu. Inwieweit können Gütesiegel allgemein und Ihr Zertifikat speziell beim Bau eines Hauses hilfreich sein?

Die DGNB vereint in ihrem Zertifizierungssystem die Aspekte der Nachhaltigkeit und bietet Architekten, Investoren und Bauherren ein umfassendes Planungs- und Bewertungstool – das DGNB-Zertifikat. Rund 50 Einzelkriterien bewerten dabei die ökologischen, ökonomischen, soziokulturellen sowie die technischen und prozessualen Aspekte der Nachhaltigkeit über den gesamten Lebenszyklus eines Gebäudes hinweg. Das System fokussiert auf die Performance, beispielsweise werden der Anteil der erneuerbaren Energien am Primärenergieverbrauch betrachtet, die Innenraum-Luftqualität über eine Messung nachgewiesen und die Lebenszykluskosten ermittelt. Sind die Kriterien entsprechend erfüllt, kann eine Zertifizierung durch die DGNB erfolgen. Es ist empfehlenswert, wenn ausgebildete Auditoren den Zertifizierungsprozess begleiten. Das Zertifizierungsziel wird mit einer Auszeichnung in den Kategorien Gold, Silber oder Bronze dokumentiert. Die Zertifizierung mit dem DGNB-System macht die Leistung und Qualität eines Gebäudes transparent, messbar und nachweisbar. So können alle am Bau Beteiligten optimale Bedingungen für Mensch und Umwelt schaffen und im Sinne der Nachhaltigkeit Ökologie, Ökonomie und Soziales miteinander vereinen.

Können Sie Punkte nennen, die ein normaler Bauherr unbedingt beachten sollte, um die Seriosität eines Siegels beziehungsweise Zertifikats im Hinblick auf Nachhaltigkeit beurteilen zu können?

Grundsätzlich sollte sich der Bauherr zunächst mit den Inhalten des entsprechenden Siegels respektive Zertifikats beschäftigen. Die auf dem Markt angebotenen Siegel variieren sehr stark in ihren Inhalten und Schwerpunkten. Ein Energiezertifikat deckt beispielsweise nur einen Teilbereich der Nachhaltigkeit ab und kann daher einem Nachhaltigkeitssystem nicht gleichgesetzt werden. Darüber hinaus ist es wichtig zu beachten, ob einzelne Maßnahmen ohne Bezug zum erreichten Ergebnis gefordert oder bewertet werden oder ob es um das Ergebnis am konkreten Projekt geht. Hier sollte man sorgfältig prüfen, inwieweit die entsprechenden Inhalte auf das Projekt passen und was die Erwartungshaltung dem Siegel gegenüber ist. Wichtig ist natürlich auch zu wissen, wie die Inhalte entstanden sind, wie die Legitimation eines Siegels lautet und wie unabhängig und transparent die Entstehungs-, Weiterentwicklungs-, aber auch die Prüfprozesse sind. Dies alles sollte in die Entscheidung einfließen, um sich hier für ein inhaltlich sinnvolles und vor allem qualitativ hochwertiges Siegel zu entscheiden, welches auch für die Zukunft eine entsprechende Werthaltigkeit aufweist.

So modern und aktuell der Begriff Nachhaltigkeit auch ist, droht er zu einer leeren Worthülse zu verkommen. Inwiefern halten Sie es dennoch für unabdingbar, sich diesem Begriff zu verpflichten?

Ziel der DGNB ist es, die gebaute Umwelt zum Wohle aller so zu planen, zu betreiben und zu nutzen, dass die Interessen der nach uns kommenden Generationen nicht darunter leiden – dies so weit wie möglich ohne Einschränkung der Interessen der heutigen Generation. Über den Gehalt dieser Definition von Nachhaltigkeit entscheidet vor allem, ob tatsächlich darauf hingewirkt wird, sie in die Realität umzusetzen, und inwiefern die Inhalte auch objektiv nachvollziehbar und messbar sind. Mit ihrem Zertifizierungssystem macht die DGNB der Bauwirtschaft dazu klare Vorgaben. Dabei sprechen die Zahlen der 2007 gegründeten DGNB für sich: Aktuell liegt die Mitgliederzahl bei über 1 200 Unternehmen. Seit 2009 wurden bereits über 900 DGNB-Auszeichnungen weltweit

Der Aufbau von Wandelementen in einer Fertigungshalle

verliehen. Mehr als 300 Projekte sind zudem für eine DGNB-Zertifizierung angemeldet. Ich denke, das zeigt, dass sich viele Bauherren mit unserer Philosophie identifizieren können und den Mehrwert erkennen.

Wie definieren Sie Nachhaltigkeit konkret? Eine wie große Rolle spielen ökologische Gesichtspunkte?

Nachhaltigkeit ist mehr als Ökologie. Sie verbindet Umweltaspekte mit Ökonomie und sozialen Kriterien. In der Immobilienwirtschaft bedeutet das eine verantwortungsvolle und intelligente Gebäudeplanung, hohe Ansprüche an den Nutzerkomfort und für den Menschen qualitativ hochwertige Lebens- und Arbeitsbedingungen.

Unterschiedliche Studien haben gezeigt, dass rund 80 Prozent der Lebenszykluskosten eines Gebäudes während seiner Nutzung anfallen. Deshalb ist es besonders wichtig, Planung und Bauausführung daraufhin zu optimieren. Denn das schlägt sich im Betrieb Jahr für Jahr positiv nieder, etwa in geringeren Kosten beim Energieverbrauch oder bei den Reinigungs- und Instandhaltungsarbeiten. Bei dieser ganzheitlichen Betrachtung ist uns wichtig, dass Ökonomie, Ökologie und Nutzerkomfort gleich gewichtet Hand in Hand gehen.

Weshalb sehen Sie gerade den Bereich des Baugewerbes in der Pflicht, auf Nachhaltigkeit zu achten?

Gebäude sind weltweit für rund 40 Prozent der CO_2-Emissionen und bis zu 50 Prozent des Ressourcenverbrauchs verantwortlich und tragen damit maßgeblich zum Klimawandel und zur Rohstoffverknappung bei. Deshalb steht die gesamte Immobilienwirtschaft vor der Herausforderung, geeignete Lösungen für diese globalen Probleme zu finden. Es geht nicht nur darum, Ressourcen für zukünftige Generationen zu schonen. Es geht auch um bewusstes Wirtschaften und um die langfristige Sicherung der Lebensqualität für die Menschen, die in den Gebäuden wohnen, arbeiten und einkaufen.

Auch in der Fertighausbranche nutzen einige Unternehmen die Zertifizierung Ihres Vereins. Warum ist das Thema im Bereich des Fertighausbaus besonders geeignet? Ist der Fertighausbau nachhaltiger als der konventionelle Bau Stein auf Stein?

Seit 2013 vergibt die DGNB Zertifikate mit dem eigens für diesen Zweck entwickelten Nutzungsprofil für kleine Wohngebäude. Am Anfang waren es nur einige Musterhäuser, heute werden jährlich mehr als 1 000 Einfamilienhäuser auf diese Weise geplant, gebaut und zertifiziert. Aufgrund der optimierten Prozesse und der Verantwortung, ein Produkt zu verkaufen, welches sich an unterschiedlichen Standorten für unterschiedliche Nutzer bewähren muss, hat die Fertighausbranche sich schon sehr frühzeitig mit den Fragen der Ökologie, der Ökonomie und der Funktionalität auseinandergesetzt. Diese Themen sind auch im DGNB-System von sehr großer Relevanz, sodass wir hier zügig gemeinsame Synergien feststellen konnten und diese Branche unser System als Mehrwert schnell erkannt hat.

Welche ganz handfesten Kriterien muss ein Neubau erfüllen, um von Ihnen mit dem Zertifikat in Bronze, Silber oder Gold ausgezeichnet zu werden?

Das DGNB-Zertifikat macht die besonderen Leistungen eines Gebäudes transparent, messbar und nachweisbar. Uns geht es dabei um eine stets ganzheitliche Betrachtung aller Nachhaltigkeitsaspekte. Daher müssen in den relevanten Themenbereichen Ökologie, Ökonomie, Soziokultur und Technik vorgegebene Anforderungen in individuellen Abstufungen erreicht werden. Das System gibt hierbei eine zu erreichende Spanne der Zielwerte für die einzelnen Kriterien vor. Der Weg zum angestrebten Zielwert ist projektspezifisch zu definieren, bleibt dem Planer offen und lässt somit auch Raum für innovative Gesamtkonzepte. Je nach Erfüllungsgrad der Summe aus den einzelnen Kriterien wird das DGNB-Zertifikat in Gold, Silber oder Bronze verliehen. Diese Betrachtung der Gesamtperformance eines Gebäudes macht das DGNB-System zu einem Bilanzierungstool, im Unterschied zu anderen Bewertungssystemen, die konkrete Maßnahmen bewerten und damit als Ratingtools einzuordnen sind.

Allen Neubauten gemeinsam ist jedoch, dass sie als Grundlage für eine mögliche Zertifizierung unsere Mindestanforderungen einhalten müssen. Dabei handelt es sich um grundlegende Anforderungen wie Barrierefreiheit und Innenraum-Luftqualität.

Gibt es für private Bauherren die Möglichkeit, Förderung für die Zertifizierung in Anspruch zu nehmen?

Nachhaltigkeit im Fertighausbau nach QDF …

… bezieht sich auf die ganzheitliche Betrachtung eines Gebäudes, seiner Gesamtqualität, die sich unterteilen lässt in
- **Prozessqualität** (fixe Herstellungsfristen, Vorfertigung, Qualitätssicherung der Einzelgewerke und Energieeffizienz …)
- **Ökonomische Qualität** (lange Lebensdauer der Immobilie …)
- **Ökologische Qualität** (Ressourcenschutz (nachwachsende Rohstoffe), wenig schwer recyclebare Baustoffe …)
- **Soziokulturelle/funktionale Qualität** (barrierefreie Konzepte, Personen- und Sachschutz, Raumluftqualität …)
- **Technische Qualität** (intakte Gebäudehülle, Brand- und Schallschutz …)

Interview: Baustoffe und Zertifikate **141**

Die Vorfertigung eines Fertighauselements sieht die großzügige Verfüllung nahezu sämtlicher Hohlräume mit Dämmstoffbahnen vor.

Im Rahmen der neuen Bundesförderung Effiziente Gebäude, kurz BEG, wurde das Thema „Nachhaltigkeitszertifizierung" mit aufgenommen. Das heißt, es gibt die Möglichkeit, auch im Bereich des Wohnbaus hier relevante Finanzierungszuschüsse zu erhalten. Angesprochen sind verschiedenste Leistungen, die im Rahmen einer DGNB-Zertifizierung anfallen. Dies ist auch nicht mehr daran gekoppelt, dass ein privater Bauherr einen Kredit bei der KfW aufnimmt. Hier gab es schon länger die Möglichkeit, über die KfW Zuschüsse zu bekommen. Zudem haben verschiedene Banken angefangen, die Kriterien für ihre Kreditvergabe mit den Themen der DGNB-Zertifizierung zu harmonisieren, sodass sich hier teilweise bessere Konditionen ergeben.

Inwiefern spielt Unabhängigkeit eine Rolle bei der Vergabe von Nachhaltigkeitszertifikaten?

Die Aussagefähigkeit und Qualität eines Zertifikats hängt stark von der unabhängigen Entwicklung beziehungsweise Weiterentwicklung der Inhalte ab und natürlich auch davon, dass der Prüfprozess selbst inhaltlich und unabhängig durchgeführt wird. Die DGNB legt deshalb sehr großen Wert auf die Qualität und Unabhängigkeit der Zertifizierungsstelle und auch darauf, dass jedes Projekt eine entsprechende Prüfung und damit auch Verifikation der Aussagen durchläuft. Der gesamte Zertifizierungsprozess ist auch vor diesem Hintergrund gestaltet worden. So bilden wir zwar die DGNB-Auditoren aus und weiter, aber diese sind ausschließlich begleitend als Unterstützung für den Bauherren tätig. Die finale Zertifizierungsentscheidung liegt immer bei der DGNB.

Sind für Sie bei der Vergabe Ihrer Zertifikate auch diejenigen anderer Organisationen maßgeblich, etwa das für den Rohstoff Holz so bekannte FSC-Siegel (Forest Stewardship Council)?

Wenn die Zertifikate die entsprechenden Qualitätsanforderungen erfüllen, die auch dem DGNB-System zugrunde liegen, dann greift das Zertifizierungssystem gerne auf solche zurück. Schließlich bietet es für den Planer, aber auch für die DGNB eine höhere Sicherheit, was die entsprechenden Qualitäten angeht.

DIE BEMUSTERUNG

Nun haben Sie schon so viele Zwischenstationen auf dem Weg zu Ihrem Fertighaus hinter sich gebracht und sich inzwischen auch für einen Anbieter entschieden. Zwei weitere Stationen folgen noch: die Bemusterung und der Vertragscheck.

Mit Bemusterung bezeichnet man in der Fertighausbranche nichts anders als die konkrete Auswahl sämtlicher Ausstattungsdetails eines Fertighauses durch den Bauherren – für innen und außen, vom Keller bis zum Schornstein. Mit der Bemusterung nähern sich Ihre bisherigen Wünsche ein ganzes Stück an die handfeste Realität an. Auch wenn die meisten Fertighaushersteller vor Vertragsschluss lediglich eine Vorbemusterung vorsehen, bei der Sie sich einen ersten Überblick über die Variationsmöglichkeiten des Anbieters verschaffen, sollten Sie darauf drängen, auch die eigentliche Bemusterung durchzuführen, bevor Sie den Kaufvertrag unterzeichnen. Dies hat zwei ganz einfache Gründe:

Ihre Verhandlungsposition ist sehr viel besser, wenn Sie den Vertrag noch nicht endgültig geschlossen haben. So lassen sich einzelne Posten sicher noch besser verhandeln und hier und dort womöglich günstigere Konditionen erzielen, beispielsweise dass Sie die Rollläden im Obergeschoss nicht zusätzlich zahlen müssen, sondern dass diese der Standardausstattung zugeschlagen werden. Derlei „Stolpersticke" sind keine Seltenheit – Ausstattungsmerkmale, die man persönlich wie selbstverständlich zu einer Grundausstattung zählt, müssen laut Leistungsbeschreibung nicht unbedingt dazugehören.

Und hier ist auch schon der zweite Grund für eine Bemusterung vor Vertragsschluss zu sehen: Auf diese Weise können Sie leicht entdecken, was Ihnen bei der Durchsicht der Leistungsbeschreibung des Herstellers bislang verborgen geblieben ist. Überrascht werden Sie an einigen Stellen auch auf diese Weise, doch es ist ja noch nichts passiert, weil Sie nicht unterschrieben haben. Lüften Sie so allzu viele Geheimnisse, bei denen der Fertighausanbieter kein Entgegenkommen zeigt, dann steht es Ihnen immer noch frei, nicht mit der entsprechenden Firma ins Geschäft zu kommen.

Sträubt sich ein Fertighaushersteller aufgrund des hohen Zeit- und damit Kostenaufwands, den eine Bemusterung für ihn bedeutet, und aufgrund des damit verbundenen Risikos, weil ein Vertragsabschluss eben noch nicht erfolgt ist, bieten Sie ihm an, die Kosten der Bemusterung fürs Erste zu übernehmen.

Führungstour durch die Produktion

Wenn Sie gerade schon einmal im Bemusterungszentrum sind, können Sie eigentlich auch die Gelegenheit nutzen und einen Blick in die Produktionshallen werfen. Mal ganz abgesehen davon, dass ein Fertigungswerk eines Fertighausherstellers grundsätzlich interessant sein kann, erhalten Sie bei so einer Führung einen guten Gesamteindruck von der Arbeitsweise Ihres Anbieters. Läuft alles professionell, sauber und flüssig ab, umso besser. Fallen Ihnen Unordnung und Schlamperei auf, ist im weiteren Verlauf Wachsamkeit geboten.

Achten Sie dabei darauf, dass keine horrenden Stundenlöhne verlangt werden (ein Fachberater mit einem Stundensatz zwischen 50 und 80 Euro ist gängig). Kommt es nach der Bemusterung zu einem Vertrag, sollten die Kosten selbstverständlich vom Fertighaushersteller verrechnet werden. Das können Sie im Vorhinein regeln.

Bei einigen Herstellern soll die grundstücksbezogene Feinplanung allerdings schon weit vorangeschritten oder auch abgeschlossen sein und der verbindliche Grundriss mit Lage der Treppen, Fenster und Türen bereits vorliegen, bevor es an eine Bemusterung geht. Erkundigen Sie sich im Vorfeld und sprechen Sie mögliche Lösungen ab.

Haben Sie Ihren Grundriss schon und wissen Sie, wo und wie Ihr Haus auf Ihrem Grundstück zu stehen kommt, können Sie prinzipiell alle Merkmale festlegen. Am besten gehen Sie in diesem Fall nach der Grundrissplanung vor und zeichnen vor der Bemusterung zu Hause die Positionen der Ausstattung provisorisch ein beziehungsweise vermerken sie im Grundriss. Fertigen Sie zu diesem Zweck bei Bedarf Kopien des Grundrisses und der einzelnen Etagen in vergrößertem Maßstab an.

Spätestens jetzt entscheiden Sie sich für das Energiesystem (siehe die Seiten 43 ff.) Ihres Hauses und die Lage der entsprechenden Anschlüsse, die durch die Erschließung des Grundstücks vorgegeben sind.

Für die Elektroausstattung ist es wichtig, dass Sie Anzahl und Lage von Lichtquellen (an Decken und Wänden), Schaltern, Steckdosen, Ethernet-, Telefon- und gegebenenfalls noch Fernsehanschlüssen in jedem Raum Ihren Wünschen und Anforderungen gemäß verzeichnen. Schlau ist, wer vorsorgt: Was etwa, wenn aus dem Kinderzimmer Ihres Kleinkinds auch einmal ein Jugendzimmer werden soll und Ihr heranwachsendes Kind einen eigenen Internetanschluss benötigt? Sie können dafür aus den gültigen Werkplänen (zum Beispiel als Ausdruck oder PDF-Datei vom Architekten) jeweils die einzelnen Räume/Bereiche rauskopieren beziehungsweise ausdrucken und darunter eine Auflistung in tabellarischer Form mit einer Legende erstellen. Erwägen Sie auch, ob und wo Sie Leerrohre legen lassen wollen, damit man später noch weitere Kabel nachziehen kann, zum Beispiel Lautsprecherkabel.

DIE ELEKTROAUSSTATTUNG FÜR DAS NEUE HAUS: Denken Sie auch an Ihren Bedarf in der Zukunft und nehmen Sie das Thema Smart Home (siehe Seite 146) und zentrale Energiesteuerung in den Blick.

▶ Anschlüsse für TV, SAT, Internet etc. in jeden Raum legen beziehungsweise. Leerrohre vorsehen. Leerrohre mit Unterputzdosen vom Fachmann verlegen lassen – da diese im Fertighaus (Energiesparhaus) auch winddicht sein müssen (da sonst Schimmelgefahr).

▶ Bei Bedarf ein Bus-System für ein Hausnetz, eine Alarmanlage, motorisierte Rollläden, Heizungssteuerung, Gartenüberwachung etc. berücksichtigen (siehe KNX, Seite 148).

▶ Die Stromkreise nach „Licht" und „Steckdosen" trennen – zumindest aber raumweise.

▶ Steckdosen an den Türen auch am Lichtschalter setzen – das erspart oft das Bücken, zum Beispiel beim Staubsaugen.

▶ Schalter für motorisierte Rollläden zentral am Raumeingang platzieren ist komfortabler als jeweils an den Fenstern hinter dem Vorhang.

▶ Schaltbare Steckdosen sind nützlich, zum Beispiel für Eckbeleuchtungen oder als zentrale Ausschalter für die komplette Multimedia-Anlage (kein Standby-Verbrauch und weniger Kabelsalat hinter dem Schrank).

▶ Wechselschalter für zum Beispiel Deckenleuchten auch in Tisch- oder Sofanähe platzieren – das erspart viele Wege und ist sehr komfortabel.

▶ Außenbeleuchtung muss sein – und die Schalter dafür einmal an der Tür nach draußen (zum Beispiel Terrassentür) und einen auf der anderen Seite des Raumes, wenn man diesen verlässt (zum Beispiel in den Flur). Das erspart einem später viele Wege.

▶ Für die Gartennutzung: Licht und Steckdosen für Deko-Beleuchtung, Partys, Elektrogrill, Kindergeburtstage, Carport, Rasenmäher etc.

▶ Außenbeleuchtung mit Sensormöglichkeit (5-Ader-Kabel an die Außenleuchten) legen lassen.

▶ Saisonale Anforderungen berücksichtigen, zum Beispiel Weihnachtsbeleuchtung.

144 Wer ist der richtige?

„Alles so schön bunt hier." Lassen Sie sich bei der Bemusterung nicht zu teuren Extras verführen, wenn diese Ihren Kostenrahmen sprengen.

Weil Sie bei der Vorbemusterung schon ein genau aufgeschlüsseltes Kostenverzeichnis für die unterschiedlichen Ausstattungsmerkmale erhalten haben, können Sie sich als weitere vorbereitende Aufgabe eine grobe Kostenaufstellung der über den Standard hinausgehenden Positionen erstellen. Legen Sie unbedingt einen persönlichen Kostenrahmen fest, damit Sie bei der tatsächlichen Bemusterung nicht den Überblick verlieren. Haben Sie schon Familie, lassen Sie Ihre Kinder für die Dauer der Bemusterung – üblich sind zwei und mehr Tage, wobei der Fertighaushersteller normalerweise die Kosten für Übernachtungen trägt – vielleicht besser in der Obhut von Familie oder Freunden, denn der Marathon von Station zu Station ist nicht unbedingt etwas für ungeduldige Kindernaturen. Sie brauchen für die wichtigen Entscheidungen vor allem aber Ruhe und Zeit.

Am ersten Tag der Bemusterung werden Sie dann trotz guter Vorbereitung aller Wahrscheinlichkeit nach übermannt von der Fülle an Entscheidungen, die innerhalb so kurzer Zeit zu fällen sind und die sämtliche Hausbereiche abdecken. Zu diesen gehören:

- **DAS DACH:** Form (Gauben, Erker, Dachterrasse), Dacheindeckung (Ziegelart, Schindeln, Anbringung für Satellitenschüssel), Installation von Energiekomponenten wie Solar- oder Photovoltaikmodulen, Blechart und -farbe für Übergänge und Anschlüsse
- **DIE FASSADE:** Klinker (mit Fassadenfugen), Putz (mit Anstrich in entsprechender Farbe), Massivholz (natur oder mit Anstrich in entsprechender Farbe), Glas, Regenrinnen
- **DIE AUSSENBAUTEILE:** Terrasse, Balkon, Garage, Carport, separate Kellereingangs- und Hauseingangstreppe (jeweils mit Geländer und Handlauf)
- **DIE INNENAUSSTATTUNG:** Türen (innen und außen), Fenster (mit Rollläden, abschließbaren Fenstergriffen?), Wand- und Bodenbeläge, Sanitärausstattung, Armaturen, je nach Heizsystem auch Heizkörper, Elektroausstattung (ausführlicher auf Seite 143), Wandfarben, Treppen (mit Handläufen und Geländern)
- **GEGEBENENFALLS DIE AUSSENANLAGEN:** Art und Farbe der Pflastersteine, Wahl der Gartengestaltung, Wege, Beleuchtung, Bewässerung etc.

Viele Fertighaushersteller bieten obendrein die Lieferung und Einrichtung der ==Küche== mit an. Das ==Kellergeschoss== fristet bei üblicher Ausführung oft ein tristes Dasein, weil hier der Standard in der Regel am absolut einfachsten Maßstab angesetzt wird. Hier müssen Sie sich als Bauherr wahrscheinlich auf einen Aufpreis einstellen, weil die wenigen vorhandenen Steckdosen und Lichtquellen kaum eine adäquate Nutzung zulassen. Rüsten Sie hier von einer einfachen auf eine Doppelsteckdose auf, kostet das normalerweise extra. Unschön ist zudem, wenn der Standard bedeutet, dass die Kabel für die Elektrik auf dem Putz verlegt werden. Wollen Sie Leistungen hinzuwählen, die über der Standardausstattung liegen, spricht man von ==Aufbemusterung==. Können Sie sich in bestimmten Bereichen mit einem geringeren Ausstattungsvolumen zufriedengeben, spricht man von ==Abbemusterung==.

Am Ende der Bemusterung ist es nicht weiter verwunderlich, wenn Ihnen der Kopf schwirrt, weil Sie im Lauf kürzester Zeit eine Anzahl Entscheidungen treffen mussten, die jeweils einzeln schon in die Hunderte Euro gehen können.

Einige Fertighaushersteller bringen durch virtuelle Hausentwürfe über 3-D-Räume oder sogar eigene Kinosäle für angehende Bauherren etwas Abwechslung in den Stationslauf. Anhand modernster Technik können die gewählten Materialien und Ausstattungen schon einmal anhand des eigenen virtuellen Hausentwurfs begutachtet werden – auf diese Weise lässt sich mitunter besser entscheiden, ob die gewählte Wandfarbe oder der Bodenbelag im Wohn-Ess-Bereich tatsächlich den gewünschten Effekt erzielt. Ohnehin sollten Sie, auch wenn nicht jeder Hausanbieter über derartige Technik verfügt, sich niemals mit nur kleinen Farb- oder Materialmustern zur Begutachtung begnügen, Sie müssen Wandfliesen etwa großflächig verlegt sehen, damit Sie auch wirklich sicher sein können, die richtige Wahl getroffen zu haben.

Einige Tage nach der Bemusterung trifft in der Regel das umfangreiche ==Bemusterungsprotokoll== bei Ihnen ein. Achtung: Wenn Sie dieses Dokument unterzeichnen, machen Sie Ihre Bestellung verbindlich. Vergleichen Sie daher das tatsächliche Kostenvolumen mit Ihrem vorab gesetzten, und streichen Sie gegebenenfalls Sonderpositionen, wenn Sie allzu weit übers Ziel hinausgeschossen sind. Viele Ausstattungsmerkmale lassen sich auch später noch austauschen, wenn sich Ihre finanzielle Situation womöglich entspannt hat. Ihr Fokus sollte jetzt auf den unabkömmlichen Positionen liegen und beispielsweise in Sachen Energie-

Bemusterung penibel dokumentieren

Halten Sie beim Bemusterungsgespräch, auch wenn es anfangs vielleicht mühsam erscheint, alle Entscheidungen mit den jeweiligen Resultaten selber auch schriftlich fest. Lassen Sie sich anschließend Ihr eigenes Bemusterungsprotokoll gegenzeichnen, denn wenn einige Tage später das Bemusterungsprotokoll der Hersteller bei Ihnen eintrifft, dient Ihre Version als Grundlage für eine Gegenprüfung. Verlassen Sie sich allein auf den Hersteller, laufen Sie Gefahr, dass nach Erstellung Ihres Hauses das eine oder andere Detail fehlt.

Im Nachhinein sind Änderungen oft nur gegen erheblichen Aufpreis zu haben. Dokumentieren Sie Ausstattungsmutser parallel zur Schriftform auch durch Fotos: So haben Sie auf der einen Seite etwas Handfestes vorzuweisen und können sich auf der anderen Seite während der Bedenkzeit im Anschluss an die Bemusterung gegebenenfalls noch umentscheiden, sollte Ihnen beispielsweise die Farbe einer Wandfliese doch nicht mehr so zusagen. Wegen der Entscheidungsflut wäre das nicht verwunderlich.

---

system oder Elektroinstallation in die Zukunft orientiert sein – Anpassungen in diesen Bereichen lassen sich später oft nur noch sehr kostenintensiv vornehmen, während eine Wandleuchte oder ein Badezimmerschrank recht einfach ausgewechselt ist.

Sobald das von Ihnen unterschriebene Bemusterungsprotokoll wieder beim Fertighaushersteller eingegangen ist, gibt er die Vorproduktion des Hauses in Auftrag, die plangemäßen Hauselemente werden mit Türen und Fenstern passgenau gefertigt. Die Hausplanung ist abgeschlossen.

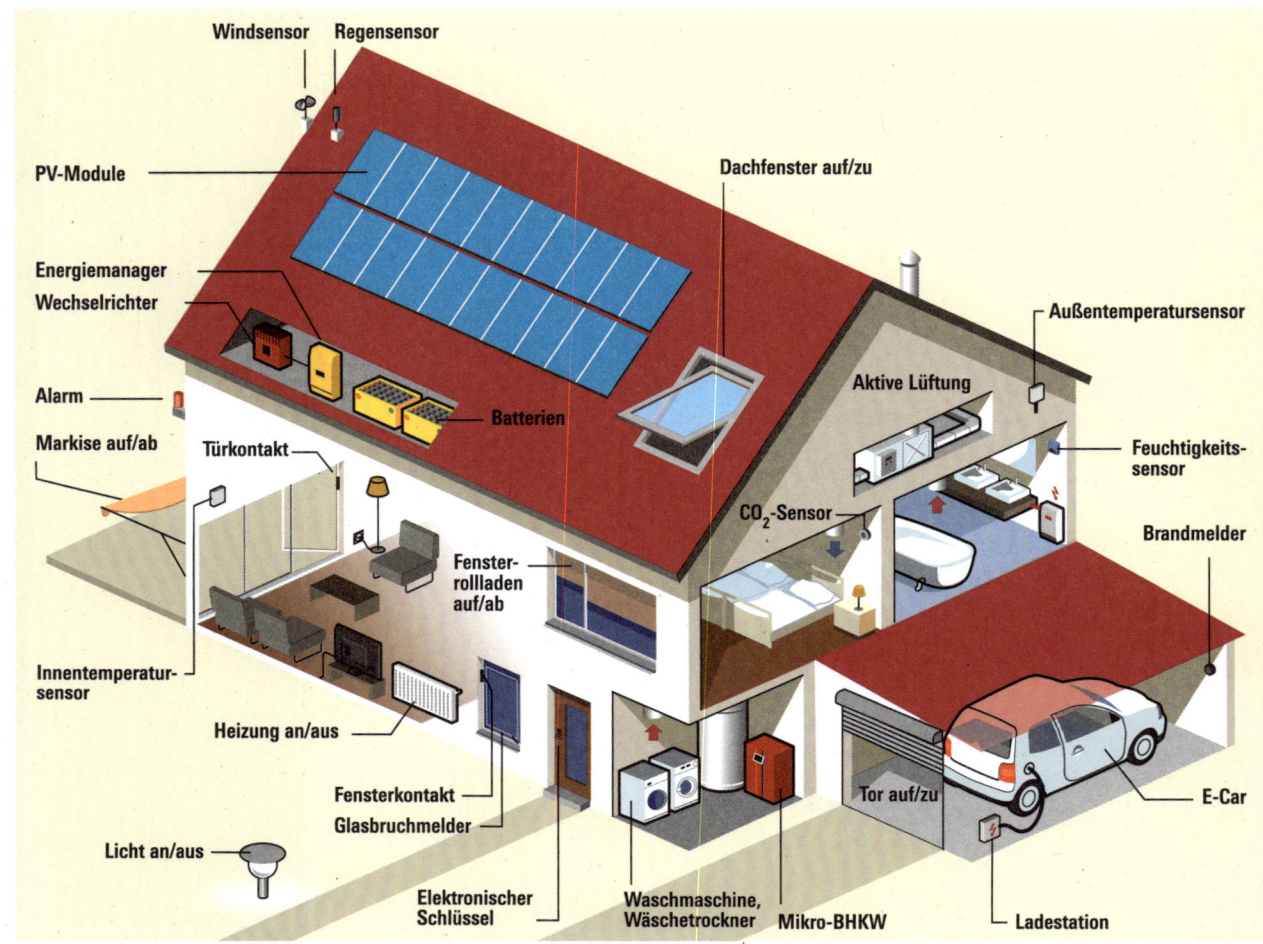

Die intelligent gesteuerte Elektronik im modernen Haus soll Wohnkomfort und Sicherheit steigern. Ein Neubau eröffnet die Chance, ein gemeinsames Netzwerk für die Hausautomation einzubauen, über dessen Zentrale alle Sensoren und Motoren im Haus angesteuert werden können.

Smart Homes

Intelligente Häuser? Noch vor gut fünfzehn Jahren hätte man eine solche Vorstellung ins Reich der Spinnerei und Science-Fiction verwiesen, doch im Rahmen der rasant fortschreitenden Verbreitung von Smartphones und Tablet-PCs sind auch heutige Häuser potenziell „intelligenter". Müssen wir also in Kürze befürchten, dass wir bald durch unsere Häuser gesteuert werden und nicht umgekehrt, wie etliche Kritiker der modernen Technologie nicht müde werden zu behaupten? Nun, nicht wirklich. Sogenannte Smart Homes lassen sich in ihren technischen Funktionen heute nur viel einfacher zentral steuern, als das noch vor einer Generation der Fall war. Gerade für Neubauten gilt, dass wir nun nicht länger jeden Rollladen einzeln per Hand bedienen, nicht mehr von Raum zu Raum rennen und jeden einzelnen Thermostat an jedem einzelnen Heizkörper regeln müssen – wenn beim Hausbau und der Installation eine Anlage zur Hausautomation gewählt wurde.

Ein weiterer Kritikpunkt an aktuellen Systemen zur Haussteuerung lautet, der jeweilige Anwender müsse ein Technikfreak sein, um die einzelnen Elemente sachgerecht zu bedienen. Dieser Einwand trifft bedingt zu, verliert aber zusehends an Bedeutung, da die Anbieter ganz gezielt in Richtung intuitive Bedienung forschen und entwickeln. So soll in naher Zukunft die Akzeptanz solcher Technologien beim Endverbraucher zusehends gesteigert werden.

Was Hausautomation eigentlich ist und was sie leisten kann? Kurz zusammengefasst kann man sagen, dass sie durch die Bündelung der technischen Daten aller angeschlossenen elektronischen Geräte im Haus (über die KNX-Technik, siehe Kasten Seite 148) diese mit hoher Präzision aufeinander abstimmt, was ein Bewohner niemals so exakt hinbekäme. Dazu einige Beispiele:

Sie haben sich für ein ==Plusenergiehaus== entschieden. Diese Gebäude müssen in Teilen ohnehin über ein intelligentes Gebäudemanagementsystem verfügen, weil unterschiedliche Abläufe im Energiesystem des Hauses aufeinander abgestimmt ablaufen müssen, damit der erwünschte Ertrag an elektrischer Energie tatsächlich zustande kommt.

Der elektronische Energiemanager kann auch steuern, zu welchen Zeiten im Tagesverlauf der durch die Photovoltaikanlage gerade produzierte Strom zum Eigenverbrauch reicht, und wann Strom zusätzlich aus dem öffentlichen Netz eingespeist werden muss. Für den Hausbesitzer ist es zu den aktuellen wirtschaftlichen Rahmenbedingungen am besten, den selbst produzierten Strom zunächst möglichst für den Eigenbedarf zu nutzen, bevor Fremdstrom in Anspruch genommen wird. Ist die eigene Stromproduktion an einem sonnigen Vormittag also besonders hoch, kann der zentrale Gebäudemanager bei Abwesenheit der Hausbewohner selbstständig entscheiden, die Wasch- und Spülmaschine sofort in Gang zu setzen. Wäre der Vormittag wolkenverhangen und erst der Nachmittag sonnig gewesen, hätte er dies auf den Nachmittag verlegt. Fällt nach Erledigung solcher energieintensiven Vorgänge Strom im Überfluss an, wird dieser in einem Batteriespeicher „gelagert" und erst abgerufen, wenn die Bewohner nach dem Schul- und Arbeitstag gegen Spätnachmittag oder Abend nach Hause kommen und über Beleuchtung, Fernseher, PC und Playstation vermehrt Strom verbrauchen. Erst wenn der

Skonto verhandelbar?

Bevor Sie Bemusterungsprotokoll und Vertrag unterschreiben, versuchen Sie noch, eine Skontozahlung auszuhandeln. Der Preisabschlag auf den Gesamtrechnungsbetrag bei Bezahlung innerhalb einer festgesetzten Frist (häufig ein bis zwei Wochen nach Rechnungserhalt) – das Skonto – beläuft sich auf 1 bis 3 Prozent der Rechnungssumme. Das mag sich wie „Peanuts" lesen, bei einem angenommenen Betrag von 230 000 Euro sind das aber immerhin 2 300 bis 6 900 Euro Ersparnis. Und auf die möchte wohl keiner freiwillig verzichten? Also ist Ihr Verhandlungsgeschick gefragt.

Strom aus Eigenproduktion verbraucht ist, muss dann über den Anschluss ans öffentliche Netz zugeliefert werden. Nur durch Kopplung unterschiedlicher elektronischer Geräte und Funktionen an ein und denselben Datenstrom wird eine solch sensible und perfekt abgestimmte Automation möglich.

▶ **BEISPIEL KOCHEN:** Die Lüftungsanlage erkennt über eingebaute Sensoren selbsttätig, dass erstens Personen im Haus anwesend sind (der CO_2-Anteil der Luft gibt Aufschluss darüber), zweitens der Feuchtigkeitsgehalt erhöht und drittens die Raumtemperatur in der Küche gestiegen ist. Daraufhin führt die Anlage den Räumen, in denen sich Menschen aufhalten, durch eine intensivere Belüftung mehr Frischluft zu, reguliert gleichzeitig den Feuchtigkeitsgehalt nach unten und nutzt die beim Kochen freigesetzte Wärmeenergie zur Erwärmung des gesamten Hauses. Gehen die Bewohner dann einige Stunden später zu Bett, fährt die Lüftungsanlage ihre Aktivität zeitgleich wieder zurück und sorgt jetzt hauptsächlich in den Schlafräumen für gesunde Luftqualität.

▶ **BEISPIEL EINBRUCHSVERSUCH:** Während Ihrer zweiwöchigen Urlaubsreise versuchen sich Einbrecher an Ihrem Haus. Sobald jemand unberechtigt versucht, Fenster oder Türen Ihres Eigenheims zu öffnen, meldet sich Sekundenbruchteile nach Auslösen der Alarmanlage das System auch auf Ihrem Handy und zeigt an, dass Sie durch einen Anruf bei der Polizei aktiv werden sollten.

Dieses Plus an Sicherheit lässt Sie im Urlaub beruhigter entspannen.
- **BEISPIEL BULLENHITZE:** An einem heißen Sommertag müssen Sie sich während der Arbeit im klimatisierten Büro keine Gedanken wegen eines aufgeheizten Zuhauses machen. Jalousien und Markisen Ihres Hauses reagieren automatisch auf verstärkte Sonneneinstrahlung und führen die passende Beschattung herbei, damit Sie nach Feierabend ein behaglich temperiertes Zuhause vorfinden.

Sie können sich leicht denken, dass sich die Liste der alltäglichen Beispiele, die zeigen, wie die Hausautomation zum höheren Wohnkomfort und zur Energiekostenreduktion beitragen kann, beliebig erweitern ließe. Es ist aber nicht alles Gold, was hier zunächst glänzt. So sind zahlreiche Hersteller mit unterschiedlichen Systemen auf dem Markt, die nicht miteinander vernetzt werden können. Und die existierenden Systeme sind gegen „Einbrecher aus dem Internet" nur unzureichend gesichert. Hier besteht noch viel Nachholbedarf. Für zusätzliche Informationen lesen Sie das Interview mit Frau Birgit Wilkes, Professorin für (Wohn-)Telematik an der Technischen Hochschule Wildau und Fachbeirat Wissenschaft des Verbandes Smart-Home, auf den Seiten 149 bis 152.

WAS IST KNX?

KNX steht als Kürzel für „Konnex" = Verbindung. Neun führende europäische Unternehmen aus den Bereichen Elektrotechnik- und Gebäudemanagementsysteme haben sich 1999 formal zur KNX-Association zusammengeschlossen, um gemeinsame Standards zur Hausvernetzung zu schaffen.
Im Frühjahr 2002 wurde die Spezifikation von KNX veröffentlicht, im Dezember 2003 in die europäische Norm EN 50090 übernommen und im November 2006 diese Norm als internationale Norm ISO/IEC 14543-3 akzeptiert. KNX ist seitdem ein offener Standard, dem sich bereits mehr als 500 Firmen weltweit angeschlossen haben.
Der sogenannte Konnex-Bus dient als gemeinsame Datentransferbahn, über die die unterschiedlichen angeschlossenen Elektrogeräte gesteuert werden. Die Gerätesteuerung wird bei KNX von der Stromversorgung getrennt und auf zwei Netze verteilt – deren Installation unabhängig voneinander oder gleichzeitig erfolgen kann. Der besondere Vorteil liegt in der Flexibilität, da kein Anschluss statisch einem Elektroverbraucher zugewiesen ist, sondern jeder zu jedem Zeitpunkt umprogrammiert werden kann. Was einmal der Steuerungs-Bus für die Waschmaschine war, kann kurzfristig für die Bedienung des Gartentors umgestellt werden. KNX ermöglicht zudem die Datenauswertung von Sensoren: So kann die Anwesenheit von Personen in einem Raum festgestellt und die Raumtemperatur entsprechend geregelt werden.
Sind die Installationskosten im Vergleich zu einer gewöhnlichen Elektroinstallation auch vergleichsweise hoch, können sich die Mehrkosten mit der Zeit durch Stromeinsparungen amortisieren. Die Komfortsteigerung lässt sich nicht direkt in Euro beziffern, steigert aber den (Verkaufs-)Wert des Hauses. Vorteil bei der Installation durch ein Fertigbauunternehmen: Die Versorgung mit Bus-Anschlüssen für sämtliche Belange liegt in einer Hand, unnötige doppelte Anschlüsse können vermieden werden. Fragen Sie bei Ihrem Hersteller nach einer hohen Portdichte von Aktoren und Sensoren – das hilft, den Eigenstromverbrauch dieser beiden Komponenten zu senken, denn der ist von den möglichen Stromeinsparungen abzuziehen.
Mit KNX lassen sich folgende Bereiche aneinander gekoppelt steuern:
- Jalousien
- Energiemanagement
  (Heiz- und Klimaanlage, Beleuchtung)
- Kontrollierte Wohnraumbe- und -entlüftung
- Sicherheitssysteme
- Zählerwerterfassung
- Audio-/Videosteuerungen
- Haushaltsgeräte
- Fernbedienung (via Smartphone, (Mobil-)Telefon, (Tablet-)PC)

INTERVIEW: INTELLIGENTE HÄUSER

Ein Gespräch mit Frau Birgit Wilkes, Professorin für (Wohn-)Telematik an der Technischen Hochschule Wildau und Fachbeirat Wissenschaft des Verbandes SmartHome

Die Technik im Haus beschränkt sich heute bei Weitem nicht mehr nur auf Lichtschalter und Steckdosen. Doch kann es Ihrer Meinung nach auch ein Zuviel an Haustechnik geben?

Nein, davon kann nicht unbedingt die Rede sein, sie lässt sich nur nicht immer besonders gut an die Bedürfnisse der Menschen anpassen und gefällt daher nicht allen. Menschen richten ihre Wohnungen auch sehr unterschiedlich ein – genauso verhält es sich mit dem Einsatz von Technik. Manche Menschen haben Spaß an ihr und möchten im eigenen Zuhause Smart-Home-Technologien mit Smartphone oder Tablet selbst konfigurieren und steuern. Andere möchten sich im eigenen Heim nicht um Technik kümmern müssen. In diesen Fällen sollte unterstützende Technik vorwiegend ohne Zutun des Bewohners arbeiten und über einfache Schalter bedienbar sein. Beides ist heute möglich.

Wir sind also angehalten, den Menschen mit der Technik stärker entgegenzukommen, sie den individuellen Bedürfnissen und Gegebenheiten in Haus und Wohnung anzupassen und die Technik als solche eher zurücktreten zu lassen. Dabei sollte sich jeder Verbraucher klar nur die für ihn sinnvollen Komponenten heraussuchen – schließlich kauft man ja auch im Supermarkt nicht immer alles ein. Die Technik soll also nicht Selbstzweck sein, sondern für gesteigerten Komfort und Sicherheit sorgen, dem Menschen dienen, und zwar maßgeschneidert nach den persönlichen Wünschen.

Für wie sinnvoll erachten Sie es, das Thema Energie in die Haussteuerung einzubeziehen? Welche Möglichkeiten gibt es hier?

Messung und Steuerung von Energieströmen werden in den nächsten Jahren zusehends Einzug in die Wohnhäuser halten. Ein Grund ist die Zunahme an Energiespeichern wie Strom- oder Wärmespeicher, deren Ladezustand überwacht und gesteuert werden muss. Im Einfamilienhausbau sind Photovoltaikanlagen mit Batteriespeichern schon recht verbreitet. Die KFW fördert solche Anlagen über das KFW-Effizienzhaus 40. Für den neuesten Haustyp im Förderportfolio, das KFW-Effizienzhaus 40 Plus, wird zusätzlich ein Nutzerinterface gefordert, auf dem Stromerzeugung und -verbrauch in jeder Wohneinheit sichtbar gemacht werden können. In den meisten Fällen ist das eine App auf dem Smartphone.

Der nächste logische Schritt ist dann, Erzeugung und Verbrauch in einem Haus automatisch so zu steuern, dass möglichst viel selbst erzeugter Strom im eigenen Haus verbraucht wird. Die Einbeziehung der E-Mobilität wird dabei eine große Rolle spielen. Der Nutzer legt fest, zu welcher Zeit das Auto und zu wie viel Prozent geladen sein soll. Das hausinterne intelligente Stromnetz regelt dann selbstständig unter Einbeziehung des momentanen Ladezustands der Batterie und der Wettervorhersage, wie viel Strom direkt von der Photovoltaikanlage, wie viel aus dem Speicher und wie viel eventuell aus dem öffentlichen Netz genommen wird. So kann der selbst erzeugte Strom optimal verbraucht werden.

Ein weiterer Vorteil durch diesen hohen Eigenverbrauch ist, dass weniger Strom an vielen Stellen dezentral in das öffentliche Netz eingespeist wird, was hilft, das Versorgungsnetz stabil und ausfallsicher zu halten.

Der Trend bei Neubauten geht eindeutig in Richtung zentrale Bedienung unterschiedlichster technischer Endgeräte – vom elektrischen Rollladen über die Alarmanlage bis hin zum Rasensprenger – über ein und dasselbe Touchpanel. Birgt diese Konzentration auch Gefahren?

Bei einfacher Bedienoberfläche bedeuten derartige Bedienelemente ein Zugehen auf den Verbraucher, was ich uneingeschränkt positiv bewerte. Datenschutz und Datensicherheit der Systeme spielen natürlich eine wichtige Rolle. Smart-Home-Technologie selbst ist bisher keiner großen Gefahr durch Hackerangriffe ausgesetzt. Am meisten gefährdet ist der Router, der den Internetzugang herstellt, aber nicht direkt mit dem Smart Home zu tun hat. Oft ist dieser Zugang nicht gut gesichert und ein leichtes Ziel für Hacker. Ist der Router geknackt, hat der Angreifer Zugriff auf alle netzwerkfähigen Geräte im Haushalt, auch auf die Smart-Home-Geräte. Der Router ist das Tor zur Wohnung, das gut geschützt sein sollte. Ansonsten sind Smart Homes recht sicher, das bestätigt auch die Polizei. Die Technologie kann, zusätzlich eingesetzt zu den mechanischen Sicherungen eines Hauses, sogar helfen, vor Einbrüchen zu schützen. Noch immer gilt der Grundsatz: Einbrecher sind keine Hacker und umgekehrt. Ein Einbrecher muss direkt am Gebäude sein, um sich Zugang zu verschaffen. Trifft er dabei auf Technologien, die er nicht kennt, wird er sich mit hoher Wahrscheinlichkeit ein anderes Objekt suchen. Ein Hacker greift von der Ferne an, ihm ist die Anonymität wichtig. Vielleicht wird es in der Zukunft „Techno-Einbrecher" geben, heute ist das noch nicht der Fall.

Vor allem kann smarte Technologie die subjektive Sicherheit unterstützen, das heißt, wie sicher ich mich in meiner Wohnumgebung fühle. Der Bewohner kann beispielsweise gewarnt werden, wenn er Haus oder Wohnung verlassen will und noch ein Fester offen steht. Herdplatten werden automatisch abgeschaltet, sollten sie vergessen worden sein, und die Jalousie an der Terrasse fährt nicht herunter, solange die Terrassentür geöffnet ist. Im Falle älterer Menschen kann die Wohnumgebung auch erkennen, wenn der Bewohner gestürzt ist und nicht wieder aufstehen kann, und Nachbarn oder Familie benachrichtigen. Das sind hilfreiche Funktionen, die Komfort aber auch Sicherheit bieten.

Die Hausautomation läuft oftmals kabellos durch Funkübertragung. Damit kommen wir einem lang gehegten Wunsch der Unabhängigkeit von Kabeln und damit fixen Steckdosen ein Stückchen näher. Doch kommen wir schon ganz ohne die ummantelten Kupferdrähte und Steckvorrichtungen aus?

Prinzipiell sind Kabel der Datenübertragung durch Funk vorzuziehen, zumal beim Neubau. Hier kommen im Fertighausbau besondere Vorteile zum Tragen. In diesem Fall kann vorab über ein extra gelegtes Kabel die Hausautomation mitbedacht werden. Eine derartige Lösung ist zugleich auch kostengünstig. Für eine Nachrüstung empfehlen sich Funktechniken, wobei zweifelsohne berücksichtigt werden muss, dass die Störanfälligkeit steigt, je mehr Funkfrequenzen durch das Haus schwirren, da diese sich irgendwann untereinander in die Quere kommen.

Um einem Vorurteil jedoch gleich entgegenzutreten: Funkwellen im Frequenzbereich der Hausautomation stellen nach heutigem Stand der Wissenschaft keine Gefahr für den menschlichen Organismus dar. Wenn wir uns zum Vergleich den Mobilfunk anschauen, bräuchte man Jahre der funkgesteuerten Haushaltstechnik, bis man auf dieselben Strahlungsbelastungen kommt wie durch ein einziges Handy. Die Gebäudeautomation insgesamt läuft nach dem Muster „messen, steuern, regeln". Die Sensoren melden hierbei in Millisekunden einen Wert, was die Belastung äußerst gering hält – verschwindend gering nahezu, wenn wir den Vergleich zum W-Lan antreten.

Natürlich gibt es Menschen mit einer Empfindlichkeit gegen Hochfrequenzen, wie man an Versuchen im Schlaflabor leicht sehen kann. Die Empfehlung hier lautet dann: Man sollte den Funk nutzen, um über ihn das Schlafzimmer nachts stromfrei zu schalten! Denn jede Stromleitung, auch in der Wand, sendet Elektrosmog aus. Dem könnte man über Funk leicht entgehen.

Wie beurteilen Sie die Vor- beziehungsweise Nachteile in Bezug auf den konventionellen und den Fertighausbau hinsichtlich der Hausvernetzung?

Der Fertighausbau hat, wie schon erwähnt, eindeutige Vorteile, da er im Schnitt einfacher und besser geregelt ist. Bei vielen Herstellern ist die Gebäudeautomation als Ausstattungsmerkmal oft schon im Angebot enthalten und kann wahlweise bestellt werden. Eine Automation ist in diesem Fall also vorab schon als Möglichkeit mitgeplant, dementsprechend ist die Logistik im Haus selbst prinzipiell vorhanden. Sollte es bauherrenseits bestimmte Systemwünsche geben, also ein spezieller Hersteller gewünscht sein, könnte es zu Schwierigkeiten kommen, da die Fertighausbauer meist Verträge mit einem festen Lieferanten haben. Bei der konventionellen Bauweise Stein auf Stein besteht allerdings ein ungleich höheres Problempotenzial, da unterschiedliche Gewerke auch unterschiedliche Handwerker bedingen.

Und weil die Automation noch nicht in der Handwerkerausbildung vorgesehen und dieses Thema auch unter Architekten oft noch nicht fest im Horizont verankert ist, kommt es hin und wieder zu einer regelrechten Verweigerungshaltung. Weiterbildungen auf diesem Gebiet sind leider erst noch im Kommen, hier liegt noch viel Arbeit vor uns.

Wie sicher sind die gängigen Systeme, mit welcher Art Störanfälligkeit sollte man rechnen?

Die qualitativen Unterschiede der am Markt erhältlichen Systeme sind extrem. Bisweilen gibt es verlockende Discounterangebote – doch gerade bei denen sollte man Vorsicht walten lassen. Preiswert sind sie zugegebenermaßen, geschützt häufig jedoch nicht. Systeme vom Fachhandel sind dagegen praktisch alle gut erprobt und gesichert gegen Störungen. Batteriebetriebene Sensoren sind mittlerweile so energieeffizient, dass ihre Batterie erst nach fünf bis acht Jahren gewechselt werden muss. Gute batteriebetriebene Systeme etwa melden vorzeitig, wenn die Batterie nicht mehr lange hält. Auch stören sich derlei Anlagen nicht gegenseitig, weil sie wechselseitig „eingelernt" werden. Dabei lernt der Aktor, zum Beispiel der Rollladen, auf welchen Schalter/Sensor er hören soll und auf welchen nicht. Diese Steuerung funktioniert über IDs. Weitere verschiedenartige Sicherungsmechanismen bei qualitativ hochwertigen Systemen lassen eine Störung untereinander sehr unwahrscheinlich werden – und dabei muss das Preisniveau nicht unbedingt hoch sein.

Angesichts der Komplexität der miteinander verschalteten Lebensbereiche: Muss der Endverbraucher, also derjenige, der die Technik bedienen will, gleich Fachmann sein, um Störungen gegebenenfalls selbst zu beheben?

Auf keinen Fall, die Systeme haben ihre Kinderkrankheiten überwunden und funktionieren sehr stabil. Das ist auch eine Voraussetzung, damit Smart-Home-Systeme verbreitet eingesetzt werden. Technische Systeme in der eigenen Wohnung müssen zuverlässig funktionieren, sonst werden sie ganz schnell wieder entfernt. Selbsterklärende und wartungsarme Technik ist am Markt verfügbar, die Bedienung ist transparenter und einfacher geworden. Natürlich sind in der Smart-Home-Technologie der Vergangenheit auch Fehler begangen worden, indem Techniker vereinzelt Entwürfe verwirklicht haben, die eigentlich nur für Techniker gemacht sind.

Prominentes Beispiel: der selbsteinkaufende Kühlschrank, wobei es diese Kopplung der Bestandsaufnahme und der Tätigung des entsprechenden Einkaufs so nie gab. Hierbei handelt es sich um eine Ente, die teilweise von den Medien mitproduziert worden ist. Freilich ist ein solcher Kühlschrank aber Blödsinn, denn Essgewohnheiten ändern sich selbstverständlich. Den Überblick über die Gefriertruhe zu behalten, kann einem aber schon helfen, denn nicht selten verschwinden doch Nahrungsmittel in irgendeiner Ecke, von denen man dann später nicht mehr weiß, dass man sie überhaupt noch in der Truhe hat.

In Zeiten teurer werdenden Stroms: Wie energieintensiv ist eine vollautomatische Steuerung der Hausfunktionen?
Hier hat sich in den vergangenen Jahren viel getan. Besonders Funksysteme, deren Komponenten oft mit Batterien betrieben werden, arbeiten heute sehr energieeffizient. Einige Geräte nutzen auch Energy Harvesting (etwa „Energie ernten"). Derlei ausgestattete Systeme versorgen sich selbst mit Energie aus ihrer unmittelbaren Umwelt. Hierunter fallen kleinere Solarmodule, kinetische Energie – wobei durch das bloße Drücken auf einen Schalter genug Energie für den dadurch ausgelösten Funkimpuls erzeugt wird – und Thermostatventile, die sich über Temperaturdifferenzen regulieren, indem die entstehende Spannung in Strom übersetzt wird. Vielfach sind also schon energieautarke Methoden realisiert.

Natürlich gibt es auch energieintensive Systeme und dabei sind alle, die noch Strom brauchen, nicht gleich schlecht. Das Resultat ist entscheidend, Ausgangspunkt muss die Wunschvoraussetzung des jeweiligen Nutzers sein. Will ich per se einen niedrigen Energieverbrauch, oder steht ein möglichst weitreichender Komfort wie etwa die automatische Musikverfolgung durch jeden Raum im Fokus?

Bei der bewussten Entscheidung für Energieeffizienz muss das System genau darauf ausgelegt werden – Einzelraumregelungen bringen mitunter Ersparnisse um bis zu 30 Prozent! Selbstlernende Einzelraumregelungen senken den Energiebedarf viel gezielter und bedarfsorientierter als die zentrale Nachtabsenkung an der Heiztherme selbst. Auch können Stromgeräte, ganze Stromkreise oder bestimmte Steckdosen komplett stromlos geschaltet werden, wenn ich das Haus verlasse. Ein Alles-aus-Schalter am Ausgang der Wohnung, der mit einem Druck sämtliche Lampen sowie alle gewünschten Geräte und Steckdosen abschaltet, spart nicht nur Strom, sondern ist auch praktisch und komfortabel.

Einen einheitlichen Standard in der Übertragung von Daten zwischen Steuerungszentrale, Sensoren und Schaltern gibt es noch nicht. Auf welche Technologie setzt man also am besten, wenn man nicht plötzlich mit technischen Komponenten dastehen will, die nicht miteinander kommunizieren können?
Ein fehlender einheitlicher Standard war lange Zeit problematisch und hat interessierte Nutzer immer wieder abgeschreckt. Und um es gleich klar zu sagen, den einen Standard wird es auch in der Zukunft nicht geben. Die gute Nachricht ist allerdings, dass die Hersteller von Smart-Home-Technik mittlerweile erkannt haben, dass sie Lösungen anbieten müssen, diese Markteintrittsbarriere zu beseitigen. Vielfach etablieren sich sogenannte Multiprotokollgateways. Das sind kleine Zentralen, die verschiedene Standards verstehen und so mit unterschiedlichen Systemen kommunizieren können. Ich muss mich also nicht zwingend für ein System entscheiden, sondern kann Komponenten auch kombinieren, die mit unterschiedlichen Standards arbeiten. Wer ein solches Gateway nicht zu Hause haben möchte, weil er sich mit etwaiger Wartung oder Softwareupdates nicht beschäftigen will, kann auch auf Cloudlösungen zurückgreifen. Auch diese unterstützen mehrere Standards und der Nutzer kann für all seine Geräte über eine leicht verständliche Oberfläche Regeln definieren, wie sie miteinander interagieren sollen. Es gibt also verschiedene Optionen, wie auch technisch nicht so versierte Nutzer mit den unterschiedlichen Standards umgehen können.

WAS MUSS IM KAUFVERTRAG STEHEN?

Die vertragliche Seite des Hausbaus hängt maßgeblich davon ab, ob Sie Haus und Grundstück aus einer Hand erwerben (Bauträgervertrag) oder selbst ein Grundstück suchen, kaufen und dann einen Schlüsselfertiganbieter mit dem Hausbau beauftragen. Jeder Bauträgervertrag und jeder Kaufvertrag über ein Grundstück muss von einem Notar beurkundet werden. Der Hausvertrag hingegen wird durch die Unterschrift des Kunden verbindlich. Egal, wer Ihre Partner sind – bei der Vertragsgestaltung müssen Sie ganz genau hinschauen.

GRUNDSTÜCK UND HAUS

Werden Grundstück und Haus aus einer Hand verkauft, wie beispielsweise beim Kauf vom Bauträger, besteht zwischen beiden Verträgen ein rechtlicher Zusammenhang. Sie sind miteinander verbunden: Grundstückskaufvertrag und Bauvertrag „stehen und fallen" miteinander. Das hat zur Folge, dass der Bauvertrag von einem Notar beurkundet werden muss.

Dafür kann es schon reichen, wenn in dem Hausvertrag bereits Bezug genommen wird auf ein konkretes Grundstück. Dies hat der Bundesgerichtshof als starkes Indiz gewertet (Az. VII ZR 230/07).

Wenn die Fertighausfirma im Vertrag aber nicht auf ein konkretes Grundstück Bezug nimmt und nur ganz allgemein als unverbindliche Serviceleistung über mögliche zum Verkauf stehende Grundstücke berät, fehlt es an dieser Verknüpfung zwischen Grundstückserwerb und Hausbauvertrag.

▶ **BEISPIEL:** Ein Ehepaar unterschrieb einen Hausvertrag, in dem stand: „Unsere Experten kennen den Markt und haben attraktive Grundstücke im Angebot. Nennen Sie uns einfach Ihre Vorstellungen hinsichtlich Lage, Größe und Bebaubarkeit. Eine Auswahl unserer Angebote finden Sie auf unserer Internet-Grundstücksbörse."

Dort stand aber auch ausdrücklich: „Der Hausvertrag soll unabhängig von Verträgen gelten, die der Grundstücksbeschaffung dienen. Einen rechtlichen Zusammenhang zwischen der Grundstücksbeschaffung und diesem Hausvertrag wünschen die Parteien nicht."

Als das Ehepaar kein geeignetes Grundstück für den Bau fand, wollte es vom Kauf zurücktreten, ohne Stornogebühr zu zahlen. Begründung: Der Kaufvertrag sei nichtig, denn er bilde eine Einheit mit dem Vertrag zur Grundstücksbeschaffung und hätte daher notariell beurkundet werden müssen. Das sah das Oberlandesgericht Sachsen-Anhalt anders: Bei den Informationen über mögliche Grundstücke handle es sich lediglich um eine unverbindliche Serviceleistung, die der Kunde in Anspruch nehmen kann oder nicht. Dadurch werde der Kaufvertrag für das Fertighaus in keiner Weise berührt. Allein die Tatsache, dass die Firma Hinweise zum Grundstückserwerb gibt, bedeutet also noch nicht, dass eine Einheit zwischen Hausvertrag und Grundstückskauf besteht (Az. 1 U 84/10).

Bei Baugrundstücken in zweiter Reihe muss verbindlich geklärt werden, ob die Zufahrt breit genug ist, um das geplante Fertighaus errichten zu können.

VERTRAGSPARTNER FÜR DAS EIGENE HAUS

Je nachdem, welches Unternehmen Sie für Ihr Traumhaus wählen, haben Sie es mit unterschiedlichen Rechtsformen zu tun. Im Fertighausbau sind das im Wesentlichen folgende:

▶ **DER BAUTRÄGER:** Er verfügt über Grundstücke, aus denen die Kunden auswählen können, und verkauft dann Haus und Grundstück aus einer Hand. Da hier Grundeigentum übertragen wird, sind die Verträge notariell beurkundungspflichtig. Danach baut der Bauträger auf eigenen Namen das Haus nach Wünschen des Bestellers. Der Kunde ist nicht Bauherr, sondern Käufer des Gesamtpakets aus Immobilie und Grundstück. Er ist nicht Vertragspartner der Handwerker und nicht gegenüber den Behörden verantwortlich. Von der Bauplanung bis zur Fertigstellung ist also alles Sache und Risiko des Bauträgers, etwa Schwierigkeiten mit der Baugenehmigung oder dem Grundstück. Vorteil für die Kunden: Hier bekommen sie alles aus einer Hand – nicht nur den Bau des Hauses, sondern auch das zugehörige Grundstück.

Der Bauträger vergibt in der Regel einzelne Gewerke an Subunternehmen, indem er die Aufträge ausschreibt und dem günstigsten Anbieter den Zuschlag erteilt. Hinterfragen Sie, ob er mit bewährten Subunternehmen zusammen arbeitet, die gute Qualität liefern und wo die Kooperation verlässlich läuft. Nach Angaben des Bundesverbands Deutscher Fertigbau ist diese Vertragsform bei deutlich weniger als zehn Prozent der Mitglieder üblich. Der Grund: Der Kunde muss die Grunderwerbsteuer auf Haus und Grundstück zahlen, so dass das Gesamtprojekt erheblich teurer wird.

▶ **DER GENERALÜBERNEHMER:** Er baut das Haus, ohne das Grundstück zu beschaffen, und bietet einen fertigen Bauplan und die Bauleistungen aus einer Hand. Er koordiniert alle Bauleistungen, vergibt in der Regel aber alle Gewerke an Subunternehmen.

▶ **DER GENERALUNTERNEHMER:** Auch er verpflichtet sich zum Bau des Hauses, nicht aber zur Beschaffung des Grundstücks. Im Unterschied zum Generalübernehmer führt er die Bauleistungen weitgehend in eigener Regie aus, erledigt die Produktion der Bauteile und ihre Montage vor Ort. Einzelne Gewerke vergibt er an Subunternehmen. Das gilt vor allem für Erd- und Kanalarbeiten. Im Fertighausbau ist der Generalunternehmer der Regelfall.

Sowohl beim Bau mit einem Generalüber- als auch mit einem Generalunternehmer ist dieses Unternehmen der alleinige Ansprechpartner des Bauherrn und muss für Baufehler rechtlich gerade stehen. Da jedoch auf dem Grundstück des Kunden gebaut wird, bleibt der Hauskäufer gegenüber den Behörden verantwortlich. Er ist der Bauherr und trägt das Baugrundrisiko.

▶ **WEITERE BAUUNTERNEHMEN:** Die Mehrzahl der Fertighaushersteller bietet nur Modelle ab Oberkante Keller an. Für den Bau des Fundaments und gegebenenfalls des Kellers müssen Bauherren also ein weiteres Bauunternehmen beauftragen.

▶ **DER GRUNDSTÜCKSEIGENTÜMER:** Wer nicht mit einem Bauträger baut und noch kein eigenes Grundstück besitzt, hat es immer mit einem weiteren Vertragspartner zu tun – dem Eigentümer des Grundstücks, das er erwerben möchte.

GRUND UND BODEN KAUFEN

Bauherren sind gut beraten, zuerst den Grundstückskauf unter Dach und Fach zu bringen, bevor sie den Vertrag mit einer Hausbaufirma unterzeichnen. Letzterer enthält üblicherweise Fristen. Wenn es nicht gelingt, rechtzeitig ein Grundstück zu kaufen oder wenn baurechtliche Vorschriften den Bau auf dem dann erworbenen Grundstück einschränken, kann das erhebliche Zusatzkosten und rechtliche Probleme mit der Baufirma nach sich ziehen.

Der Notartermin ist hierbei Pflicht. Ohne seine Beurkundung kann ein Grundstückskaufvertrag nicht rechtswirksam abgeschlossen werden. Wer die Notarkosten trägt, ist im Prinzip frei vereinbar, in der Praxis gehen sie aber meist zu Lasten des Erwerbers. Auch wer den Notar aussucht, kann frei vereinbart werden, doch in der Praxis schlägt häufig der Verkäufer den Notar vor.

Das muss für den Käufer kein Nachteil sein. Denn anders als ein Anwalt ist der Notar zur Neutralität verpflichtet. Er darf nicht einseitig die Interessen desjenigen vertreten, von dem er den Auftrag hat, sondern muss auch die Interessen der anderen Seite gebührend berücksichtigen. Falls aber klar ist, dass der Grundstücksverkäufer mit dem Notar in einer ständigen Geschäftsbeziehung steht, kann es eine Überlegung sein, lieber einen anderen zu wählen. Wer als Käufer das Gefühl hat, dass der Notar seine Belange nicht ausreichend berücksichtigt, kann auch einen zweiten Notar zur Überprüfung der Beurkundung einschalten.

Je nachdem, was Käufer und Verkäufer ausgehandelt haben, wird der Notar seinen Vertragsentwurf gestalten. Üblicherweise arbeitet er mit Formularen, in die er vor allem noch die Lage der Parzelle, Preis, Zahlungsmodalitäten und Übergabe des Grundstücks einträgt.

Häufig lädt der Notar beide Parteien, Käufer und Verkäufer, vor dem Beurkundungstermin in sein Büro, um Details zu klären. Da kann über eventuelle Grundbuchlasten gesprochen werden, über die Modalitäten für die Zahlung und Übergabe oder ob ein Paar, das ein Grundstück kauft, gemeinsam als Eigentümer eingetragen werden möchte oder nur einer.

Grundschulden

Außerdem muss erörtert werden, wie der Kauf finanziert wird. In der Regel werden die Käufer einen Kredit aufnehmen. Dann wird die Bank das Geld nur auszahlen, wenn als Sicherheit zu ihren Gunsten eine Grundschuld im Grundbuch eingetragen wird. Damit sichert sie das Recht, das Grundstück verwerten zu können, falls der Kunde mit den monatlichen Raten in Rückstand gerät, den Kredit also nicht mehr bedient. Für die Eintragung sorgt der Notar.

Vor der Beurkundung – häufig auch schon vor dem Vorgespräch – sieht der Notar das Grundbuch ein. Dieses öffentliche Register wird in der Regel beim Amtsgericht geführt, in dessen Bezirk das Grundstück liegt. Das Grundbuch verzeichnet Lage und Größe der Fläche, die Eigentumsverhältnisse und eventuelle rechtliche Lasten auf dem Grundstück. Das können zum Beispiel Wegerechte der Nachbarn sein, vor allem aber bereits eingetragene Grundschulden.

Häufig hat der bisherige Grundstückseigentümer das Land „belastet", also eine Grundschuld darauf eintragen lassen als Sicherheit für einen Bankkredit. Der Käufer will das Grundstück aber lastenfrei, sodass der Alteigentümer zunächst seine Schulden bei der Bank tilgen muss, damit der Käufer seine Bank ins Grundbuch eintragen lassen kann. In so einem Fall kann im Kaufvertrag festgelegt werden, dass der Käufer den noch offenen Kreditbetrag des Verkäufers in Anrechnung auf den Kaufpreis an dessen Bank zahlt. Die an den Verkäufer zu zahlende Kaufsumme reduziert sich dementsprechend. Hat die Bank erst einmal ihr Geld, wird sie der Löschung der Grundschuld zustimmen. So bekommt der nächste Eigentümer die Immobilie frei von fremden Lasten.

Den Vertragsentwurf prüfen

Der Vertragsentwurf sollte den beteiligten Parteien mindestens zwei Wochen vor dem geplanten Unterzeichnungstermin vorliegen. Dies schreibt das Beurkundungsgesetz vor. So haben Sie Zeit, das Papier in Ruhe zu lesen und zu prüfen. Achten Sie dabei auf die Beschreibung, auf eventuelle Lasten und auf die angegebene Größe des Grundstücks. Da kann es durchaus Abweichungen zu den Werten geben, die ein Makler oder Eigentümer Ihnen genannt hat.

▶ **BEISPIEL:** Eine Käuferin erwarb ein Grundstück, dessen Größe der Makler in seinem Exposé mit „circa 1 100 Quadratmeter" angegeben hatte. Tatsächlich waren es aber nur 960 Quadratmeter. Darauf hatte der Makler nie hingewiesen, weder bei den Besichtigungsterminen noch später bei Unterzeichnung des Kaufvertrags im Notartermin. Allerdings stand die tatsächliche Größe im Kaufvertrag, den die Käuferin vorab erhalten hatte und den der Notar während des Termins vorgelesen hatte. Deshalb blitzte die Käuferin mit ihrer Klage ab. Es sei ihre Pflicht gewesen, sich über die Grundstücksgröße zu informieren, den Entwurf genau zu studieren und auf die angegebene Grundstücksgröße zu achten – spätestens bei der Unterschrift (Landgericht Landshut, Az. 54 O 2974/13).

Markieren Sie unklare Stellen im Vertrag und rufen Sie den Notar an, damit er Ihnen diese Passagen erklärt. Er ist verpflichtet, rechtliche Fragen unparteiisch zu beantworten. Falls Sie irgendwelche Änderungen möchten, ist es besser, dies im Vorfeld mit dem Verkäufer und dem Notar zu klären. Zur Not lassen sich Fragen auch noch während des Termins klären, wenn der Notar den Vertragstext vorliest. Der Verkäufer sollte ausdrücklich zusichern, dass ihm keine Altlasten bekannt sind, dass die bisher angefallenen Erschließungskosten bezahlt sind und dass der Verkäufer eventuell noch anfallende Erschließungskosten übernimmt.

In aller Regel schließen Kaufverträge die Haftung für Sachmängel aus. Das gilt dann aber nicht für Mängel, die der Verkäufer kannte und arglistig verschwiegen hat. Aber das zu beweisen, kann im Streitfall sehr schwierig sein.

Auflassungsvormerkung und Verzichtserklärungen

Nach dem Beurkundungstermin beantragt der Notar beim Grundbuchamt eine Auflassungsvormerkung. Damit wird der Erwerber im Grundbuch als neuer Eigentümer vorgemerkt. Der Verkäufer kann dann keine weiteren Belastungen ins Grundbuch eintragen lassen. Vor allem kann er das Grundstück nicht in der Zwischenzeit an einen Dritten verkaufen. Die Auflassungsvormerkung stellt sicher, dass der Käufer das Grundstück so erhält, wie im Vertrag vereinbart – ohne nachträgliche Beeinträchtigungen.

Falls es Grundrechteinhaber und/oder Vorkaufsberechtigte für das Grundstück gibt, kümmert sich der Notar darum, dass diese eine Freistellungs- oder Verzichtserklärung abgeben. Auf der sicheren Seite sind Sie als Käufer, wenn diese notariell beurkundet ist.

Sobald der Kaufvertrag beurkundet ist, benachrichtigt der Notar das Finanzamt. Das fordert den Käufer dann zur Bezahlung der Grunderwerbsteuer auf. Der Steuersatz wird von den Ländern festgelegt. Er beträgt aktuell zwischen 3,5 und 6,5 Prozent des Kaufpreises. Wenn die Steuer bezahlt ist, schickt das Finanzamt eine Unbedenklichkeitsbescheinigung an den Notar, der diese dann an das Grundbuch weiterreicht, um die Umschreibung der Immobilie zu veranlassen.

Zahlung des Kaufpreises

Üblicherweise dauert es nach Vertragsabschluss etwa zwei bis acht Wochen, bis der Notar alle Unterlagen zusammen hat. Nachdem die Vormerkung ins Grundbuch eingetragen wurde, informiert er den Käufer, dass er nun den Kaufpreis zahlen kann. Das Geld geht direkt auf das Konto des Verkäufers und/oder gegebenenfalls an die Bank, bei welcher der Käufer noch Bankschulden hat. Es ist auch möglich, im Kaufvertrag die Zahlung auf ein Notaranderkonto zu vereinbaren. Dieses Bankkonto läuft auf den Namen des Notars und dient der befristeten treuhänderischen Verwahrung von Fremdgeldern. Nach der Eintragung des neuen Eigentümers ins Grundbuch überweist der Notar den Betrag an den Verkäufer. Das Notaranderkonto gibt dem Verkäufer die Sicherheit, dass das Geld ankommt, während der Käufer sicher sein kann, dass das erworbene Grundstück tatsächlich an ihn geht.

Eintragung ins Grundbuch

Bis zur eigentlichen Eintragung des neuen Eigentümers ins Grundbuch kann es einige Wochen dauern. Damit der Erwerber das Grundstück in dieser Zeit bereits nutzen kann, kann im Kaufvertrag für den „Übergang von Besitz, Nutzungen, Lasten und Gefahr" ein Termin festgelegt werden, der schon früher liegt – zum Beispiel mit Zahlung des Kaufpreises aufs Notaranderkonto oder sogar schon kurz nach dem Notartermin. Ab diesem Datum darf der Käufer das Grundstück wie ein Eigentümer nutzen, hat aber auch alle Verpflichtungen des Eigentümers zu erfüllen.

EIN FERTIGHAUS KAUFEN

Der Kauf eines Fertighauses ist – nicht nur wegen des Preises – etwas ganz anderes als zum Beispiel der Kauf eines Kühlschranks. Der Kühlschrank steht fix und fertig beim Händler im Regal, er kann vor dem Kauf besichtigt und begutachtet werden, es handelt sich immer um das gleiche Fertigprodukt vom Fließband. Individuelle Abweichungen je nach Wunsch des Kunden sind in der Regel nicht möglich.

Das Fertighaus hingegen wird erst noch gebaut. Selbst bei dem immer gleichen Standardmodell weichen Grundriss, Ausstattung und Bauausführung zum Teil erheblich voneinander ab. Die Ausstellungshäuser in den Musterhaussiedlungen geben nur einen Eindruck von dem, was die Baufamilie später auf ihr Grundstück gestellt bekommt.

Auch wenn die Baufamilie bei der Auswahl des Herstellers mit aller Sorgfalt vorgeht, kann es selbst mit einer grundsoliden Firma Probleme geben. Ärger beim Bau und Pfusch auf der Baustelle sind so alltäglich, dass Käufer sich mit größter Sorgfalt und Vorsicht vertraglich absichern sollten. Ein klar formulierter Bauvertrag ist die Grundlage für das weitere Zusammenwirken von Bauherr und Fertighausfirma. So mühsam es ist: Je detaillierter und präziser der Vertrag, umso besser für alle Beteiligten. Jede Lücke, jeder nicht vertraglich geregelte Aspekt birgt Interpretationsspielräume und damit Streitpotential und führt letzten

Endes zu einem hohen Risiko für den Auftraggeber.

Es empfiehlt sich daher, das Vertragswerk sehr genau zu lesen. Doch einen Bauvertrag mit all seinen Zusätzen und Anhängen im Detail zu prüfen, ist für juristische Laien kaum möglich. Viele Hauskäufer verlassen sich daher einfach darauf, dass schon alles seine Ordnung haben wird und dass vertragliche Einzelheiten am Ende ohnehin gar nicht verhandelbar sind. Gerade in der Fertighausbranche werden die Verträge häufig nicht individuell ausgehandelt, sondern der Hersteller legt ein Formular vor, das die Kunden – so wie es ist – unterschreiben sollen.

Erst wenn es beim Bau oder danach Probleme gibt, wenden sie sich an einen Anwalt. Wenn der Vertrag unterschrieben ist, kann der aber manches, worauf die Kunden Anspruch gehabt hätten, nicht mehr durchsetzen, weil der Vertrag unklar ist, die entsprechende Regelung fehlt oder Paragrafen vereinbart wurden, die den Hersteller bevorzugen.

Wer auf Nummer sicher gehen will, schaltet daher schon vor der Vertragsunterschrift einen unabhängigen Baurechtsexperten ein, zumindest aber einen versierten Bauberater oder Architekten, der die Unterlagen prüft. Fachleute findet man bei Verbänden wie dem Bauherren-Schutzbund, dem Verband Privater Bauherren, einzelnen Verbraucherzentralen oder der Arbeitsgemeinschaft für Bau- und Immobilienrecht im Deutschen Anwaltverein.

Sie finden Lücken im Kleingedruckten und helfen, das Risiko vertraglicher Fehler zu verringern. Der Experte entdeckt auch Fallen, die in Zusatzkosten für den Bauherrn münden würden. So eine Vertragsprüfung kostet nur wenige hundert Euro, kann aber vor großem Schaden bewahren. Angesichts der hohen Summen, um die es beim Bauen geht, ist die Baurechtsberatung eine überschaubare Investition. Und falls der Sachverständige Mängel im Vertrag übersieht, haftet er dafür.

Alle Absprachen und Vereinbarungen, alle Sonderwünsche und Extraleistungen sollten grundsätzlich schriftlich im Vertrag fixiert werden. Kunden sollten sich nicht damit zufrieden geben, wenn gesagt wird: „Das regeln wir dann schon, wenn es so weit ist" oder: „Das machen wir immer so" oder: „Das haben wir bisher noch immer in persönlicher Absprache vor Ort geklärt". Zwar sind mündliche Absprachen verbindlich, sie haben sogar grundsätzlich Vorrang. Aber sie lassen sich hinterher oft nur schwer beweisen. Nur was schriftlich festgelegt ist, kann auch problemlos nachgewiesen werden. Deshalb sind schriftliche Vereinbarungen für beide Seiten vorteilhaft: Sie geben Rechtssicherheit. So lassen sich Streitfälle leichter lösen.

Es kann auch vorkommen, dass die Baufirma am unterschriftsreifen Vertrag noch Kleinigkeiten ändert, ohne den Kunden darauf hinzuweisen. In dem Fall ist die Unterschrift des Kunden verbindlich – aber im Vertrag gelten die ursprünglichen Bedingungen.

▶ **BEISPIEL:** Ein Kunde hatte von einer Baufirma einen Vertragsentwurf bekommen und angenommen. Die Firma schickte ihm daraufhin einen fertigen Vertrag. Darin hatte sie aber die Passagen über die Zahlungsweise geändert. Der Kunde bemerkte dies nicht, weil er glaubte, nur eine weitere identische Ausführung des ursprünglichen Vertrags bekommen zu haben, und unterschrieb. Vor dem Bundesgerichtshof bekam er recht: Will eine Firma einen Vertrag nur mit Änderungen annehmen, muss sie deutlich darauf hinweisen. Da sie das nicht tat, kam der Vertrag so zustande, wie zunächst ausgehandelt (Az. VII ZR 334/12).

Vertragstypen

Juristen sprechen beim Bau eines Hauses nicht von einem Kaufvertrag, sondern von einem Werkvertrag. Beim Kaufvertrag ist mit der Herausgabe der Ware und der Zahlung des Kaufpreises das Wichtigste gelaufen, danach bleiben im Wesentlichen noch Gewährleistungsrechte und Garantie. Bei einem Werkvertrag hingegen ist zum Zeitpunkt des Vertragsschlusses noch gar kein fertiges Produkt vorhanden. Der Hersteller verpflichtet sich im Vertrag, ein schlüsselfertiges Haus zu bauen. Er muss erst noch ein Werk erstellen und dies in dem vertraglich vereinbarten Zustand abgeben.

Was muss im Kaufvertrag stehen?

Ob auf dem Vertrag „Kaufvertrag" steht oder „Werkvertrag" oder „Werklieferungsvertrag" spielt dabei rechtlich keine Rolle. Da die Montage des Hauses Sache der Herstellerfirma ist, liegt immer ein Werkvertrag vor – auch wenn auf dem Vertrag anderes steht.

Besonderes Merkmal des Werkvertrags ist seine Erfolgsbezogenheit. Die Fertighausfirma schuldet nicht nur die Arbeit, sondern das fertige Haus, so wie es im Vertrag vereinbart wurde. Das Haus darf keine Fehler oder Mängel aufweisen, von unwesentlichen Kleinigkeiten abgesehen.

Diese ==Pflicht zur mängelfreien Lieferung== ist verschuldensunabhängig. Treten beim Bau unvorhergesehene Schwierigkeiten auf, ist dies das Problem des Herstellers, nicht des Kunden. Kann der Hersteller seine vertragliche Pflicht nicht erfüllen, kann er sich nicht damit herausreden, daran treffe ihn keine Schuld. Wenn der Dachstuhl schon bei leichtem Wind hörbar knarzt, ist es keine Entschuldigung, dass die Firma bei der Konstruktion alle anerkannten Regeln der Technik eingehalten hat: Wenn diese Regeln im konkreten Fall nicht ausreichen, hätte sie eben einen höheren Standard wählen müssen.

Werkverträge werden im Bürgerlichen Gesetzbuch geregelt. Ein besonderer Typ des Werkvertrags ist der ==Bauvertrag==. Der Gesetzgeber hat das alte BGB-Werkvertragsrecht reformiert. Seit 1. Januar 2018 gelten damit für Bauherren diverse Neuerungen. Im Zuge der Reform wurde zum einen eine Definition des Bauvertrags in das Gesetz aufgenommen (§ 650a BGB): Ein Bauvertrag ist ein Vertrag über die Herstellung, die Wiederherstellung, die Beseitigung oder zum Umbau eines Bauwerkes, einer Außenanlage oder eines Teiles davon. Für den Bauvertrag wurden spezielle Regelungen eingeführt. Darüber hinaus wurde erstmals der ==Verbraucherbauvertrag== mit zahlreichen für Verbraucher günstige Regelungen definiert (§ 650i BGB). Dabei handelt es sich um einen Vertrag, durch den ein Unternehmen von einem Verbraucher zum Bau eines neuen Gebäudes oder zu erheblichen Umbaumaßnahmen an einem bestehenden Gebäude verpflichtet wird. Private Bauherren, die mit einem Generalunternehmer oder -übernehmer ein Fertighaus bauen, schließen also einen solchen Verbraucherbauvertrag ab. Er muss in schriftlicher Form – auch per Email oder Fax – abgeschlossen werden. Ein Notar ist nicht erforderlich, da der Kunde ein Produkt kauft. Bietet die Fertighausfirma jedoch den Bau des Kellers oder auch des Fundaments nicht als eigene Leistung an, dann muss der Bauherr dafür ein anderes Unternehmen beauftragen – und zwar mit einem Bauvertrag.

UNSER TIPP: Baufamilien, die bestmöglichen Verbraucherschutz wollen, sollten ein Unternehmen mit dem gesamten Bau beauftragen und darauf achten, dass der Vertragspartner in Sachen Verbraucherbauvertrag up to date ist und nicht etwa die vor der Gesetzesreform üblichen Vertragsunterlagen wissentlich oder auch unwissentlich weiter verwendet.

Wer mit einem Bauträger baut, unterschreibt einen ==Bauträgervertrag== (650u Satz 1 BGB). Auch dieser Vertragstyp wurde im Rahmen der Gesetzesreform normiert. Ein Bauträgervertrag enthält kaufvertragliche Kompo-

Lassen Sie sich bei einem Besichtigungstermin nicht zur Unterschrift eines Vorvertrags oder gar Kaufvertrags überreden. Nehmen Sie sich dafür immer genügend Bedenkzeit.

nenten für den Erwerb des Grundstücks und werkvertragliche Komponenten für die Errichtung des Hauses. Allerdings ist eine Reihe von werkvertraglichen Regelungen explizit nicht für einen Bauträgervertrag anwendbar. Da mit dem Bauträgervertrag nicht nur ein Produkt, sondern auch eine Liegenschaft erworben wird, muss der Vertrag vom Notar beurkundet werden.

BGB oder VOB

Juristische Grundlage des Fertighausvertrags ist im Regelfall das Bürgerliche Gesetzbuch (BGB). Durch die Reform des Werkvertragsrechts im BGB und die Einführung des Verbraucherbauvertrags wurden die Rechte der Verbraucher mit solchen Verträgen erheblich gestärkt.

Häufig kommt es aber auch vor, dass ein Vertrag auf Basis des Teils B der Verdingungsordnung für Bauleistungen angeboten wird, auch VOB/B genannt. Welche Regelung für private Bauherren besser ist, darüber gibt es durchaus Streit unter Experten.

Hauptunterschied zwischen beiden Varianten: In BGB-Verträgen läuft die Gewährleistung fünf Jahre, in VOB-Verträgen nur vier Jahre. Allerdings ist es auch in VOB-Verträgen möglich, eine Gewährleistung von fünf Jahren zu vereinbaren. Zwar treten typische Schäden, zum Beispiel Feuchte im Keller oder in der Dachkonstruktion oder Risse in den Fliesen, oft schon in den ersten zwei bis drei Jahren nach Fertigstellung auf. Dennoch sollten Hauskäufer, deren Fertighausfirma nur VOB-Verträge anbietet, auf fünf Jahren Frist bestehen. Das können sie mit der Fertighausfirma aushandeln.

Weiterer wichtiger Unterschied: Bei der VOB kann der Kunde schon während der Bauzeit Mängel rügen. Entdeckt er, dass eine Dichtungsfuge Lücken hat und Feuchtigkeit eindringen könnte, kann er sofort auf Behebung des Mangels bestehen, notfalls sogar den Vertrag kündigen. Das BGB unterscheidet für die Mängelansprüche nicht auf den Zeitpunkt vor und nach Abnahme.

Die Regelungen der VOB waren in der Vergangenheit bereits speziell auf den Bau zugeschnitten und enthalten sehr detailliertere Vorgaben.. Es handelt sich aus rechtlicher Sicht um Allgemeine Geschäftsbedingungen. Zwar gilt die VOB insgesamt als ausgewogenes Vertragswerk. Einige Experten halten dies jedoch für zweifelhaft, da die VOB insgesamt auch die Interessen der Bauwirtschaft berücksichtigt. Einzelne Klauseln beinhalten durchaus für Verbraucher nachteilige Regelungen. Deshalb wäre es denkbar, nachteilige Regelungen der VOB durch verbraucherfreundliche Abschnitte aus dem BGB zu ersetzen. Aber welcher Hauskäufer ist dafür juristisch versiert genug? Hinzu kommt, dass bei einigen Regelungen noch nicht gerichtlich geklärt ist, ob sie im Streitfall unwirksam wären.

Insgesamt gesehen sind Verbraucher grundsätzlich mit einem BGB-Vertrag auf der sicheren Seite. In der Praxis sind VOB-Verträge ohnehin für private Bauvorhaben die Ausnahme.

Steht im Vertrag nicht ausdrücklich, dass die VOB gelten soll, gilt automatisch das BGB als Grundlage. Wichtig: Eine VOB-Vereinbarung ist nur wirksam, wenn die Firma dem Kunden die Möglichkeit gegeben hat, diese Paragrafen auch zu lesen. Ein lapidarer Hinweis wie: „Es gilt VOB" reicht dafür nicht.

▶ **BEISPIEL:** Ein Ehepaar hatte einen Fertighausvertrag unterschrieben. Laut Vertragsbedingungen sollte die VOB/B Vertragsgrundlage sein. Zusätzlich sah die Bau- und Leistungsbeschreibung formularmäßig vor, dass die Eheleute mit ihrer Unterschrift auch die allgemeinen Vertragsbedingungen und die VOB Teil B als Vertragsbestandteile zur Kenntnis genommen hatten. Das allein reicht aber nicht, um die VOB/B wirksam zum Vertragsbestandteil zu machen, entschied das Oberlandesgericht Düsseldorf (Az. I-21 U 124/09, 21 U 124/09). Soll das Vertragswerk gegenüber Personen, die nicht bauerfahren sind, ein wirksamer Vertragsbestandteil werden, muss der Unternehmer ihnen die Möglichkeit geben, diese Bestimmungen zu lesen. Das aber konnte die Fertighausfirma nicht nachweisen. Damit war die VOB/B nicht Vertragsbestandteil.

Die Bau- und Leistungsbeschreibung

Die Bau- und Leistungsbeschreibung ist das Herzstück des Bauvertrags. Sie muss die wesentlichen Eigenschaften des angebotenen Werks in klarer Weise darstellen, also klären, wie und in welchem Umfang welche Bauleistungen erbracht werden.

Die gute Nachricht für Bauherren ist: Mit der Reform des Bauvertragsrechts wurden auch die Anforderungen an die Bau- und Leistungsbeschreibung erheblich verschärft. Der Unternehmer ist nun verpflichtet, dem Verbraucher rechtzeitig vor der Vertragsunterzeichnung eine Baubeschreibung in Textform zur Verfügung zu stellen. Die Mindestanforderungen an die Inhalte sind gesetzlich vorgegeben (Art. 249 EGBGB §2):

1 Allgemeine Beschreibung des herzustellenden Gebäudes oder der vorzunehmenden Umbauten, gegebenenfalls Haustyp und Bauweise
2 Art und Umfang der angebotenen Leistungen, gegebenenfalls der Planung und der Bauleitung, der Arbeiten am Grundstück und der Baustelleneinrichtung sowie der Ausbaustufe
3 Gebäudedaten, Pläne mit Raum- und Flächenangaben sowie Ansichten, Grundrisse und Schnitte
4 Gegebenenfalls Angaben zum Energie-, zum Brandschutz- und zum Schallschutzstandard sowie zur Bauphysik
5 Angaben zur Beschreibung der Baukonstruktionen aller wesentlichen Gewerke
6 Gegebenenfalls Beschreibung des Innenausbaus
7 Gegebenenfalls Beschreibung der gebäudetechnischen Anlagen
8 Angaben zu Qualitätsmerkmalen, denen das Gebäude oder der Umbau genügen muss,
9 Gegebenenfalls Beschreibung der Sanitärobjekte, der Armaturen, der Elektroanlage, der Installationen, der Informationstechnologie und der Außenanlagen.

Die Bau- und Leistungsbeschreibung muss sehr konkrete Angaben enthalten. Die neuen gesetzlichen Vorgaben machen die Bau- und Leistungsbeschreibungen unterschiedlicher Firmen nun besser vergleichbar. Das ist ein deutlicher Vorteil für Verbraucher. Zudem gewinnen sie Planungs- und damit Kostenkalkulationssicherheit.

Auch Bauherren, die mit einem Bauträger bauen, haben den Anspruch, dass ihnen eine detaillierte Baubeschreibung zur Verfügung gestellt wird. Damit sie Bestandteil des Bauvertrags wird, müssen alle Positionen der Baubeschreibung samt eventuell abweichender oder zusätzlicher Bauherrenwünsche einzeln im Notarvertrag aufgeführt werden.

Bau- und Leistungsbeschreibung sorgfältig prüfen

Für Laien ist die Bau- und Leistungsbeschreibung oft so schwer zu lesen wie das Kleingedruckte vieler Kaufverträge: gespickt mit Abkürzungen und Fachausdrücken. Die meisten Durchschnittskunden akzeptieren daher diese Beschreibung mehr oder weniger unbesehen. Das ist ein Fehler, denn Überraschungen kommen ständig vor. Häufig weicht die spätere Bauausführung von dem ab, was im Werbeprospekt stand oder was die Kunden nach der

Die Vergabe- und Vertragsordnung für Bauleistungen in der Druckfassung 2019

Besichtigung eines Musterhauses erwartet hatten.

Die Bau- und Leistungsbeschreibung ist nach dem neuen Bauvertragsrecht grundsätzlich Bestandteil des Vertrags und die Grundlage schlechthin für die Ansprüche, die die Kunden an den Unternehmer stellen können. Deshalb sollten Fertighauskäufer sich für das Papier Zeit nehmen und es gründlich lesen, auch wenn das mühsam ist. Gibt es irgendwo Unklarheiten oder Verständnisprobleme, sollten sie ihren Fachberater ansprechen und die Dinge klären. Noch besser ist es, die Bau- und Leistungsbeschreibung von einem Fachmann prüfen zu lassen. Vieles ist für Laien ohnehin kaum erkennbar.

▶ **BEISPIEL:** Aufbau der Außenwände. Wenn es dort heißt, dass die innere Haut aus einer Gipskartonfeuerschutzplatte von 18 Millimetern Stärke bestehen soll, danach eine PE-Folie als Dampfdiffusionsbremse folgt, weiß nur der Fachmann: Diese Folie darf keinesfalls beschädigt werden. Die Baufamilie darf nach dem Einzug auf keinen Fall Nägel oder Schrauben in die Außenwand einschlagen, wenn sie tiefer als 18 Millimeter eindringen. Ebenso wenig kann sie später zusätzliche Steckdosen installieren.

Oft zu ungenau

Oft lassen die Unterlagen Raum für Missverständnisse und Interpretationen – häufig sogar ganz bewusst. Heißt es beispielsweise: „Moderne Heizkörper neuester Bauart" oder „Markenware aus deutscher Produktion" oder „hochwertige Sanitärinstallationen", klingt das für den unerfahrenen Normalverbraucher erst einmal so, als werde Qualitätsware eingebaut. Doch der Begriff „hochwertig" lässt sich sehr unterschiedlich interpretieren. Armaturen gibt es für 20 Euro oder auch für über 100 Euro. Was davon als hochwertig oder minderwertig gelten kann, bleibt letztlich eine Frage des individuellen Verständnisses: Solange es keine dramatischen Abweichungen vom Stand der Technik gibt, ist „hochwertig" eine rein subjektive Ansichtssache.

Genau darauf setzen manche Baufirmen. Mit vagen Beschreibungen sichern sie sich die Möglichkeit zur freien Wahl der Qualität. Am Ende finden die Kunden Billigteile aus einem Dritte-Welt-Land in ihrem Haus: Heizkörper mit dicken Schweißnähten, scharfen Kanten und Tropfnasen in der Lackierung, einfache Fliesen aus osteuropäischer Produktion, billigstes Laminat statt hochwertiger Bodenbeläge. Der Fachmann erkennt solche Tücken. Der Kunde kann dann Präzisierungen in den Formulierungen verlangen.

Eine gute Bau- und Leistungsbeschreibung ist möglichst präzise: Welche Heizkörper werden eingebaut, welche Sanitärobjekte, welche Armaturen? Statt schwammiger Formulierungen, allgemeiner Hinweise auf die gültigen Regeln der Technik oder auf einschlägige DIN-Normen sollte hier genau stehen, welcher Hersteller, welche Marke, welches Modell. Kunden sollten darauf drängen, dass technische Daten und Maßangaben verbindlich zugesichert werden. Alternativ kann auch eine Preisgrenze genannt werden, zum Beispiel „Wandfliesen zu einem Preis von 25 Euro pro Quadratmeter".

Mitunter kommt es vor, dass die Bau- und Leistungsbeschreibung an diesen Stellen nicht nur vage und unpräzise ist, sondern sie sogar komplett offen lässt. Wenn aber Leistungen, die für den Bau und Bestand des Gebäudes wesentlich sind, vertraglich gar nicht vereinbart wurden, kann es sein, dass der gesamte Bauvertrag unwirksam ist.

Übrigens: Auch bei einer unvollständigen Beschreibung ist das Unternehmen in jedem Fall verpflichtet, die gesetzlichen Anforderungen an das Bauwerk und die anerkannten Regeln der Technik als „Mindestanforderungen" zu beachten.

▶ **BEISPIEL:** Ein Ehepaar traf sich mit dem Vertreter einer Fertighausfirma, um ein unverbindliches Angebot einzuholen. Während des Gesprächs füllte der Vertreter mehrere Formulare aus, am Ende unterschrieb das Ehepaar – ohne genau hinzusehen. Es handelte sich um einen Kaufvertrag, an dessen Ende stand sogar: „Herzlichen Dank für den Kaufentschluss." Das hatte das Ehepaar übersehen.

Als sie aus dem unbeabsichtigt abgeschlossenen Vertrag wieder herauswollten, hatten sie Glück. Das Oberlandesgericht Frankfurt/Main fand so viele Lücken im Vertrag, dass es keinen wirksamen Abschluss sah. Zum Beispiel blieben in der Bau- und Leistungsbeschreibung mehrere Checklisten unausgefüllt, unter anderem bezüglich Rollläden, Gauben, Teppichböden, Schornsteinen. Insgesamt blieben so viele Punkte offen, dass diese auch nicht im Wege einer nachträglichen ergänzenden Vertragsauslegung hätten geklärt werden können. Außerdem sahen die Formulare eine Erklärung der Kunden zu ihrem Baugrundstück vor. Sie wurde nicht ausgefüllt, weil die Eheleute noch kein Grundstück hatten. Laut Vertrag sollte die Firma aber nicht nur ein Fertighaus liefern, sondern dieses auch an das Grundstück anpassen. Dieser vertraglichen Pflicht konnte sie also gar nicht nachkommen. Damit galt der gesamte Vertrag als nicht abgeschlossen (Az. 16 U 91/06).

Details sind wichtig

Hauskäufer sollten auch auf Details achten: Wird der Parkettboden nur verlegt oder auch versiegelt? Wird die Unterseite der Kellerdecke verputzt oder nur gestrichen? Welche Thermostatventile kommen an die Heizkörper? Simple 10-Euro-Teile aus dem Baumarkt oder elektronisch programmierbare? Welche Lichtschalter werden es sein: Hersteller, Modell, Farbe? Sind die Rollläden aus Aluminium wie beim Musterhaus oder nur aus Plastik?

Viele Punkte zählen bei einigen Anbietern zum Leistungsumfang, bei anderen nicht. Achten Sie auch auf Folgendes:

▶ **LUFTDICHTIGKEIT:** Ein sogenannter Blower-Door-Test zeigt, ob die Haushülle dicht ist oder versteckte Lecks aufweist. Bei dem Test wird die Luftdichtigkeit des Hauses geprüft. Er deckt typische Baumängel auf, beispielsweise mangelhafte Abdichtungen des Kellers, fehlerhafte Fensteranschlüsse, Undichtigkeiten an Rollladenkästen, Gauben, Dachanschlüssen, Türen und Fenstern oder Fehler bei der Verarbeitung der Wärmedämmung. In modernen Häusern, die den strengen Anforderungen des Gebäudeenergiegesetzes gerecht werden müssen, kommt es entscheidend auf die Luftdichtigkeit an. Daher sollte der Bauvertrag unbedingt einen Blower-Door-Test in Kombination mit einer Thermografie (Infrarotfotografie) vorsehen. Undichtigkeiten und Wärmelecks bedeuten höhere Heizkosten. Sie können außerdem Ursache für Schimmelbildung sein und so die Bausubstanz nachhaltig schädigen.

Unser Tipp: Der Test sollte nicht vom Fertighaushersteller oder von einer durch ihn beauftragten Firma, sondern von einem unabhängigen Experten erledigt werden. In der Praxis kommt es auch vor, dass der Vertrag zwar einen Blower-Door-Test vorsieht, dieser aber am Ende gar nicht durchgeführt wird. Wer den Test selbst bezahlt, muss mit Kosten von etwa 300 bis 400 Euro rechnen.

▶ **BODENPLATTE:** Wie wird sie abgedichtet? Welche Art Wärmedämmung wird auf der Platte verlegt?

▶ **KELLER:** Welche Konstruktion? Werden die Wände gemauert oder in Beton gegossen? Wie wird die Wärmedämmung ausgeführt? Mit welchen Materialien? Wie ist die Raumhöhe? Welche Maßnahmen zur Abdichtung gegen Wasser sind vorgesehen? Wie viele Fenster werden eingebaut, welcher Fenstertyp? Welche Außen- und Innentüren sind vorgesehen?

Beispiel: Ein Ehepaar beauftragte die Fertighausfirma mit dem Bau des Kellers. In der Bau- und Leistungsbeschreibung war ganz allgemein eine „Abdichtung der Außenwände gegen Bodenfeuchte" vereinbart. Dennoch drang nach Fertigstellung Wasser ein. Warum, konnte auch ein Sachverständiger nicht feststellen. Die Baufirma führte daraufhin verschiedene Maßnahmen zur Trockenlegung durch und erstellte eine zusätzliche Rechnung über 5 600 Euro. Die wollte das Ehepaar nicht bezahlen. Das Oberlandesgericht Karlsruhe gab den beiden Recht: Zur Funktionstauglichkeit eines Kellers gehöre, dass kein Wasser eindringt. Die Baufirma hätte sich vor Baubeginn über die Bodenverhältnisse und die erforderliche

Abdichtung informieren müssen (Az. 4 U 129/08).

▶ **BARRIEREFREI:** Erst recht sollten Kunden genau hinschauen, die ein altersgerechtes oder barrierefreies Haus bauen wollen. Der Begriff „barrierefrei" wird zwar in der Norm DIN 18040–2 definiert. Doch wenn im Vertrag nicht ausdrücklich auf diese Norm Bezug genommen wird, kann das zu bösen Überraschungen führen. Einige Fertighaushersteller umgehen das Problem, indem sie lediglich von „seniorengerecht" sprechen – und in der Bau- und Leistungsbeschreibung offenlassen, was das konkret bedeutet. Der Begriff muss nicht automatisch bedeuten, dass es sich um ein barrierefreies Fertighaus handelt, hat das Oberlandesgericht Koblenz entschieden (Az. 10 U 1504/09). Eine Wohnung mit 20 Zentimeter hohen Balkonschwellen darf demnach durchaus seniorengerecht genannt werden, obwohl sie weder barrierefrei noch behindertengerecht ist. „Seniorengerecht" heißt nach Ansicht des Gerichts nicht zwangsläufig, dass die Wohnung mit einem Rollstuhl oder Rollator begehbar ist. Ebenso wenig muss es in Bädern und Toiletten Haltegriffe geben.

Auf Vollständigkeit prüfen

Vor Vertragsunterzeichnung muss nicht nur geprüft werden, was in der Bau- und Leistungsbeschreibung steht, sondern auch, was möglicherweise nicht enthalten ist. Werden etwa die Hausanschlüsse nicht erwähnt, dann bekommt der Kunde nachher nur ein Haus, das noch nicht ans Strom- und Leitungsnetz angeschlossen ist. Nahezu jeder Bau und damit auch nahezu jede Leistungsbeschreibung birgt Unwägbarkeiten, die später zu Mehrkosten führen können. Ist beispielsweise die Beschaffenheit des Baugrunds bei Vertragsschluss noch unbekannt, dann hat das Auswirkungen auf die Planung und die Kalkulation der Gründung und des Kellers. Auch hier hat die Novelle des Bauvertragsrechts Verbraucher gestärkt: Die Baufirma muss auf solche Unwägbarkeiten und auf mögliche Mehrkosten hinweisen. Tut sie das nicht, so kann sie sich schadenersatzpflichtig machen.

Lassen Sie sich zunächst den Kaufvertrag und die Baubeschreibung zeigen ...

… und bei einem Experten gegen eine geringe Gebühr überprüfen.

Mit dem Bemusterungsprotokoll abgleichen

Achten Sie darauf, dass die Angaben in der Bau- und Leistungsbeschreibung und im Bemusterungsprotokoll übereinstimmen. Im Idealfall hat die Bemusterung bereits stattgefunden und Sie unterzeichnen das zugehörige Protokoll und den Kaufvertrag in einem Aufwasch. Ist das Bemusterungsprotokoll bereits unterzeichnet, müssen Sie prüfen, dass alle

Was muss im Kaufvertrag stehen?

Das Haus steht, aber außen herum? Das sind auch wichtige Vertragsbestandteile.

Posten identisch in der Bau- und Leistungsbeschreibung aufgeführt sind.

Eher selten kommt es vor, dass Sie den Kaufvertrag vor der Bemusterung vor sich liegen haben. In diesem Fall müssen Sie den Abgleich nach der Bemusterung vornehmen. Haben Sie dann im Bemusterungsprotokoll Posten geordert, die im Kaufvertrag nicht enthalten sind, müssen Sie diesen nachbessern.

Änderungen schriftlich festhalten

Ergebnis der Detailprüfung der Bau- und Leistungsbeschreibung kann durchaus eine längere Liste mit Änderungswünschen sein. Diese gilt es nun, mit der Baufirma zu klären und in den Vertrag hinein zu verhandeln. Achten Sie unbedingt darauf, dass alle Änderungen und Ergänzungen schriftlich dokumentiert und in den Vertrag aufgenommen werden. Auf der sicheren Seite sind Sie mit einer Änderungsvereinbarung, die von der Baufirma und Ihnen datiert und unterzeichnet wird. Auf diese Weise haben Sie im Streitfall einen Beleg.

Mögliche Stolperfallen klären

Die neuen gesetzlichen Vorgaben für die Bau- und Leistungsbeschreibung sind ein echter Meilenstein in Sachen Verbraucherschutz. Aber sie definieren nur das Minimum. Auch alle möglichen Stolperfallen sollten möglichst im Vertrag geklärt werden. Dazu gehören die Vorbereitung der Baustellen, die Schnittstellen zu anderen Unternehmen, die Handhabung von Genehmigungen und Eigenleistung, Kosten- und Termindetails und Sicherheiten für beide Vertragspartner.

Vorbereitung der Baustelle

Vielen Baufamilien ist nicht klar, dass schon vor dem Aufstellen des Hauses umfangreiche Arbeiten notwendig sind, damit die Arbeiter anfangen können. Im Werkvertrag muss klar geregelt sein, wer wann welche Vorarbeiten erbringen muss. Dazu gehört neben dem Bauantrag und der Baugenehmigung vor allem die Baustelleneinrichtung, im Wesentlichen:

- Anschlüsse für Baustrom und Bauwasser müssen auf dem Grundstück oder wenigstens in der Nähe liegen.
- Ein Baustellen-WC muss vorhanden sein.
- Ein Platz außerhalb der Hausfläche muss für den Bauschutt frei sein.
- Freileitungen oder andere Hindernisse, die Kranarbeiten behindern können, müssen notfalls entfernt, im Weg stehende Bäume gefällt werden. Eventuell wird ein abschließbarer Schuppen für Maschinen gebraucht.
- Es muss eine Zufahrt zum Baugrundstück geben für übliche Baufahrzeuge sowie schwere Kranwagen.
- Eventuell muss auch eine öffentliche Straße zum Grundstück zeitweise gesperrt werden. Dafür ist eine Genehmigung nötig.
- Für Spezialwerkzeuge, Geräte und Materialien müssen Lagerungsmöglichkeiten vorgesehen und eine sinnvolle Wegführung auf dem Grundstück geplant werden.

Mitunter soll all dies schon Wochen vor Baubeginn abgeschlossen sein. Einen großen Teil dieser vorbereitenden Arbeiten wälzen manche Baufirmen gern auf den Kunden ab – Arbeiten, die sie eigentlich selbst übernehmen sollten. Denn welcher Hauskäufer weiß schon, wie er Baustrom und Bauwasser besorgt und wie solche Anschlüsse zu legen sind? Ein Kostenrisiko lauert auch darin, dass es auf dem Grundstück bislang weder Wasser- noch Stromanschlüsse gibt. Sie müssen erst einmal provisorisch beschafft werden, das Wasser über einen Anschluss an der nächsten Straße, der Strom vom nächsten Verteilerkasten. Beides muss vorher bei der Stadt oder Gemeinde beantragt werden, ebenso beim Versorger. Die meisten Hauskäufer sind damit überfordert, sich die Firmen zu suchen, die solche Anschlüsse legen. Sie sollten daher vor Vertragsabschluss mit der Fertighausfirma besprechen, welche Maßnahmen sie übernimmt, wann sie die Baustellenvorbereitung kontrolliert und welche Kosten sie berechnet, wenn Nacharbeiten erforderlich sind.

Auch Bautoilette und Bauwagen als Aufenthaltsbereich für die Arbeiter sollten nicht Sache des Bauherrn sein. Vielmehr sollte sich die Fertighausfirma darum kümmern. Ebenso um ihren Müll: Üblicherweise entsorgen die Unternehmen ihren Bauabfall selbst. Daher hat eine Klausel wie „Schutt- und Abfallbeseitigung durch den Bauherrn" nichts im Bauvertrag verloren.

- **BEISPIEL:** Eine Klausel in einem vorformulierten Bauvertrag, wonach der Kunde dafür Sorge zu tragen hat, dass das Grundstück „mit schweren Baufahrzeugen mit einem Gesamtgewicht von 40 Tonnen befahren werden kann", ist unwirksam. Das hat das Oberlandesgericht Frankfurt am Main entschieden (Az. 29 u 146/19). Begründung: Ein durchschnittlicher Verbraucher könne nicht beurteilen, ob sein Baugrundstück mit derartigen Baufahrzeugen befahren werden könne. Dies hänge von der Beschaffenheit seines Grundstücks insbesondere den Bodenverhältnissen ab sowie von der Beschaffenheit des Baufahrzeuges. Diese Klausel war eine von insgesamt 18 Klauseln im Standardvertrag eines Bauunternehmens zur schlüsselfertigen Erstellung von Wohnhäusern, die nach Auffassung des OLG auf der Grundlage des neuen Bauvertragsrechts unwirksam sind. Den Musterfall hatte der Bauherren-Schutzbund vorgelegt.

Viele Fertighausfirmen bieten ihre Häuser „ab OK" an, „ab Oberkante Keller" oder Bodenplatte also. Die Erdarbeiten sind dann nicht enthalten, schon gar nicht eine Bodenplatte oder ein Keller. Wer dennoch mit dieser Fertighausfirma bauen möchte, kommt nicht darum herum, ein anderes Unternehmen mit den Erdarbeiten, dem Bau des Kellers und/oder der Bodenplatte zu beauftragen. Diese Firma ist dann als erste am Start. Sie braucht eine eingerichtete Baustelle und bietet dies in der Regel auch als Leistung an. An dieser Stelle müssen Bauherren besonders aufpassen: Sie müssen im Bauvertrag regeln, dass und zu welchen Konditionen die Baustelleneinrichtung bis zum Ende des Hausbaus stehen bleibt. Dazu muss mit der Fertighausfirma geklärt sein, dass die von der Kellerbaufirma angebotene Baustelleneinrichtung sämtliche Anforderungen der Hausbaufirma erfüllt. Bei Bedarf können im Verbraucherbauvertrag mit der Fertighausfirma Erweiterungen vereinbart werden. Auf jeden Fall muss jedoch vermieden werden, dass dieselben Leistungen bei beiden Firmen in Auftrag gegeben werden.

Auch die Terminabfolge und vor allem die technischen Schnittstellen zwischen den beiden Firmen müssen minutiös geregelt werden. Die Passgenauigkeit von Keller oder Bodenplatte zum Haus ein großer Risikofaktor. Oft dürfen die Abweichungen nur wenige Millimeter betragen, weil sonst die haustechnischen Anschlüsse nicht passen, zum Beispiel für Heizung und Sanitär. Bauherren sollten unbedingt darauf achten, dass die Kellerbaufirma passgenau arbeitet und für die Folgekosten aufkommt, die sich aus eventuellen Fehlern ergeben. Wichtig ist auch, dass die Fertighausfirma sich verpflichtet, vor Beginn ihrer Bauarbeiten die Vorarbeiten an Keller oder Bodenplatte zu prüfen. Sollte sie dabei Mängel feststellen, ist sie verpflichtet, den Bauherrn darauf hinzuweisen.

▶ **BEISPIEL:** Ein Bauherr vergab den Bau des Kellers an eine Fremdfirma. Die legte zügig los, trug aber viel zu viel Erde ab. Am Ende saß der Keller fast ein Meter tiefer als geplant. Um das wenigstens etwas auszugleichen, schlug die Firma vor, eine zusätzliche Reihe Steine auf die Kelleroberkante zu setzen. Der Bauherr erklärte sich damit einverstanden. Wenig später rückte die Fertighausfirma an und begann mit dem Hausbau. Dabei stellte sich jedoch heraus, dass das Mauerwerk der Kellerwände dem erhöhten Erddruck nicht standhalten konnte, der sich aus der ungeplanten Tieferlegung entwickelte. Die zusätzliche Reihe Steine beschwerte die ohnehin unsichere Statik zusätzlich. Daher konnte das Haus nicht weitergebaut werden, es blieb im Rohbau liegen.
Am Ende blieb die Fertighausfirma auf dem Schaden sitzen. Denn eine Regelung im Bauvertrag besagte: „Nach Fertigstellung von Keller/Fundamentplatte wird die Baustelle von uns überprüft." Diese Prüfung hatte sie nicht oder nur mangelhaft durchgeführt. Im Ergebnis waren alle Arbeiten der Fertighausfirma unbrauchbar. Sie konnte daher keine Bezahlung beanspruchen (Oberlandesgericht Frankfurt, Az. 23 U 10/ 98).

Handhabung von Genehmigungen klären

Bevor es losgehen kann, müssen meist noch diverse Genehmigungen eingeholt werden. In den Lieferbedingungen müssen die Baustellenzugänglichkeit und die Straßenverkehrssicherung der Zufahrt, der Einsatz von Kranfahrzeugen und die Zwischenlagerung von Materialien genau geklärt sein. Da die meisten Hauskäufer in diesen Angelegenheiten unerfahren sind, sollten sämtliche Bauherrenleistungen detailliert im Werkvertrag stehen. Ein Hinweis: „Der Bauherr holt sämtliche vorgeschriebenen Genehmigungen ein, insbesondere die Baugenehmigung, und leistet Gewähr für die Bebaubarkeit des Grundstücks" kann für den laienhaften Kunden verhängnisvoll sein. Besser ist eine klare Aufstellung der Maßnahmen, die die Fertighausfirma als Vorleistung sehen will. Viele dieser Aufgaben nimmt ein versierter Hersteller dem Kunden ab. Falls er dafür extra Kosten verlangt, sollten sie deutlich im Vertrag stehen.

▶ **BEISPIEL:** Der Bauherr wollte ein Fertighaus auf einem „Pfeifenstielgrundstück" bauen – also auf einem Bauplatz in zweiter Reihe, der nur durch einen schmalen Zufahrtsweg von der öffentlichen Straße aus erreichbar war. Der Vertrag mit der Fertighausfirma legte fest, dass die Beschaffung und Bebaubarkeit des Grundstücks einschließlich Zufahrt und Kranstellplatz allein in der Verantwortung des Bauherrn liegen sollte. Bei einer späteren Besichtigung des Bauplatzes stellte sich heraus, dass wegen der schwierigen Lage der Einsatz eines Sonderkrans notwendig werden würde, dass die Zufahrt extra abgesenkt werden musste, um eine ausreichende Durchfahrtshöhe der Lastwagen zu gewährleisten und dass die abgesenkte Zufahrt mit Gummimatten und Stahlplatten gesichert werden musste. Insgesamt führte das zu einem Mehraufwand von 10 440 Euro. Dies musste sich die Firma zurechnen lassen, weil der Kunde ihren Fachberater schon vor dem

Kauf des Grundstücks eingeschaltet hatte. Weil der Berater den Bauplatz kannte, musste er aufgrund seiner Erfahrung redlicherweise zumindest einen Hinweis darauf geben, dass es angesichts dieser speziellen Lage zu Mehrkosten kommen werde (Hanseatisches Oberlandesgericht Hamburg, Az. 11 U 150/11).

Schließlich muss eine Woche vor Baubeginn ein Bescheid an die zuständige Genehmigungsbehörde gehen, die Baubeginnanzeige. Sie muss den Namen des Bauleiters und des Bauunternehmens nennen. Ein Formular dafür liegt meist der Baugenehmigung bei.

MUSTER-BAUBESCHREIBUNG
Der Verbraucherzentrale Bundesverband (vzbv) hat als Checkliste für Bauherren eine aktualisierte Muster-Baubeschreibung herausgegeben. Sie zeigt, was eine gute Baubeschreibung enthalten muss, und erläutert alle wichtigen Punkte ausführlich. Sie ist erhältlich für 19,90 Euro zuzüglich Versandkosten in den Verbraucherzentralen oder direkt beim vzbv unter www.ratgeber-verbraucherzentrale.de/die-muster-bau beschreibung.

Eigenleistungen berücksichtigen

„Schlüsselfertig" werden die meisten Häuser angeboten. Doch vielen Kunden ist es wichtig, durch Eigenleistungen – vor allem durch einfache Arbeiten wie Tapezieren, Anstreichen oder Verlegen von Fußböden – Geld zu sparen. Das ist bei den meisten Anbietern ohne Probleme möglich – allerdings ist es sehr unterschiedlich, welche Summen dadurch gespart werden können. Beispielsweise die Nachlässe für Fliesenarbeiten können von 3 000 Euro bis über 10 000 Euro reichen. Einige Firmen listen die möglichen Ersparnisse übersichtlich auf, bei anderen heißt es lediglich: Eigenleistungen sind möglich. Dann muss der Bauherr detailliert nachfragen, wie viel er durch die „Muskelhypothek" herausholen kann. In jedem Fall müssen Bauherren von der Ersparnis die Materialkosten abziehen. Wer Eigenleistungen erbringen möchte, sollte diese vor Vertragsschluss detailliert auflisten, die Wünsche mit der Baufirma abstimmen und dann im Vertrag fixieren. Die Schnittstellen zwischen den eigenen Leistungen und denen der Baufirma müssen genau definiert werden. Das gilt für die Arbeitsorganisation und für den Zeitablauf. Das Ineinandergreifen birgt in der Praxis hohe Risiken, vor allem wenn Bauherren die eigene Arbeitskraft überschätzen oder sich von Freunden helfen lassen, die möglicherweise nicht ganz so fest einplanbar sind. Und: Wenn durch die Eigenleistung der Bauherren Schäden entstehen, gibt es schnell Streit über die Haftung. **UNSER TIPP:** Wer selbst mit anpackt, muss sich und seine Helfer schützen und vor Baubeginn unfallversichern (siehe Seite 191).

Fertigstellungstermin

Wann das neue Haus steht und fertig ist für den Einzug, ist eine der Fragen, die Käufer schon gleich zu Beginn den Vertreter der Firma fragen. Erfahrungsgemäß wird in diesen Gesprächen der Fertigstellungstermin zu optimistisch geplant – häufig dauert es am Ende deutlich länger. Terminverzögerungen gehören zu den typischen Gründen für Streit am Bau. In der Vergangenheit wurden Kunden oft mit mündlichen Zusagen oder vagen Formulierungen im Vertrag abgespeist. Das geht seit dem Inkrafttreten des neuen Bauvertragsrechts nicht mehr: Ein Verbraucherbauvertrag muss eine verbindliche Angaben zur Fertigstellung des Bauvorhabens beinhalten.

Nur: Häufig liegt zum Zeitpunkt der Vertragsunterzeichnung noch keine Baugenehmigung vor. Dann wird in der Regel kein kalendermäßig genau bestimmter Tag genannt, sondern ein fester zeitlicher Bezugspunkt gewählt. Doch Vorsicht: „Fertigstellung acht Wochen nach Baubeginn" lässt der Firma die Möglichkeit, den Baubeginn hinauszuzögern. Dasselbe gilt für Klauseln, die den Baubeginn von der Fertigstellung der Bodenplatte abhängig machen.

Der Baubeginn sollte daher ebenfalls festgelegt werden, zum Beispiel so: „Spätestens 30 Tage nach Vorliegen der Baugenehmigung

ist mit den Erdarbeiten zu beginnen." Daran können sich dann die Dauer der Bauzeit und der Fertigstellungstermin anknüpfen, bei einem Fertighaus zum Beispiel drei Monate später. Allerdings müssen dabei auch die berechtigten Belange der Fertighausfirma berücksichtigt werden. Schlechtes Wetter kann die vertragliche vereinbarte Fertigstellung verzögern. Im Idealfall legt die Firma einen Bauzeitenplan vor, der dann als Anlage an den Vertrag kommt.
UNSER TIPP: Verlassen Sie sich nicht felsenfest auf den vereinbarten Termin und kündigen Sie die Mietwohnung nicht schon früh genau passend zur Terminangabe. Kommt es trotz aller Vereinbarungen zu einer verspäteten Fertigstellung, steht die Baufamilie zunächst mit allen anfallenden Kosten allein da. Sie kann sich aber zumindest eine Nutzungsausfallentschädigung von der Fertighausfirma holen. Damit soll der Nachteil ausgeglichen werden, dass sie während der Bauverzögerung in beengten Verhältnissen leben musste.

Diese Nutzungsausfallentschädigung gibt es aber nur, wenn die Bauverzögerung zu einem echten Nachteil für die Bauherren wird. Das ist zum Beispiel der Fall, wenn sie derzeit in einer deutlich kleineren Wohnung unter beengten Verhältnissen leben oder ihr jetziges Zuhause eine deutlich geringere Qualität besitzt. Abgelehnt hat der Bundesgerichtshof hingegen eine Nutzungsausfallentschädigung, wenn der Bauherr das Haus gar nicht selbst nutzen- sondern vermieten wollte, wenn die Verzögerung der Fertigstellung nur kurzzeitig war oder wenn die bisherige Wohnung des Bauherrn in Größe und Qualität in etwa dem neuen Wohnraum entsprach.

▶ **BEISPIEL:** Eine Familie mit drei Kindern lebte in einer Dreizimmerwohnung von nur 73 Quadratmetern. Da es dort zu eng war, entschloss sie sich zum Bau einer größeren Bleibe und beauftragte einen Bauträger. Der Fertigstellungstermin wurde fest vereinbart. Doch der Bau wurde und wurde nicht fertig. Erst 24 Monate nach dem vertraglich festgelegten Termin konnte die Familie einziehen. Der Bundesgerichtshof sprach ihr für diese Zeit eine Nutzungsausfallentschädigung von 10 179 Euro zu.

Diese berechnete sich nach der Kaltmiete, die für die neue, 136 Quadratmeter große Wohnung fällig gewesen wäre, abzüglich der für die Dreizimmerwohnung aufgebrachten Miete (Az. VII ZR 172/13).

Vertragsstrafen für Verzögerungen

Wer sich beim Fertigstellungstermin Sicherheit verschaffen will, vereinbart von Anfang an eine vertragliche Strafe für den Fall, dass die Baufirma ihren Verpflichtungen nicht nachkommt. Das ist inzwischen eher der Regelfall als eine Ausnahme. Mit diesem Instrument können Baufamilien für zusätzlichen Druck sorgen.

Die Höhe dieser Strafe kann individuell vereinbart werden. Sie unterliegt lediglich den allgemeinen gesetzlichen Grenzen. Das heißt: Bei einem Verstoß gegen „die guten Sitten" ist die Strafe unwirksam. Das wäre zum Beispiel der Fall, wenn sie in der Höhe ganz und gar unangemessen ist, sodass ein klares Missverhältnis vorliegt im Vergleich mit dem begründeten Interesse des Kunden, dass sein Haus rechtzeitig fertiggestellt wird und er bei einer eventuellen Verzögerung nicht die vollen Kosten zu tragen hat. Der Betrag muss daher in einem angemessenen Rahmen bleiben und darf nicht überzogen sein. Es ist nicht Sinn der Vertragsstrafe, dass der Kunde bei ihrer Realisierung finanziell besser dasteht, als wenn sein Haus rechtzeitig fertig geworden wäre. Die eventuelle Möglichkeit, dass die Bauverzögerung extrem ausfällt und zu einem besonders hohen Schaden des Bauherrn führt, muss außer Acht bleiben. Falls so etwas passiert, kann er seine Ansprüche im Wege des Schadenersatzes nachträglich durchsetzen.

Üblicherweise wird die Vertragsstrafe in Prozentbruchteilen der Auftragssumme pro Werk- oder Arbeitstag angegeben. Der Bundesgerichtshof hat einen maßvollen, aber Respekt einflößenden Betrag abgesegnet. Im vorliegenden Fall waren es 0,3 Prozent der Brutto-Schlussrechnungssumme je Werktag Fristüberschreitung (Az. VII ZR 122/74). Als Werktage zählte Montag bis inklusive Samstag. Die Obergrenze der Vertragsstrafe muss sich daran messen lassen, welche Beträge üblicherweise in Bauverträgen vorkommen.

Höhere Strafen sollten besser nicht im Vertrag stehen, denn solche Klauseln können unwirksam sein. Ein Betrag von 0,3 Prozent pro Kalendertag wäre höher, denn dann gäbe es auch für Sonn- und Feiertage eine Entschädigung. Das könnte dann bedeuten, dass die vereinbarte Vertragsstrafe nicht gezahlt werden muss. In so einem Fall wäre die gesamte Vereinbarung über die Vertragsstrafe unwirksam. Sie würde nicht auf ein angemessenes Maß reduziert. „Eine Vertragsstrafenvereinbarung in Allgemeinen Geschäftsbedingungen muss auch die Interessen des Auftragnehmers ausreichend berücksichtigen", schreibt der BGH: „Eine unangemessen hohe Vertragsstrafe führt zur Nichtigkeit der Vertragsklausel, eine geltungserhaltende Reduktion findet nicht statt" (Az. VII ZR 210/01).

Außerdem muss der Gesamtbetrag der Strafe der Höhe nach begrenzt sein. Eine Obergrenze von 5 Prozent der Auftragssumme hat der Bundesgerichtshof abgesegnet (Az. VII ZR 210/01). Sie muss ausdrücklich im Vertrag stehen, ein kleiner Hinweis in einer Fußnote reicht nicht (Az. VII ZR 340/03).

Beispiel:

Auftragssumme für das Fertighaus	**160 000 Euro**
Vereinbarter Fertigstellungstermin:	01. Februar 2022
Tatsächliche Fertigstellung:	26. Februar 2022
Verzögerung in Werktagen (Montag bis Samstag):	24 Tage
Vertragsstrafe pro Werktag:	0,3 Prozent
Vertragsstrafe rechnerisch:	7,2 Prozent
Vertragsstrafe in Euro:	11 520 Euro
Deckelung auf 5 Prozent:	**8 000 Euro**

Hier muss die Fertighausfirma nicht die 11 520 Euro zahlen, die rechnerisch durch Addition der 0,3 Prozent Vertragsstrafe pro Werktag fällig würden. Vielmehr greift die vertraglich vorgesehene Deckelung auf maximal 5 Prozent der Auftragssumme, also 8 000 Euro.

Darüber hinaus ist die Vereinbarung einer Vertragsstrafe nur wirksam, wenn sie an das Verschulden des Auftragnehmers anknüpft, es sei denn, es geht um einen VOB/B-Vertrag. Es sollte also im Vertrag stehen, dass die Strafe nur für den Fall einer vom Fertighaushersteller verschuldeten Terminüberschreitung greift.

All dies gilt, wenn die Vertragsstrafe in den Allgemeinen Geschäftsbedingungen vereinbart wird. Eine individuell ausgehandelte Vertragsstrafe darf von diesen Vorgaben abweichen, im Einzelfall also auch höher sein. Auch sie wird sich jedoch an den gesetzlichen Vorgaben bemessen müssen. In der Praxis ist es daher sicherer, die vom BGH genannten Grenzen nicht zu überschreiten.

Die Vertragsstrafe sollte auf jeden Fall fällig werden, wenn der vereinbarte Termin für die Fertigstellung überschritten wird – egal ob der Bauherr dadurch einen finanziellen Schaden erleidet oder nicht. Ansonsten muss der Bauherr den ihm entstandenen Schaden im Einzelnen nachweisen und kann nur diese Kosten zurückfordern. Dagegen hat eine auch in der Höhe fest vereinbarte Vertragsstrafe den Vorteil, dass sie den Schadenersatzanspruch des Bauherrn pauschaliert. So erleichtert sie ihm, sich auch ohne Einzelnachweis seiner zusätzlichen Kosten an der Fertighausfirma schadlos zu halten.

Voraussetzung dafür, dass die Vertragsstrafe fällig wird, ist ein Verzug der Baufirma – zum Beispiel nachdem der fest vereinbarte Fertigstellungstermin verstrichen ist. Aber auch dann darf die Ursache der Verzögerung nicht beim Bauherrn selbst liegen, zum Beispiel weil er sich bei der Auswahl von Sanitäreinbauten, Fliesen, Türen oder Bodenbelägen zu viel Zeit gelassen hat, weil er eine vertraglich vereinbarte Abschlagszahlung nicht rechtzeitig überwiesen hat oder weil er nach Abschluss des Werkvertrags noch plötzliche Ideen für Änderungswünsche hat. Auch höhere Gewalt führt nicht zum Fälligwerden der Vertragsstrafe, zum Beispiel wenn schlechte Wetterbedingungen die Fertigstellung des Hauses verzögert haben.

Der Preis

Den simplen Begriff „Preis" kennen viele Fertighausverkäufer nicht – bei ihnen heißt es grundsätzlich „Festpreis". Das soll suggerieren: Hier wackelt nichts, der Betrag ist fix, zu späteren Preiserhöhungen wird es nicht kommen und vor allem: Es gibt nichts mehr zu verhandeln.

Eigenleistungen sollten realistisch geplant werden, damit sie den Bauterminplan nicht aufhalten.

Doch es geht um sehr viel Geld, und da dürfen Kunden ruhig schon mal fragen, ob ein Nachlass drin ist – und falls nicht, auch mit Nachdruck auf einen Rabatt drängen oder auf günstige Angebote der Konkurrenz verweisen. Ein Vertragsangebot muss nicht immer so fix sein, dass beim Preis gar nichts mehr geht. Zwar sind in der Fertighausbranche keine Nachlässe zu erwarten wie beim Kauf eines Neuwagens. Aber angesichts der hohen Summen kann schon ein kleiner Prozentbetrag eine vierstellige Eurosumme bedeuten.

Kunden, die einen Rabatt herausholen wollen, können das am besten in der Phase, in der sie die Entscheidung für einen bestimmten Anbieter und ein bestimmtes Hausmodell noch nicht abschließend getroffen haben. Wer sich bei mehreren Anbietern umsieht und mit deren Verkäufern spricht, erhält oft in den nächsten Wochen Anrufe oder E-Mails, in denen sich der „persönliche Berater" nach dem aktuellen Stand der Entscheidungsfindung erkundigt. Wer dann durchblicken lässt, dass die Wahl eher auf ein Konkurrenzhaus fallen könnte oder dass das angebotene Modell ein wenig über der eigenen Budgetplanung liegt, hat am ehesten Aussichten, dass der Preis plötzlich doch noch um 1, 2 oder gar 3 Prozent sinkt.

Ist beim Endpreis tatsächlich nichts zu machen, kann es aussichtsreich sein, nach kostenlosen oder im Preis gesenkten Extras zu fragen. Häufig geht es dann nicht um die Standardausstattung, sondern um Spezialitäten und Sonderwünsche, die sonst Aufpreis kosten. Das kann zum Beispiel eine Einbauküche sein, die zusätzlich in den bereits vereinbarten Festpreis aufgenommen wird, oder bessere Fliesen, höherwertige Heizkörper, eine schickere Sanitärausstattung, eine repräsentative Haustür oder ein bisher nicht geplantes Vordach oder eine Markise.

Einige Anbieter fahren auch Sonderaktionen, in denen sie bestimmte Hausmodelle günstiger anbieten. Dann verkaufen sie zum Beispiel aufgewertete Ausstattungsvarianten mit Preisabschlag. Solche Angebote werden aber meist ohnehin aktiv beworben.

Vor allem aber sollten Kunden Preise vergleichen. Doch das ist nicht einfach. Denn es gibt keinen Standard, was zu einem Fertighaus dazugehört. Der ausgewiesene Preis gilt für das Standardmodell. Vieles, was man als selbstverständlich erwartet, kostet Aufpreis. Das fängt mit der Bodenplatte an, ohne die ein Haus gar nicht errichtet werden kann. Dennoch ist sie oft nicht im Preis inbegriffen, ein Keller schon gar nicht. Auch eine Außentreppe ist nicht immer im Preis enthalten. Dasselbe gilt für Vorarbeiten wie das Einrichten, Absperren und Sichern der Baustelle sowie die Baustellenbewachung.

Was alles zum Lieferumfang gehört, ist von Firma zu Firma unterschiedlich. Was hier im Preis inbegriffen ist, kostet dort extra. Unübersichtlich wird es erst recht bei der Ausstattung: Da können Sanitärobjekte, Heizkörper, Fliesen und Fußböden einfach Standardware sein oder hochwertige Markenartikel. Hinzu kommt, dass die Preise für Sonderwünsche ganz unterschiedlich sind, beispielsweise Rollläden (handbetrieben oder mit Motor), Solaranlagen, Lüftungsanlagen oder Regenwassernutzungsanlagen. Auch die Preisersparnisse durch Eigenleistungen sind unterschiedlich.

Wer die Preisunterschiede einigermaßen korrekt kennen will, kommt nicht darum herum, sich die Bau- und Leistungsbeschreibung genau anzuschauen und die dort festgelegten Ausstattungen zu vergleichen.

Preiserhöhungen bei Festpreis?

Auch wenn ein Fertighaus schnell aufgestellt wird: Von der Vertragsunterschrift bis zum Einzug vergehen oft viele Monate. Allein die Baugenehmigung kann ein Vierteljahr dauern. Der in der Werbung gern betonte Begriff „Festpreis" suggeriert dem Kunden zwar Sicherheit. Doch in der Praxis ist er häufig wertlos. Stattdessen stehen in vielen Verträgen irgendwo Preiserhöhungsvorbehalte. Zum Beispiel: „Die zugrunde liegenden Preise sind Festpreise bis 31. Dezember 2022. Oder: „Sollte sich die gesetzliche Mehrwertsteuer erhöhen, ändert sich der Kaufpreis entsprechend." Auch Änderungsvorbehalte für Preissteigerungen bei Baustoffen oder wegen erhöhter Lohnkosten durch neue Tarifabschlüsse kommen vor.

Grundsätzlich darf ein Unternehmen Kostensteigerungen an den Kunden weitergeben, wenn eine entsprechende Klausel im Vertrag steht und mit solchen Kostensteigerungen nicht unbedingt zu rechnen war (BGH, Az. VII ZR 198/84). Aber die Preiserhöhung darf nur auf Basis der Kosten berechnet werden, die der ursprünglichen Kalkulation zugrunde lagen. Das Unternehmen darf nicht aus der Neukalkulation einen zusätzlichen Gewinn einstreichen.

Allgemein üblich sind Klauseln zur Anpassung an die Mehrwertsteuer. Die übrigen Preisgleitklauseln sollten Fertighauskäufer nach Möglichkeit aus dem Vertrag streichen. Sie stellen ein schwer kalkulierbares Risiko dar. In der Regel haben Kunden ihre Finanzierung bereits ausgereizt. Zusätzliche Mittel bei der Bank lockerzumachen, ist unmöglich, sehr kompliziert oder sehr teuer. Will der Anbieter nicht auf die Klausel verzichten, sollte er zumindest darauf eingehen, die mögliche Preissteigerung nach oben zu begrenzen, sodass beispielsweise ein fester prozentualer Anteil des Netto- oder Bruttopreises vereinbart wird, den die Firma auf keinen Fall überziehen darf.

UNSER TIPP: Nehmen Sie eine bedingungslose Pauschalpreisbindung in den Vertrag auf. Pochen Sie auf eine Festpreisdauer, die bis zur Abnahme des Hauses gilt, mindestens jedoch für 15 Monate nach Vertragsabschluss.

Zahlungsmodalitäten

Die Baufirma hat ein gesetzliches Recht auf Abschlagszahlungen in Höhe des Wertes der von ihm erbrachten und nach dem Vertrag geschuldeten Leistung (§ 632a BGB). Die genauen Modalitäten – Termine und Höhe der einzelnen Raten – regelt ein Zahlungsplan. Wer mit einem Generalunternehmer oder Generalübernehmer baut und einen Verbraucherbauvertrag schließt, kann den Zahlungsplan frei verhandeln. Nach einer Untersuchung des Bauherren-Schutzbunds und des Instituts für Bauforschung verfassen die Bauunternehmen meist einen Zahlungsplan mit vier oder fünf Raten:

▶ **5 BIS 10 PROZENT** des Kaufpreises, wenn die Baugenehmigung vorliegt,
▶ **10 PROZENT** nach Montage der Bodenplatte, alternativ 15 bis 20 Prozent nach Bau des Kellers,

- **55 BIS 85 PROZENT** nach Rohmontage (Baukörper inklusive Fenster, Rollläden, Schornstein, Haustür, Dacheindeckung und Nebenarbeiten),
- **20 BIS 30 PROZENT** nach Fertigstellung des Innenausbaus,
- **2 BIS 10 PROZENT** als Schlusszahlung nach vollständiger Fertigstellung und Schlussabnahme

Viele Verträge ordnen aber nicht präzise den Abschluss einzelner Gewerke einem bestimmten Zahlungstermin zu. Mehrfach fand die genannte Untersuchung Zahlungspläne, in denen wesentliche Gewerke wie Dachdeckerarbeiten, Verblendung oder Dämmung der Außenwände nicht auftauchten. Ähnlich war es bei wertmäßig kleineren Gewerken wie Trockenbau, Wärmedämmung im Dach, Innentreppe, Haustür, Fertigstellung von Elektro-, Heizungs- und Sanitärinstallationen.

Die neuen Regelungen für Verbraucherbauverträge bringen auch in punkto Zahlungsmodalitäten Verbesserungen: Vor Abnahme und Fälligkeit der Schlussrechnung kann die Baufirma nicht mehr als 90 Prozent des Werklohns verlangen (§ 650m Abs. 1 BGB).

Auch bei Anbietern von Fertighäusern kommt es vor, dass verfrühte und überhöhte Abschlagszahlungen verlangt werden. Teils soll der Kunde schon gleich nach Vertragsabschluss eine Rate von bis zu 5 Prozent zahlen. Beispiel eines Holzhaus-Herstellers: „5 Prozent bei Vertragsabschluss, 90 Prozent bei Lieferung und Fertigstellung der Rohbaumontage". Hier soll der Kunde nahezu den kompletten Kaufpreis bezahlen, bevor zum Beispiel mit dem Innenausbau überhaupt erst begonnen wurde. Da gibt es nur einen Rat: einen anderen Zahlungsplan aushandeln. Beispielsweise die erste Rate erst nach Lieferung und Montage des Rohbaus, eine weitere Rate nach Fertigstellung, die nächste nach Bauabnahme. Lässt der Anbieter sich nicht auf solche Verhandlungen ein, sollten Kunden sich ein anderes Haus aussuchen.

Der Vertrag sollte genau vorsehen, wann was zu bezahlen ist: einzelne Raten je nach Baufortschritt, wobei der jeweils erreichte Stand genau zu beschreiben ist

Anzahlung laut Vertrag

Bauherren sollten darauf achten, dass der Vertrag keine oder nur eine geringe Anzahlung vorsieht. Keinesfalls sollte die Firma schon vor Baubeginn ein Viertel oder gar die Hälfte der Kosten verlangen. Im Fall einer Insolvenz wäre dieses Geld für den Käufer verloren. Doch viel zu oft sehen die Zahlungspläne eine zu hohe Vorleistung des Kunden vor. Das ist nicht erlaubt: Auch wenn ein Zahlungsplan frei vereinbart werden darf, muss er ausgewogen sein. Anzahlungen von 10 bis 15 Prozent nach Fertigstellung der Bauantragsunterlagen sind im Regelfall zu hoch und damit unwirksam – selbst wenn der Kunde sie unterschrieben hat. Das Oberlandesgericht Brandenburg kippte eine Klausel, mit der die Firma sich 15 Prozent Anzahlung nach Fertigstellung der Bauantragsunterlagen sichern wollte (Az. 7 U 193/06).

Wichtig ist die Schlussrate. Mit Zahlung dieser Rate gelten im Regelfall alle vertraglich vereinbarten Leistungen als erledigt und entdeckte Mängel als beseitigt. Solange der Kunde diese Rate zurückbehalten kann, hat er ein Druckmittel in der Hand, um Nachbesserungsarbeiten einzufordern. Diese Rate sollte mindestens bei 5 Prozent des Kaufpreises liegen. In der Praxis ist das jedoch die Ausnahme. Die meisten Verträge sehen niedrigere Schlussraten vor.

> **INFO** **DIE MAKLER- UND BAUTRÄGER-VERORDNUNG** schützt Immobilienerwerber, die nicht mit einem Generalunter- oder –übernehmer, sondern mit einem Bauträger bauen. § 3 MaBV legt die Zahlung nach Baufortschritt fest:
> - 30 % nach Beginn der Erdarbeiten
> - 70 % nach Baufortschritt, davon
> - 40 % nach Rohbaufertigstellung
> - 8 % nach Fertigstellung von Dachflächen und Dachrinnen
> - je 3 % nach Rohinstallation von Heizung, Sanitär- und Elektroanlagen
> - 10 % nach Fenstereinbau inklusive Verglasung
> - 6 % für den Innenputz
> - 3 % nach Einbringen des Estrichs
> - 4 % für Fliesenarbeiten
> - 5 % nach vollständiger Fertigstellung

Bauträger dürfen diese 13 Einzelschritte zu insgesamt sieben Raten zusammenfassen, müssen dabei aber die jeweilige Höchstgrenze der 13 Abschnitte einhalten.

Sicherheiten für beide Seiten

Das Risiko, beim Bau finanziellen Schaden zu erleiden, weil Fertighausfirma und Handwerker sich nicht an das halten, was vertraglich vereinbart wurde, lässt sich nie ausschließen – es lässt sich aber reduzieren. Grundsätzlich haben private Bauherren laut § 650m Abs. 2 des Bürgerlichen Gesetzbuchs einen Anspruch auf eine Erfüllungssicherheit in Höhe von 5 Prozent der Vertragssumme. Diesen Betrag dürfen sie gleich von der ersten Rate abziehen, bis der Bau fertig ist – also bis zur Bauabnahme. Falls sich der Preis des Hauses erhöht, haben sie auch Anspruch auf Zurückhaltung von 5 Prozent des zusätzlichen Rechnungsanteils.

Als Alternative kann die Fertighausfirma die Erfüllungssicherheit auch dadurch leisten, dass sie eine Garantie stellt oder ein Zahlungsversprechen einer Bank oder eines Kreditversicherers abgibt, zum Beispiel eine Bankbürgschaft. Dann sollte der Kunde prüfen, wie verlässlich und seriös die betreffende Bank ist.

Die 5 Prozent können im Ernstfall immer noch sehr knapp bemessen sein, sind aber immerhin eine Abfederung des Schadens, der durch Bauverzögerungen oder Insolvenz des Anbieters entstehen kann. Denn Pleiten von Baufirmen sind keine Seltenheit. Für die betroffenen Kunden ist das eine Katastrophe: Ihre Anzahlung ist futsch und/oder sie stehen vor einem halb fertigen Bau. Selbst wenn ein anderes Unternehmen das Haus fertigstellen kann, wird dies deutlich teurer, als ursprünglich geplant. Hinzu kommt die zeitliche Verzögerung: In diesen Monaten wird die Bank weiterhin Zinsen vom Bauherrn fordern. Das verteuert die Sache zusätzlich.

Die Fertigstellungssicherheit muss die Firma von sich aus anbieten. In vielen Verträgen fehlt sie jedoch. In einer Untersuchung der Verbraucherzentrale Baden-Württemberg war das bei fast zwei Dritteln der Vertragsentwürfe der Fall. In einer Untersuchung des Bauherren-Schutzbunds und des Instituts für Bauforschung fehlte sie sogar in vier von fünf Verträgen. Wo eine Sicherheitsleistung vorgesehen war, handelte es sich meist um eine Bank- oder Versicherungsbürgschaft.

UNSER TIPP: Achten Sie auf diesen Punkt und verlangen Sie auf jeden Fall eine entsprechende Sicherheitsleistung. Ohne diese sollten Sie keinen Bauvertrag unterschreiben. Fehlt diese Klausel im Vertrag, heißt das aber nicht, dass Kunden kein Recht auf die Erfüllungssicherheit mehr haben. Zumindest können sie dann die 5 Prozent vom ersten Abschlag einbehalten.

Diese Erfüllungssicherheit laut § 650m Abs. 2 BGB greift bis zur Fertigstellung des Hauses. Doch auch in der Zeit danach brauchen Bauherren Sicherheiten. Denn während der Gewährleistung von fünf Jahren (BGB) oder vier Jahren (VOB) kann es Ärger geben, wenn sich Mängel am Haus zeigen und die Firma sich weigert, sie zu beseitigen, oder das Unternehmen insolvent ist und gar nicht mehr existiert. Es ist daher unbedingt empfehlenswert, im Vertrag einen Sicherheitseinbehalt von zum Beispiel 3 oder 5 Prozent der Netto-Schlussrechnungssumme zu vereinbaren. Diesen Betrag zahlt der Bauherr erst nach Ablauf der Gewährleistungsfrist. Alternativ kann vereinbart werden, dass die Summe ausgezahlt wird, wenn das Bauunternehmen eine Gewährleistungssicherheit stellt. In jedem Fall hat der Bauherr im Gewährleistungsfall ein Druckmittel: Reagiert die Fertighausfirma nicht, wenn er einen Mangel am Haus entdeckt und meldet, kann er damit drohen, die Mängel notfalls von einem anderen Unternehmen ausbessern zu lassen. Und für den Fall einer Insolvenz des Herstellers hat er die Sicherheit, Geld zur Verfügung zu haben, um Handwerker mit der Mängelbeseitigung zu beauftragen.

Alle Sicherheiten sollten im Vertrag aufgeführt und die entsprechenden Dokumente vorgelegt werden. Das gilt auch für Versicherungen. Wird die Verkehrssicherungspflicht auf die Baufirma übertragen, muss auch das im Vertrag stehen (siehe Kapitel „Versicherungen", Punkte „Baufertigstellungs- und Baugewähr-

Was muss im Kaufvertrag stehen?

Wenn's ums liebe Geld geht: Immer lieber nochmal nachrechnen.

Beispiel:

Auftragssumme:	160 000 Euro
Bürgschaftssumme vom Kaufpreis:	70 Prozent 112 000 Euro
Bankgebühr für die Bürgschaft:	2 Prozent
Kosten für die Bankgebühr pro Jahr:	2 240 Euro

Der Preis, den die Bank in diesem Beispiel für die Bürgschaft verlangt, ist pro Jahr fällig. Kommen weitere Monate hinzu, sind anteilig 187 Euro pro Monat fällig.

Achten Sie auch darauf, ob mit der Bürgschaft ein Kündigungsrecht der Fertighausfirma verbunden ist.

Nach der Fertigstellung des Hauses ist die Bürgschaft nicht mehr nötig. Vergessen Sie nicht, dann die Rückgabe der Urkunde zu verlangen – je früher, desto besser. Solange die Bürgschaft läuft, verlangt die Bank schließlich Geld dafür.

Als Alternative können Fertighaushersteller zur Sicherung ihrer Forderungen auch verlangen, dass der Käufer ihnen eine ==Sicherungshypothek== für das Baugrundstück einräumt, also eine Eintragung ins Grundbuch.

▶ **BEISPIEL:** Dem Bestreben einer Baufirma, sich abzusichern, hat das OLG Koblenz jüngst einen Riegel vorgeschoben (Az. 2 U 296/16): Der Darlehensauszahlungsanspruch der Bauherren darf nicht zur Sicherung des Unternehmens abgetreten werden. In der vom Gericht für unwirksam erklärten Vertragsklausel sollte sich der Bauherr verpflichten, „spätestens acht Wochen vor dem vorgesehenen Beginn der Arbeiten seine Darlehensauszahlungsansprüche gegenüber der das Bauvorhaben finanzierenden Bank, Kreditinstitut oder Versicherungsunternehmen an das Unternehmen abzutreten. Die Abtretung erfolgt zur Absicherung aller sich aus dem vorliegenden Vertrag ergebenden Zahlungsverpflichtungen des Bauherrn gegenüber dem Unternehmen. Der Bauherr wird sein Finanzierungsinstitut anweisen, die Darlehensvaluta gemäß den im Darlehensvertrag und im Hausvertrag vereinbarten Bedingungen an das Unternehmen auszuzahlen." Nach Auffassung

leistungsversicherung" und „Verkehrssicherungspflicht").

Nicht nur der Käufer eines Hauses will auf Nummer sicher gehen, auch die Fertighausfirma. Schließlich geht sie nach der Bestellung des Kunden erheblich in finanzielle Vorleistung. Anders als beim Massivbau beginnen Fertighaushersteller gleich nach der Vertragsunterschrift mit der Produktion. Und sie können ihre Fabrikation nicht je nach Zahlungsfähigkeit eines Bauherrn zwischendurch mal eben anhalten. Vielmehr müssen sie sicher sein können, dass sie am Ende tatsächlich die Gesamtsumme bekommen. Einige Unternehmen verlangen daher vor Baubeginn von den Kunden eine ==Zahlungsbürgschaft==. Die Höhe einer solchen Bürgschaft hat der Gesetzgeber für Verbraucherbauverträge gedeckelt: Wenn eine Baufirma Abschlagszahlungen nach § 632a BGB verlangt, kann sie die Baufamilie maximal zu einer Sicherheitsleistung in Höhe der nächsten Abschlagszahlung oder in Höhe von 20 Prozent der vereinbarten Vergütung verpflichten. Andere Vereinbarungen sind unwirksam.

Bauherren sollten darauf achten, ob eine solche Bürgschaft im Vertrag steht, und versuchen, sie in der Höhe zu begrenzen. Die Bürgschaft ist nicht vorgeschrieben, sondern Verhandlungssache.

des Gerichts wird dem Unternehmen durch diese Klausel „ohne Rücksicht auf die Vertragsgemäßheit und Mangelfreiheit seiner Werkleistung der jederzeitige und unmittelbare Zugriff auf die Sicherheit eröffnet." Davor müsse der private Bauherr geschützt werden. 14 weitere Klauseln des verhandelten Fertighausvertrags befand das Gericht für unwirksam.

Rücktritts- und Widerrufsrecht

In der Musterhaussiedlung machen manche Vertreter schon mal Druck. Doch Bauinteressenten sollten sich keinesfalls drängen lassen und in der ersten Euphorie gleich einen Vertrag unterschreiben.

Seit der Baurechtsnovelle steht dem Auftraggeber beim Verbraucherbauvertrag ein kostenloses Widerrufsrecht zu. Die Widerrufsfrist beträgt zwei Wochen. Sie beginnt grundsätzlich mit Vertragsschluss – allerdings nur, wenn der Unternehmer den Verbraucher über sein Widerrufsrecht in Textform belehrt hat. Wer später storniert, muss eine Vertragsstrafe zahlen, und das sind meist mehrere tausend Euro.

▶ **BEISPIEL:** Ein Ehepaar schloss mit dem Vertreter einer Fertighausfirma einen Vertrag über den Bau eines Fertighauses. Als Monate später der geplante Kauf des Grundstücks scheiterte, kündigten die beiden den Bauvertrag. Dort war aber die Regelung festgelegt: „Der Bauherr kann bis zur Fertigstellung des Hauses den Vertrag kündigen. Bei einer Kündigung bis zur Übergabe der Pläne für den Bauantrag an den Bauherren sind 7,5 Prozent des vereinbarten Gesamtpreises fällig." Diese Regelung fand der Bundesgerichtshof in Ordnung. Das Ehepaar musste rund 8 500 Euro Stornogebühr zahlen (Az. VII ZR 167/99).

▶ **BEISPIEL:** Glück hatte ein Ehepaar, das eigentlich nur eine Musterhaussiedlung besichtigen wollte, aber mit einem fertig unterschriebenen Kaufvertrag über 156 000 Euro wieder zurückkam. Am nächsten Tag bereuten sie ihre vorschnelle Entscheidung und wollten den Kaufvertrag widerrufen. Die Fertighausfirma stimmte zu, wollte aber wenigstens 500 Euro Stornogebühr. Das Ehepaar zahlte nicht, die Firma zog vor Gericht – und verlor. Zwar hatten die beiden grundsätzlich kein Widerrufsrecht, denn die Besichtigung eines Musterhauses ist nicht als Freizeitveranstaltung anzusehen, für die das sogenannte Haustürwiderrufsrecht gilt, das Verbrauchern die Möglichkeit gibt, aus einem Vertrag auszusteigen, zu dessen Unterschrift sie überrumpelt wurden. Doch die Besichtigung hatte an einem Sonntag stattgefunden. Und an so einem Tag ist es offensichtlich, dass Verbraucher sich zunächst mal nur informieren und nicht gleich einen Vertrag abschließen wollen. Das Ehepaar durfte daher kostenfrei vom Vertrag zurücktreten, entschied das Landgericht Itzehoe (Az. 7 O 212/04).

Wenn die Firma zu dem Zeitpunkt, da die Bauherrenfamilie vom Vertrag zurücktreten will, noch gar nicht mit dem Bau begonnen hat, kann sie einfach den Weg wählen, den das Werkvertragsrecht des Bürgerlichen Gesetzbuchs vorsieht. Laut § 649 gilt in so einem Fall die Annahme, dass dem Unternehmen 5 Prozent der Vergütung zustehen.

Viele Hersteller von Fertighäusern verwenden in ihren Musterverträgen aber Klauseln, nach denen deutlich höhere Prozentsätze fällig werden. Das ist erlaubt. Aber dem Kunden muss die Möglichkeit eingeräumt werden nachzuweisen, dass der tatsächliche Schaden des Unternehmens geringer ist. Dann muss er auch einen geringeren Betrag zahlen.

So erlaubte der BGH beispielsweise die Klausel: „Der Unternehmer kann für Aufwendungen und entgangenen Gewinn einen Pauschalbetrag von 15 Prozent des Gesamtpreises geltend machen. Der Anspruch steht dem Unternehmer nicht zu, wenn der Bauherr nachweist, dass der dem Unternehmer zustehende Betrag wesentlich niedriger als die Pauschale ist" (Az. VII ZR 161/10). Es ging dabei um den Bau eines Fertighauses, bei dem der Bauherr den Innenausbau teilweise selbst erledigen wollte. Allerdings darf die Pauschale nicht zu hoch angesetzt werden. 10 Prozent der Auftragssumme fand der BGH noch angemessen (Az. VII ZR 175/05). Aber 18 Prozent erschienen den Richtern „höchst zweifelhaft" (Az. VII ZR 256/83).

Andererseits gibt es Konstellationen, in denen ein Vertragsrücktritt unausweichlich ist. Das kann zum Beispiel der Fall sein, wenn die Stadt wider Erwarten keine Baugenehmigung erteilt oder wenn die Finanzierung nicht zustande kommt. Für solche Fälle sollte der Vertrag Vorbehalte vorsehen. Idealerweise beinhaltet der Vertrag ein kostenloses Rücktrittsrecht, solange nicht sicher ist, dass das Bauvorhaben wie geplant beginnen kann. Nichtsdestotrotz sollten Bauherren möglichst alle Unwägbarkeiten vor der Vertragsunterschrift klären.

▶ **BEISPIEL:** Ein Kunde unterschrieb einen Bauvertrag für ein Haus zu einem Preis von 96 680 Euro. Der Vertrag sah ein Rücktrittsrecht für den Fall vor, dass die Finanzierung scheitert: „Dem Bauherrn steht das Recht zu, vom Hausvertrag zurückzutreten, wenn er die Gesamtfinanzierung nicht bis spätestens 25. Juni zugesagt erhält, obwohl er sie rechtzeitig und ordnungsgemäß beantragt hat." Als Beweis dafür sollte der abschlägige Finanzierungsbescheid einer Bank ausreichen. Tatsächlich scheiterte die Finanzierung. Einen entsprechenden Bescheid der Bank legte der Kunde vor. Das wollte die Baufirma nicht anerkennen mit dem Argument, er habe sich gar nicht ernsthaft um eine Finanzierung bemüht.

Vor dem Oberlandesgericht Düsseldorf kam sie damit nicht durch (Az. I-23 U 91/13, 23 U 91/13). Die Klausel sei zu allgemein gehalten. Insbesondere sei völlig unklar, was der Kunde hätte tun müssen, damit seine Gesamtfinanzierung als „ordnungsgemäß beantragt" gilt. Außerdem blieb offen, zu welchen Konditionen er ein Darlehen hätte aufnehmen müssen. Nach dem Wortlaut des Vertrags hätte er den Eindruck haben können, dass er auch ein viel zu teures Darlehen in Anspruch nehmen musste, wenn es ihm nur so gelingt, die Finanzierung zu erhalten. All diese Unklarheiten gehen grundsätzlich zu Lasten desjenigen, der solche vertraglichen Klauseln formuliert – also zu Lasten der Baufirma.

Kunden können auch individuelle Rücktrittsgründe vereinbaren. Zum Beispiel, dass sie zunächst noch ihr vorhandenes Immobilieneigentum verkaufen wollen.

▶ **BEISPIEL:** Ein Ehepaar unterschrieb einen Fertighausvertrag mit dieser Klausel: „Der Bauherr erhält ein kostenfreies Rücktrittsrecht für den Fall, dass er seine Eigentumswohnung nicht verkaufen kann." Ein paar Wochen später wurde der Kunde arbeitslos. Auch beim Verkauf der Wohnung hakte es. Obwohl mehrere Immobilienmakler eingeschaltet wurden, konnten keine Käufer gefunden werden. Schließlich erklärte das Ehepaar den Rücktritt. Die Arbeitslosigkeit wollte das Brandenburgische Oberlandesgericht nicht als Begründung durchgehen lassen. Allein der Vorbehalt des Wohnungsverkaufs bedeute nicht konkludent, dass der gesamte Kaufvertrag unter einem Finanzierungsvorbehalt stand. Doch die Bedingung „vorheriger Verkauf der Eigentumswohnung" sei als Rücktrittsvoraussetzung klar und eindeutig genug (Az. 4 U 165/10).

Mitunter kommt es auch vor, dass Fertighausanbieter auf großen Verbrauchermessen ihren Kunden verbindliche Verträge unterjubeln, obwohl die Bauherren gar kein passendes Grundstück besitzen. Viele Kunden glauben, ihnen stehe dann ein Widerrufsrecht zu – das stimmt jedoch nicht. Bei Messen gilt kein über das kostenlose zweiwöchige Widerrufsrecht hinausgehendes Rücktrittsrecht, wie es zum Beispiel bei Geschäften an der Haustür oder bei Freizeitveranstaltungen üblich ist. Selbst große Publikumsmessen gelten meist nicht als Freizeitveranstaltung. Das hat der Bundesgerichtshof beispielsweise für die Grüne Woche in Berlin festgestellt (Az. VIII ZR 199/01).

Messebesucher sollten daher nichts unterschreiben – weder einen förmlichen Kaufvertrag, noch eine Reservierungsvereinbarung, noch ein Vorvertrag! Die Formulierung mag noch so unverbindlich klingen, doch wer aus der Sache wieder herauswill, muss häufig mehrere tausend Euro bezahlen.

Vorbereitungsarbeiten und Logistik für die Baustelle: Wer muss das nach Bauvertrag machen?

Weitere Vertragsbestandteile

Zum Kaufvertrag gehört schließlich noch ein großer Stapel technischer Unterlagen:
- ▶ **SÄMTLICHE PLAN- UND DETAILANLAGEN** (z. B. Grundrisse, Schnitte und alle relevanten Konstruktionsdetails), sowie Fachplanungen für Statik, Heizung, Lüftung, Sanitär, Elektro
- ▶ **TECHNISCHE MERKBLÄTTER** u. a. Wird eine andere Firma beispielsweise mit dem Bau eines Kellers beauftragt, dann werden die technischen Merkblätter des Fertighausherstellers sinnvollerweise Bestandteil des Vertrags mit dem Kellerbauer
- ▶ **GARANTIEERKLÄRUNGEN** und Bürgschaften
- ▶ **GEWÄHRLEISTUNGEN**
- ▶ **IDEALERWEISE WARTUNGSVEREINBARUNGEN**, zum Beispiel für die Heizung

Im Vergleich zu etwa der Bau- und Leistungsbeschreibung mögen die Planungsunterlagen auf den ersten Blick weniger wichtig erscheinen. Doch manch eine Baufamilie hatte in der Vergangenheit erhebliche Probleme, wenn sie Förderkredite beantragen oder gegenüber Behörden nachweisen wollte, dass die Bauvorschriften eingehalten werden, jedoch die notwendigen Dokumente nicht vorlegen konnte. Deshalb hat der Gesetzgeber mit der Bauvertragsnovelle an dieser Stelle nachgebessert: Die Baufirma muss wichtige Planungsunterlagen bereits vor Baubeginn herausgeben (§ 650n Abs. 1 BGB). Spätestens mit der Fertigstellung des Hauses muss die Firma darüber hinaus diejenigen Unterlagen erstellen und den Bauherren übergeben, die sie benötigen, um gegenüber Behörden oder einem Fördermittelgeber belegen zu können, dass die Leistung tatsächlich unter Einhaltung der einschlägigen öffentlich-rechtlichen Vorschriften ausgeführt worden ist oder dass die Förderbedingungen eingehalten wurden (§ 650n Abs. 2 BGB). Für die Baufamilie hat diese Gesetzesneuerung noch einen weiteren großen Vorteil: Mit Hilfe der Unterlagen kann ein unabhängiger Berater das Bauvorhaben besser überprüfen.

Widersprüche zwischen Vertragsbestandteilen

Es kann vorkommen, dass Widersprüche zwischen einzelnen Regelungen in unterschiedlichen Vertragsbestandteilen auftreten, zum Beispiel zwischen den Bauplänen und dem Leistungsverzeichnis. In solchen Fällen hat grundsätzlich die Bau- und Leistungsbeschreibung Vorrang – zumindest dann, wenn dort die Details der zu erbringenden Leistung genauer beschrieben werden, urteilte der Bundesgerichtshof (Az. VII ZR 115/03): „Ein detailreich aufgestelltes Leistungsverzeichnis geht allen anderen Vertragsbestandteilen vor, auch der Vorbemerkung der Ausschreibungsunterlagen sowie einem etwaigen Baugenehmigungsbescheid."

Dieser Grundsatz gilt also immer dann, wenn die Bau- und Leistungsbeschreibung tatsächlich detailliert ist. Wenn aber zum Beispiel nach Absprache mit dem Bauherrn die Baupläne verändert wurden und damit aktueller sind, kann das anders sein.

Fallstricke im Vertrag

Unabhängige Baurechtsberater prüfen den gesamten Vertrag auf Herz und Nieren. Sie finden dabei regelmäßig unwirksame Klauseln, so die Warnung von Verbraucherschutzverbänden.

▶ **BEISPIEL:** Beim Bau eines Hauses sollte die Auftraggeberin Abschlagszahlungen leisten, je nach Baufortschritt. Sie hatte einen Architekten beauftragt, der den jeweiligen Stand der Arbeiten kontrollieren und prüfen sollte. Auf sein „Okay" überwies sie die geforderte Rate. Dann stellte sich jedoch heraus, dass die Arbeiten noch gar nicht ausgeführt waren und darüber hinaus auch noch schwere Mängel hatten. Vom Bauunternehmen war kein Geld mehr zu holen, also verklagte sie den Architekten. Der hätte nicht nur die Arbeiten kontrollieren, sondern auch prüfen müssen, ob sie den vertraglichen Vereinbarungen entsprechen, urteilte der Bundesgerichtshof. Der Architekt musste den zu viel bezahlten Betrag ersetzen (Az. VII ZR 295/00). Anwälte und Architekten haben für solche Fälle in der Regel eine Berufshaftpflichtversicherung.

Dass die von den Herstellerfirmen verwendeten Vertragsformulare Lücken aufweisen oder Regelungen beinhalten, die den Kunden erheblich benachteiligen, ist nicht die Ausnahme, sondern der Regelfall. Auch juristisch unwirksame Klauseln sind alles andere als selten. Beispiele hierfür sind:

„Bauseits". Der juristisch unerfahrene Leser vermutet, dass es die Baufirma ist, die sich kümmert, wenn beispielsweise im Vertrag steht „Wasserhaltung bauseits". Doch das Gegenteil ist der Fall. „Bauseits" heißt, dass der Bauherr diese Arbeiten veranlassen und bezahlen muss. In diesem Beispiel bedeutet die Klausel: Falls Grund- oder Sickerwasser in der Baugrube steht, ist es Sache des Bauherrn, es abpumpen zu lassen. Das kann mehrere tausend Euro kosten.

Viele Verträge sehen zwar den Bau eines schlüsselfertigen Hauses vor, doch im Text findet sich beispielsweise eine Klausel, nach der Aushub und Entsorgung sowie die Lagerung des Aushubs bauseits anfallen, zum Beispiel „Abfuhr überschüssiges Aushubmaterial bauseits" oder „Erd- und Kanalarbeiten werden komplett bauseits ausgeführt". Gern verwendet werden in vielen Verträgen auch Klauseln wie „Baustellenzufahrt bauseits" oder „Stahlbetondecke Fugenspachtelung bauseits".

Der VPB warnt auch vor diesem Vertragspassus: „Die Leistung Keller- und Bodenplattendämmung sind bauseits zu erbringen". Die Dämmung ist fester Bestandteil des Hauses, sie wird sogar in der Energieberechnung entsprechend mit geplant. Da ergibt es wenig Sinn, diese Spezialarbeiten dem Bauherrn aufzubürden. Doch wer den Keller oder die Bodenplatte von einer Fremdfirma erstellen lässt, will Geld sparen und achtet auf einen günstigen Preis. Gerade Billiganbieter kalkulieren dann aber nur die Betonarbeiten ein und legen einen entsprechenden Vertrag ohne Dämmung vor. Hat der Bauherr unterschrieben, sitzt er in der

Ein Fertighaus kaufen

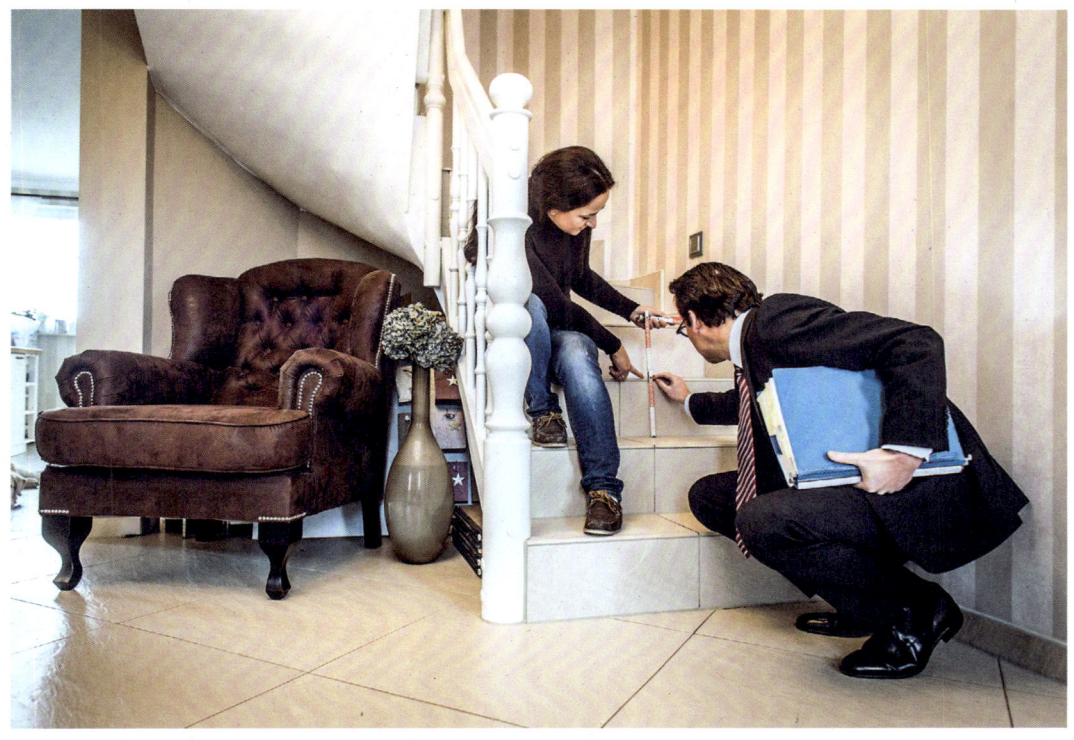

Schon bei Vertragsabschluss an Gewährleistung und Garantien denken: Auch nach Übergabe und Bezug des Hauses können sich Mängel herausstellen.

Falle. Er muss die Dämmung dann zusätzlich in Auftrag geben – und zusätzlich bezahlen.

„Aushub". Selbst wenn kein Keller gebaut wird, sondern lediglich eine Bodenplatte, muss im Regelfall die obere Bodenschicht abgetragen und anderswo entsorgt werden. Dennoch fehlt in manchen Bauverträgen die Position „Kosten für Aushub". Später in der Endabrechnung taucht sie dann als Extraposition auf, die den ganzen Bau verteuert.

„Schlüsselfertig". Unbedarfte Bauherren erwarten gerne, dass ein „schlüsselfertiges" Haus „bezugsfertig" ist. Und tappen damit in eine gefährliche Falle. Der Begriff ist weder gesetzlich geschützt noch im BGB konkret definiert. Streng genommen bedeutet er lediglich, dass das gebaute Haus im Innenbereich bewohnt werden kann. Nicht dazu gehören die Außenanlagen, die Erschließung, der Außenputz, die Fassadenarbeiten – und die Bodenplatte oder der Keller (Oberlandesgericht Hamm, Az. 4 U 214/97). Die Gerichte stellen an die „Bezugsfertigkeit" geringere Anforderungen als an den Begriff „schlüsselfertig".

Mitunter finden sich in Bauverträgen auch Bezeichnungen wie „bezugsreif" oder „wohnkomplett". Da gilt das gleiche wie für „bezugsfertig". Unter „schlüsselfertig" verstehen einige Billiganbieter auch ein Haus, in dem weder Fußböden verlegt noch die Wände tapeziert sind. Dennoch sollten Kunden darauf achten, dass dieser Begriff auftaucht. Denn die Gerichte verstehen ihn so, dass das Haus komplett und funktionsfähig sein muss. Fehlt in der Bau- und Leistungsbeschreibung beispielsweise die Haustür, darf der Hersteller nicht einfach das Haus ohne Tür hinstellen. Etwaige Lücken in der Leistungsbeschreibung fallen dann in das Kalkulationsrisiko der Fertighausfirma, da komplette, schlüsselfertige Häuser keine wesentlichen Lücken aufweisen dürfen. In welcher Qualität die Lücke gefüllt wird, bemisst sich dann an der Ausführung des übrigen Hauses.

▶ **BEISPIEL:** Ein Hauseigentümer stritt sich mit der Wohngebäudeversicherung um einen Leitungswasserschaden. Der Versicherer wollte nicht zahlen, weil das Haus noch nicht bezugsfertig sei und die Police nur für

Die Gewährleistungszeit für Solaranlagen ist von Fall zu Fall unterschiedlich.

fertige Gebäude gelte. Damit kam er nicht durch. „Ein Wohngebäude ist dann bezugsfertig, wenn es bestimmungsgemäß von Menschen bezogen und auf Dauer bewohnt werden kann", urteilte das Oberlandesgericht Hamm. Das ist auch dann der Fall, wenn Restarbeiten wie Malern oder Tapezieren noch ausstehen: „Bezugsfertig ist nicht gleichzusetzen mit schlüsselfertig", entschieden die Richter (Az. 20 U 210/87).

Unwirksame Vertragsklauseln:
Hier einige Beispiele aus Verträgen, die rechtlich angreifbar sind:

▶ **„DER VOLLE KAUFPREIS** ist auch dann fällig, wenn noch Restarbeiten ausstehen." Das geht so nicht. Der Käufer hat bei Mängeln ein Zurückbehaltungsrecht in Höhe der doppelten Kosten, die voraussichtlich für die Mängelbeseitigung anfallen. Dasselbe gilt – aus demselben Grund – für die Klausel: „Der Kunde darf maximal den Betrag einbehalten, der zur Beseitigung des Mangels aufgewendet werden muss."

▶ **„UNWIRKSAME REGELUNGEN** sind durch solche Bestimmungen zu ersetzen, die ihrem wirtschaftlichen Zweck am nächsten kommen." Laut Gesetz gilt: Ist ein Vertragspassus unwirksam, gelten an seiner Stelle automatisch die gesetzlichen Vorschriften. Außerdem bleibt bei dieser Klausel unklar, wie denn die Ersatzbestimmungen aussehen sollen. Der Kunde weiß also nicht, was konkret auf ihn zukommt (Landgericht Frankfurt/Main, Az. 2–02 O 327/08).

▶ **„TRETEN MÄNGEL AUF,** über deren Beseitigung keine Einigung erzielt werden kann, entscheidet das Urteil eines vereidigten Sachverständigen als Schiedsgutachter. Die Feststellungen des Sachverständigen sind für die Vertragsschließenden verbindlich." Eine solche Schiedsgutachterklausel benachteiligt den Kunden unangemessen. Sachverständige können Fehler machen. Diese Klausel nimmt dem Kunden die Möglichkeit, das Gutachten gerichtlich überprüfen zu lassen. Die wirtschaftlichen Folgen können in die Tausende gehen, die Vorteile für den Kunden sind dagegen gering. Sie liegen im Wesentlichen in einer schnelleren Abwicklung von Streitigkeiten. Der Käufer eines Fertighauses ist aber weniger an der Schnelligkeit interessiert als an einer gründlichen und richtigen Beurteilung (BGH, Az. VII ZR 2/91).

▶ „ÄNDERUNGEN IN DER Konstruktion und der Ausführung behalten wir uns vor, soweit sie aus technischen Gründen zweckmäßig sind oder aufgrund behördlicher Auflagen erforderlich werden und dem Bauherrn zumutbar sind." Das würde bedeuten, dass der Kunde einen Vertrag unterschreibt, ohne zu wissen, was er am Ende für sein Geld bekommt (Landgericht Nürnberg-Fürth, Az. 7 O 8586/10).

▶ „WIR BEHALTEN UNS Änderungen der Materialauswahl vor, solange sie innerhalb der bauüblichen Toleranz liegen." Häufig heißt es auch: „innerhalb der Regeln der Baukunst" oder dass die stattdessen verwendeten neuen Materialien gleichwertig sind mit denen, die im Vertrag vereinbart wurden. Doch im Ergebnis kann der Bauherr bei einer solchen Klausel nicht wissen, was ihn wirklich erwartet. Deshalb ist sie zu allgemein, zu pauschal und zu ungenau. Sie ist in dieser Form unwirksam, entschied der Bundesgerichtshof (Az. VII ZR 200/04). Änderungsvorbehalte sind allenfalls möglich, wenn es triftige Gründe dafür gibt und wenn die Änderungen dem Kunden auch zumutbar sind. Soll die Klausel gültig sein, muss der Fertighaushersteller die Kriterien detailliert nennen. Das gilt auch, wenn die Änderung keine Wert- oder Gebrauchsminderung mit sich bringt (Oberlandesgericht Stuttgart, Az. 2 U 37/02). Denn wenn sich die Änderung zum Beispiel auf die Farbe des Fußbodens bezieht, hilft es der Baufamilie wenig, wenn der neue Fußboden zwar gleichwertig ist, aber ihren geschmacklichen Vorstellungen völlig widerspricht. Eine solche Änderungsklausel muss ausdrücklich darauf hinweisen, dass eine eventuelle Änderung der vertraglich vereinbarten Bauausführung nur erfolgt, wenn die Abweichung für den Kunden zumutbar ist. Denn unzumutbare Änderungen sind selbstverständlich nicht zulässig. Genau aus diesem Grund können Kunden die meisten Änderungsvorbehalte gelassen sehen: In der Regel sind sie rechtlich nicht haltbar. Dennoch ist es besser, solche Klauseln aus dem Bauvertrag zu streichen oder die Firma zu bitten, eventuelle Änderungen von vornherein zu konkretisieren, am besten schriftlich.

▶ „DER VERKÄUFER IST nicht verpflichtet, Leistungen zu erbringen, die nicht im Vertrag stehen. Der Verkäufer leistet keine darüber hinausgehenden Arbeiten." Das klingt zwar einleuchtend, doch in der Praxis würde dies bedeuten, dass jede Unvollständigkeit in der Baubeschreibung zu Lasten des Kunden geht. Wurde in der Baubeschreibung zum Beispiel der Fußbodenbelag vergessen, bekäme der Bauherr ein Haus ohne Laminat, Teppichboden oder Parkett.

▶ „DER AUFTRAGNEHMER schuldet nur die Einhaltung des Mindestschallschutzes nach DIN 4199. Wünscht der Auftraggeber einen erhöhten Schallschutz, hat der Auftragnehmer Anspruch auf Vergütung der Mehraufwendungen." Die DIN befasst sich nicht mit Schallschutz in Einfamilienhäusern. Ihre Zielsetzung ist es, Menschen in Aufenthaltsräumen vor unzumutbarem Lärm zu schützen. Das ist nicht das, was Käufer eines Fertighauses wollen. Sie erwarten automatisch einen besseren Schallschutz – und dürfen das auch erwarten.
Für den Schallschutz in Einfamilienhäusern gelten die üblichen Qualitäts- und Komfortstandards. Nur weil der Bauvertrag auf eine „Schalldämmung nach DIN 4109" Bezug nimmt, heißt das nicht, dass lediglich die Mindestmaße der DIN vereinbart sind. Denn die DIN entspricht nicht mehr den anerkannten Regeln der Technik. Will die Fertighausfirma tatsächlich nur diesen Standard bieten, muss sie den Käufer deutlich darauf hinweisen (BGH, Az. VII ZR 54/07).

TYPISCHE MÄNGEL IM BAUVERTRAG
Sind Sie so gewieft, dass Sie alle juristisch relevanten Fallen in einem Bauvertrag erkennen können?

- Unwirksame oder überzogene Forderungen für den Fall, dass der Kunde den Vertrag kündigt
- Ungenaue und unvollständige Bau- und Leistungsbeschreibung, Widersprüche zwischen Leistungsverzeichnis und Bauplänen
- Wichtige Vorarbeiten wie Bodengutachten, Erdaushub, Anschlüsse an Strom oder Kanalisierung sind nicht im Festpreis enthalten.
- Klauseln, in denen sich die Firma Änderungen bei Material und Ausführung vorbehält
- Fehlender Blower-Door-Test
- Zu hohe Anzahlungen
- Überzogene Zahlungspläne, nach denen der Kunde zu früh zu viel zahlen soll
- Preiserhöhungsvorbehalte
- Baubeginn und Fertigstellung sind unzureichend terminiert.
- Fehlende Erfüllungssicherheit, fehlende Gewährleistungssicherheit
- Keine oder unzureichend formulierte Vertragsstrafe für den Fall, dass das Haus verspätet fertiggestellt wird
- „Salvatorische Klauseln", die bewirken sollen, dass bei einer unwirksamen Vertragsregelung nicht die gesetzliche Regelung greift, sondern eine Regelung, die der unwirksamen am nächsten kommt
- Unzulässige Schiedsgutachterklausel.

DEN BAUANTRAG STELLEN

Das Grundstück steht fest, die Hausdetails sind geplant, fehlt nur noch die Baugenehmigung. Der erste Schritt dazu ist der Bauantrag. Die Behörde prüft zunächst, ob das geplante Bauvorhaben den Regeln der Bauordnung im jeweiligen Bundesland entspricht. Der Bauantrag gehört zu den Planungsleistungen, die bei den Fertighausangeboten nicht immer im Festpreis enthalten sind. Dann muss der Kunde einen bauvorlageberechtigten Planer – im Regelfall einen Architekten – damit beauftragen, denn er darf den Antrag nicht selbst erstellen.

 ZEITEN EINPLANEN: DAUER UND FRISTEN DES BAUANTRAGS
Der Zeitfaktor ist im Baugeschehen von großer Bedeutung, denn er bestimmt auch, wann die bisherige Wohnung gekündigt bzw. verlassen wird und hat wesentliche Auswirkungen auf die Höhe der Gesamtkosten.
Der Bauantrag kann zu Terminproblemen führen, wenn Sie dabei geltende Fristen nicht beachten. Rechnen Sie sicherheitshalber mit mindestens vier Monaten für das Verfahren.

Achtung: Ist der Bauantrag keine Inklusivleistung des Fertighausanbieters, muss ein bauvorlageberechtigter Planer damit beauftragt werden.

Nachdem Sie den Antrag auf Baugenehmigung gestellt haben, findet die Prüfung im Baugenehmigungsverfahren statt. Das Bauamt selbst hat innerhalb von zehn Arbeitstagen den Antrag auf Vollständigkeit zu prüfen. Sollte es zu Komplikationen kommen, stellt es eine Nachfrist zur Beseitigung möglicher Versäumnisse. Danach erhalten Sie eine Eingangsbestätigung.

Ab diesem Zeitpunkt dürfen bis zum Bescheid nicht mehr als zwei Monate vergehen. Im Vorfeld kann es unter Umständen passieren, dass Ihnen ein Vorbescheid zugesendet wird. Vielleicht fordert die Stelle aber noch eine Änderung vor Vergabe der endgültigen Baugenehmigung.

Wenn der Fertighaushersteller den Bauantrag übernimmt, haben Kunden kaum Arbeit damit. Sie schicken dem Hersteller den Lageplan und den Bebauungsplan ihres Grundstücks. Den Lageplan gibt es beim zuständigen Katasteramt. Der Fertighausanbieter zeichnet die Planung dort ein. Den Bebauungsplan erhalten Hauskäufer bei der zuständigen Kommune.

Die Firma erstellt dann den Bauantrag einschließlich aller Formulare und verschickt das Papierpaket an den Kunden – teils sogar inklusive Anschreiben an die Bauaufsichtsbehörde sowie an das Bauamt. Der Bauherr muss nur noch unterschreiben und das Ganze an die Baubehörde schicken. Komplizierter wird es, wenn der Bauherr eine andere bauvorlageberechtigte Person mit dem Bauantrag beauftragt. Diese muss über den Lageplan und den Bebauungsplan hinaus zahlreiche Unterlagen vom Fertighaushersteller anfordern.

Was alles zum Bauantrag gehört, ist je nach Landesbauordnung unterschiedlich und kann beim Bauordnungsamt erfragt werden. Der Antrag besteht aus mehreren Formularen und Anlagen wie Bauzeichnungen, Nachweisen und Berechnungen – zum Beispiel zur bebauten Grundstücksfläche, dem umbauten Raum, der Geschossflächenanzahl (GFZ) und Grundflächenzahl (GRZ) sowie der Wohn- und Nutzfläche – sowie Nachweisen und detaillierten textlichen Beschreibungen. Im Regelfall verlangen die Bauvorlagenverordnungen folgende Unterlagen:

- **FORMELLER BAUANTRAG**
- **AUSZUG** aus dem Liegenschaftskataster, das die Grenzverläufe der einzelnen Grundstücke darstellt, die Außenlinie der Gebäude inklusive der Nebengebäude
- **LAGEPLAN** mit Grundstücksgröße und Flurnummer auch der angrenzenden Grundstücke sowie der Lage der Ver- und Entsorgungsleitungen, ebenso der Abstandsflächen,
- **HÖHENPLAN**
- **ÜBERSICHTSPLAN**
- **ANGABEN** zur Erschließung des Grundstücks mit Strom (eventuell auch Gas), Trinkwasser, Abwasser und Energie
- **ABWASSERVERSORGUNG** (Entwässerungsplan oder Entwässerungsgesuch)
- **BAUZEICHNUNGEN** mit Grundrissplan, Seitenansichten und Schnittzeichnungen
- **BAUBESCHREIBUNG** mit Ausstattungsliste des Hauses (Bau- und Leistungsbeschreibung)
- **BERECHNUNG** der Grundflächen und der Geschossflächenzahl
- **BERECHNUNG** des umbauten Raumes und der Nutz- und Wohnflächen
- **BAUTECHNISCHE NACHWEISE**, zum Beispiel für Standsicherheit, Wärme- und Schallschutz, Feuerwiderstandsnachweis,
- **NACHWEIS** über Pkw-Stellplätze,
- **AUFSTELLUNG** der kalkulierten Kosten (Rohbau, Gesamtkosten).

Beim Bauordnungsamt erfahren Bauherren, wie viele Ausfertigungen eingereicht werden und in welchem Maßstab welche Planungsunterlagen erstellt sein müssen.

Wer auf Nummer sicher gehen will, kann im Vorfeld eine Bauvoranfrage stellen bezüglich eines Teilaspekts wie etwa der Gebäudeform oder der Positionierung auf dem Grundstück. Wenn die Behörde dann einen positiven Bauvorbescheid auf diesen Teilaspekt der Bauvoranfrage erteilt, ist diese Aussage rechtsverbindlich, sie kann nicht später in der Baugenehmigung wieder aufgehoben werden.

VERSICHERUNGEN FÜR BAUHERREN UND EIGENTÜMER

Zu den Ausgaben, die Baufamilien von vornherein einkalkulieren müssen, gehören Versicherungen. Einige Policen sind unverzichtbar. Darum sollten Häuslebauer sich rechtzeitig darum kümmern. Wenn es um die Versicherung des eigenen Zuhauses geht, dann ist grundsätzlich in zwei Phasen zu unterscheiden: Versicherungen während der Bauphase mit vorübergehender Laufzeit und generelle Versicherungen mit dauerhafter Laufzeit.

VERKEHRSSICHERUNGS-PFLICHT

Die allgemeine Verkehrssicherungspflicht bedeutet, dass derjenige, der eine Gefahrenstelle schafft, dafür sorgen muss, dass niemand zu Schaden kommt. Wer gegen diese Pflicht verstößt, muss Schadenersatz zahlen, wenn ein Sach- oder Personenschaden entsteht.

Jede Baustelle birgt unzählige Risiken: Ein Lieferant stolpert über einen Schlauch. Ein Arbeiter stürzt in die nicht fachgerecht gesicherte Baugrube. Ein Sturm löst Teile des Rohbaus oder weht Gerätschaften weg. Treffen die auf Autos, die vor dem Grundstück parken, oder gar aufs Nachbarhaus, kann der Schaden in die Zigtausende gehen. Noch schlimmer wäre ein Unglück mit Personenschaden, beispielsweise wenn ein loser Dachziegel einen Passanten trifft. Da können neben Behandlungskosten Schmerzensgeld, Verdienstausfall und lebenslange Rentenansprüche der geschädigten Person entstehen.

Grundsätzlich obliegt die Verkehrssicherungspflicht für die Baustelle den Bauherren. Zwar stehen sie theoretisch mit ihrer Verantwortung für die Baustelle nicht allein da. Die mit der Bauleitung beauftragten Architekten und die für die Bauausführung verantwortlichen Baufirmen und Handwerker müssen ebenso auf Sicherheit achten. Aber selbst wenn die Hauptschuld an einem Unglück beim Bauunternehmen liegt, bleibt der Schwarze Peter oft bei den Bauherren. Sobald sie ein geringes Mitverschulden trifft, kann der Geschädigte sämtliche Ansprüche gegen sie geltend machen. Die Bauherren müssen dann selbst sehen, wie sie die beteiligten Baufirmen in Regress nehmen und ihr Geld von ihnen zurückfordern können.

Bauherren sind daher gut beraten, die Verkehrssicherungspflicht an die Fertighausfirma zu delegieren. Das muss allerdings im Werkvertrag klar geregelt sein. Mit der Übertragung der Verkehrssicherungspflicht sind die Auftraggeber jedoch nicht automatisch von jeder Verantwortung entbunden. Sie haben nach wie vor eine sogenannte sekundäre Verkehrssicherungspflicht. Das bedeutet: Sie müssen kontrollieren ob und wie die Baufirma der ihr übertragenen Verkehrssicherungspflicht in geeigneter Weise nachkommt. Wenn Bauherren Gefahrenquellen erkennen oder feststellen, dass die Baufirma nicht genügend sachkundig oder zuverlässig ist, müssen sie selbst handeln und schadenvermeidende Vorkehrungen treffen. Passiert etwas, kommt es darauf an, wer seinen Pflichten entsprochen hat und wer nicht.

Eklatante Sicherheitsmängel auf der Baustelle: Der Bauherr ist immer mit in der Haftung.

Lose Dachziegel können erhebliche Schäden verursachen.

Kommt dann heraus, dass die Käufer des Fertighauses sich nie auf der Baustelle haben blicken lassen und auch keine Vertretung zur Kontrolle losgeschickt haben, können sie im Rahmen der gesamtschuldnerischen Haftung mitverantwortlich gemacht werden. Diese gesamtschuldnerische Haftung hat eine unangenehme Konsequenz: Jeder Mitschuldige haftet für den vollen Schaden, nicht nur für den auf ihn entfallenden Anteil. Die geschädigte Person kann sich also aus dem Kreis der Verantwortlichen einen heraussuchen und ihn auf Zahlung des vollen Schadens in Anspruch nehmen. Bauherren müssen dann alles bezahlen und sich selber darum kümmern, dass die Mitschuldigen ihnen das Geld in Höhe ihre Mithaftungsanteile ersetzen.

INFO „ELTERN HAFTEN FÜR IHRE KINDER" STIMMT NICHT: Natürlich ist eine Baustelle kein Spielplatz, aber für Kinder aus der Nachbarschaft hat sie eine oft unwiderstehliche Anziehungskraft. Sandberge, Wasserschläuche, der Rohbau sind für sie ein idealer Platz zum Verstecken spielen. Daran hindert auch ein Bauzaun nicht immer, vielmehr kann gerade der Zaun den Reiz des Verbotenen erhöhen und Kinder förmlich dazu einladen, darüber zu klettern. Auch das Schild: „Betreten verboten, Eltern haften für ihre Kinder" hilft wenig: Wer eine Gefahrenstelle schafft – und das ist eine Baustelle nun mal – muss zumutbare Maßnahmen ergreifen, um Unfälle zu verhindern. Wenn Kinder auf die Baustelle gelangen können, liegt der Verdacht nahe, dass die Vorkehrungen nicht ausreichend waren. Die Eltern haften grundsätzlich nur, wenn sie ihre Aufsichtspflicht verletzt haben. Das ist schwer nachzuweisen: Wenn sie ihre Kinder darüber aufgeklärt haben, dass sie nicht auf die Baustelle dürfen, wird das im Regelfall genug sein. Ab einem bestimmten Alter müssen Eltern ihre Kinder nicht auf Schritt und Tritt überwachen, stattdessen reicht es, wenn sie ab und zu nach dem Rechten schauen. Je älter die Kinder, desto länger dürfen die zeitlichen Abstände sein. Das können durchaus auch mehrere Stunden sein – Zeit, in der auf einer Baustelle viel passieren kann. Das Schild enthebt den Bauherren nicht von seiner Verkehrssicherungspflicht, zum Beispiel herumliegende Glasscherben wegzuräumen oder eine tiefe Grube auf der Baustelle zu sichern.

Unser Tipp: Im Rahmen der regelmäßigen Kontrolle des Baufortschritts sollten Bauherren immer auch die Absicherung der Baustelle im Blick haben. Auf Nummer sicher gehen Sie, indem Sie einen Bauleiter oder einen Architekten vor Ort mit der Überwachung der Verkehrssicherungspflichten ausdrücklich beauftragen.

DIE BAUHERREN-HAFT-PFLICHTVERSICHERUNG

Arbeitet die Fertighausfirma als Bauträger, was in der Branche allerdings unüblich ist, ist eine Bauherren-Haftpflichtversicherung im Prinzip verzichtbar. Denn typisch für Bauträger ist, dass das Eigentum am Grundstück erst nach vollständiger Zahlung des Gesamtkaufpreises – also für Grundstück und Haus – auf den Kunden überschrieben wird.

In allen anderen Fällen ist eine Bauherren-Haftpflichtversicherung jedoch unverzichtbar. Sie bietet Schutz gegen unkalkulierbare Risiken während der Bauzeit. Sie zahlt, wenn der Bauherr Schadenersatz zahlen muss, auch, wenn er den Schaden grob fahrlässig verursacht hat. Und sie verteidigt ihn, wenn er unberechtigt auf Schadenersatz in Anspruch genommen wird. Die Haftpflichtversicherung wirkt dann wie eine passive Rechtsschutzpolice. Mitversichert sind übrigens auch Pflichten, die der Bauherr auch während der Bauphase schon als Grundstückseigentümer hat, wie zum Beispiel seine Streupflicht im Winter.

Die Kosten für diese Police gehen weit auseinander. Teure Versicherer nehmen dreimal so viel wie günstige. Der gesamte Beitrag wird bei Beginn der Versicherung fällig. Berechnungsgrundlage ist die Bausumme. Darin sind alle Kosten von der Einrichtung der Baustelle bis zur Fertigstellung einzurechnen. Der Preis fürs Grundstück zählt nicht mit. Für den Bau eines 250 000 Euro teuren Einfamilienhauses gibt es Verträge schon ab gut 100 Euro Jahresbeitrag. Jede Bauherren-Haftpflichtversicherung ist zeitlich befristet. Bei den meisten Angeboten endet der Schutz spätestens nach zwei Jahren. Wer nicht rechtzeitig fertig wird, muss unbedingt eine – kostenpflichtige – Verlängerung beantragen oder notfalls eine neue Police abschließen. Das gilt auch, wenn sich im Laufe der Bauarbeiten abzeichnet, dass die Kosten die versicherte Bausumme übersteigen. Viele Versicherer bieten Käufern eines Fertighauses besonders günstige Tarife an, da der Bau eines Fertighauses weniger Zeit in Anspruch nimmt und ein entsprechend geringeres Unfallrisiko birgt als der Bau eines Massivhauses.

Versicherungssumme

Wichtig ist eine ausreichende Versicherungssumme. Einige Verträge sehen maximal drei Millionen Euro vor. Das klingt nach sehr viel und reicht in den meisten Fällen vollkommen aus. Doch grundsätzlich ist das Haftungsrisiko des Bauherrn unbegrenzt. Kommt es zu einem extrem teuren Schaden, müsste er alle Kosten, die über diese drei Millionen hinausgehen, aus eigener Tasche zahlen. Einige Versicherer bieten für wenig Aufpreis höhere Summen an. Es empfiehlt sich, solche Verträge zu wählen.

Erweiterungen

Große Unterschiede gibt es bei den Leistungen. Bei vielen Versicherern sind Sachschäden durch Grundstückssenkung oder durch Erschütterungen bei Rammarbeiten enthalten, bei anderen sind teure Erweiterungen für solche Risiken notwendig.

Wer Eigenleistungen erbringt und sich von Freunden oder Nachbarn helfen lässt, muss mit Zuschlägen rechnen. Denn die Versicherung muss dann auch die gesetzliche Haftpflicht für Schäden decken, die diese Personen bei ihren Arbeiten verursachen. Arbeiten, die in Eigenleistung ausführt werden, gehen nicht wie Aufträge für Unternehmer und Handwerker in die Bausumme ein, vielmehr wird üblicherweise je 1 000 Euro Eigenleistung ein Risikozuschlag fällig. Einige Versicherungsgesellschaften decken allerdings Eigenleistungen ganz oder bis zu einer bestimmten Summe im Grundbetrag mit ab. Ihre Höhe variiert aber stark: Sie reicht von 5 000 bis 50 000 Euro.

KLEINERE BAUMASSNAHMEN

Wer gar kein ganzes Haus baut, sondern nur eine Erweiterung, einen Anbau oder eine Garage, kann auf eine separate Bauherren-Haftpflichtversicherung meist verzichten. Denn in der Privathaftpflichtversicherung – die sollte jeder Haushalt haben – sind kleinere Baustellenrisiken in der Regel eingeschlossen. Allerdings darf die Bausumme dann meist nicht über 50 000 Euro liegen. In einigen Verträgen sind auch niedrigere Beträge vorgesehen.

UNFALLVERSICHERUNG FÜR HELFER UND BAUFAMILIEN

Wenn Nachbarn, Freunde oder Familienangehörige beim privaten Bau helfen, sind sie kraft Gesetz gegen die Folgen von Arbeitsunfällen und Berufskrankheiten versichert. Ob die Helfer bezahlt werden oder nicht, spielt dabei keine Rolle. Der Bauherr ist für seine Helfer verantwortlich und muss sie spätestens eine Woche nach Baubeginn bei der Berufsgenossenschaft der Bauwirtschaft (BG Bau) anmelden – auch wenn sie eine eigene private Unfallversicherung haben.

Bauherren können die Anmeldung online machen unter www.bgbau.de. Die Berufsgenossenschaft zahlt, wenn ein Helfer auf dem Bau oder auf dem Weg von oder zur Baustelle zu Schaden kommt. Sie übernimmt die Kosten für Arzt und Krankenhaus, bei längeren Ausfallzeiten auch die berufliche Wiedereingliederung. Im Extremfall zahlt sie dem Unfallopfer eine Rente. Der gesetzliche Unfallschutz kostet – je nach Bundesland – pro geleisteter Arbeitsstunde und Helfer 1,58 Euro oder 1,67 Euro. Der Mindestbeitrag beläuft sich auf 100 Euro pro Baustelle. Sich vor der Meldung zu drücken, ist riskant: Die Berufsgenossenschaft wird automatisch über jedes Bauvorhaben informiert, weil die Ämter die Bauanmeldungen weiterleiten. Wer gegen die Melde- und Nachweispflicht verstößt, riskiert ein Bußgeld von bis zu 2 500 Euro. Wenn ein nicht gemeldeter Helfer verunglückt, kann die BG Bau sogar Regressforderungen stellen.

192 Versicherungen für Bauherren und Eigentümer

Schäden am Bauwerk, die durch Sturm, Erdrutsch, Überschwemmung und ähnliche ungewöhnliche Witterungseinflüsse entstehen, gelten als „höhere Gewalt". Und Schäden durch unvorhergesehene Wetterereignisse können sehr teuer werden.

Ein Sonderfall sind Leistungen aus Gefälligkeit. Sie müssen nicht gemeldet werden. Kurzfristige, ungefährliche Arbeiten, die nicht viel Zeit in Anspruch nehmen, können in diese Kategorie fallen. Dabei spielt auch die persönliche Beziehung zwischen Baufamilie und Helfern eine Rolle. Wenn der Vater oder Bruder kurz beim Abladen von Baumaterial hilft, handelt es sich um eine typische Gefälligkeitsleistung. Kommt hingegen ein Freund vorbei und malert oder tapeziert tagelang das neue Haus, ist das in der Regel eine versicherte Tätigkeit – auch wenn der Freund das alles ohne Bezahlung macht. Als Allgemeinregel gilt: Je enger das verwandtschaftliche Verhältnis, desto eher ist von einer allgemein üblichen Hilfeleistung im familiären Bereich auszugehen, die nicht beitragspflichtig ist.

▶ **BEISPIEL:** Eine bayerische Familie baute in der Nähe von Regensburg ein Einfamilienhaus. Der Sohn half während der achtmonatigen Bauphase kräftig mit. Insgesamt konnten ihm 260 Arbeitsstunden nachgewiesen werden. Seine Tätigkeiten bestanden insbesondere im Mischen von Fliesenmörtel, Verlegen von Laminatböden, Anbringen von Rigipsplatten und Pflasterarbeiten im Außenbereich. Dabei arbeitete er gemeinsam mit seinem Vater und dem Onkel. Als die Berufsgenossenschaft davon Wind bekam, erließ sie einen Beitragsbescheid in Höhe von 568 Euro.

Der Vater legte Widerspruch ein und hatte Erfolg. Bezogen auf die gesamte Bauzeit war der Sohn lediglich acht Stunden pro Woche tätig – für einen 17-Jährigen keine ungewöhnlich starke Belastung, fand das Bayerische Landessozialgericht (Az. L 2 U 28/08). Zwar seien 260 Stunden sehr viel. Normalerweise sei in solchen Fällen von einer Beitragspflicht auszugehen. Doch es gehe nicht allein um die Stundenzahl. Wichtig sei auch, dass der Sohn hier eigene wirtschaftliche Interessen verfolgt habe, nämlich sich im neuen Haus ein größeres Zimmer als kostenlose Wohnmöglichkeit zu verschaffen.

Nicht versichert sind der Bauherr und sein Ehepartner. Sie können sich entweder freiwillig bei der BG Bau versichern oder eine private Unfallversicherung abschließen.

BAULEISTUNGS-VERSICHERUNG

Eine Bauleistungsversicherung ist weniger wichtig als die Bauherren-Haftpflichtversicherung, aber ebenfalls zu empfehlen. Sie ersetzt unvorhersehbare Schäden am Bauwerk, die zum Beispiel durch Sturm, Erdbeben, Erdrutsch, Überschwemmung und andere ungewöhnliche Witterungseinflüsse entstehen. Gerade bei Schäden durch unvorhergesehene Wetterereignisse können sehr hohe Kosten entstehen: Wenn ein Sturm die fertige Giebelwand eindrückt, muss meist der Bauherr die Kosten für einen neuen Giebel tragen. Denn im Bauvertrag steht häufig, dass höhere Gewalt in den Risikobereich des Auftraggebers fällt. Was dieser Begriff umfasst, ist umstritten. Grundsätzlich sind Ereignisse gemeint, die nach aller Erfahrung unvorhersehbar sind.

Die Bauleistungsversicherung übernimmt auch die Kosten für Schäden durch Konstruktions- oder Materialfehler oder durch Unachtsamkeiten der Bauarbeiter, ebenso wenn Vandalen auf der Baustelle wüten.

Mitversichert ist in der Regel der Diebstahl von Teilen, die mit dem Haus fest verbunden sind. Wurde zum Beispiel ein Heizkörper bereits montiert, ist er versichert. Heizkörper, die noch lose auf der Baustelle lagern, sind nicht versichert. Es ist Sache des Bauleiters, dafür zu sorgen, dass noch nicht montierte Bauteile und Baustoffe sicher verwahrt sind. Denn nicht versichert ist grundsätzlich der Diebstahl beweglicher Gegenstände, die auf der Baustelle liegen. Achten Sie auf wichtige mitversicherte Leistungen ohne Mehrbeitrag. Dazu gehören unter anderem zusätzliche Aufräumkosten und Schadenssuchkosten oder auch die Photovoltaikanlage. Für einen Mehrbeitrag lassen sich bei einigen Anbietern die Risiken Brand, Blitzschlag und Explosion absichern. Das ist für Bauherren interessant, die keine separate Feuerrohbauversicherung abschließen wollen. Sinnvoll ist es, wenn Glasbruchschäden bis zum Bauende versichert sind und nicht nur bis zum Einsatz der Scheiben.

Ein Preisvergleich bei verschiedenen Anbietern lohnt sich. Der Einmalbeitrag ist abhängig von der Bauzeit und der Bausumme. Auch die Eigenleistungen müssen in Euro angegeben werden. Ebenso kommt es darauf an, ob es sich um eine Pfahl- oder Wannengründung handelt. Für einen Neubau mit einer Bausumme von 250 000 Euro und einer Bauzeit von zwei Jahren müssen Sie gut 300 Euro einkalkulieren. Bei fast allen Versicherern muss der Versicherte im Falle eines Schadens einen Selbstbehalt von mindestens 250 Euro bezahlen.

Die Laufzeit erstreckt sich in der Regel über die gesamte Bauzeit des Hauses bis zum Termin der Bezugsfertigkeit oder der behördlichen Abnahme – spätestens sechs Tage nach der Ingebrauchnahme. Danach nimmt der Versicherer eine abschließende Berechnung vor. Stellt sich heraus, dass das Bauvorhaben teurer war als geplant, verlangt er eine Nachzahlung. Ist die Summe niedriger, gibt es Geld zurück.

Unser Tipp: Vorhersehbare Schäden etwa durch gewöhnliche Regenschauer oder durch normalen Frost sind nicht versicherbar. Das gilt auch für unvermeidbare Schäden wie Risse am versicherten Bauvorhaben, die aus Risikoverhältnissen vor Ort resultieren. Auch müssen Bauherren sich selbst helfen, wenn eines ihrer Bauunternehmen insolvent wird, bevor bezahlte Leistungen fertig werden. Für all diese Fälle brauchen Sie ausreichend Rücklagen.

FEUERROHBAU-VERSICHERUNG

Die Feuerrohbauversicherung zahlt für Schäden durch Brand, Blitzschlag oder Explosion am noch nicht bezugsfertigen Rohbau und an Baustoffen. Versichert sind auch Folgeschäden durch Rauchentwicklung oder durch Löscharbeiten. Diese Versicherung ist unbedingt empfehlenswert und sollte – genau wie die Bauherren-Haftpflichtversicherung – vor dem ersten Spatenstich unterschrieben werden. Ohnehin verlangen Banken den Nachweis einer Feuerrohbauversicherung, bevor sie einen Baukredit auszahlen.

Der Vertrag kann als einzelne Versicherung abgeschlossen werden. Es ist aber auch möglich, bereits vor Baubeginn ein Kombi-Angebot einer Wohngebäudeversicherung zu nutzen. In den meisten Tarifen ist die Feuerrohbauversicherung für bis zu 24 Monate kostenlos enthalten. Zum Zeitpunkt der Fertigstellung des Hauses geht die Feuerrohbauversicherung automatisch in die Wohngebäudeversicherung über.

Die Versicherungssumme richtet sich nach dem Betrag, der notwendig ist, um das Fertighaus, so wie es geplant war, neu wieder aufzubauen. In der Regel wird dafür der fiktive Wert des Hauses im Jahr 1914 zugrunde gelegt. Der heutige Wert des Hauses wird also zurückgerechnet auf das Jahr 1914. Dies Verfahren wird angewendet, um für alle Häuser – gleich aus welchem Baujahr – eine einheitliche Basis zu haben, auf der der Versicherungsbeitrag errechnet werden kann. So wird sichergestellt, dass Wertsteigerungen des Hauses berücksichtigt werden, sodass es nicht zu einer Unterversicherung kommt.

Das Jahr 1914 ist deshalb die Ausgangsbasis, weil damals – direkt vor Ausbruch des Ersten Weltkriegs – die Baupreise noch verlässlich und damit aussagekräftig waren. Auch die Währung, die Goldmark, war noch stabil und nicht den inflationären Tendenzen der Jahre danach unterworfen.

Die Kalkulation des 1914er-Preises ist allgemein in der Branche üblich. Sie funktioniert mittels eines Anpassungsfaktors. Die Prämie wird mithilfe des „gleitenden Neuwertfaktors" errechnet, der jedes Jahr vom Gesamtverband der Versicherungswirtschaft festgelegt wird. Er berücksichtigt die Steigerungen der Baupreise sowie der Tariflöhne.

Unser Tipp: Achten Sie darauf, dass die auf diesem Weg errechnete Versicherungssumme tatsächlich dem künftigen Wert des Hauses entspricht. Außerdem sollten Sie das Antragsformular genau ausfüllen. Viele Versicherer unterscheiden dort verschiedene Bauartklassen, beispielsweise „FHG 1" oder „2" oder „3" – je nach Brennbarkeit der beim Bau verwendeten Materialien. Im Zweifel sollte der Versicherer selbst die jeweilige Bauartklasse eintragen. Sonst kann ihn ein falscher Eintrag eventuell berechtigen, die Zahlung der Versicherungssumme zu verweigern.

▶ **BEISPIEL:** Die Käuferin eines Fertighauses füllte zusammen mit einem Versicherungsmakler das Formular für eine Feuerrohbauversicherung aus. Sie verwendeten aber nicht das Formular des Versicherers, sondern ein Standardformular aus dem Bestand des Maklers. Dort trugen sie die Klasse FHG 1 ein. Als ein Dachdecker bei Heißklebearbeiten auf dem Dach nicht aufpasste, brannte der Rohbau teilweise ab. Die Versicherung weigerte sich, die knapp 137 000 Euro Schaden zu übernehmen. Denn im Formular hätte FHG 3 eingetragen werden müssen. Damit kam sie nicht durch. Zwar war das Haus tatsächlich nicht FHG 1, sondern hätte in die FHG 2 gehört, stellte das Landgericht Mannheim fest (Az. 3 O 4/08). Doch die Hauskäuferin hatte Glück: Das Gericht hatte sich auch die Formulare angeschaut, die die Versicherung selbst verwendete. Und anders als im vom Makler benutzten allgemeinen Vordruck wurde dort gar nicht nach Fertighausklassen gefragt. Die Gesellschaft hätte also das Haus ohnehin angenommen, wenn die Kundin nicht die Maklervordrucke verwendet hätte, sondern das Versicherungsformular. Daher musste die Versicherung zahlen.

WOHNGEBÄUDE-VERSICHERUNG

Diese Police ist unverzichtbar. Der Vierfachschutz greift bei Schäden durch Leitungswasser, Feuer, Sturm oder Hagel, beispielsweise wenn ein Sturm das Dach abdeckt, wenn nach einem Rohrbruch das Erdgeschoss unter Wasser steht, wenn Hagel die Verglasung zertrümmert oder das Haus komplett abbrennt.

Am besten schließen Bauherren bereits vor Baubeginn eine Wohngebäudeversicherung ab. Dann kann die Feuerrohbauversicherung während der Bauzeit oft gratis mit eingeschlossen werden. Sobald das Haus fertig ist, geht sie in die Wohngebäudeversicherung über. Denkbar, aber eher unüblich ist auch, die vier Risiken bei unterschiedlichen Anbietern zu versichern. Im Regelfall wird die Wohngebäudeversicherung als „gleitende Neuwertversicherung" abgeschlossen. Basis ist – wie in der Feuerrohbauversicherung – der fiktive Wert des Hauses im Jahr 1914. Daraus werden nach einem standardisierten Verfahren der aktuelle Wert und der Jahresbeitrag abgeleitet. Nach einem Totalschaden bezahlt der Versicherer den Wiederaufbau des Hauses zu den aktuellen Baupreisen. Das gilt für den kompletten Wiederaufbau mit allem, was fest angebracht ist – vom Keller bis zum Dach, inklusive Heizungsanlage, Wasserleitungen, Regenrinnen. Allerdings zahlt er nur, wenn der Kunde sein Haus tatsächlich wieder aufbaut. Eine Barentschädigung ist ausgeschlossen. In der Regel sehen die Verträge vor, dass das Haus innerhalb von drei Jahren wieder errichtet werden muss.

Häufig ist es so, dass die Kosten des Neubaus den Verkehrswert des abgebrannten Hauses übersteigen. Schließlich ist es im Regelfall schon ein paar Jahre alt und nicht mehr so viel wert wie beim Neubau. Auch diese sogenannte Neuwertspitze ersetzt der Versicherer, zumindest wenn der Neubau „in gleicher Art und Zweckbestimmung an der bisherigen Stelle wiederhergestellt" wird. Damit soll sichergestellt werden, dass dem Versicherten kein finanzieller Schaden entsteht, wenn er für den Neubau mehr Geld aufwenden muss, als das alte Gebäude noch wert war. Erbringt der Versicherte dabei Eigenleistungen, müssen auch diese wertmäßig ersetzt werden.

Die Elementarschadenversicherung springt bei katastrophalen Naturereignissen wie Überschwemmungen ein, wenn das Haus bereits bewohnt wird.

▶ **BEISPIEL:** Ein mehrere Jahre altes Haus wurde durch einen Brand zerstört. Der Zeitwert vor dem Brand wurde mit 233 000 Euro festgelegt, der Neubau des gleichen Hauses sollte 360 000 Euro kosten. So viel hatten die Eigentümer aber gar nicht aufwenden müssen, weil sie sich beim Wiederaufbau für ein preisgünstiges Fertighaus entschieden und mithilfe von Angehörigen und Nachbarn erhebliche Eigenleistungen erbrachten. Die mit Rechnungen belegbaren Ausgaben für Aufräum- und Abbrucharbeiten sowie die reinen Baukosten betrugen deshalb nur noch 178 000 Euro. Die Versicherung wollte daher nur die 233 000 Euro Zeitwert des alten Gebäudes zahlen, nicht die zusätzlichen 127 000 Euro für die Neuwertspitze. Der Kunde habe nicht nachgewiesen, dass die Wiederherstellungskosten über dem Zeitwert des alten Hauses lagen. Damit kam sie vor Gericht nicht durch. Das Erbringen von Eigenleistungen, welche die Baukosten reduzieren, rechtfertigt es nicht, dem Kunden die Neuwertentschädigung zu versagen, urteilte der Bundesgerichtshof. Der Gastwirt bekam die vollen 360 000 Euro (Az. IV ZR 148/10).

Wichtig ist ein genauer Leistungsvergleich. Die Versicherung sollte vollen Schutz bei grober Fahrlässigkeit enthalten, unabhängig von der Höhe des Schadens. Daneben sind fünf weitere Leistungen unverzichtbar: Abbruch- und Aufräumkosten, Bewegungs- und Schutzkosten für auszulagerndes Mobiliar, Mehrkosten beim Wiederaufbau durch behördliche Auflagen, Dekontamination des Erdreichs (z. B. Erdöl oder Brandschutt), sowie Überspannung durch Blitzschlag. Wichtig sind je nach Beschaffenheit von Haus und Grundstück darüber hinaus Zu- und Ableitungsrohre, Solaranlagen, Aufräumkosten für Bäume, Mehrkosten für Beseitigung von Restwerten, Fahrzeuganprall oder Kosten für Sachverständige. Nebengebäude auf dem Grundstück sowie größere Carports oder Gartenhäuser sind nur mitversichert, wenn sie im Vertrag aufgeführt und in der Versicherungssumme berücksichtigt sind.

Der Preis für die Versicherung hängt von Wert 1914, Größe, Alter, Bauart sowie Lage des Hauses (Tarifzone) ab. Auch bei dieser Versicherung lohnt ein Preisvergleich. Der Jahresbeitrag für ein vergleichbares Neubau-Einfamilienhaus kostet an einem Ort unter 200, an einem anderen über 700 Euro. Einige Versicherer haben gestaffelte Neubaurabatte.

ELEMENTARSCHADEN-
VERSICHERUNG

Schäden durch Naturereignisse wie Hochwasser, Starkregen, Erdbeben oder große Schneelasten sind über die Wohngebäudeversicherung in der Regel nicht abgedeckt. Der dort enthaltene Schutz gegen Wasserschäden betrifft nur Leitungswasser. Den sogenannten Elementarschutz für Immobilien gibt es im Regelfall nur in Kombination mit einer Wohngebäudeversicherung. Er ist unbedingt empfehlenswert, da vor allem Starkregenereignisse im Zuge des Klimawandels deutlich zunehmen. Starkregen im Winter beispielsweise kann innerhalb von Sekunden in Schnee oder Eisregen umschlagen und dann mit so hohem Gewicht auf dem Dach lasten, dass die Statik gefährdet ist und das Dach unter dem enormen Druck beschädigt wird oder gar einstürzt.

Oder es kommen so große Wassermassen herunter, dass sie die Kanalisation überfordern, die Straße überschwemmen und durchs Kellerfenster in den Keller laufen. Häufig kommt es auch zu Rückstaus aus der Kanalisation. Dann drückt Wasser in den Keller.

Das Problem ist nur: Gerade dort, wo sie dringend nötig wäre, haben es Eigentümer oft schwer, eine Elementarschadenversicherung zu bekommen oder sie müssen viel für den Schutz bezahlen. Die Versicherer haben für das Bundesgebiet das geografische Informationssystem Zürs entwickelt – kurz für: Zonierungssystem für Überschwemmung, Rückstau und Starkregen. Darin werden vier Klassen für die Gefährdung durch Hochwasser unterschieden. In Regionen der günstigsten Klasse 1 gehen die Versicherer davon aus, dass es seltener als alle 200 Jahre ein Hochwasser gibt. Am teuersten ist Klasse 4: Die Versicherer rechnen hier alle 10 Jahre mit einem Hochwasser.

Darüber hinaus wird jedes Gebäude abhängig von seiner Lage einer von drei Klassen für die Gefährdung durch Starkregen zugeordnet. Denn: Je tiefer ein Gebäude liegt und je länger das Wasser darin steht, umso höher ist der Schaden, den die Versicherung begleichen muss.

Außerdem kommt es sehr auf das Kleingedruckte an. So definieren die Versicherer in ihren Bedingungen unterschiedlich, ob und wann eine Überschwemmung vorliegt. Einige versichern Überschwemmungen nur, wenn Starkregen die Ursache war. Bei anderen müssen es Gewässer sein, die über die Ufer treten. Sind Schäden durch Grundwasser mitversichert, ist Voraussetzung, dass es an die Oberfläche getreten ist. Ist der Grundwasserpegel lediglich deutlich angestiegen, sodass es durch die Fenster in die Kellerschächte und dann in den Keller eindringt und ihn überschwemmt, ist das nicht versichert, weil es eben nicht bis an die Grundstücksoberfläche gestiegen ist.

Achten Sie darauf, dass die Elementarschadenversicherung auch Schäden durch Rückstau in der Kanalisation abdeckt. Es kann sein, dass der Versicherer hier den Einbau einer Rückstauklappe verlangt. Wenn Sie die Vorgaben nicht erfüllen, können Sie womöglich leer ausgehen, wenn die Kanalisation überlastet ist und Abwasser, statt durch die Kanalisation abzufließen, sich dort aufstaut und dann im Keller aus Waschbecken oder Gullys hochgedrückt wird.

Die Versicherung für Elementarschäden kostet für ein durchschnittliches Einfamilienhaus je nach Lage und Versicherungsgesellschaft etwa zwischen 50 und 800 Euro im Jahr.

PHOTOVOLTAIK-VERSICHERUNG

Eine Versicherung für die Photovoltaikanlage ist keine Pflicht, aber jedem Eigentümer zu empfehlen. Denn Schäden sind oft teuer, vor allem durch Sturm, Überspannung und Feuer. Bei einem Brand können die Flammen aufs Haus übergreifen.

Brände sind bei Solaranlagen selten – im Falle eines Falles aber sehr teuer. Wurden die Module über Kredit finanziert, verlangen die meisten Banken ohnehin eine Versicherung. Die gibt es in zwei Varianten – über einen Zusatz in der Wohngebäudeversicherung oder über einen separaten Vertrag. Der Vorteil von Verträgen, die als Zusatz zur Wohngebäudeversicherung angeboten werden: Wenn im Brandfall die Anlage und das Haus betroffen sind, hat der Kunde es mit nur einem Versicherer zu tun. Wird die Anlage über einen anderen Anbieter versichert, müssen im Streitfall Gutachter klären, welcher Schadenanteil zu Lasten der Gebäudeversicherung geht und welcher zu Lasten der Photovoltaikpolice.

Der Mindestschutz der Photovoltaikversicherung sollte folgende Leistungen umfassen: Brand, Blitzschlag, Überspannung durch Blitz, Sturm, Hagel, Elementargefahren wie Schneedruck, Lawinen, Diebstahl, Bedienungsfehler, Kurzschluss, Wasser, Frost, Tierbiss bis mindestens 1 000 Euro, Ertragsausfall, grobe Fahrlässigkeit bis mindestens 2 500 Euro.

Viele Gesellschaften bieten die Photovoltaikversicherung als Zusatzbaustein zur Wohngebäudepolice. Einige Wohngebäudeversicherer schließen die Anlage sogar kostenfrei ein. Einige Gesellschaften gewähren Preisnachlass, wenn der Kunde bei ihnen eine Wohngebäudeversicherung hat oder sie gleichzeitig mit der Photovoltaikversicherung abschließt.

Bauherren sollten sich schon vor der Bauphase um den Versicherungsschutz kümmern. Denn bereits bei der Installation der Anlage kann es zu Schäden kommen. Zwar haftet die Installationsfirma für Schäden, die sie selbst verursacht, nicht aber für Schäden durch Diebstahl, Sturm oder Hagel während der Bauphase.

Der Preis: Der Photovoltaikzusatz zur Gebäudeversicherung kostet einen Preisaufschlag. Je nach Versicherung liegt der zwischen 28 und 132 Euro pro Jahr.

Für einen separaten Vertrag ist häufig ein Mindestbeitrag fällig. Die Tarife liegen zwischen 60 und 250 Euro im Jahr.

Nicht vergessen: Kunden müssen dem Gebäudeversicherer die Solaranlage melden. Sie steigert den Wert des Hauses. Allein das verteuert den Jahrespreis der Gebäudepolice, unabhängig davon, ob und bei wem die Solaranlage versichert ist.

Eigentümer von Photovoltaikanlagen sollten unbedingt auch ihr Haftpflichtrisiko versichern. Falls ein Brand auf das Nachbarhaus übergreift oder ein Sturm Module vom Dach fegt, die ein vorm Haus geparktes Auto treffen, kann ein größerer Schaden entstehen. In modernen Privathaftpflichtversicherungen sind die Solaranlagen von Privatleuten meist enthalten.

BAUFERTIGSTELLUNGS- UND BAUGEWÄHRLEISTUNGSVERSICHERUNG

Für Bauherren, die auf Nummer sicher gehen und ihre Nerven schonen wollen, kann eine Baufertigstellungs- und / oder Baugewährleistungsversicherung wichtig sein. Diese Versicherungen schützen vor Kosten, die entstehen, wenn die Baufirma Konkurs anmeldet. Passiert das während der Bauzeit, dann kommen hohe Kosten auf den Bauherren zu: Bereits gezahlte Beträge sind in der Regel verloren. Und: Die Bautätigkeit wird meist erheblich verzögert, weil zunächst das Insolvenzverfahren abgewartet werden muss. Schließlich müssen die Bauherren meist eine neue Firma beauftragen.

Die Fertigstellungsversicherung sorgt dafür, dass das Haus zu Ende gebaut wird und schützt den Kunden vor dem finanziellen Mehraufwand. Zwar sind die Hersteller nach § 650m Abs. 2 verpflichtet, eine Erfüllungssicherheit zu leisten (siehe Seite 175). Doch die beträgt nur 5 Prozent der Bausumme. Die Baufertigstellungsversicherung geht weiter als die gesetzliche Vorschrift. Sie sichert die Erstattung der Kosten für die Fertigstellung des geplanten Hauses. Die Deckungssummen liegen meist bei 10 Prozent, besser 20 Prozent der kompletten Baukosten. Die Versicherung schließt nicht der Bauherr selbst ab, sondern die Fertighausfirma. Bauherren sollten die bauausführende Firma fragen, ob sie eine solche Versicherung hat, und dies auch im Werkvertrag festhalten. Der Bauherr kann sich im Schadenfall mit seinen Ansprüchen direkt an die Versicherung wenden.

Alternative zur Versicherung ist eine Fertigstellungs- oder Vertragserfüllungsbürgschaft der Bank. Darin sollte die Höhe der Sicherheit genannt werden, ebenso der Zweck und die Definition des Sicherheitsfalls. Außerdem sollte klar sein, dass das Unternehmen die Kosten der Sicherheit trägt. Diese Sicherheiten greifen bis zur Fertigstellung des Hauses, im Regelfall bis zur Bauabnahme.

Unser Tipp: Achten Sie darauf, dass die Fertighausfirma Ihnen eine entsprechende Police oder die Bürgschaftsurkunde aushändigt. Viele Firmen tun das nicht von sich aus, sondern erst nach Aufforderung. Verweigert die Firma diese Sicherheit, sollten Sie sich nach einem anderen Haus umsehen. Ohne diese Absicherung sollte kein Bau angefangen werden. Wichtig sind die Bedingungen, wann Versicherung oder Bürgschaft greifen sollen: am besten gleich dann, wenn die Fertighausfirma den Insolvenzantrag stellt, und auf keinen Fall erst dann, wenn das Insolvenzverfahren eröffnet wurde. Denn das kann Monate dauern.

Werden innerhalb der meist fünfjährigen Gewährleistungszeit Mängel erkannt, dann greift die Gewährleistungsversicherung: Die meisten dieser Versicherungen zahlen unabhängig davon, ob die Baufirma insolvent ist. Eine solche Versicherung gibt also zusätzlich Schutz zum Sicherheitseinbehalt. Viele Firmen bestehen aber aus Liquiditätsgründen darauf, nach der bestätigten Bauabnahme die volle Summe zu erhalten. Auch die Gewährleistungsversicherung schließt das Bauunternehmen selbst ab. Vorteilhaft für den Bauherrn ist, dass der Versicherer das Bauunternehmen einer Solvenzprüfung unterzieht. Bauherren sollten sich vor Auftragsvergabe den Abschluss einer solchen Versicherung zu Ihren Gunsten nachweisen lassen. Die Alternative ist auch hier eine Gewährleistungsbürgschaft. Allerdings ist sie üblicherweise auf den Insolvenzfall begrenzt.

Einige Baufirmen kombinieren Baufertigstellungs- und Baugewährleistungssicherheit, indem sie eine Vertragserfüllungsbürgschaft abgeben. Sie greift nicht nur bis zur Bauabnahme, sondern bis zum Ende der Gewährleistungsfrist.

Restschuldversicherung und Hausratversicherung

Sie haben es endlich geschafft, der Bau ist abgenommen und Sie halten die Schlüssel zu Ihrem neuen Heim in Händen. Jetzt möchten Sie möglichst lange etwas davon haben. Gerade bei unvorhergesehen eintretenden Schäden wie Hochwasser geraten Sie und Ihr Eigenheim leicht ins Wanken, wenn Sie für solche Fälle nicht vorgesorgt haben. „Etwas stramm" kalkulierte Eigenheimpläne werden so schnell bedroht. Vorsorge ist in diesen Fällen in der Tat besser als Nachsicht. Zu den klassischen Versicherungen, die Sie für Ihr Eigenheim abschließen sollten, wenn Sie schließlich darin wohnen, zählen:

▶ **RESTSCHULDVERSICHERUNG:** Die Restschuldversicherung für Immobilienkredite ist eine reine Risikoversicherung. Sie sichert Hinterbliebene nach einem Todesfall ab und zahlt die vereinbarte Summe, die im besten Fall reicht, um den Kredit vollständig abzulösen. Am sinnvollsten passt sich die Versicherungssumme flexibel an die monatlich sinkenden Restschulden an. Die Preisunterschiede sind gewaltig, so die Zeitschrift Finanztest in einem Vergleich im Mai 2018. Versicherte zahlen für den Schutz bei der gleichen Immobilienfinanzierung zwischen 1 015 und 3 108 Euro. Damit kann eine Familie einen Kredit über 200 000 Euro mit einer Laufzeit von 20 Jahren sinnvoll absichern. Verzichten sollten Sie auf diese Versicherung nur, wenn Sie über finanzielle Polster verfügen oder eine ausreichend hohe Risikolebensversicherung haben. Es kann unter Umständen nötig sein, die Risikolebensversicherung aufzustocken oder eine zusätzliche Restschuldversicherung abzuschließen. Es gibt auch Restschuldversicherungen für den Fall der Arbeitsunfähigkeit und Arbeitslosigkeit.

▶ **HAUSRATVERSICHERUNG:** Die meisten Menschen verfügen bereits über eine entsprechende Versicherung, selbst wenn sie noch kein eigenes Haus besitzen. Steht aber nun der Umzug an, bedeutet das in den meisten Fällen eine Zunahme an Wohnraum und Haushaltsgegenständen – prinzipiell eine erfreuliche Sache. Vergessen Sie nur nicht, den Wechsel der Wohnadresse zu melden und auch Ihre Hausratversicherung aufzustocken, damit Ihr Hab und Gut auch weiterhin adäquat abgesichert ist. Unter Umständen ist auch hier eine Zusatzvereinbarung für Elementarschäden sinnvoll.

Leistungsumfang und Tarife vergleichen

Vergleichen Sie die Tarife und Leistungspakete der unterschiedlichen Versicherer miteinander und sparen Sie bares Geld. Im Februar 2021 hat die Stiftung Warentest beispielsweise die Konditionen von Wohngebäudeversicherungen mit Elementarschutz miteinander verglichen und eklatante Preisunterschiede von über 600 Euro pro Beitragsjahr bei gleichem Leistungsumfang festgestellt. Auch zu den übrigen Versicherungen rund ums Haus finden Sie unter www.test.de geldwerte Entscheidungshilfen. Unter dem Titel „Der Versicherungs-Ratgeber" widmet die Stiftung Warentest dem Thema Versicherungen allgemein ein ganzes Buch; Themen rund um die eigene Wohnimmobilie werden ebenfalls eingehend erörtert.

WIE SEHEN BAU-ABLAUF UND ABNAHME AUS?

Was beim klassischen Hausbau Stein auf Stein wie eine Mammutaufgabe wirkt – eben weil die Bauphase vergleichsweise lange andauert, fühlt sich beim Fertighausbau eher wie die letzte Biegung vor der Zielgeraden an. Wer sich bis hierher gründlich vorbereitet hat, kann den eigentlichen Aufbau tatsächlich ziemlich entspannt begleiten. Doch das Adlerauge des wachsamen Bauherren ist auch bei der relativ kurzen Bauzeit gefordert, und zwar umso fokussierter. Denn Fehler bei den verschiedenen Gewerken können nur in einem kurzen Zeitfenster entdeckt werden. Und das sollte, so sie überhaupt auftreten, möglichst in der Bauphase geschehen, damit die Mängelliste bei der Abnahme nicht endlos lang wird – und sich die endgültige Fertigstellung nicht unnötig hinauszögert.

DER BAUABLAUF

Einige Wochen nach der Baueingabe durch die Fertighausfirma erteilt die örtliche Baubehörde im Normalfall die Baugenehmigung. Behalten Sie dabei im Blick, in welchem Umfang Ihr Fertigbauunternehmen vertraglich für die Antragstellung verantwortlich ist, also ob deren Bevollmächtigte die Planunterlagen mitsamt allen Zeichnungen komplett bei der Behörde einreichen. Manche Unternehmen überlassen diese Aufgabe ganz den Bauherren, also Ihnen.

Wird ein Keller gebaut, müssen auch hierfür die gesamten Unterlagen bereitgestellt werden – gegebenenfalls liegt es an Ihnen, diese so schnell wie möglich nachzuliefern. Zusammen mit der Baugenehmigung erhalten Sie auch die Bauberechtigung, den sogenannten Roten Punkt, die Sie von jedermann einsehbar an Ihrer Baustelle anbringen müssen.

Herrichtungskosten für den Baugrund einplanen

Wie schon die Finanzierungs- und Kaufnebenkosten für das Grundstück, so schlagen auch die Beträge, die für die Bereitstellung eines bebaubaren Grundstücks aufzubringen sind, bisweilen gehörig ins Kontor. Je nachdem, wie das Bodengutachten ausfällt, haben Sie aber schon eine grobe Vorstellung von dem, was an Maßnahmen auf Sie zukommen wird.

Die Baustelleneinrichtung selbst kann je nach Infrastruktur, sprich Erschließung des Grundstücks, ebenfalls einen stolzen Kostenpunkt ausmachen. Tun Sie sich selbst einen Gefallen und informieren Sie sich im Vorfeld, womit Sie in etwa zu rechnen haben, damit diese Posten in Ihre Gesamtkalkulation einfließen können.

Das sollten Sie wissen: Bei einigen Fertighausunternehmen kann man auch diese Arbeiten in Auftrag geben, doch laufen diese dann als gesonderte Positionen und sind keinesfalls automatisch in den Preisen enthalten, mit denen die Firmen in ihren Prospekten werben.

Wie der Bauablauf im Einzelnen aussieht, sollten Sie sich für einen Keller entschieden haben, wird auf den Seiten 90 ff. geschildert. Wir wollen an dieser Stelle nur noch einmal ausdrücklich darauf hinweisen, dass Sie die beiden Elemente, Keller und Haus, aufeinander abgestimmt bauen lassen müssen. Wenn unterschiedliche Unternehmen für die Errichtung verantwortlich sind, müssen diese in regem Austausch miteinander agieren, damit die Anschlusspunkte perfekt ineinandergreifen. Andernfalls drohen Probleme wie mangelnde Statik, wenn Ihr Haus nicht richtig auf der Kellerdecke montiert ist (dies gilt übrigens genauso für die Bodenplatte, wenn Sie nicht vom Fertighausanbieter erstellt wird), oder Undichtigkeiten gegen Wasser, was zu feuchten Wänden und Schimmelbildung führen kann und eine umfangreiche Sanierung nach sich zieht.

Nachdem Sie sich für die Bauphase mit einem ausreichenden Versicherungsschutz versorgt haben (siehe Seiten 188 ff.), können die konkreten Arbeiten beginnen. Der Bauablauf für ein Fertighaus auf einer Bodenplatte, also ohne Keller, sieht folgendermaßen aus:

▶ Vorbereitung des Baugrunds
▶ Baustelleneinrichtung
▶ Erd- und Kanalarbeiten, unter anderem zur Bereitstellung der Versorgungsanschlüsse für Strom, Telefon, Gas und Wasser
▶ Erstellung des Fundaments (Gründung)
▶ Hausmontage
▶ Innenausbau
▶ Mängelbeseitigung während der Bauphase

Möglicherweise fiel schon die Baueingabe, also das Einreichen des Bauantrags bei der Baubehörde, in Ihren Zuständigkeitsbereich. Dann warten aber noch weitere Aufgaben darauf, von Ihnen erledigt zu werden – obwohl Sie mit einem Fertighausunternehmen bauen. Nach der Baueingabe ist da die Vorbereitung des Baugrundes zu nennen. Unter diese fällt beispielsweise die Beseitigung von Altlasten (siehe Kapitel „Wo soll das Haus stehen?", Punkt „Bodengutachten" auf den Seiten 71 ff.), die fach- und umweltgerecht entsorgt werden müssen. Womöglich steht auch noch eine alte Immobilie auf Ihrem Grundstück, diese muss dann vor Baubeginn noch abgerissen und der anfallende Bauschutt abgefahren und entsorgt werden. Neben solchen von Menschenhand verursachten Hindernissen kann es auch natürliche geben, die Ihrem Haus vor Beginn der eigentlichen Bautätigkeit weichen müssen. Bäume und Buschwerk können mitunter nicht stehen bleiben und sollten nur von darauf spezialisierten Unternehmen entfernt werden. Es ist wichtig, dass beispielsweise ein größerer Baum mit seiner kompletten Wurzel aus dem Erdreich verschwindet, damit das Fundament Ihres Hauses dauerhaft sicher steht.

Vielleicht muss der Boden Ihres Grundstücks zunächst aber auch dräniert werden, wenn sich dort schon längere Zeit eine Brache mit Brackwasser oder gar ein Tümpel befindet. Für viele dieser Schritte sind behördliche Genehmigungen erforderlich, deren Bearbeitung Sie in Ihr Zeitmanagement aufnehmen müssen.

Ist der Boden einmal vorbereitet, kann man sich ans Einrichten der Baustelle machen. Hier müssen Sie vor allem daran denken, dass Strom und Wasser vorhanden sind; gegebenenfalls müssen die lokalen Versorgungsunternehmen Provisorien wie einen Baustromkasten und eine Wasserquelle über einen Hydranten installieren. Ein Bauzaun zum Schutz vor unbefugtem Zutritt – sei es durch spielende Kinder, sei es durch Neugierige – liegt ganz elementar auch in Ihrem eigenen Interesse, denn kommt eine Person auf Ihrer Baustelle durch mangelnde Absicherung zu Schaden, stehen Ihnen unliebsame gerichtliche Auseinandersetzungen ins Haus. Selbstverständlich ist auch ein mobiles Toilettenhäuschen für die Bauarbeiter vor Ort. Schließlich obliegt es Ihnen, für gesicherte Zufahrtswege und Stellplätze für Kranwagen, Betonmischer und ähnliches Gerät zu sorgen. Vor allem ist von Anfang an ein guter Kontakt zu Ihren Nachbarn zu empfehlen, denn selbst

Das Fertighaus muss bei Anlieferung exakt auf die vorbereitete Bodenplatte und die Anschlusspunkte passen.

wenn die Bauzeit für ein Fertighaus vergleichsweise kurz ist: Lärm, Dreck und erhöhtes Verkehrs- beziehungsweise Parkaufkommen lassen sich auch hier nicht verhindern. Kommunizieren Sie offen und transparent, wann in etwa was geschieht und welche Notwendigkeiten dafür bestehen. Wenn der Kranwagen am ersten Montagetag anfährt und die Fertigbauteile auf die Bodenplatte heben soll, sollte gewährleistet sein, dass kein parkendes Auto die Zufahrt zu Ihrem Grundstück blockiert. Befindet sich Ihr Grundstück in einer belebten Gegend, werden Sie nicht darum herumkommen, eine Firma offiziell mit der Straßensperrung zu beauftragen, das fordert das zuständige Ordnungsamt. Allein für diesen Posten können schnell 1 000 Euro und mehr anfallen! Außerdem benötigen die Baufahrzeuge ausreichend Stell- und Arbeitsfläche.

Doch wenn Sie Glück haben und in einer guten Nachbarschaft wohnen, wer weiß, vielleicht dürfen Sie den Strom für die Dauer der Bauphase ja auch von einem Ihrer Nachbarn beziehen? Dann hätten Sie die Bereitstellung des Baustroms seitens des Energieversorgers jedenfalls schon einmal gespart – über die Art der Vergütung für den verbrauchten Strom kann man sich bestimmt einigen.

Wie sehen Bauablauf und Abnahme aus?

Die Hausstellung dauert in der Regel nicht länger als vier Tage. Dafür ist ein Kranwagen nötig – für den unbedingt ausreichend Stellplatz gewährleistet werden muss.

Die vor der Gründung anfallenden Erdarbeiten sind unbedingt notwendig, damit eine zum Fundamentieren geeignete Baugrundfläche vorhanden ist. Der Baugrund muss vorrangig die Last des Hauses tragen können, ohne dass es zu nennenswerten Setzungen kommt. Trifft das nicht schon beim gegebenen Erdreich zu, müssen Baugrundverbesserungen vorgenommen werden: ein Austausch des Bodens, eine Bodenverdichtung oder die Bodenverfestigung durch Zugabe von bindenden Materialien wie Zement oder Kalk. Ziel ist ein standfestes Fundament, das die Lastabtragung über die Bodenplatte ins Erdreich sicher gewährleisten kann. Häufig reichen das Abtragen des Mutterbodens und die Einebnung der Fläche. Ist die Bodenbeschaffenheit in Ordnung, kann die Baugrube (bei einer Bodenplatte selbstverständlich sehr viel weniger tief als bei einem Keller) ausgehoben werden.

Unbedingt schon vor der Legung des Fundaments müssen natürlich auch die vorbereitenden Kanal- und Anschlussarbeiten erfolgen, damit die Anschlüsse für Strom, Telefon, Brauch- und Abwasser und eventuell Gas vorhanden sind und ihre Position klar ist, bevor die Bodenplatte gegossen wird.

Hierzu müssen Sie bei der kommunalen Behörde eventuell den Lageplan für Rohre und Anschlüsse an Ihrem Grundstück besorgen. Der bei diesen Arbeiten anfallende Aushub muss entweder abtransportiert oder (für eine eventuelle Wiederverfüllung oder Geländemodellierung) auf Ihrem Grundstück zwischengelagert werden, ohne dass er im weiteren Bauverlauf stört.

Erst jetzt kann – je nach Vertragsgestaltung – der Fertighausbauer seine Arbeit aufnehmen.

Die Bodenplatte bezeichnet im Fertigbau gemeinhin das Fundament des Hauses, das hauptsächlich die Last vom Haus ins Bodenreich überführt. Zwei weitere Kernaufgaben des Fundaments sind der Schutz vor aufsteigender Nässe aus dem Erdreich und die Wärmedämmung des Gebäudes gegen den Untergrund.

Egal, wer Ihnen die Bodenplatte gießt, die Arbeitsschritte sind in etwa immer gleich:
- Vermessung des Baugrunds (und Abstecken mittels Schnurgerüst),
- Abschalung der Bodenplattenumrisse,
- Aufbringen der Sauberkeitsschicht (Kiesbetonschicht unter der Bodenplatte von bestimmter Dicke, auf die anschließend auf einer Folie Stahlstrebengitter für das Gießen der Bodenplatte montiert werden),
- Verlegen von Leerrohren für Gas-, Strom- und Telekommunikationsleitungen,
- Anbringung eines Dichtbands und
- Gießen der Bodenplatte. Größen wie die Mengen an Beton und Stahl richten sich nach dem Fundament- beziehungsweise Bewehrungsplan des Statikers. Eventuell auftretendes Regen- oder Grundwasser muss zuvor freilich abgepumpt werden.

Die einzelnen Schritte können jeweils nur mit einigen Tagen Abstand in Angriff genommen werden, weil vorbestimmte Trocknungszeiten eingehalten werden müssen. Für eine etwa 25 Zentimeter dicke Bodenplatte sind über 20 Kubikmeter Beton mit einem Gesamtgewicht von bis zu 60 Tonnen nötig – da reicht nicht ein Betonmischer allein, gewöhnlich fahren gleich drei oder vier an.

Checkliste Bauherrenaufgaben zur Bauvorbereitung

Aufgabe	Erledigt: ✓	Datum	Kommentar
Baueingabe/-antrag			
Aushang Bauberechtigung (Roter Punkt)			
Vorbereitung Baugrund (Rodung, Abriss, Beseitigung von Altlasten, Dränage)			
Baustrom			
Provisorischer Wasseranschluss			
Baustellensicherung (Bauzaun, Warnleuchten etc.)			
Toilettenkabine			
Freie Zufahrtswege (Absperrung)			
Bodenverbesserung (nach Bodengutachten)			
Abfuhr/Lagerung Aushub			
Lageplan für Rohre und Anschlüsse			
Ausreichend Stell- und Arbeitsplatz für Baufahrzeuge			
Vor Fertighausmontage: Baubeginnanzeige an Bauordnungsamt abschicken			

Wie Sie Ihre Aufgaben rund um die Auftragsvergabe für einen zu erstellenden Keller oder eine Bodenplatte koordinieren, beschreiben wir genauer auf den Seiten 90 ff.. Oben finden Sie eine Checkliste, die lediglich Ihre Aufgabenfelder beschreibt, wenn Sie schon wissen, an welches Unternehmen Sie den Auftrag vergeben.

Der Fachmann für Bauüberwachung und -abnahme

Weil Bauherren selbst nur selten Baufachleute sind, ist sehr zu empfehlen, dass schon während der Bauphase, spätestens aber zu dem so wichtigen, weil mitunter folgenreichen Termin der Bauabnahme ein Profi hinzukommt und Ihre Interessen vertritt. Am besten bestellen Sie einen unabhängigen vereidigten Bausachverständigen mit der Begutachtung Ihres Hauses. Nicht jeder darf diesen Titel tragen, was Ihnen auf jeden Fall einen versierten Fachmann garantiert, zum anderen bilden sich diese Gutachter laufend weiter – Ihr Mann vom Baufach sollte also auf dem aktuellen Stand sein.

Wie bei der Wahl des richtigen Fertighausanbieters gilt auch hier: Lassen Sie sich im Vorfeld Referenzen des Bausachverständigen vorlegen. Genügen Ihnen diese qualitativ und quantitativ, haben Sie Ihren Bauprofi schon gefunden. Die Handwerks- und Industrie- und Handelskammern, aber auch die Regierungspräsidien der jeweiligen Regierungsbezirke, der TÜV, die Dekra-Prüfgesellschaft und Verbände wie der Verein Wohnen im Eigentum, der Verband privater Bauherren e. V. und der Bauherren-Schutzbund e. V. können fruchtbare Anlaufstellen bei der Suche sein – genauso wie einige Verbraucherzentralen.

Unabhängige Architekten und Bauingenieure können aus ihrer oft jahrelangen Praxiserfahrung als staatlich anerkannte Baugutachter den sach- und ordnungsgemäßen Bauablauf viel besser überwachen sowie Fehler und Mängel bei der Bauabnahme weitaus sicherer beurteilen und entdecken, als Sie dazu in der Lage wären. Ihr Bausachverständiger berät Sie – darauf sollten Sie unbedingt drängen – persönlich und behandelt die mit Ihrem Auftrag verbundenen Daten und Informationen vertraulich.

Weil der von Ihnen beauftragte Sachverständige aber nicht zu jeder Zeit auf Ihrer Baustelle sein kann, fällt Ihnen als Bauherr die Pflicht zu, sich selbst möglichst jeden Tag auf der Baustelle blicken zu lassen, um womöglich ausstehende nicht vorhersehbare Entscheidungen, die getroffen werden müssen, nicht auf die lange Bank zu schieben, was sonst zu einer Bauzeitverzögerung führen würde. Außerdem arbeiten Handwerker pflichtbewusster und genauer, wenn sie wissen, dass sich jemand engagiert für den Fortgang seines Hausbaus interessiert. Mischen Sie sich – besonders als Laie – aber nicht selber täglich aktiv ins Baugeschehen ein. Am besten ist, Sie bilden mit dem Bausachverständigen eine verschworene Einheit, ein Team, so stärken Sie Ihre Position gegenüber jedem Fertigbauunternehmen nachdrücklich.

Was das Honorar für einen so wichtigen Unterstützer anbelangt, so ist es zum einen gut investiert, weil weitreichende Folgekosten so unter normalen Umständen vermieden werden, zum anderen wird Ihnen ein seriöser Bausachverständiger ein verbindliches Honorarangebot machen. Und auch hier sind Sie mit einem Fertighausbau im Vorteil, zumindest was die Bauphase anbelangt, denn die ist vergleichsweise kurz – und wer kürzer arbeitet, muss auch nur für entsprechend weniger Arbeitszeit entlohnt werden. Vor einigen Jahren hat die Stiftung Warentest Beratungsangebote unterschiedlicher Anbieter auf ihr Preisgefüge hin untersucht. Zu den teuersten zählten Dekra und TÜV (bis zu 3 200 Euro je Modellfall für eine ganze Baubegleitung), günstiger kam man bei den Verbraucherzentralen der Länder weg, wenngleich es auch hier Unterschiede gab (die Spanne reichte von knapp 700 bis 1 500 Euro). Ähnlich günstige Angebote konnten Bauherren-Schutzbund, Verband privater Bauherren und Wohnen im Eigentum unterbreiten (zwischen knapp 900 und 1 500 Euro für eine Komplettbegleitung) – bei diesen ist jedoch zusätzlich die obligatorische Mitgliedschaft und ein entsprechender Mitgliedsbeitrag zu beachten.

Gewisse Aufgabenbereiche können für einen Bausachverständigen fix anfallen, wie etwa die Prüfung des Kaufvertrags. Zum üblichen Leistungskatalog eines Baufachmanns zählen unter anderem:

▶ Auftragsvergabe und Überwachung eines Bodengutachtens
▶ Prüfung des Kaufvertrags (nach den Vorgaben des Ministeriums für Wirtschaft und Energie)
▶ Prüfung der Bau- und Leistungsbeschreibung
▶ Technische und sachliche Prüfung sämtlicher Pläne
▶ Prüfung und Überwachung von Sicherheiten, Zahlungsplänen und Terminvorgaben
▶ Baubegleitung – regelmäßige Qualitätskontrolle und Überwachung des Baufortschritts anhand der Baupläne
▶ Aufspüren von Mängeln (während der Bauphase und im Anschluss)
▶ Endabnahme Ihres Fertighauses

Der Organisation Dekra zufolge soll der Bausachverständige mehrmals auf der Baustelle vor Ort sein, mindestens aber zu diesen nach den Bauabschnitten gegliederten Terminen: nach Fertigstellung der Bodenplatte, des Kellers, des Rohbaus, der Rohinstallation und der Haustechnik (durch Vorinstallation im Werk nur bedingt für den Fertigbau), den Trockenbauarbeiten sowie nach Baufertigstellung. Empfehlenswert ist die Anwesenheit auch bei Durchführung der Luftdichtigkeitsprüfung, des Blower-Door-Tests (siehe Seite 38).

Sind Sie an den richtigen Bausachverständigen geraten, wird die Mängelliste (siehe die Seiten 211 ff.) bei der Bauabnahme denkbar kurz ausfallen, da sämtliche auftretenden Mängel bereits während der Bauphase beseitigt wurden.

Die Hausstellung

Die Montage der Fertigelemente an der Baustelle an sich, die Hausmontage, dauert in der Regel nur ein bis maximal drei Tage. Durch die Vorfertigung im Werk fallen die Installation von

Türen und Fenstern vor Ort weg, auch die Elektro- und weitere Installationen von Versorgungsleitungen können unter erleichterten Umständen stattfinden, weil entsprechende Schächte und Leerrohre schon bei der Produktion im Werk vorgesehen wurden und nun entsprechend leicht zugänglich sind.

Unser Tipp: Für eine reibungslose Verlegung aller Installationen vor Ort ist die möglichst genaue Planung vorab immens wichtig. Wenn bestimmte Anschlüsse oder Leitungen im Vorhinein übersehen wurden, findet sich auf der Baustelle dann nicht mehr der notwendige Platz dafür – eine Nachrüstung ist immer sehr aufwendig und damit teuer.

Am Morgen der sogenannten Hausstellung fahren Lkw die einzelnen Bauelemente an die Baustelle, wo der schon wartende Schwerlastkran sie von den Lastkraftwagen hebt und die Monteure die Bauteile dem Bauplan entsprechend an ihren Bestimmungsort dirigieren. Da die vorgefertigten Elemente allesamt mit Nummern versehen sind und der Bauarbeitertrupp in der Regel erfahren ist mit der Montage von Fertighäusern, geht alles zügig vonstatten. Geschoss um Geschoss entsteht, indem die Elemente in eine Zementmörtelmischung gestellt und anschließend über Anker, Spezialdübel und -schrauben fest im Boden verankert und miteinander verbunden werden.

Wenn die Außenwände des ersten Geschosses stehen, schweben nun auch die Innenwände am Schwerlastkran ins Erdgeschoss; den oberen Abschluss bildet die Zwischendecke. Während diese aufgelegt und ebenfalls montiert wird, hat ein Teil der Hausmonteure sich schon um den umlaufenden Gerüstaufbau gekümmert, damit im nächsten Schritt auch das Obergeschoss mit Außen- und Innenwänden aufgebaut werden kann.

Dort, wo auf jeden Fall noch Installationsarbeiten anfallen und Anschlüsse verlegt beziehungsweise verknüpft werden müssen, sind die Tafeln der Holzrahmen vorab nur provisorisch befestigt und werden nach getaner Arbeit fest verschlossen.

Als letzter Teil der Hausstellung steht nun die Errichtung des Dachstuhls an – auch die hierfür benötigten Elemente werden in Werks-

Schweben erst einmal die Hausbauteile ein, geht es meist verblüffend schnell bis zur Fertigstellung des neuen Eigenheims.

Hausstelltermine wahrnehmen

Viele Fertighausunternehmen bieten bauwilligen Interessenten über ihre jeweilige Internetseite Termine an, zu denen sie eine Hausstellung selbst miterleben können. Prüfen Sie die Internetpräsenz des von Ihnen ausgewählten Herstellers oder fragen Sie einfach danach. Die Musterhaus-Dachmarke des BDF e. V. stellt unter www.fertighauswelt.de zudem einen Service bereit, über den Sie nach Hausstellungen der Partnerunternehmen in Ihrer Nähe suchen können.

Machen Sie für einen ersten Eindruck auch Gebrauch von den zahlreichen Videos zu diesem Thema im Internet. Viele Firmen, aber auch private Bauherren, haben den Aufbau ihres Fertighauses filmisch dokumentiert. So erhalten Sie obendrein einen ersten Eindruck und erfahren ganz real etwas über Vorteile oder auch Tücken. Lesen Sie ruhig auch die angeschlossenen Kommentare. Wichtig ist nur, dass Sie versuchen objektiv zu bleiben und sich nicht aus der Ruhe bringen lassen. Beherzigen Sie die Empfehlungen in diesem Buch, besonders auch hinsichtlich der Vertragsgestaltung, dann gehen Sie gut gewappnet in den eigenen Fertighausbau.

Mit der kompletten Dacheindeckung sind die Arbeiten der Hausstellung bis auf die Anschlüsse abgeschlossen.

Der beschriebene Ablauf trifft in etwa auf die Holzrahmen- beziehungsweise Holzskelettbauweise und auf die Massivbauweise zu. Für geradlinige und kompakte Baukörper brauchen einige Hersteller gerade mal einen Tag, komplexere Entwürfe nehmen da schon einmal einen bis maximal zwei Tage mehr in Anspruch, aber das war's.

Etwas anders stellt sich das Prozedere beim Aufbau eines Fertighauses aus Holz in Blockbauweise dar, denn hier werden die Wandelemente nicht vorgefertigt, sondern die passgenau zugeschnittenen und durchnummerierten Blockbohlen werden an die Baustelle geliefert, werden dort dem Bauablauf gemäß gruppiert und kommen im Lauf der nächsten ein bis zwei Wochen sukzessive zur Verwendung, bis der Baukörper auch hier steht und wetterfest ist.

Der Aufbau eines Bausatz-Fertighauses verläuft grundsätzlich nach dem Muster des konventionellen Hausbaus, hier bekommt der Bauherr lediglich die Materialien geliefert und legt größtenteils selbst Hand an, es sei denn, er hat fachliche Unterstützung durch Bauleiter und Handwerker ebenfalls mitgebucht. Ein solches Haus sollten Sie nur dann kaufen und planen, wenn Sie handwerklich versiert sind, Zeit haben und mit den Gegebenheiten und Abläufen zur Erstellung eines Rohbaus vertraut sind.

Der Innenausbau

Beim Fertighausbau mit vorgefertigten Elementen geht es dann an den Innenausbau. Inwieweit Sie von nun an ins weitere Geschehen eingebunden sind, hängt maßgeblich davon ab, in welcher Ausbaustufe Sie Ihr Haus erworben oder ob Sie es gar „bezugs-" beziehungsweise „schlüsselfertig" gekauft haben.

Wir erinnern hier nochmal daran, dass Sie sich die Definition dieser Begriffe anhand der jeweiligen Leistungsbeschreibung und Ihres Vertrags genau ansehen, weil die Bezeichnungen nicht geschützt sind und von Anbieter zu Anbieter stark variieren können.

Der Innenausbau folgt im Ablauf der Gewerke dem des konventionellen Hausbaus. Während sämtliche Leitungen und Rohre für das Heizsystem jetzt verlegt werden, bei einer

hallen vorgefertigt und müssen nur noch auf den Außenwänden endmontiert werden. Bereits mit Fertigstellung des Dachstuhls ist Ihr Baukörper nun vor allen witterungsbedingten Kapriolen geschützt, das heißt Temperaturschwankungen fallen für die folgenden Arbeiten nicht mehr ins Gewicht. Und Ihr Bauwerk ist vor allem eines: trocken. Als i-Tüpfelchen wird das Dach nun noch wie von Ihnen gewünscht eingedeckt und ist dann komplett, die Hausstellung ist abgeschlossen, das ausbaufertige Haus steht.

Lüftungsanlage sind die Schächte größtenteils schon im Werk in die Wandelemente eingebaut, erhält der Baukörper an den Außenbauteilen durch Klempnerarbeiten seinen letzten Schliff: Übergänge von Schornstein, Dachfenstern und -gauben auf die Dachfläche müssen sauber ausgeführt werden, damit das Dach dauerhaft vor unerwünschtem Eintritt von Feuchtigkeit geschützt ist.

In enger Abstimmung mit der Installation des Heizsystems werden alle notwendigen Arbeiten rund um die Bereiche Sanitär- und Elektroinstallation (und damit auch das Energiesystem) durchgeführt. Leitungen für Frisch-, Ab- und Warmwasser und gegebenenfalls für die Flächenheizungen werden gelegt und, wo nötig, an das Energiesystem angeschlossen, etwa wenn Sie Ihr Warmwasser über Solarthermie selbst bereitstellen wollen. Bei der engen Verschränkung dieser Bereiche gerade im Falle von Passiv- und Plusenergiehäusern ist deren perfekte Abstimmung unerlässlich. Hier bleibt für den Bauherrn eines Fertighauses wenig zu tun, da das beauftragte Unternehmen die Fäden in der Hand hält und für eine koordinierte Umsetzung steht – die beteiligten Handwerker verfügen zudem über die nötige Erfahrung und betrachten die Gewerke nicht als Einzelelemente, sondern als Teil des Ganzen. Alle Leitungen und Rohre führen im Idealfall in eine Schaltzentrale, in den Haustechnikraum, in dem auch die Hausanschlüsse liegen. Im Fall von Flächenheizungen wie Boden- und Wandheizung steht die Verfüllung mit Dämmstoffen an.

Während der Sanitär- und Elektroarbeiten können Geländer montiert, Treppen gegebenenfalls eingehängt und Handläufe angebracht werden, die Schlosserarbeiten stehen an. Draußen können in der Zwischenzeit alle noch ausstehenden Fassadenarbeiten erledigt werden.

Im Anschluss müssen einige Tage für das Einbringen des Estrichs eingeplant werden. Je nach Statik, hier maßgeblich in Abhängigkeit von der Dicke und Tragfähigkeit der Decke zum Obergeschoss, kann im Obergeschoss auf Trockenestrich zurückgegriffen werden. Trockenestrich besteht aus festen Werkstoffplatten, die auf eine Ausgleichsschüttung zur Glättung von Unebenheiten gelegt werden. Vorteil:

Kontakte sammeln

Sammeln Sie von Beginn an in einer Übersicht konsequent die Kontaktdaten aller Personen und Ansprechpartner in Unternehmen, die an Ihrem Bauvorhaben beteiligt sind. So können Sie jederzeit schnell mit dem richtigen Ansprechpartner in Verbindung treten, wenn es erforderlich ist.

Hierzu zählen unter anderen: Bauleiter, Architekt, Ihr Verkäufer beim Fertighausbauer, Ihr beauftragter Bausachverständiger, Tief-/Erdbauunternehmen, Grundstücksverkäufer, Bauamt, Versorgungsunternehmen für Strom, Gas, Wasser, Unternehmen für die Tiefenbohrung (bei Wärmepumpe), Telekommunikationsunternehmen (für die Leitung ins Haus und für den Netzanschluss), Müllabfuhr, Fernsehtechniker (bei Sat-Schüssel: Verlegung des Kabels durchs Dach nach innen vorm Innenausbau!), Ordnungsamt (Verkehrssicherung bei Straßensperrung), direkte und weitere womöglich betroffene Nachbarn.

Trockenestrich kann sofort nach Verlegen begangen werden, es könnten in diesen Bereichen also gleich die weiteren Arbeiten fortgesetzt werden. Schwimmender Estrich wird normalerweise als Zementestrich ausgeführt, der glatt auf eine Trittschalldämmung aufgebracht wird. Nassestrich ist deutlich schwerer als Trockenestrich, weshalb er nicht überall auf den Rohboden aufgebracht werden kann.

Bei beiden Estricharten ist aber das seitliche Anbringen von Randdämmstreifen zu beachten, damit der Estrich keinen Trittschall an die Wände überträgt und ausreichend „Spiel" hat. So kann er arbeiten, wenn sich die Bewohner auf ihm bewegen, und er reißt nicht durch Trocknungsschwund.

Sind sämtliche in den Wänden notwendige Arbeiten verrichtet, ist die Rohinstallation somit abgeschlossen und der Estrich getrocknet, können die häuslichen Versorgungsanschlüsse ins Haus gelegt und Arbeiten wie eine Tiefenbohrung vorgenommen werden, wenn eine Wärmepumpe vorgesehen ist.

Parallel ist die Zeit für die Gips- und Putzarbeiten gekommen, mit denen die Wände flächig geglättet und für den Anstrich beziehungsweise die Tapeten vorbereitet werden. Sobald Gips und Putz getrocknet sind, was nicht län-

Baudokumentation

Der von Ihnen hinzugezogene Sachverständige wird weite Teile der Arbeiten selbst schriftlich, aber auch durch Fotos dokumentieren. Das ersetzt aber nicht immer eine lückenlose Dokumentation des Baufortschritts auf Ihrer Baustelle. Sorgen Sie selbst dafür, dass Sie möglichst jeden Tag vor Ort sind und dort so viel Zeit wie möglich verbringen, damit Sie das Gros der Arbeitsschritte mitbekommen.

Berücksichtigen Sie aber auch, dass Sie bei Ihrer sorgfältigen Dokumentation nicht im Weg stehen und durch Ihre Anwesenheit Bauabläufe verzögern. Gesunde Neugierde und ein wenig Misstrauen sind allerdings angebracht. Einer Umfrage unter Bauherren des Verbands privater Bauherren e. V. zufolge lauern die meisten Mängel im Hausbau in der Kellerausführung, gefolgt von der Wärmedämmung und der Ausführung der Außenwände. Das Dach ist bei knapp jedem zweiten Haus nicht fehlerfrei ausgeführt, in der Haustechnik findet sich noch bei jedem dritten Neubau der Fehlerteufel.

Um Ihre schriftlichen Notizen festzuhalten, empfiehlt sich ein Bautagebuch, für das es vorbereitete Formblätter im Buchhandel und Programme (unterschiedliche Angebote – oftmals als Freeware – im Internet) gibt. Nutzen Sie diese Möglichkeit, denn so gehen keine wesentlichen Details unter, das Bautagebuch ist von Beginn an geordnet und hat auch vor Gericht Beweiskraft – sehr viel nachdrücklicher allerdings, wenn es im gebundenen Zustand vorliegt, was über einen Copyshop leicht zu erledigen ist. Begleitend führen Sie bestenfalls eine ebenso lückenlose Fotodokumentation, die Ihre Notizen bildlich ergänzt.

ger als zwei Tage dauert, können die Bodenbelags- und Fliesenarbeiten beginnen. So vom Werk noch nicht geschehen, kommen jetzt auch die noch fehlenden Innentüren an ihren Platz, die vorgesehene Haustür ersetzt nun die provisorische Bautür im Hauseingang. Alle Verbindungs- und Übergangsstellen, besonders an den Fenstern, werden gründlich isoliert und abgedämmt, bevor dann auch die Fensterbänke an ihren Platz kommen.

Nach Bestückung der entsprechenden Räumlichkeiten mit sämtlichen Sanitärgegenständen kann dann der Malerbetrieb mit den Malerarbeiten loslegen, während der Elektriker andernorts noch mit der Programmierung der Haustechnik beschäftigt ist, im Wohn-Ess-Bereich die Montage der Küche ihren Auftakt nimmt. Nach den Malerarbeiten werden dann noch Schalter, Steckdosen und gegebenenfalls Heizkörper im gesamten Haus angebracht. Abschließend wird das ganze Haus gereinigt.

Die nun noch ausstehenden Arbeiten betreffen eigentlich nur noch den Außenbereich: Gartenanlagen, Pflasterarbeiten, Arbeiten rund um die Garage beziehungsweise den Carport und Ähnliches.

Der von Ihnen beauftragte Sachverständige zur baubegleitenden Qualitätskontrolle wird, sobald er Fehler festgestellt hat, auf eine Mängelbeseitigung schon während der Bauphase drängen. Wenn Ihr Fachmann selbst gerade nicht vor Ort ist, dokumentieren Sie Fehler, die Sie bemerken oder auch nur vermuten. Setzen Sie den Bauleiter der Fertighausfirma davon in Kenntnis und drängen Sie auf Beseitigung. Informieren Sie gleichzeitig Ihren Bausachverständigen und behalten Sie im Auge, ob der Mangel behoben wird oder nach wie vor besteht. Schwerwiegende Fehler wie etwa eine undichte Dampfbremse in der Dachfläche sind für den Baulaien nur schwierig auszumachen, Ihr Sachverständiger hat da schon bessere Karten. Hier wird der Vorteil des Fertigbaus zum Nachteil, denn das Zeitfenster, in dem solche Mängel entdeckt werden können, ist denkbar klein. Umso wichtiger ist es, dass der für Sie tätige Sachverständige zu den entsprechenden Zeiten vor Ort ist und die Gewerke persönlich in Augenschein nehmen kann!

DIE ABNAHME

Meist wird es in der Endphase des Baus hektisch: Häufig verzögert sich die Fertigstellung, die Baufamilie hat die alte Wohnung schon gekündigt, die Sachen sind gepackt, im letzten Moment wird das Haus doch noch fertig, nun muss es mit dem Umzug schnell gehen. Bei all dem Stress geht die Bauabnahme häufig unter. Das aber darf nicht passieren.

Die Bauabnahme oder auch Schlussabnahme markiert den Übergang von der Herstellungs- in die Nutzungsphase. Sie nehmen dem Unternehmen seine erbrachte Leistung ab und akzeptieren diese im Großen und Ganzen als vertragsgerecht. Dabei gehen auch die Verantwortlichkeiten vom Fertighausunternehmen auf den Käufer über, also auf Sie. Die Abnahmeerklärung sollte immer mit der Übergabe des Bauwerks verbunden werden. Es sollte unbedingt eine förmliche Bauabnahme direkt auf der Baustelle stattfinden. Gerade Hersteller von schlüsselfertigen Häusern versuchen gern, ihren Kunden eine formlose Bauabnahme aufzudrücken, zum Beispiel eine schriftliche Abnahme. Oder sie lassen diesen Termin sogar ganz ausfallen (siehe „Konkludente und fiktive Bauabnahme", Seite 213).

Es ist ratsam, sich gut auf die Bauabnahme vorzubereiten. Schauen Sie sich das gesamte Haus schon ein paar Tage vorher in aller Ruhe an, am besten mit einem Sachverständigen Ihrer Wahl. Die Mängel, die Sie dabei finden, können Sie später ins offizielle Abnahmeprotokoll aufnehmen.

Bei der förmlichen Abnahme sollte Sie unbedingt ein Bausachverständiger oder ein Architekt begleiten. Nehmen Sie Wasserwaage, Zollstock, eine Kamera, eine Kerze (Prüfung auf Luftzug) und eine Taschenlampe mit und natürlich Papier und Stift. Auch die Bau- und Leistungsbeschreibung sowie das Protokoll der Bemusterung sollten Sie dabeihaben. Alle Beteiligten sollten sich Zeit für die Bauabnahme nehmen. Es geht hier um langfristige und eventuell sehr teure Angelegenheiten. Da ist Zeitdruck fehl am Platz.

Bevor Sie das Abnahmeprotokoll unterzeichnen und unumkehrbar diesen wichtigen Schritt tun, sind Ihre Argusaugen noch einmal gefragt – denn Sie können das Haus auch schon abnehmen, wenn noch nicht alle von Ihnen festgestellten und beklagten Mängel beseitigt sind. Ausschlaggebend ist der vorbehaltliche Vermerk im Abnahmeprotokoll, dass diese noch zu beseitigen sind, bevor es von allen Parteien unterschrieben wird.

Checkliste: Zur Abnahme erforderliche Unterlagen

Ihnen müssen spätestens zur Abnahme folgende Unterlagen vorliegen:

1	✓	Baugenehmigung
2	✓	Sämtliche Pläne (Architekt, Statiker, Fachplaner)
3	✓	Energiebedarfsausweis und Energiepass
4	✓	Energieberechnungen
5	✓	Abnahmeformular vom Schornsteinfeger für den Kamin
6	✓	Abwasserprotokoll
7	✓	Erklärung zur plangemäßen Ausführung seitens der Baufirma
8	✓	Bescheinigung (Blower-Door-Test – im Idealfall waren Sie selbst anwesend)
9	✓	Bedienungsanleitungen und Produktbeschreibungen
10	✓	Kontaktdaten aller am Bau beteiligten Firmen oder Personen

Hatte es jemand zum Schluss des Aufbaus sehr eilig und hat zum Beispiel die Abdeckung einer Anschlussstelle vergessen?

Mängelliste und Protokoll

Entscheidend ist das Protokoll. Darin sollten alle Mängel aufgelistet werden, die während des Termins festgestellt werden – auch Mängel, die der Bauherr schon bei früheren Anlässen gerügt hat. Vor allem wenn noch Restarbeiten anstehen, sollten diese säuberlich ins Protokoll eingetragen werden. Die entdeckten Mängel sollten im Protokoll möglichst genau beschrieben werden. Das muss nicht in der Fachsprache eines Sachverständigen geschehen. Es reicht, den Fehler aufzuführen. Wenn er nicht ganz korrekt bezeichnet wurde, ändert das nichts daran, dass der Anspruch des Käufers auf Gewährleistung erhalten bleibt. Sogar bei Einzelheiten, die nicht direkt als Mangel erkennbar sind, bei denen der Bauherr aber den Eindruck hat, hier könne etwas nicht stimmen, darf er darauf bestehen, dass sie ins Protokoll kommen. Es reicht schon der Verdacht, dass die Bauausführung nicht korrekt war.

Kontrollieren Sie pro Geschoss jeden einzelnen Raum und listen Sie Mängel mit einer genauen Zuordnung auf, zum Beispiel: „Raum 2: Kellertür schleift auf dem Boden". Ihre Raumbezeichnungen sollen dabei mit den jeweiligen Plänen übereinstimmen. Achten Sie auch darauf, ob tatsächlich die Materialien eingebaut wurden, die der Hersteller in der Bau- und Leistungsbeschreibung versprochen hat: Fliesen, Armaturen, Heizkörper, Fußbodenbeläge und so weiter.

Ein Muster für ein Abnahmeprotokoll finden Sie ab Seite 214 ff. Sie werden nicht an jeder Stelle des Hauses gleich viel zu bemängeln haben, kopieren Sie sich bei Bedarf einige Seiten doppelt. Es ist dabei wichtig, dass es nur ein gemeinsames Abnahmeprotokoll gibt, von dem alle Parteien eine Durchschrift bekommen. Wenn hingegen jede Vertragsseite ihr eigenes Protokoll schreibt und sich dieses von der anderen gegenzeichnen lässt, gibt es bei späteren Streitigkeiten vor Gericht Probleme damit, welche Version verbindlich vereinbart wurde.

Will der Fertighausanbieter einen Passus ins Protokoll aufnehmen, nach dem „zum Zeitpunkt der Übergabe keine weiteren offenen Mängel vorhanden sind als im Abnahmeprotokoll aufgeführt", ist das unzulässig. Das soll die Gewährleistung für nicht protokollierte Mängel ausschließen, obwohl Ihnen auch bei Fehlern, die erst später auftauchen, ein Anspruch auf

Nachbesserung zusteht. Häufig kommen sehr viele Mängel ins Protokoll. Es istdann sinnvoll, gleich einen weiteren Termin für eine Abnahme zu verabreden, bis zu dem alle Fehler behoben sein müssen. Auch dabei sollten Baufamilien einen Sachverständigen hinzuziehen.

Unser Tipp: Vereinbaren Sie bereits mit der Schlussabnahme, dass Ihr Bausachverständiger in knapp fünf Jahren (vor Ablauf der Gewährleistungszeit) das Haus noch einmal gründlich unter die Lupe nehmen und einen Mängelbericht erstellen wird, falls es dann nennenswerte Reklamationen gibt.

Konkludente und fiktive Bauabnahme

Vorsicht, Falle: Das Gesetz kennt auch Abnahmen, die ohne gemeinsame Begehung und ohne Abnahmeprotokoll zustande kommen.

Als konkludente Abnahme gilt, wenn der Kunde durch sein Verhalten signalisiert, dass er das Haus vertraglich als abgeschlossen ansieht. Das ist etwa der Fall, wenn die Baufamilie nach der Fertigstellungsmitteilung anstandslos die Schlussrechnung zahlt oder auch vor der förmlichen Bauabnahme in das neue Heim einzieht. Die Folge ist: Auch alle Mängel, die der Bauherr bis dahin nicht klar angezeigt hat, gelten als abgenommen. Allerdings bleibt nach dem Einzug eine Frist von sechs Tagen, in der Mängel noch gerügt werden können.

Daneben gibt es die fiktive (= vermutete) Abnahme. Die hierfür geltenden gesetzlichen Regelungen wurden im Rahmen der Reform zum Bauvertragsrecht neu gestaltet (§ 640 Abs. 2 BGB). Bislang galt das Werk als fiktiv abgenommen, wenn der Auftraggeber es nicht innerhalb einer gesetzten Frist abnahm, obwohl es im Wesentlichen mängelfrei erstellt war.

Das hat sich nun geändert: Die Abnahme eines Werks wird dann fiktiv angenommen, wenn der Auftragnehmer dem Besteller nach der Fertigstellung eine angemessene Frist zur Abnahme gesetzt hat und dieser die Abnahme nicht innerhalb dieser Frist unter Angabe mindestens eines Mangels verweigert. Ob Mängel vorliegen, spielt dabei keine Rolle. Wollen Sie als Auftraggeber die Abnahme verweigern, müssen Sie also unbedingt aktiv werden und dies begründen. Wenn Sie hingegen die Frist untätig verstreichen lassen, gilt das Werk als fiktiv abgenommen.

Verweigerte Abnahme

Bauherren sind gesetzlich verpflichtet, das vertragsmäßig hergestellte Werk abzunehmen und dürfen dies nicht wegen unwesentlicher Mängel verweigern (§ 640 Abs. 1 BGB). Bestehen hingegen ein oder mehrere wesentliche Mängel, ist beispielsweise die Gebrauchstauglichkeit des Hauses beeinträchtigt oder entspricht die Ausführung nicht den Regeln der Technik, dann sind Sie berechtigt, die Abnahme zu verweigern. Nach der neuen Gesetzlage kann das Bauunternehmen dann eine Zustandsfeststellung verlangen (§ 650g BGB), um Beweisschwierigkeiten bezüglich der behaupteten Mängel zu vermeiden. Der Auftraggeber ist verpflichtet, daran mitzuwirken. Erscheint er nicht zu einem vereinbarten oder unter Fristsetzung angekündigten Termin, so kann das Bauunternehmen die Zustandsfeststellung allein vornehmen. Das kann fatale Folgen haben: Bei allen Mängeln, die nicht in der Zustandsfeststellung aufgeführt sind, wird davon ausgegangen, dass sie nachträglich entstanden, also vom Auftraggeber zu vertreten sind.

Unser Tipp: Wenn Sie einen vereinbarten oder vorgeschlagenen Termin nicht wahrnehmen können, sollten Sie dies dem Bauunternehmen unverzüglich mitteilen.

Prüffähige Schlussrechnung

Nach der Abnahme stellt das Unternehmen seine Schlussrechnung. Unter Anrechnung der geleisteten Abschlagszahlungen ist nun die gesamte Vergütung fällig. Voraussetzung ist, dass die Schlussrechnung nachprüfbar ist (§ 650g Abs. 4 BGB). Das heißt: Das Unternehmen muss eine übersichtliche Aufstellung der erbrachten Leistungen vorlegen. Nur so können Bauherren die Berechnung nachvollziehen.

Unser Tipp: Kontrollieren Sie die Rechnung direkt nach Zustellung und erheben Sie Einwendungen gegen die Prüffähigkeit umgehend. Wenn Sie nicht innerhalb von 30 Tagen nach Zugang der Rechnung begründete Einwendungen gegen die Prüffähigkeit erhoben haben, gilt diese als prüffähig.

Protokoll der Schlussabnahme

Bauabnahme gemäß:	☐ § 12 VOB/B bzw. ☐ § 640 BGB
Bauherr(en):	Marie und Markus Muster Musterstraße 99 12345 Musterstadt
Verkäufer:	Mustermann Fertighaus GmbH Namenlosstraße 11 98765 Namenlosdorf
Beginn des Baus:	
Fertigstellung des Baus:	
Begehung zur Bauabnahme am:	XX. Monat 2021
um:	13.00 bis 16.45 Uhr
Ort:	Neubaustraße 1 45678 Neubauhausen
Anwesend:	„Markus Muster (Bauherr)" „Marie Muster (Bauherrin)" Vor- u. Nachname (Bevollmächtigter Mustermann Fertighaus GmbH) Vorname Familienname (Bausachverständiger)

Die Unterlagen gemäß Protokoll Nr. 0.3–0.8 wurden vollständig übergeben.	☐ Ja ☐ Nein
Folgende Unterlagen werden nachgereicht:	
bis zum:	
Die Schlüssel wurden vollständig übergeben.	☐ Ja ☐ Nein

Folgende Bereiche konnten bei der Übergabe nicht besichtigt werden:	(z.B. Kelleraußenwände…)
Es sind **keine** sichtbaren Mängel vorhanden. Die Abnahme wird im Hinblick auf die festgestellte Freiheit der Leistungen von sichtbaren Mängeln erklärt.	Unterschrift Bauherr/en
Es sind Beanstandungen gemäß beigefügter Mängelliste vorhanden: Die Abnahme wird wegen der festgestellten Mängel verweigert:	Unterschrift Bauherr/en
Trotz der festgestellten Mängel nimmt der Auftraggeber die Leistungen ab. Der Auftraggeber behält sich jedoch bezüglich der festgestellten Mängel seine Rechte vor.	Unterschrift Bauherr/en
Die im Protokoll notierten Mängel werden vom Verkäufer behoben bis spätestens: …………………… 2021	Unterschrift Verkäufer
Bis zur erfolgreichen Beseitigung der notierten Mängel behält der Käufer den Betrag von X.XXX Euro von der Gesamtabrechnung ein. Zur Feststellung der Mängelfreiheit wird ein weiterer Begehungstermin vereinbart für den:	ZZ. Monat 2021

Vertragsstrafen gemäß § XX des Kaufvertrags vom XX. Monat 2021 können unabhängig von der Schlussabnahme noch geltend gemacht werden.

Wichtige Hinweise/Vermerke:

Neubauhausen, XX. Monat 2021

Unterschrift Verkäufer   Unterschrift(en) Käufer

Kontrollfragen zur Hausabnahme	Kommentare
0. Generell	
0.1 Ist Ihnen für alle Türen und Fenster die vorgesehene Anzahl Schlüssel überreicht worden?	
0.2 Warmwasser an allen Auslässen (Heizkörper, Flächenheizungen, Wasserhähne, Dusch- und Badarmaturen) verfügbar?	
0.3 Liegen Energiebedarfsausweis und Energiepass vor?	
0.4 Liegen die Planungsunterlagen vollständig vor (Bauantrag, Genehmigungen, Architekten- und Statikerpläne)?	
0.5 Liegen Bestandsunterlagen (Revisionspläne) vollständig vor (Ausführungspläne, Ausschreibungen, Fachpläne: Elektro, Sanitär, Heizung, Lüftung etc.)?	
0.6 Liegen verbindliche Produktbeschreibungen vor (technische Eigenschaften der Fenster etc.)?	
0.7 Liegen alle Bedienungsanleitungen, technischen Datenblätter und Garantieunterlagen für sämtliche elektrisch bedienbaren Elemente vor und haben Sie eine Einweisung erhalten?	
0.8 Haben Sie Pflegeanleitungen für bestimmte Materialien (Teppich- und Holzböden, Fensterscheiben etc.) erhalten?	
1. Keller (bei Ausführung ohne Keller Elemente in entsprechende Geschosse übernehmen)	
1.1 Türen (auch Außentür)	
▶ Entsprechen die Türen dem Bemusterungsprotokoll (auch in Höhe und Breite)? ▶ Sind die Türblätter und Zargen schadfrei? ▶ Sind die Beschläge o. k. (Material, Farbe, Form, schadfrei)? ▶ Ist die Montage o. k. (Öffnungsart- und -richtung, schleifen die Türen nicht, schließen sie dicht, befinden sie sich an der richtigen Stelle etc.)? ▶ Lassen sich die Schlösser ohne Widerstand auf- und abschließen? ▶ Sind Brandschutztüren wie vorgesehen montiert? ▶ Wurden Ausstattungsmerkmale wie Lüftungsgitter bedacht? ▶ Sonstiges?	

1.2 Fenster

- Entsprechen die Fenster dem Bemusterungsprotokoll (auch in Höhe und Breite)?
- Sind die Fensterrahmen und -scheiben (Material, Farbe, Form, Lichtdurchlässigkeit) o. k.?
- Sind die Beschläge o. k. (Material, Farbe, Form, schadfrei)?
- Ist die Montage o. k. (Öffnungsart und -richtung, lotrechter Einbau (dürfen nicht selbsttätig auf- oder zuschwingen), schließen sie luft- und dampfdicht, befinden sie sich an der richtigen Stelle etc.)?
- Befindet sich kein Kondenswasser in den Zwischenschichten?
- Sind die Fensterbänke (Material, Farbe, Maße, Abdichtung der Anschlüsse, Schadfreiheit) o. k.?
- Sind die Rollläden (elektrisch: Programmierung vorgenommen, Schalter vorhanden, funktionstüchtig; manuell: Gurte vorhanden und funktionstüchtig, Gurtwickelkasten genau senkrecht unter Gurtauslass; Gurte/Schalter an richtiger Position, Rollläden selbst sauber, Verdunkelung) o. k.?
- Sonstiges?

1.3 Wände

- Ebene Verputzung der Oberflächen, ist der Anstrich tadellos?
- Sind Tapeten einwandfrei angebracht (Farbe, Muster, Maße, Anschlüsse und Stöße, lückenlose Nähte, ohne Lufteinschlüsse)?
- Sind Wandfliesen einwandfrei angebracht (Farbe, Muster, Maße, Anschlüsse und Stöße, gleichmäßige Fugen, Fugenmörtelfarbe, schadfreie Fliesen, Bordüren auf richtiger Höhe, Übergänge zur Sanitär-/Heizkörperinstallation, Revisionsöffnungen, Ablagen, Verklebung)?
- Wurden die Sockelleisten lotrecht angebracht, nur an der Wand befestigt (keinesfalls auf dem Boden) und sind sie schadfrei?
- Sind die Anschlüsse der Sanitärinstallation durch Rosetten abgedeckt?
- Sonstiges?

1.4 Decken

- Ebene Verputzung der Oberflächen, ist der Anstrich tadellos?
- Sind Tapeten einwandfrei angebracht (Farbe, Muster, Maße, Anschlüsse und Stöße, lückenlose Nähte, ohne Lufteinschlüsse)?
- Sind die Deckenauslässe der Elektrokabel beachtet und sachgerecht ausgeführt?
- Sonstiges?

1.5 Böden

- Sind Bodenfliesen einwandfrei angebracht (Farbe, Muster, Maße, Anschlüsse und Stöße, gleichmäßige Fugen, Fugenmörtelfarbe, schadfreie Fliesen, Verklebung)?
- Sind Abläufe im Boden wie gewünscht eingebracht?
- Sind die Übergänge von Raum zu Raum fehlerfrei ausgeführt (mit Übergangsleisten ohne allzu große Lücken)?
- Ist Teppich/Laminat/Linoleum/Parkett einwandfrei verlegt worden (eben, fugenfrei, schadfrei, kein Knarzen bei Begehung, Versiegelung an Zargen, Übergängen, bei Parkett: Korkrandstreifen, Messingabschlussleiste zur Tür)?
- Sonstiges?

1.6 Installationen

1.6.1 Elektro

- Kann Luftstrom an Schaltern und Steckdosen festgestellt werden?

- ▶ Entsprechen Schalter und Steckdosen dem Bemusterungsprotokoll (Anzahl, Position, Form, Farbe) und sind sie funktionstüchtig?
- ▶ Sind die Deckenauslässe der Elektrokabel in Position und Anzahl vorhanden?
- ▶ Ist ein Starkstromanschluss vorgesehen?
- ▶ Bei Hausautomation: Lassen sich die schon vorhandenen Komponenten probehalber programmieren, funktioniert alles?
- ▶ Haben Sie einen Verlegeplan für die Elektroleitungen erhalten, um diesen bei späteren Arbeiten konsultieren zu können?
- ▶ Sind alle Leerrohre wie verabredet verlegt?
- ▶ Sonstiges?

1.6.2 Heizung

- ▶ Entsprechen Heizkörper dem Bemusterungsprotokoll (Anzahl, Position, Form, Farbe, schadfrei) und sind sie funktionstüchtig (dicht, warmwasserführend, Thermostat)?
- ▶ Ist die Anbringung der Heizkörper o. k.?
- ▶ Ist der Kaminzug überall unversehrt (ohne Bohrungen etc.)?
- ▶ Sonstiges?

1.6.3 Sanitär und Wellness

- ▶ Entsprechen Armaturen, Sanitär- und sonstige Gegenstände dem Bemusterungsprotokoll (Anzahl, Position, Form, Farbe, schadfrei) und sind sie funktionstüchtig ((warm-)wasserführend, dicht)?
- ▶ Sind die Gegenstände waagerecht und in der richtigen Höhe montiert?
- ▶ Sind die Sanitärgegenstände elektrisch geerdet?
- ▶ Entspricht der Wellnessbereich dem Bemusterungsprotokoll und sind seine Bestandteile funktionstüchtig (Sauna, Whirlpool, Tauchbecken etc.)?
- ▶ Sind die Silikonfugen überall lückenlos und dicht ausgeführt?
- ▶ Sind Revisionsöffnungen vorhanden?
- ▶ Sonstiges?

1.6.4 Energie- und Heizsystem (Haustechnik)

- ▶ Abnahmeprotokoll des Bezirksschornsteinfegers vorliegend?
- ▶ Ist der Technikraum, falls erforderlich, brandschutzgesichert?
- ▶ Sind die Einzelkomponenten (Lüftung, Photovoltaik, Solarthermie, Verbrennungsanlage, Nah-/Fernwärme, Wärmepumpe, Speicher) vorhanden und aufeinander abgestimmt?
- ▶ Sind die Hausanschlüsse (Wasser, Elektro (ggf. Einspeisen und Entnahme), Gas, Nah-/Fernwärme vorhanden, dicht, am Wanddurchstoß fachgerecht eingearbeitet und verfügen sie über ein eigenes Zählerwerk?
- ▶ Sind die Einzelkomponenten sicher und fest montiert?
- ▶ Treten Auffälligkeiten beim Probebetrieb auf (hohe Geräuschentwicklung, stickige Luft, Undichtigkeit an Anschlüssen/Ventilen, erhöhte Wärmebildung)?
- ▶ Sind alle notwendigen Rohrleitungen wärme- beziehungsweise schallisoliert?
- ▶ Haben Sie eine umfassende Einweisung in die Funktionsweisen Ihres Energie- und Heizsystems erhalten?
- ▶ Sind die Sicherungen im Sicherungskasten beschriftet?
- ▶ Sonstiges?

1.7 Treppe(n)

- ▶ Sind die Tritthöhen identisch?
- ▶ Entsprechen Geländer und Handlauf dem Bemusterungsprotokoll (Material, Farbe, Form, Stufenmaße in Tiefe und Breite)?
- ▶ Sind Handläufe und Geländer sachgerecht befestigt?
- ▶ Sonstiges?

2. Erd-, Ober- und Dachgeschoss (innen)

2.1 Türen (auch Haustür)

- Entsprechen die Türen dem Bemusterungsprotokoll (auch in Höhe und Breite)?
- Sind die Türblätter und Zargen schadfrei?
- Sind die Beschläge o. k. (Material, Farbe, Form, schadfrei)?
- Ist die Montage o. k. (Öffnungsart- und -richtung, schleifen die Türen nicht, schließen sie dicht, befinden sie sich an der richtigen Stelle etc.)?
- Lassen sich die Schlösser ohne Widerstand auf- und abschließen?
- Wurden Ausstattungsmerkmale wie Lüftungsgitter bedacht?
- Sonstiges?

2.2 Fenster

- Entsprechen die Fenster dem Bemusterungsprotokoll (auch in Höhe und Breite)?
- Sind die Fensterrahmen und -scheiben (Material, Farbe, Form, Lichtdurchlässigkeit) innen und außen o. k.?
- Sind die Beschläge o. k. (Material, Farbe, Form, schadfrei)?
- Ist die Montage o. k. (Öffnungsart und -richtung, lotrechter Einbau (dürfen nicht selbsttätig auf- oder zuschwingen), schließen sie luft- und dampfdicht, befinden sie sich an der richtigen Stelle etc.)?
- Befindet sich kein Kondenswasser in den Zwischenschichten?
- Sind die Fensterbänke o. k. (Material, Farbe, Maße, Abdichtung der Anschlüsse, Schadfreiheit)?
- Sind die Rollläden o. k. (elektrisch: Programmierung vorgenommen, Schalter vorhanden, funktionstüchtig; manuell: Gurte vorhanden und funktionstüchtig, Gurtwickelkasten genau senkrecht unter Gurtauslass; Gurte/Schalter an richtiger Position, Rollläden selbst sauber, Verdunkelung, ist Luftzug besonders am Rollladenkasten spürbar)?
- Wenn es Dachflächenfenster gibt, stimmen sie mit dem Bemusterungsprotokoll überein (Farbe, Form, Größe, Verdunkelungsart), sind sie an den Anschlussstellen dicht ins Dach eingearbeitet und funktionstüchtig?
- Sonstiges?

2.3 Wände

- Ebene Verputzung der Oberflächen, ist der Anstrich tadellos?
- Sind Tapeten einwandfrei angebracht (Farbe, Muster, Maße, Anschlüsse und Stöße, lückenlose Nähte, ohne Lufteinschlüsse)?
- Sind Wandfliesen einwandfrei angebracht (Farbe, Muster, Maße, Anschlüsse und Stöße, gleichmäßige Fugen, Fugenmörtelfarbe, schadfreie Fliesen, Bordüren auf richtiger Höhe, Übergänge zur Sanitär-/Heizkörperinstallation, Revisionsöffnungen, Ablagen, Verklebung)?
- Wurden die Sockelleisten lotrecht angebracht, nur an der Wand befestigt (keinesfalls auf dem Boden) und sind sie schadfrei?
- Sind die Anschlüsse der Sanitärinstallation durch Rosetten abgedeckt?
- Sonstiges?

2.4 Decken

- Ebene Verputzung der Oberflächen, ist der Anstrich tadellos?
- Sind Tapeten einwandfrei angebracht (Farbe, Muster, Maße, Anschlüsse und Stöße, lückenlose Nähte, ohne Lufteinschlüsse)?
- Sind die Deckenauslässe der Elektrokabel beachtet und sachgerecht ausgeführt?
- Bei Verkleidung: Stimmen Material, Form und Farbe mit dem Bemusterungsprotokoll überein und ist die Laufrichtung korrekt?
- Sonstiges?

2.5 Böden

- Sind Bodenfliesen einwandfrei angebracht (Farbe, Muster, Maße, Anschlüsse und Stöße, gleichmäßige Fugen, Fugenmörtelfarbe, schadfreie Fliesen, Verklebung)?
- Sind Abläufe im Boden wie gewünscht eingebracht?
- Sind die Übergänge von Raum zu Raum fehlerfrei ausgeführt (mit Übergangsleisten ohne allzu große Lücken)?
- Ist Teppich/Laminat/Linoleum/Parkett einwandfrei verlegt worden (eben, fugenfrei, schadfrei, kein Knarzen bei Begehung, Versiegelung an Zargen, Übergängen; bei Parkett: Verlegemuster und -richtung, Schliff, Korkrandstreifen, Messingabschlussleiste zur Tür)?
- Sonstiges?

2.6 Installationen

2.6.1 Elektro
- Entsprechen Schalter und Steckdosen dem Bemusterungsprotokoll (Anzahl, Position, Form, Farbe) und sind sie funktionstüchtig?
- Kann Luftstrom an Schaltern und Steckdosen festgestellt werden?
- Sind die Deckenauslässe der Elektrokabel in Position und Anzahl vorhanden?
- Ist ein Starkstromanschluss/Herdanschluss vorgesehen?
- Haben Sie einen „Lageplan" für die Elektroleitungen erhalten, um diesen bei späteren Arbeiten konsultieren zu können?
- Sind alle Leerrohre wie verabredet verlegt?
- Sonstiges?

2.6.2 Heizung
- Entsprechen Heizkörper dem Bemusterungsprotokoll (Anzahl, Position, Form, Farbe, schadfrei) und sind sie funktionstüchtig (dicht, warmwasserführend, Thermostat)?
- Anbringung der Heizkörper o. k.?
- Sonstiges?

2.6.3 Sanitär
- Entsprechen Armaturen, Sanitär- und sonstige Gegenstände dem Bemusterungsprotokoll (Anzahl, Position, Form, Farbe, schadfrei) und sind sie funktionstüchtig ((warm-)wasserführend, dicht)?
- Sind die Gegenstände waagerecht und in der richtigen Höhe montiert?
- Sind die Sanitärgegenstände elektrisch geerdet?
- Sind die Silikonfugen überall lückenlos und dicht ausgeführt?
- Sind Revisionsöffnungen vorhanden?
- Sonstiges?

2.7 Treppe(n)

- Sind die Tritthöhen identisch?
- Entsprechen Geländer, Trittstufen, Wangen und Handlauf dem Bemusterungsprotokoll (Material, Farbe, Form, Stufenmaße in Tiefe und Breite)?
- Sind die Treppenstufen schalldämmend in den Wangen/in der Wand/auf den Holmen gelagert?
- Sind Handläufe und Geländer sachgerecht befestigt?
- Wenn es eine Einschubtreppe gibt, stimmt sie mit dem Bemusterungsprotokoll überein und ist sie funktionstüchtig?
- Sonstiges?

3. Außen

3.1 Bauwerksabdichtung

- Wurde ein Spritzschutzstreifen (Kiesschicht) umlaufend um das Gebäude angelegt?
- Ist die Wiederverfüllung vollständig, gut verdichtet und ebenerdig ausgeführt?
- Ist der Übergang von Bodenplatte/Kellerdecke zum Haussockel fachgerecht abgedichtet?
- Sonstiges?

3.2 Kellerlichtschächte

- Entsprechen die Abdeckungen dem Bemusterungsprotokoll (einfaches Gitterrost, Laub-, Ungeziefer-, Schmutzschutz) und sind sie schadfrei?
- Sind die Schächte dicht an die Hauswand angearbeitet, verfügen sie über eine Regenwasserableitung, sind sie einbruchsicher und trotzdem zugänglich?
- Sonstiges?

3.3 Haussockel

- Entsprechen die verwendeten Materialien dem Bemusterungsprotokoll?
- Ist die Oberfläche eben und sauber ausgeführt?
- Sind die Übergänge zu anderen Bauteilen (Lichtschächte, Fenster, Türen, Treppen) und zur Fassade sauber, fest und dicht ausgeführt?
- Sonstiges?

3.4 Fassade

- Entsprechen die verwendeten Materialien (Glas, Putz/Wärmedämmverbundsystem, Klinker, Holz) in Farbe, Form und Qualität dem Bemusterungsprotokoll?
- Sind Ausführung und Montage sauber und dicht (**Glas:** Dichtungen an Übergängen zum Holz, Oberfläche schadfrei, kein Kondenswasser in den Zwischenschichten; **Putz/WDVS:** ebene Oberfläche, richtige Struktur und Farbe, Dichtigkeit, Haftung; Klinker: Fugenbreite und -mörtelfarbe, Gleichmäßigkeit, Fenster- und Türstürze, Hinterlüftung; **Holz:** Hinterlüftung, Dichtigkeit am Sockel, Abstand zum Spritzschutzstreifen, Lüftungsschlitz geschützt, Lattenverlauf und -stöße) und die Übergänge ordentlich ausgeführt?
- Sonstiges?

3.5 Fensterbänke und Rollläden

- Sind die Fensterbänke o. k. (Material, Farbe, Maße, Abdichtung der Anschlüsse, Schadfreiheit, hausabgewandte Neigung, Tropfkante an ausreichend großem Fassadenüberstand)?
- Entsprechen die Rollläden in Material, Farbe und Form dem Bemusterungsprotokoll und sind sie selbst sauber, schließen sie vollständig, lassen sie sich komplett einfahren, laufen sie gut in der Schiene, sind Stopper vorgesehen, die Schienen an den Übergängen zur Fassade sauber und dicht eingebracht?
- Sonstiges?

3.6 Terrassen (auch Dachterrassen)

- Entsprechen die verwendeten Materialien (Fliesen, Naturstein, Beton, Holz, Metall) in Farbe, Form und Qualität dem Bemusterungsprotokoll?
- Sind sie eben und mit leichtem hausabgewandten Gefälle ausgeführt? Verfügen Sie eventuell über Bodenabläufe zur Entwässerung?
- Ist die Ausführung sachgemäß, sauber und ordentlich (Fugen in Material, Form und Oberfläche, Verlegemuster, Festigkeit, bei Holzbohlen: Hinterlüftung, Holzschutz; Geländer: keine Verletzung der Dachhaut, stabil) und sind die Übergänge zu anderen Bauteilen fehlerfrei ausgeführt?
- Sonstiges?

3.7 Balkone

- Entsprechen die verwendeten Materialien (Fliesen, Naturstein, Holz, Metall) in Farbe, Form, Maßen und Qualität dem Bemusterungsprotokoll?
- Verfügen die Balkone über Bodenabläufe und eigene Regenrinnen?
- Sind sie eben und mit leichtem hausabgewandten Gefälle ausgeführt? Verfügen Sie eventuell über Bodenabläufe zur Entwässerung?
- Sind sie fehlerfrei und solide an den Baukörper angebracht, ebenso die Geländer?
- Sonstiges?

3.8 (Dach-)Entwässerung

- Entsprechen die verwendeten Materialien (Metall, Kunststoff) in Farbe, Maßen (auch Durchmesser) und Qualität für die Regenrinnen und Fallrohre dem Bemusterungsprotokoll?
- Ist die Montage fachgerecht (Rinnen mit leichtem Gefälle zum Fallrohr, Fallrohr lotrecht, Traufkante des Daches bis in die Rinne, abgedichtete Befestigungspunkte an Fassade) und solide ausgeführt?
- Sind die Übergänge vom Fallrohr in die Abwasserkanalisation stabil gewährleistet und dicht ausgeführt?
- Ist das Laubschutzgitter überall angebracht?
- Sonstiges?

3.9 Dach

3.9.1 Flachdach
- Entsprechen die verwendeten Materialien für den Belag (Blech, Ziegel, Bitumen, Kunststoff) in Farbe, Maßen und Qualität dem Bemusterungsprotokoll?
- Sind die Anschlüsse zu den anderen Bauteilen überall dicht ausgeführt (auch an Lüftungsrohren, Dachabläufen, Oberlichtern)? Ist die Dachhaut unversehrt?
- Haben alle Dachabläufe eine Abdeckung zum Schutz vor Schmutz, führt das Gefälle zu den Abläufen hin?
- Verfügt der Schornstein über ein Schutzdach?
- Bei Schüttungen: Entsprechen die verwendeten Materialien für die Schüttung (Kies, Granulat, Substrat) in Farbe, Maßen (Körnung) und Qualität dem Bemusterungsprotokoll?
- Ist die Außenverkleidung fachgerecht ausgeführt worden (Gefälle zum Dach, Tropfkante, überall ausreichender Überstand)?
- Entsprechen alle Oberlichter in Form, Maßen, Material und Farbe dem Bemusterungsprotokoll, sind sie schadfrei und funktionstüchtig?
- Wurde die Begrünung wie besprochen vorgenommen?
- Sonstiges?

3.9.2 Steildach
- Entsprechen die verwendeten Materialien für die Eindeckung (Blech, Ziegel (auch Ortgang, First, Lüfter), Kunststoffe) in Farbe, Maßen und Qualität dem Bemusterungsprotokoll?
- Sind Lüftungsziegel und sonstige Lüftungsrohre vorhanden, dicht in die Dachfläche eingearbeitet und durch eine Abdeckung geschützt? Sind die Anschlüsse zu allen anderen Bauteilen (Schornstein, Gauben) überall dicht ausgeführt?
- Verfügen die Dachflächen der Gauben über ein leichtes Gefälle zum Dach hin? Haben sie eigene Regenrinnen?
- Ist der Dachüberstand richtig dimensioniert und entspricht die Traufschalung (Material, Farbe) dem Bemusterungsprotokoll?
- Ist der Übergang vom Dach an die Fassade sauber und dicht ausgeführt?
- Sind Aufsätze wie Schneestopphaken, Schornsteinfegertritte und Blitzableiter angebracht?
- Sonstiges?

3.9.3 Installationen
- Ist ein Antennendurchgangsziegel mit Halterung vorgesehen?
- Ist ein Solar-/Photovoltaikdurchgangsziegel vorgesehen?
- Ist die Installation von Photovoltaik- und Solarthermie-Anlagen fachgerecht und ohne Beschädigung der Luftdichtheit des Gebäudes durchgeführt worden?
- Sonstiges?

3.10 An- und Außenbauten

3.10.1 Carport
- Entsprechen die verwendeten Materialien für den Aufbau (Holz, Metall, Kunststoff) in Farbe, Maßen und Qualität dem Bemusterungsprotokoll?
- Entspricht die Pflasterung in Material (Naturstein, Betonpflasterstein etc.) und Qualität dem Bemusterungsprotokoll?
- Ist mit einem hausabgewandten Gefälle eben gepflastert worden?
- Entspricht die Dachdeckung in Material und Qualität dem Bemusterungsprotokoll?
- Ist das Dach an sich und sind die Anschlüsse an die Hausfassade überall dicht ausgeführt?
- Verfügt das Dach über eine eigene Entwässerung (Rinnen, Fallrohr)?
- Sonstiges?

3.10.2 Garage – Türen
- Lässt sich das Garagentor problemlos öffnen und schließen, ohne dass es hakt und quietscht? Bei elektrischer Bedienung: Ist die Elektrik installiert und einwandfrei funktionsfähig?
- Entsprechen die Türen dem Bemusterungsprotokoll (auch in Höhe und Breite)?
- Sind die Türblätter und Zargen schadfrei?
- Sind die Beschläge o. k. (Material, Farbe, Form, schadfrei)?
- Ist die Montage o. k. (Öffnungsart- und -richtung, schleifen die Türen nicht, schließen sie dicht, befinden sie sich an der richtigen Stelle etc.)?
- Lassen sich die Schlösser ohne Widerstand auf- und abschließen?
- Sonstiges?

Garage – Fenster
- Entsprechen die Fenster dem Bemusterungsprotokoll (auch in Höhe und Breite)?
- Sind die Fensterrahmen und -scheiben (Material, Farbe, Form, Lichtdurchlässigkeit) o. k.?
- Sind die Beschläge o. k. (Material, Farbe, Form, schadfrei)?
- Ist die Montage o. k. (Öffnungsart und -richtung, lotrechter Einbau (dürfen nicht selbsttätig auf- oder zuschwingen), schließen sie luft- und dampfdicht, befinden sie sich an der richtigen Stelle etc.)?
- Befindet sich kein Kondenswasser in den Zwischenschichten?
- Sind die Fensterbänke (Material, Farbe, Maße, Abdichtung der Anschlüsse, schadfrei) o. k.?
- Sonstiges?

Garage – Wände
- Ebene Verputzung der Oberflächen, ist der Anstrich tadellos?
- Sind Wandfliesen einwandfrei angebracht (Farbe, Muster, Maße, Anschlüsse und Stöße, gleichmäßige Fugen, Fugenmörtelfarbe, schadfreie Fliesen, Bordüren auf richtiger Höhe, Übergänge zur Sanitär-/Heizkörperinstallation, Revisionsöffnungen, Ablagen, Verklebung)?
- Wurden die Sockelleisten lotrecht angebracht, nur an der Wand befestigt (keinesfalls auf dem Boden) und sind sie schadfrei?
- Sind die Anschlüsse der Sanitärinstallation durch Rosetten abgedeckt?
- Sonstiges?

Garage – Decken ▶ Ebene Verputzung der Oberflächen, ist der Anstrich tadellos? ▶ Sind die Deckenauslässe der Elektrokabel beachtet und sachgerecht ausgeführt? ▶ Sonstiges?	
Garage – Böden ▶ Ist der Estrich glatt und eben ausgeführt? ▶ Sind Bodenfliesen einwandfrei angebracht (Farbe, Muster, Maße, Anschlüsse und Stöße, gleichmäßige Fugen, Fugenmörtelfarbe, schadfreie Fliesen, Verklebung)? ▶ Sind Abläufe im Boden wie gewünscht eingebracht? ▶ Sonstiges?	
Garage – Elektroinstallation ▶ Entsprechen Schalter und Steckdosen dem Bemusterungsprotokoll (Anzahl, Position, Form, Farbe) und sind sie funktionstüchtig? ▶ Kann Luftstrom an Schaltern und Steckdosen festgestellt werden? ▶ Sind die Deckenauslässe der Elektrokabel in Position und Anzahl vorhanden? ▶ Ist ein Starkstromanschluss vorgesehen? ▶ Bei Hausautomation: Lassen sich die schon vorhandenen Komponenten probehalber programmieren, funktioniert alles? ▶ Sind alle Leerrohre wie verabredet verlegt? ▶ Sonstiges?	
Garage – Sanitärinstallation ▶ Entsprechen Armaturen, Sanitär- und sonstige Gegenstände dem Bemusterungsprotokoll (Anzahl, Position, Form, Farbe, schadfrei) und sind sie funktionstüchtig ((warm-)wasserführend, dicht)? ▶ Sind die Gegenstände waagerecht und in der richtigen Höhe montiert? ▶ Sind die Sanitärgegenstände elektrisch geerdet? ▶ Sind die Silikonfugen überall lückenlos und dicht ausgeführt? ▶ Sonstiges?	

DIE RECHTLICHEN FOLGEN

Die Bauabnahme ist der wichtigste Rechtsakt nach der Unterzeichnung des Kaufvertrags! Mit der Abnahme erklärt der Kunde, dass die Firma den Werkvertrag erfüllt hat und dass das Haus im Wesentlichen dem entspricht, was im Bauvertrag vereinbart wurde.

▶ **DIE MEIST FÜNFJÄHRIGE** Gewährleistungsfrist beginnt. Für Schäden, die Bauherren gegenüber dem Hersteller bereits gerügt haben, beginnt die Gewährleistungsfrist erst, wenn die Fertighausfirma sie beseitigt hat. Für Schäden, die bei der Endabnahme nicht gerügt wurden, obwohl sie klar erkennbar waren, kann danach im Regelfall keine Nachbesserung verlangt werden. Bei Schäden, die nicht erkannt wurden, wird eine spätere Reklamation schwierig.

▶ **MIT DER ENDABNAHME** wird die letzte Rate fällig. Doch oft sind noch gar nicht alle Arbeiten ausgeführt oder es gibt Mängel, die erst noch behoben werden müssen. Deshalb gesteht die Rechtsprechung den Kunden das Recht zu, einen Teil des Betrags einzubehalten, bis die Mängel repariert sind. Wie viel das im Einzelfall genau ist, kann ein Sachverständiger beurteilen. Der Bauherr darf das Doppelte des für die Nachbesserung notwendigen Betrags einbehalten, den sogenannten Druckzuschlag, so der BGH in einem Urteil bezüglich eines Bauträgervertrags (Az. VII ZR 84/09). Das gilt nicht für Bagatellschäden, etwa kaum sichtbare Kratzer. Früher haben Gerichte Kunden auch das Dreifache als Druckzuschlag zugestanden. Nun sieht aber § 641 Abs. 3 BGB für den Regelfall das Doppelte vor.

▶ **DIE BEWEISLAST** kehrt sich um. Ab Bauabnahme muss der Bauherr Beweise vorlegen, wenn er meint, dass ein Mangel vorliegt.

▶ **ALLE GEFAHREN** und Risiken gehen auf den Bauherrn über. Ab jetzt muss der Bauherr dafür sorgen, dass sein Haus ausreichend versichert ist (siehe Seiten 188 ff).

SCHWARZARBEIT – HOHES RISIKO

Klar: Schwarzarbeit ist verboten, aber genauso klar ist auch: Gerade am Bau versuchen Kunden immer wieder, das Verbot zu umgehen – vor allem bei „Eigenleistungen" wie Anstreichen, Tapezieren, Fußböden oder Fliesen verlegen, aber auch bei anspruchsvolleren Gewerken wie Klempnerarbeiten. Das ist für beide Seiten riskant. Denn der Handwerker hat bei einem Auftrag ohne Rechnung keinen Anspruch auf Vergütung. Er hat keine Handhabe, den Arbeitslohn einzufordern, auch wenn der Auftraggeber dadurch die Handwerksleistung gratis erhält, entschied das Oberlandesgericht Schleswig (Az. 1 U 24/13). Auf der anderen Seite hat der Kunde keine Ansprüche, wenn der Handwerker pfuscht. Auf Schwarzarbeit gibt es keine Gewährleistung. Solche meist mündlich abgeschlossenen Verträge sind nichtig, weil sie gegen das Schwarzarbeitsbekämpfungsgesetz verstoßen, stellte der Bundesgerichtshof klar (Az. VII ZR 6/13).

Die Bauabnahme muss sorgfältig und ohne Ablenkungen erfolgen.

GEWÄHRLEISTUNG UND MÄNGELBESEITIGUNG

Ein Fertighaus ist ein komplexes Bauwerk. Da können viele Fehler passieren. Dass die Auftraggeber bei der Bauabnahme oder später nach dem Einzug Mängel feststellen, ist eher die Regel als die Ausnahme. Als mangelhaft gilt eine Leistung, die nicht den anerkannten Regeln der Technik entspricht. Die anerkannten Regeln der Technik orientieren sich an verschiedenen technischen Vorschriften, Richtlinien, Erfahrungen – das, was die breite Mehrheit der Bauexperten als selbstverständlich akzeptiert und anwendet. Oft wird auf DIN-Normen Bezug genommen. Doch die stellen nicht immer die anerkannten Regeln der Technik dar, sondern können von neuen technischen Entwicklungen überholt sein.

BESEITIGUNG VON MÄNGELN

Liegen Mängel vor, muss der Fertighaushersteller sie auf eigene Kosten beseitigen, solange sie innerhalb der Gewährleistung – im Regelfall fünf Jahre – anfallen. Dafür muss die Baufamilie sie gegenüber dem Unternehmen benennen und es zur Beseitigung des Mangels auffordern, im Juristendeutsch: Sie muss den Mangel rügen. Das geht so:

Für den ersten Schritt reicht ein Anruf bei der Firma. Seriöse Unternehmen werden darauf reagieren und einen Fachmann vorbei schicken, der sich das Problem ansieht.

Geschieht jedoch nichts, ist der zweite Schritt die schriftliche Mängelrüge. Aus Beweisgründen sollte sie per Einschreiben an das Fertighausunternehmen gehen. Eine E-Mail reicht nicht, auch wenn man den Ausdruck vorlegen kann, urteilte das Oberlandesgericht Frankfurt bei einem VOB-Vertrag (Az. 4 U 269/ 11). Beschreiben Sie in dem Brief möglichst genau den Fehler. Als Laie können Sie das ruhig mit einfachen Worten tun. Eine Analyse des Fehlers oder gar Vermutungen über die Ursachen brauchen Sie nicht anzustellen. Es reicht beispielsweise zu schreiben: „Im Bad oben bildet sich eine feuchte Stelle an der Dachschräge. Sie ist etwa 20 bis 30 Zentimeter groß." Oder: „Die Tür zur Garage lässt sich nicht mehr richtig zuziehen. Rechs daneben bildet sich unterhalb des Fensters ein 30 Zentimeter langer Riss im Mauerwerk." Es ist sinnvoll, zusätzlich Fotos des Mangels zu machen, am besten aus verschiedenen Perspektiven.

▶ **BEISPIEL:** Weil Wasser im Carport stand, verlangte der Bauherr Nachbesserung. Er schrieb: „Wasser tritt von unten ein." Die Baufirma fand aber, dass das allein als Schadenbeschreibung nicht ausreiche. Sie verlangte genauere Feststellungen darüber, ob und in welchem Umfang eine unzureichende Abdichtung Ursache des Wasserschadens sei oder ob das Wasser womöglich nach einem Starkregen oder einer Überschwemmung im Carport stehengeblieben war. Das aber konnte vom Bauherrn nicht verlangt werden, urteilte das Oberlandesgericht München. Er hätte dazu vorweg Beweise erheben müssen, was ihm als Laien nicht zumutbar war. Vielmehr war es die Firma, die ausreichend Kenntnisse hatte, um die Ursachen zu beurteilen. Sie hätte auf die Rüge reagieren müssen (Az. 27 U 607/05).

Sie können im Schreiben bereits eine Frist setzen, innerhalb der das Problem behoben werden soll. In der Praxis führt dies allerdings oft zu Unmut auf der Gegenseite, die sich unnötig früh unter Druck gesetzt sieht. Wer das vermeiden will, wartet erst einmal ab, wie die Firma reagiert. Falls sie sich weiter Zeit lässt, kann der Bauherr in einem weiteren Einschreiben eine Frist setzen und eine Kopie des ersten Schreibens beilegen. Die Frist muss angemessen sein. Wie lang „angemessen" ist, richtet sich nach dem Schaden.

Da Bauherren meist Laien sind und schwer einschätzen können, wie viel Zeit zur Behebung des Schadens nötig ist, empfiehlt es sich, den Termin eher großzügig zu handhaben. Sie brauchen dabei aber nicht Rücksicht zu nehmen auf den laufenden Betrieb der Baufirma. Ob sie gerade Personal zur Mängelbeseitigung frei hat oder in Aufträgen erstickt, ist nicht das Problem des Kunden. Allerdings sind bestimmte Zeiten für die Lieferung oder Produktion von

Ersatzteilen unvermeidbar. Außerdem kommt es darauf an, wie dringlich das Problem ist. Wenn sich im Badezimmer Risse in den Fliesen bilden, die sich nur langsam ausbreiten, können Sie schon mal ein paar Wochen warten. Aber wenn im Winter die Heizung streikt oder Wasser durchs Dach kommt, muss umgehend jemand kommen und zumindest Notmaßnahmen einleiten – auch wenn die fachgerechte Reparatur dann noch ein bisschen dauert.

Lässt die Fertighausfirma die Frist verstreichen, können Sie eine Nachfrist setzen. Passiert dann immer noch nichts, ist es sinnvoll, einen Rechtsanwalt oder Bausachverständigen einzuschalten. Reagiert die Fertighausfirma nicht, dürfen Sie ein anderes Unternehmen beauftragen und diese Kosten von dem Restbetrag abziehen, den Sie noch nicht bezahlt haben. Ist bereits alles bezahlt, können Sie von der Fertighausfirma die Erstattung der Kosten verlangen und dies notfalls einklagen. Der Eigentümer kann sogar von der Firma einen Vorschuss verlangen. Dieser muss nach der Mängelbeseitigung mit dem Unternehmer abgerechnet werden.

Streit zwischen Bauherren und Baufirmen ist alles andere als selten. Aber nicht jede Kleinigkeit geht vor Gericht als Mangel durch. Wenn es um kleine, eher optische Beeinträchtigungen geht, die den Wert und die Gebrauchstauglichkeit des Hauses nicht verringern, kann der Kunde keine kostenlose Nachbesserung beanspruchen. Das gilt erst recht, wenn der Kunde selber den Mangel mitverursacht.

▶ **BEISPIEL:** Eine Baufamilie in Brandenburg beschwerte sich, weil die Innenseiten der Küchen- und Wohnzimmertüren vergilbten, und verlangte die Beseitigung des Mangels. Die Baufirma wendete ein, die Vergilbung liege daran, dass die Familienmitglieder intensive Raucher seien. Das Oberlandesgericht Brandenburg gab der Firma Recht. Hier läge normale Abnutzung oder Verschleiß vor, kein Baumangel. Hätte die Familie Türen gewollt, die nicht wie üblich nachgilben, hätte sie ausdrücklich im Bauvertrag einen entsprechenden Farbanstrich verlangen müssen oder die Verwendung höherwertiger Materialien (Az. 12 U 183/12).

▶ **BEISPIEL:** Nach Fertigstellung des Hauses entdeckte ein Ehepaar, dass der Teppichboden im Dachgeschoss nicht ganz eben war. Allerdings waren die Unebenheiten minimal und allenfalls mit feinen Messgeräten feststellbar. Die Nutzung des Teppichbodens wurde dadurch in keiner Weise beeinträchtigt. So ein Mangel fällt nicht ins Gewicht, urteilte das Kammergericht Berlin (Az. 7 U 120/08). Die Baufirma durfte eine Nachbesserung verweigern, da es kein vernünftiges Interesse des Bauherrn an der Beseitigung der Unebenheiten im Estrich gab. Eine entsprechende Nachbearbeitung wäre nur zu unverhältnismäßigen Kosten möglich gewesen. Zusätzlich wäre die Erneuerung des Teppichbodens notwendig geworden.

Hat die Fertighausfirma den Schaden behoben, kann es trotzdem sein, dass der Wert des Hauses gemindert ist: Ein repariertes Teil kann am Ende schlechter sein als ein von Anfang an einwandfreies neues. Dem Bauherrn steht dann ein Ausgleich für den Wertverlust zu. Arbeitet die Firma nicht sauber und muss nachbessern, muss sie auch einen Nachteil, der dauerhaft am Haus bleibt, finanziell kompensieren.

▶ **BEISPIEL:** Das Dach eines neuen Hauses war undicht. Die Firma reparierte das Haus auf eigene Kosten. Der Eigentümer behielt aber trotzdem einen Teil des Kaufpreises zurück mit der Begründung: Wegen der Reparatur könne er das Haus in Zukunft im Zweifelsfall schlechter verkaufen. Das Oberlandesgericht Stuttgart gab ihm Recht. Die mangelhafte Abdichtung sei sogar ein klassischer Fall für einen „merkantilen Minderwert". Bei einem Pultdach seien üblicherweise in den ersten 25 Jahren keine Reparaturen notwendig. Bei einem Verkauf müsse der Eigentümer aber darauf hinweisen, dass bereits kurz nach Fertigstellung des Hauses umfangreiche Arbeiten erforderlich waren. Eventuelle Kaufinteressenten könnten dann durchaus Zweifel haben, dass das Dach die übliche Lebensdauer habe, und womöglich weitere Baumängel vermuten. Deshalb durfte der Bauherr einen Minderungsbetrag von 3 000 Euro einbehalten.

Dass er derzeit gar nicht verkaufen wollte, spielte keine Rolle. Die Wertminderung des Hauses stellte auch ohne Verkauf einen Schaden dar (Az. 12 U 74/10).

Wenn der Unternehmer Mängel am Haus kennt, aber nichts davon sagt, kann das als arglistige Täuschung bewertet werden. Dann gilt eine Verjährungsfrist von drei Jahren ab Kenntnis der arglistigen Täuschung. Wenn der Kunde also im Jahr 2022 baut und im Sommer 2029 feststellt, dass seit Jahren Feuchtigkeit eindringt aufgrund eines Mangels, den der Fertighaushersteller schon bei Fertigstellung des Hauses kannte, läuft eine neue Frist. Sie beginnt am Ende des Jahres, in dem der Kunde von dem Mangel Kenntnis bekommen hat. Hier würde sie also am 31. Dezember 2032 enden.

Was Arglist bedeutet, hat das Oberlandesgericht München so definiert: „Arglist liegt dann vor, wenn der Unternehmer den Mangel als solchen wahrgenommen, seine Bedeutung als erheblich für den Bestand oder die Benutzung der Leistung erkannt, ihn aber dem Besteller pflichtwidrig nicht mitgeteilt hat" (Az. 9U 3931/ 04).

Arglist liegt auch dann vor, wenn – abweichend vom Bauvertrag – ein noch nicht erprobter und mangelhafter Baustoff zum Einsatz kommt. Wenn es dann nach Ablauf von über fünf Jahren zu einem Schaden kommt oder dieser erst dann sichtbar wird, beginnen die drei Jahre Verjährungsfrist mit Kenntnisnahme des Mangels. Ob die Fertighausfirma das Problem kannte, spielt keine Rolle. Entscheidend ist das Verschweigen der Tatsache, einen nicht erprobten und vom Bauvertrag abweichenden Baustoff verwendet zu haben (BGH, Az. VII ZR 219/01).

▶ **BEISPIEL:** Die Bauabnahme des Hauses war im Jahr 1992. Doch nach einigen Jahren merkten die Bewohner, dass es Probleme gab, das Haus ausreichend zu heizen. Deshalb ließen sie Ende 2000 von einem Dachdecker die Dachhaut öffnen. Der Dachdecker stellte erhebliche Mängel an der Wärmedämmung fest. Deren Beseitigung hätte rund 32 000 Euro gekostet. Die Hausbesitzer verklagten daraufhin die Fertighausfirma. Die Mängel seien derart offensichtlich und gravierend, dass sie dem Bauleiter nicht verborgen bleiben konnten. Damit sei zwar die ursprüngliche Gewährleistungsfrist abgelaufen, aber wegen des arglistigen Verschweigens beginne eine neue Verjährungsfrist. Das Schleswig-Holsteinische Oberlandesgericht legte aber strengere Maßstäbe an. Es sah die arglistige Täuschung nicht als bewiesen an. Denn die vorhandenen Mängel könnten auch nur Folge unsorgfältiger Arbeit sein. Dass die Mängel grob fahrlässig herbeigeführt oder grob fahrlässig nicht erkannt wurden, ließ sich nicht ausschließen. Aber grobe Fahrlässigkeit reicht nicht, um die neue Verjährung in Gang zu setzen (Az. 14 U 9/03).

Solarstromanlagen: zwei oder fünf Jahre Gewährleistung?

Eine Solarstromanlage auf dem Dach ist für viele Bauherren heute selbstverständlich. Sie sparen Kosten für den Strombezug und können mit der Einspeisung ihres Solarstroms ins öffentliche Netz noch Geld verdienen. Doch wie sieht es mit der Gewährleistung aus? Viele Anlagenbesitzer gingen bisher von der fünfjährigen gesetzlichen Gewährleistung aus, die im Baurecht gilt. Doch laut Bundesgerichtshof kommt es darauf an, wie die Module eingebaut sind. Einfache Anlagen, die nur auf dem Dach montiert sind, unterliegen bei Mängeln nur der zweijährigen Verjährungsfrist (BGH, Az. VIII ZR 318/ 12). So sehen es auch mehrere Oberlandesgerichte. Nutzt der Eigentümer die Anlage nicht für das Gebäude, auf dem diese montiert wurde, und dient der erzeugte Strom als Einnahmequelle, endet die Gewährleistung nach zwei Jahren.

Wenn hingegen die Solarstromanlage und das Haus baulich voneinander abhängig sind, gilt die fünfjährige Gewährleistung (Oberlandesgericht München, Az. 9 U 543/12). Das ist zum Beispiel beim Solar- oder Plusenergiehaus der Fall, meinen die Juristen der Arbeitsgemeinschaft für Bau- und Immobilienrecht (ARGE Baurecht) im Deutschen Anwaltverein: Ohne Photovoltaikanlage funktioniert das Haus nicht.

Wer eine Solarstromanlage bestellt, sollte daher die Themen Gewährleistung und Garantie ansprechen. Die Gewährleistung von zwei beziehungsweise fünf Jahren ist gesetzlich vorgeschrieben, daran können die Hersteller nicht drehen. Sie können aber eine darüber hinausgehende Garantie abgeben, was üblicherweise auch der Fall ist. Doch Vorsicht: In der Solarbranche gibt es durchaus Pleiten. Eine 20-jährige Garantie klingt zwar wunderbar, ist aber nichts wert, wenn die Firma lange vor Ablauf Insolvenz anmeldet.

Garantien des Herstellers

Im Unterschied zur gesetzlichen Gewährleistung stellt die Garantie eine freiwillige Leistung der Fertighausfirma dar. Sie ist nicht verpflichtet, Garantien abzugeben. Tut sie es doch, darf sie den Inhalt der Zusagen nach eigenem Ermessen bestimmen. Es handelt sich also um ein freiwilliges Beschaffenheits- oder Haltbarkeitsversprechen, mit dem gerne geworben wird. Garantiezusagen beginnen im Regelfall mit der Bauabnahme und laufen zunächst parallel zur Gewährleistungszeit, im Regelfall aber zeitlich darüber hinaus.

Auffallend ist jedoch, dass die Hersteller in der Werbung meist überdeutlich auf ihre teils jahrzehntelange Erfahrung im Fertighausbau hinweisen und die angeblich hohe Qualität ihrer Produkte in den Fokus rücken sowie ganz allgemein ihre Garantien anpreisen, aber in der Praxis sich um solche Zusagen gerne herumdrücken. In der Regel beziehen sich die Garantien der Hersteller lediglich auf die tragenden konstruktiven Teile des Hauses. „Wir gewähren unseren Bauherren 30 Jahre Garantie auf alle tragenden Wand- und Dachelemente", heißt es häufig. Für alle anderen Teile gilt dann lediglich die gesetzliche fünfjährige Gewährleistung oder sogar nur die vierjährige nach VOB/B.

Viel wichtiger wären Garantien auf Teile, die den täglichen Witterungseinflüssen ausgeliefert sind, zum Beispiel auf Dachziegel. Da ist es immerhin schon ein kleiner Schritt, wenn ein Anbieter die gesetzliche Gewährleistung auf 10 Jahre ausdehnt. Genau genommen greift dann nach Ablauf der fünfjährigen gesetzlichen Frist eine weitere fünfjährige Garantiezusage.

Macht der Hersteller beim Inhalt einer solchen Zusage keine weiteren Angaben, erstreckt sich das Garantieversprechen auf den Inhalt der gesetzlichen Gewährleistung.

Was machen Ombudsstellen?

Bevor sie es auf eine gerichtliche Auseinandersetzung ankommen lassen, können Käufer eines Fertighauses die bei der Qualitätsgemeinschaft Deutscher Fertigbau (QDF) angesiedelte Ombudsstelle einschalten. Sie gilt aber nur für Mitgliedsunternehmen des Bundesverbands Deutscher Fertigbau (BDF). Der Schiedsspruch ist für die Herstellerfirma bindend. Kommt es aus Sicht des Kunden zu keinem befriedigenden Ergebnis, bleibt ihm der Rechtsweg vor einem ordentlichen Gericht offen. Für den Bauherrn ist die Anrufung der Ombudsstelle kostenfrei. Alternativ können sich Bauherren an eine Verbraucherschlichtungsstelle wenden. Eine Liste mit Kurzbeschreibungen und Adressen gibt es beim Bundesjustizministerium (www.bundesjustizministerium.de/verbraucherstreitbeilegung).

Beweise sichern

Lässt man die Beseitigung eines Baufehlers durch eine unabhängige dritte Firma erledigen, besteht immer das Problem, dass die Beweise dafür verschwinden, dass der Haushersteller-Pfusch abgeliefert hat. Die Firma könnte hinterher behaupten, dass das Problem eigentlich keines war, und sich weigern, die Rechnung der vom Bauherrn beauftragten Fremdfirma zu bezahlen.

Um das zu vermeiden, kann der Bauherr ein selbstständiges Beweissicherungsverfahren vor Gericht einleiten. Das ist zwar aufwändig, dauert lange und kostet Geld, doch gerade bei größeren, teuren Mängeln empfehlen viele Anwälte diesen Weg, da das Verfahren Rechtssicherheit bringt. Es stellt einen Ausschnitt aus einem Klageverfahren dar: die Beweisaufnahme. In der Regel zielt es auf drei Fragen ab: Welche Mängel liegen vor? Wer ist dafür verantwortlich? Was kostet es, sie zu beseitigen? Üblicherweise steht am Ende das Gutachten eines Sachverständigen. Auf dieser Basis können die Beteiligten sich dann auf eine Entschädigung einigen oder darauf, die notwendigen

Sanierungsmaßnahmen einzuleiten. Allerdings münden viele solcher Verfahren am Ende doch in einer Klage vor Gericht. Immerhin hemmt das selbstständige Beweisverfahren die Verjährung. Die Verfahrenskosten liegen bei mehreren hundert Euro. Wer sie zahlt, ist nicht Gegenstand des Verfahrens, da es ja nicht zu einem Gerichtsprozess, einem Urteil oder Beschluss kommt. Folgt doch ein Prozess, wird die Kostenfrage dort im Urteil entschieden.

Alternativ dazu können Bauherren bei kleineren Mängeln auch ein Privatgutachten in Auftrag geben, am besten bei einem vereidigten Sachverständigen. Allerdings kann ein solches Privatgutachten in einem späteren Prozess von der Gegenseite angefochten werden.

Grundsätzlich ist es Sache des Unternehmens zu entscheiden, wie es den Fehler beheben will. Es kann also passieren, dass die Fertighausfirma anrückt, um den Schaden zu beheben, aber das Problem nicht in den Griff bekommt. Vor allem bei Feuchteschäden und bei Rissen kommt es vor, dass die Sanierung misslingt. Erst wenn mehrere Nachbesserungsversuche fehlgeschlagen sind, darf der Bauherr sich weigern, weitere Reparaturversuche zuzulassen und eine andere Firma beauftragen.

Anders als bei Kaufverträgen, wo im Regelfall nach zwei fehlgeschlagenen Nachbesserungsversuchen Schluss ist und der Kunde Rückabwicklung und Schadenersatz verlangen kann, muss er im Rahmen von Werkverträgen auch mehrere Versuche zulassen. Das entschied das Oberlandesgericht Hamm. Es ließ sogar vier Versuche zu, als ein Ehepaar Mängel an der Haustür reklamierte (Az. 21 U 86/12). Wann eine Nachbesserung als fehlgeschlagen gilt, hängt immer von den Umständen des Einzelfalls ab, so die Richter.

Doch spätestens, wenn mehrere Nachbesserungsversuche danebengegangen sind, sollte der Bauherr einen unabhängigen Sachverständigen hinzuziehen. Für Laien ist es fast unmöglich, bei schwierigen technischen Fragen die Erfolgsaussichten der verschiedenen möglichen Sanierungsmethoden gegeneinander abzuwägen und zu entscheiden, welche die richtige ist. Stellt sich später heraus, dass der Bauherr zu Unrecht die Methode abgelehnt hat, die von der Fertighausfirma angeboten wurde, kann es sein, dass er die Reparaturrechnung des von ihm beauftragten Handwerkers nicht an die Firma weiterreichen kann, sondern aus eigener Tasche zahlen muss.

Schlussbegehung vor Ablauf der Gewährleistung

Häufig machen sich in den ersten Jahren nach dem Einzug Mängel bemerkbar, die bei der Bauabnahme noch gar nicht vorlagen oder nicht erkennbar waren. Manchmal werden Mängel auch nur indirekt offenbar, wenn zum Beispiel die Heizkostenrechnung unerwartet hoch ausfällt und ein Fachmann sich auf die Suche nach den möglichen Ursachen macht.

Daher empfehlen wir Hauseigentümern, rechtzeitig vor Ablauf der Gewährleistungsfrist noch einmal alles zu prüfen. Etwa ein halbes Jahr vor Fristende sollten Sie einen Bausachverständigen beauftragen. Er kann manche Mängel früh erkennen und helfen, die daraus resultierenden Ansprüche bei der Fertighausfirma durchzusetzen. Typische Fälle sind:

▶ Nicht ausreichende Abdichtung des Kellers gegen Feuchtigkeit
▶ Schlecht abgedichtete Fugen zwischen den einzelnen Bauteilen. Die Bewohner bemerken, dass es durch Ritzen pfeift.
▶ Feuchtigkeitsschäden an Fensterlaibungen, weil die Anschlüsse zwischen Fenster und Außenwand nicht sauber gearbeitet wurden
▶ Risse im Innenputz oder in den Fliesen, ebenso abplatzender Putz
▶ Risse in Holzbauteilen, weil Holz verarbeitet wurde, das nicht ausreichend lang gelagert war
▶ Risse im Estrich, unebener Estrich, unzureichende Materialstärke
▶ Treppen wurden auf dem Transport beschädigt und notdürftig ausgebessert.
▶ Falsch verlegtes Gefälle bei Flachdächern
▶ Undichte Dampfsperre. So kann warme Luft durch die Bauteile strömen und an kalten Stellen kondensieren. Dann entsteht Schimmel.

Eichinger Parkett GmbH
Schöne Böden – ein Leben lang

Schönbaumallee 22
80345 München

Ihr Ansprechpartner: Alois Moser
Telefon: 089 / 826 43 92-20
E-Mail: a.moser@eichinger-parkett.com
Homepage: www.eichinger-parkett.com

Eichinger Parkett GmbH, Schönbaumallee 22, 80345 München

Herr
Peter Pantau
Ungarngasse 25
10585 Berlin-Charlottenburg

Rechnungsdatum 07.08.2015
Rechnungsnummer 123-2015
Kundennummer 32
Zahlungsziel 30 Tage
Fälligkeitsdatum 07.09.2015

Rechnung

Sehr geehrter Herr Pantau,

vielen Dank für Ihren Auftrag, den wir wie folgt in Rechnung stellen. Überweisen Sie bitte den offenen Betrag auf das unten genannte Geschäftskonto. Im Bruttobetrag sind 416,50 € Lohnkosten enthalten. Die darin enthaltene Mehrwertsteuer beträgt 66,50 €.

Pos.	Bezeichnung	Menge	Preis pro Einheit	MwSt. %	MwSt. €	Gesamt
1	Parkett – Eiche Classic 3050 L Parador	32,40 qm	62,90 €	19 %	387,21 €	2 425,17 €
2	Parkettboden verlegen Trittschalldämmung auslegen, Parkett schwimmend verlegen. Abschlussschiene und Sockelleisten anbringen.	10 Stunden	35,00 €	19 %	66,50 €	416,50 €

Nettobetrag		2 387,96 €
MwSt.		453,71 €
Gesamtbetrag		**2 841,67 €**

Sie sind verpflichtet, die Rechnungen zu Steuerzwecken zwei Jahre lang aufzubewahren. Die aufgeführten Arbeiten wurden im Juli 2015 ausgeführt.

Mit freundlichen Grüßen,

Alois Moser

Eichinger Parkett GmbH	Bankverbindung	Geschäftsführung
Schönbaumallee 22	Sparkasse München	Max Eichinger
80345 München	IBAN: DE2341124098234	St.Nr.: 12345/67890
Deutschland	SWIFT/BIC: DEHHCXX1001	USt.-IdNr. DE999999999

1/1

Eine formal vollständige und korrekte Rechnung zu erstellen, ist heute schon eine kleine Wissenschaft für sich.

ACHTUNG: Auch wenn der Hauseigentümer den Schaden ordnungsgemäß meldet, läuft die Verjährungsfrist weiter. Ausnahme sind einige nach VOB/B geschlossene Verträge. Reagiert die Fertighausfirma nicht auf die Mängelrüge, muss der Kunde zunächst dafür sorgen, dass die Verjährungsfrist nicht weiterläuft – sonst kann die Zeit für ihn knapp werden. Meldet sich die Firma, gilt dies in der Regel als Beginn von Verhandlungen über eine Lösung des Problems. Das hemmt die Verjährung, solange Kunde und Firma im Gespräch sind.

Eigenleistung: Kaputte Fliesen aus dem Baumarkt

Wer im Baumarkt einkauft, um in Eigenleistung Laminat zu verlegen, Fliesen zu kleben oder das Dach einzudecken, kann bei den Materialien auf die gesetzliche Gewährleistung pochen. Aber was, wenn sich erst nach dem Verlegen herausstellt, dass die Ware fehlerhaft ist und ausgetauscht werden muss? Wer trägt dann die Kosten für den Ausbau und den Einbau der neuen Sachen?

Der Baumarkt, sagt der Bundesgerichtshof (Az. VIII ZR 70/08). In solchen Fällen hat der Verbraucherschutz Vorrang, so der BGH. Der Kunde hat Anspruch auf einwandfreie Ware und kann im Gewährleistungsfall den vertragsgemäßen Zustand einfordern, ohne dadurch mit zusätzlichen Kosten belastet zu werden. Genau das wäre aber nicht der Fall, wenn der Kunde selber die Kosten für den Ausbau der schadhaften Fliesen tragen müsste, dann neue Fliesen bekäme und anschließend ein zweites Mal für deren Einbau bezahlen müsste. Diesen finanziellen Nachteil müsste er hinnehmen, obwohl ihn an dem ganzen Problem keinerlei Schuld trifft. Die Zusatzkosten entstehen ja nur deshalb, weil der Verkäufer nicht ordnungsgemäße Ware geliefert hat.

Ein Hintertürchen bleibt Händlern allerdings: In Extremfällen können die Kosten für den Ein- und Ausbau unverhältnismäßig hoch sein. Dann dürfen sie dem Händler nicht mehr allein zugemutet werden. Vielmehr darf er vom Kunden verlangen, dass er sich daran beteiligt. Bei der Frage, was unangemessen ist, kommt es immer auf den Einzelfall an, vor allem auf den Wert der Ware in ordnungsgemäßem Zustand und darauf, wie schwerwiegend der Mangel ist. Auf keinen Fall darf der Kostenanteil des Kunden so hoch sein, dass sein Recht auf Erstattung der Ausbaukosten über diesen Umweg ausgehöhlt wird.

Unser Tipp: Wenn es sich um einen Fehler handelt, der zwar ärgerlich ist, aber nicht so schlimm, dass Sie sich gar nicht damit arrangieren können, ist es sinnvoll, mit dem Baumarkt zu verhandeln. Wenn dem Händler hohe Kosten für Ein- und Ausbau drohen, ist es aus seiner Sicht wirtschaftlicher, auf die verkaufte Ware nachträglich einen deutlichen Preisnachlass zu geben. Im Extremfall kann es für ihn sogar sinnvoller sein, den kompletten Kaufpreis zu erstatten.

Rechnungen aufbewahren!

Die Unterlagen für den Bau des Hauses müssen Baufamilien als private Auftraggeber mindestens zwei Jahre aufbewahren. Dies verlangt das Umsatzsteuergesetz. Die Frist beginnt mit Ende des Jahres, in dem die Rechnung gestellt wurde. Wer also im Jahr 2021 eine Handwerkerrechnung erhalten hat, darf sie erst ab 2024 in den Papierkorb werfen. Der Hintergrund ist die Bekämpfung der Schwarzarbeit. In diesem Zeitraum können die Behörden Einsicht in die Rechnungen fordern, um zu prüfen, ob der Handwerker eine Rechnung geschrieben und die Einnahmen ordnungsgemäß versteuert hat. Fehlen die Unterlagen, droht eine Geldstrafe.

Es empfiehlt sich jedoch, die Belege länger aufzubewahren – auch über die fünfjährige Gewährleistungsfrist hinaus. Falls das Haus später verkauft werden soll, können sie bei der Wertermittlung hilfreich sein. Aber auch noch Jahrzehnte später kann es bei Erweiterungen, Umbauten oder Renovierungen Gold wert sein, wenn die Handwerker auf die ursprünglichen Bauunterlagen zurückgreifen können.

Für die Rechnung gibt es gesetzlich vorgeschriebene Formvorschriften. Sie muss

- ▶ die vollständigen Namen und die kompletten Anschriften von Unternehmer und Kunde enthalten.
- ▶ Außerdem muss die Steuernummer oder die vom Bundesamt für Finanzen erteilte Umsatzsteueridentifikationsnummer des Rechnungsstellers aufgeführt sein,
- ▶ ebenso das Datum.
- ▶ Es muss eine Rechnungsnummer geben.
- ▶ Art und Umfang der Arbeiten müssen nachvollziehbar bezeichnet sein, ebenso der Zeitpunkt der Leistung.
- ▶ Darüber hinaus gehören der Umsatzsteuersatz und die entsprechende Summe auf die Rechnung.
- ▶ Auch ein Hinweis auf die Aufbewahrungspflicht darf nicht fehlen.

SERVICE

GLOSSAR

A

ABDICHTUNG Maßnahmen, die zum Schutz von Bauwerken und Bauteilen gegen die Einwirkung von Wasser und Feuchtigkeit ergriffen werden. Dabei wird unterschieden zwischen der Abdichtung gegen bloße Bodenfeuchtigkeit (regelt die DIN 18 195–4), gegen nichtdrückendes Wasser (geregelt in DIN 18 195–5) und der Abdichtung gegen drückendes Wasser von außen (behandelt die DIN 18 195–6) oder von innen (normiert die DIN 18 195–7). Die Anforderungen an die jeweilige Abdichtung orientieren sich an der konkret vorzufindenden Belastungssituation.

ABNAHME (§ 640 BGB beziehungsweise § 12 VOB/B) ist die Entgegennahme des Bauwerks als vertragsgemäße Leistung, bestätigt dies und führt zum Übergang der Gefahr der Zerstörung oder Beschädigung des Werkes. Im Zeitpunkt der Abnahme beginnt außerdem die Gewährleistungsfrist zu laufen. Die Abnahme kann durch eine förmliche Erklärung gegenüber dem Hersteller und Vertragspartner oder auch konkludent durch die Ingebrauchnahme des Werkes erfolgen. Bei einem Vertrag nach der VOB/B führt auch die Überschreitung einer 12-tägigen Frist nach der Mitteilung über die Fertigstellung des Bauwerks zu den Wirkungen der Abnahme.

ABNAHMEPROTOKOLL Hier werden schriftlich die Punkte festgehalten, die bei der Abnahme des Bauwerks zu berücksichtigen sind. Neben Datum, Ort und Uhrzeit der Abnahme sind eine ganze Reihe Dinge unbedingt ins Protokoll aufzunehmen, worunter u. a. die Wetterlage, die Übergabe und Art von Unterlagen, beanstandete Mängel und ein Termin für deren Beseitigung, Dauer der Abnahme und viele weitere fallen.

AKTOR in der Technik ein Befehlsempfänger, der Kommandos entgegennimmt und in die gewünschte Aktion umsetzt, beispielsweise Lampen schaltet oder Rollläden bewegt.

ALTERNATIVPOSITION (auch Wahlposition) ist eine Variante der Ausführung eines abgegrenzten Teils einer Bauleistung anstatt der zunächst vorgesehenen Grundposition, wobei sich der Auftraggeber die konkrete Realisierungsart noch vorbehält.

ANNUITÄT Jährlich gleich bleibende Zahlung für Zins und Tilgung bei Darlehen, wobei der Tilgungsanteil in dem Maße steigt, wie der Zinsanteil infolge sinkender Restschulden sinkt. Fast immer wird die Annuität in Form von monatlichen oder vierteljährlichen Zins- und Tilgungsraten erhoben (unterjährige Zahlung). Bei monatlicher Zahlungsweise beträgt die Rate dann ein Zwölftel der Annuität.

ANNUITÄTENDARLEHEN Darlehen, für die während der vereinbarten Zinsbindung gleichbleibend hohe Raten aus Zins und Tilgung zu zahlen sind. Da die Restschuld durch die Tilgung abnimmt, sinkt der Zinsanteil der Rate mit zunehmender Laufzeit, während der Tilgungsanteil steigt.

ANRECHENBARE KOSTEN umfassen denjenigen Teil der Gesamtkosten des Bauvorhabens, der nach der Honorarordnung für Architekten und Ingenieure (HOAI) bei der Berechnung des Honorars zu Grunde gelegt wird.

ANSCHAFFUNG Kauf einer Immobilie, also entgeltlicher Erwerb im Gegensatz zur reinen Erbschaft oder Schenkung. Als Anschaffungszeitpunkt gilt steuerlich der Tag des wirtschaftlichen Eigentumsübergangs (Übergang von Besitz, Nutzung, Lasten und Gefahr) laut notariell beurkundetem Kaufvertrag.

ANSCHAFFUNGSKOSTEN Kosten beim Kauf einer Immobilie. Zu den Anschaffungskosten zählen der Kaufpreis einschließlich der mit der Anschaffung zusammenhängenden Kaufnebenkosten wie Grunderwerbsteuer, Notar- und Grundbuchgebühren für die Beurkundung des Kaufvertrags und die Eigentumsumschreibung im Grundbuch sowie eventuelle Maklerprovision. Die Kredit- beziehungsweise Finanzierungsnebenkosten (Gebühren für Grundschuldbestellung und -eintragung sowie evtl. Bereitstellungszinsen und Wertschätzungsgebühren) zählen nicht zu den Anschaffungskosten der Immobilie.

ANSCHLUSSFINANZIERUNG Finanzierung im Anschluss an das Auslaufen der Zinsbindung für ein Annuitätendarlehen. Die Anschlussfinanzierung kann sich wiederholen, wenn die Darlehensschuld am Ende der Laufzeit des Anschlusskredits noch nicht vollständig getilgt ist. Mit speziellen Forwarddarlehen kann man sich schon vor Ablauf der Zinsbindung gegen einen Zinsaufschlag einen günstigen Kreditzins für den Anschlusskredit sichern.

ARBEITNEHMERSPARZULAGE Zulage bei Abschluss eines Bausparvertrags für Arbeitnehmer, die ein zu versteuerndes Jahreseinkommen von maximal 17 900 Euro (Alleinstehende) beziehungsweise 35 800 Euro (Ehepaare) haben und eine vermögenswirksame Leistung bis zu 470 Euro pro Jahr auf einen Bausparvertrag einzahlen beziehungsweise 940 Euro, wenn beide Ehegatten Arbeitnehmer sind. Die Arbeitnehmersparzulage beträgt maximal 42,30 Euro pro Jahr beziehungsweise 84,60 Euro für beide Arbeitnehmer-Ehegatten.

ARBEITSZIMMER Zimmer eines Arbeitnehmers, Unternehmers oder Vermieters im eigenen Haus oder in der Mietwohnung, das ausschließlich für berufliche, betriebliche oder Vermietungszwecke genutzt wird. Die anteiligen Kosten des Arbeitszimmers sind steuerlich nur dann voll unter Werbungskosten oder Betriebsausgaben abzugsfähig, wenn das Arbeitszimmer den Mittelpunkt der gesamten beruflichen, betrieblichen oder Vermietungstätigkeit bildet. In den übrigen Fällen bleibt die Abzugsfähigkeit auf 1 250 Euro pro Jahr beschränkt.

ARCHITEKTENLISTE wird bei der jeweiligen Architektenkammer geführt. In eine Architektenliste ist auf Antrag einzutragen, wer aufgrund seiner beruflichen Ausbildung und Praxis im Bereich des Bauwesens tätig ist. Sinngemäß trifft dies auch für Innenarchitekten, Garten- und Landschaftsarchitekten sowie bei einer Tätigkeit im Bereich des Städtebaus zu.

AUFLASSUNG Einigung zwischen Verkäufer und Käufer über die Eigentumsübertragung bei Immobilien (gemäß § 925 BGB). Die Auflassung ist von der notariellen Beurkundung des Grundstückskaufvertrags gemäß § 313 BGB zu unterscheiden. Nach § 873 BGB geht das Eigentum an einem Grundstück erst durch Einigung (Auflassung) und Eigentumsumschreibung im Grundbuch über.

AUFLASSUNGSVORMERKUNG Vormerkung in der II. Abteilung des Grundbuchs zur Sicherung des schuldrechtlichen Anspruchs des Käufers auf Eigentumsübertragung bei Immobilien (auch Eigentumsvormerkung genannt). Oft dauert es nach Abschluss des Kaufvertrags eine Weile, bis der Käufer als neuer Eigentümer in das Grundbuch eingetragen wird. Eine Auflassungsvormerkung im Grundbuch schützt ihn davor, dass der bisherige Eigentümer das Grundstück an jemand anderen verkauft. In der Praxis kann ein mit einer Auflassungsvormerkung belastetes Grundstück weder an Dritte verkauft noch beliehen werden.

AUFMASS bezeichnet das Vermessen von Bauteilen beziehungsweise erbrachten Bauleistungen. Es dient vorrangig beim Einheitspreisvertrag der Feststellung der tatsächlich ausgeführten Leistungsmengen vor Ort und wird regelmäßig von Auftragnehmer und Auftraggeber gemeinsam unter Beachtung der VOB/C erstellt. Es dient üblicherweise als Grundlage für die spätere Bauabrechnung und außerdem zum Erstellen der Bestandsunterlagen.

AUSBAUHAUS Angebotsform vieler Fertighaushersteller, bei der man als Bauherr unterschiedlich intensiv selbst bei der Fertigstellung des Hauses Hand anlegen kann. In welchem Ausmaß die Eigenleistungen erfolgen sollen, muss vor Vertragsunterzeichnung mit dem Fertighausanbieter vereinbart werden.

AUSBAUSTUFE bezeichnet den Grad der Fertigstellung durch den Anbieter. Die Bezeichnung der Ausbaustufen ist dabei schwammig und keineswegs einheitlich. Welche Ausbaustufe bei welcher Fertighausfirma welchen Fertigungsgrad bezeichnet ist vorab unbedingt eindeutig zu klären.

B

BAUANTRAG Richtet sich nach Vorgaben der jeweiligen Landesbauordnung am entsprechenden Wohnort. Der Antrag selbst besteht aus einem vorgegebenen Formular mit Angaben zum Bauvorhaben, den daran beteiligten Personen und den weiteren eingereichten Unterlagen; diese bestehen aus einem amtlichen Lageplan, der Baubeschreibung, den Entwurfsplänen, den Plänen für die Entwässerung, der Wohnflächenberechnung und den bautechnischen Nachweisen.

BAUBESCHREIBUNG, → Leistungsbeschreibung

BAUGEMEINSCHAFT Freiwilliger Zusammenschluss von Bauherren zur Planung, Errichtung oder zum Umbau einer Wohnanlage, eines Mehrfamilienhauses oder einer anderen Immobilie; auch Bauherrengemeinschaft oder Baugruppe genannt.

BAUGENEHMIGUNG ist die Erlaubnis der öffentlichen Baubehörde, ein bestimmtes Vorhaben zu verwirklichen. Das Verfahren zur Regelung der Formalitäten vom Bauantrag bis zur Genehmigung ist in den verschiedenen Landesbauordnungen geregelt.

BAUGESETZBUCH Zusammenfassung von Bundesbaugesetz und Städtebauförderungsgesetz; aktuell gültig in der Bekanntmachung vom 23.09.2004; zuletzt geändert am 22.7.2011. Die Regelungen reichen über das allgemeine Städtebaurecht (Bauleitplanung, Regeln der baulichen und sonstigen Nutzung, Bodenordnung, Erschließung u.a.) bis hin zu besonderen Materien, wie der Städtebaulichen Sanierung und Entwicklung, dem Erlass von Erhaltungssatzungen und anderen städtebaulichen Geboten.

BAUHERR ist der Veranlasser und Verantwortliche einer Baumaßnahme. Er trägt die Verantwortung für die Einhaltung der Vorgaben aus dem öffentlichen Baurecht. Er beauftragt üblicherweise den Planer (Baugenehmigung), gegebenenfalls einen Bauleiter und die ausführenden Unternehmer. Der Käufer eines Fertighauses ist prinzipiell auch der Bauherr, auch wenn er die Fertigstellung an eine Firma vergeben hat.

BAUKOSTEN Kosten für den Bau eines Hauses oder einer Wohnung. Die Baukosten bestehen aus den reinen Baukosten, den Baunebenkosten und den Kosten für Außenanlagen. Die reinen Baukosten werden aus der Multiplikation des umbauten Raumes (in cbm) oder der Wohnfläche (in qm) mit den Kubik- oder Quadratmeterpreisen berechnet. Dabei teilen sich die reinen Baukosten etwa je zur Hälfte auf Kosten für den Rohbau und Kosten für den Ausbau auf.

BAULAST in einigen Bundesländern als grundstücksbezogene Verpflichtung eines Eigentümers gegenüber der Baubehörde (zum Beispiel Verzicht auf die Einhaltung von Abstandsflächen) vorgesehen. Dabei werden sogenannte Baulastenverzeichnisse geführt.

BAUNEBENKOSTEN betreffen nicht die eigentliche Bauausführung, sondern Kosten insbesondere für die Vorbereitung, Planung, Genehmigung und Abnahme einer baulichen Maßnahme.

BAUSACHVERSTÄNDIGER Ein Bausachverständiger ist eine Person, die über besondere Fachkunde und Erfahrung auf dem Bausachgebiet verfügt. Er ermöglicht durch Beratung und/oder Begutachtung dem nicht fachkundigen Laien, sich ein eigenes Urteil zu bilden. In Gerichtsverfahren wird regelmäßig auf die von den Industrie- und Handelskammern sowie den Handwerkskammern bestellten und vereidigten Bausachverständigen zurückgegriffen.

BAUSATZ-FERTIGHAUS Der Aufbau eines Bausatz-Fertighauses entspricht grundsätzlich dem eines konventionellen Massivhauses; hier bekommt der Bauherr die Materialien geliefert und legt selbst Hand an. Fachliche Unterstützung kann jedoch mitgekauft werden.

BAUSPARDARLEHEN Annuitätendarlehen der Bausparkasse, das nach Erfüllung von bestimmten Voraussetzungen wie Mindestsparguthaben und Erreichen der Zielbewertungszahl zugeteilt wird. Die Höhe des Bauspardarlehens ergibt sich aus der Differenz zwischen erreichtem Bausparguthaben und abgeschlossener Bausparsumme oder ist als Prozentsatz der Bausparsumme festgelegt. Mitunter hängt sie auch von den erzielten Zinsen und der Höhe des Tilgungsbeitrags ab. Der Zinssatz für das Bauspardarlehen beträgt meist 2 bis 2,5 Prozentpunkte über dem Guthabenzins, die Laufzeit beträgt in der Regel sieben bis elf Jahre. Bauspardarlehen dürfen nur für wohnungswirtschaftliche Zwecke eingesetzt werden, also vor allem zum Bau, Kauf oder zur Modernisierung von Häusern und Wohnungen, zum Erwerb von Bauland oder zur Ablösung von Altschulden.

BAUSPARSOFORTFINANZIERUNG Abschluss eines tilgungsfreien Darlehens zur Vorfinanzierung eines neu abgeschlossenen Bausparvertrags (Vorausdarlehen). Bis zur Zuteilung des Vertrags zahlt der Bausparer Zinsen für das Vorausdarlehen und die Sparraten für den Bausparvertrag. Mit der Zuteilung löst er das Vorausdarlehen mit der Bausparsumme (Guthaben und Bauspardarlehen) ab.

BAUSPARSUMME Betrag, über den ein Bausparvertrag abgeschlossen wird. Von der Höhe der Bausparsumme hängen die Abschlussgebühr, das Mindestsparguthaben, die Höhe des Bauspardarlehens und der Tilgungsbeitrag ab. Die Bausparsumme wird ausgezahlt, wenn der Vertrag die Voraussetzungen für die Zuteilung (Mindestsparguthaben und Zielbewertungszahl) erfüllt.

BAUSPARVERTRAG Vertrag mit einer Bausparkasse, mit dem ein Bausparguthaben angesammelt werden kann inklusive Zinsen, eventuell Wohnungsbauprämie und Arbeitnehmersparzulage. Nach Ablauf der Sperrfrist von sieben Jahren kann der Bausparer über das Guthaben frei verfügen. Nach Zuteilung des Bausparvertrags kann die gesamte Bausparsumme, bestehend aus Mindestsparguthaben und Bauspardarlehen für wohnungswirtschaftliche Zwecke verwendet werden, also für Bau, Kauf oder Modernisierung einer Immobilie.

BAUTAGEBUCH ist eine Sammlung arbeitstäglicher Aufzeichnungen durch den Bauleiter über alle zur Dokumentation des Bauablaufs relevanten Sachverhalte und Vorkommnisse (zum Beispiel Witterung, Arbeiterzahl, Geräteeinsatz, Materiallieferungen, Postein- und -ausgang, Besprechungsergebnisse, Vereinbarungen).

BAUWERT Herstellungswert des Gebäudes, aller sonstigen baulichen Anlagen und Außenanlagen inklusive der Baunebenkosten unter Berücksichtigung der technischen und wirtschaftlichen Wertminderung sowie sonstiger wertbeeinflussender Umstände (auch Zeitbauwert genannt). Typischerweise wird der umbaute Raum in Kubikmetern mit dem Raummeterpreis multipliziert. Bauwert und Bodenwert ergeben zusammen den Sachwert einer Immobilie, der Grundlage für die Ermittlung des Verkehrswerts durch Gutachter ist.

BEBAUUNGSPLAN regelt die Art und Weise und das Maß einer möglichen Bebauung von parzellierten Grundstücken in Form einer gemeindlichen Satzung. Dabei können auch Umfang und Art der Nutzung der in diesem Zusammenhang stehenden, von einer Bebauung frei zu haltenden Flächen vorgeschrieben werden. Der Bebauungsplan ist in der Regel aus dem Flächennutzungsplan zu entwickeln.

BELASTUNG aus Bewirtschaftung Laufende Belastung des Eigentümers für Betriebs-, Instandhaltungs- und Bewirtschaftungskosten.

BELASTUNG AUS KAPITALDIENST Ausgaben des Darlehensnehmers für Zinsen und Tilgung beziehungsweise Tilgungsersatz. Zusätzlich zur Belastung aus Kapital- beziehungsweise Schuldendienst muss der Selbstnutzer einer Immobilie die Belastung aus Bewirtschaftung tragen. Belastung aus Kapitaldienst und Bewirtschaftung zusammen ergeben die Bruttobelastung des Selbstnutzers.

BELASTUNGSQUOTE Monatliche Belastung aus Kapitaldienst in Prozent des monatlichen Nettoeinkommens. Diese Kennziffer, die bei selbstgenutzten Immobilien auf keinen Fall über 50 Prozent betragen sollte, zeigt neben der Eigenkapitalquote auch die finanziellen

Grenzen für potenzielle Selbstnutzer von Wohnimmobilien auf.

BELEIHUNGSAUSLAUF Höhe des Darlehens in Prozent des Beleihungswerts. Je höher der Beleihungsauslauf, desto teurer wird der Kredit.

BELEIHUNGSGRENZE Teil des Beleihungswerts, bis zu dem eine Immobilie beliehen werden kann. Als Grenze für den Realkredit (erstrangige Darlehen, 1a-Hypothek) werden bei Banken üblicherweise 60 beziehungsweise 80 Prozent des Beleihungswerts angesetzt. Die Beleihungsgrenze soll sicherstellen, dass die Bank im Falle des freihändigen Verkaufs oder der Zwangsversteigerung keinen Verlust erleidet. Die günstigsten Zinskonditionen gelten meist nur für eine Beleihungsgrenze von 60 Prozent des Beleihungswerts.

BELEIHUNGSWERT Wert, der vom Kreditgeber für Beleihungszwecke festgesetzt wird. Der Beleihungswert liegt bei Immobilien in der Regel 10 Prozent unter dem Kaufpreis beziehungsweise den Gesamtkosten. Der Beleihungswert soll ein dauerhaft erzielbarer Wert sein, der bei einem späteren freihändigen Verkauf unter normalen Umständen jederzeit erzielt werden kann. Der Beleihungswert wird bei selbstgenutzten Immobilien aus dem Sachwert und bei Mietobjekten meist aus dem Ertragswert der Immobilie ermittelt.

BEMUSTERUNG lautet der Vorgang, bei dem man gemeinsam mit dem Fertighausanbieter seiner Wahl die gewünschten Ausstattungsmerkmale festlegt.

BEMUSTERUNGSPROTOKOLL sollte während der gesamten Bemusterung geführt werden und bildet die ausgewählten Ausstattungsmerkmale in Gänze ab.

BEREITSTELLUNGSZINSEN Zinsen, die ein Kreditinstitut für einen bereitgestellten, aber vom Kreditnehmer noch nicht abgerufenen Kredit verlangt. Häufig berechnen Kreditinstitute ab dem dritten Monat nach der Darlehenszusage 0,25 Prozent Zinsen pro Monat auf den noch nicht ausgezahlten Teil des Gesamtkredits, andere erst nach dem sechsten Monat oder sogar erst nach einem Jahr.

BESONDERE LEISTUNGEN sind beim Architekten- und Ingenieurvertrag solche Leistungen, die nicht zu den Leistungen gehören, für die die HOAI ein Honorar vorgibt, die aber trotzdem erbracht werden müssen, um eine Planung zu realisieren. Beim Bauvertrag nach der VOB/B nennt man besondere Leistungen diejenigen übertragenen Aufgaben, die weder zu den Hauptleistungen noch zu den Nebenleistungen gehören; die Pflicht zur Leistungserbringung setzt eine gesonderte Vereinbarung voraus.

BETRIEBSKOSTEN Laufende Kosten, die dem Eigentümer durch den bestimmungsgemäßen Gebrauch einer Immobilie entstehen. Hierzu gehören gemäß Betriebskostenverordnung (BetrKO) insbesondere Grundsteuer, Müllabfuhr, Feuerversicherungsprämie, Kalt- und Abwasserkosten sowie Heiz- und Warmwasserkosten.

BEWIRTSCHAFTUNGSKOSTEN Regelmäßig anfallende Kosten, die zur Bewirtschaftung eines Gebäudes erforderlich sind. Dazu zählen neben den Betriebskosten auch Verwaltungs- sowie Instandhaltungskosten.

BLOCKHAUSBAUWEISE zur Errichtung von Häusern mit massiven Holzbalken, die in einer äußerst stabilen Konstruktion resultieren, als Fertighäuser meist mit doppelwandigem Aufbau.

BLOCKHEIZKRAFTWERK (BHWK) ein von einem Verbrennungsmotor angetriebener Generator. Er erzeugt gleichzeitig elektrische Energie und Wärme.

BLOWER-DOOR-TEST Differenzdruck-Messverfahren: Mithilfe eines im Gebäude erzeugten Unterdrucks können Leckagen in der Gebäudehülle erkannt, lokalisiert und gezielt beseitigt werden.

BODENPLATTE, → OK Bodenplatte

BODENWERT Wert des Grund und Bodens, also des unbebauten Grundstücks. Für die Bewertung durch Gutachter werden Vergleichspreise für Grundstücke gleicher Lage und mit gleichen Eigenschaften herangezogen. Typischerweise geht man von Bodenrichtwerten aus, die als durchschnittliche Lagewerte für den Boden von den örtlichen Gutachterausschüssen aus Kaufpreissammlungen ermittelt und in regelmäßigen, meist jährlichen Abständen bekanntgegeben werden.

BONITÄT Kreditwürdigkeit des Kredit- beziehungsweise Darlehensnehmers, die der Kreditgeber (Bank, Versicherung, Bausparkasse) durch Prüfung der persönlichen und wirtschaftlichen Verhältnisse ermittelt. Bei Privatpersonen wird besonderer Wert gelegt auf die Einkommens- und Vermögensverhältnisse, also auf ein gesichertes Einkommen und auf vorhandenes Eigenkapital. Je besser die Bonität, desto mehr steigt die Verhandlungsmacht des Kreditnehmers bei der Kreditverhandlung mit der Bank und desto günstiger fallen demzufolge die Zinskonditionen aus.

BRANDSCHUTZ für Wohngebäude geregelt in den Landesbauordnungen (LBO) der Bundesländer. Die einzelnen Bauteile bei zwei- oder mehrgeschossigen Wohnhäusern müssen in der Regel mindestens über die Feuerwiderstandsklasse F90 verfügen (= „feuerbeständig", tragende Konstruktion muss im Brandfall mindestens 90 Minuten Bestand haben).

BRENNWERTTECHNIK/-THERME/-KESSEL ein besonders effizienter Heizkessel für Warmwasserheizungen. Er nutzt auch die Kondensationswärme des im Abgas enthaltenen Wasserdampfes, die in konventionellen Heizkesseln ungenutzt entweicht.

BUSLEITUNG allgemein eine elektrische Verbindung, die Daten in digitaler Form transportiert. Im Zusammenhang mit Hausautomation ist meist die Steuerleitung gemeint, die Befehle an Sensoren und Aktoren überträgt.

C

COP kurz für Coefficient of Performance, deutsch: Leistungszahl. Sie beschreibt bei Wärmepumpen das Verhältnis zwischen der zum Betrieb aufzuwendenden elektrischen Energie und der gewonnenen Wärmeenergie.

D

DACHFORM Art und Beschaffenheit des Daches; es werden etwa Flach-, Pult-, Spitz-, Sattel-, Mansard- oder Walmdach unterschieden.

DACHNEIGUNG (DN) gibt an, wie der Neigungswinkel eines Daches ausfällt, wenn nicht gerade mit einem Flachdach gebaut wurde. Die Dachneigung ist wesentlich beispielsweise für die Effizienz von auf dem Dach angebrachten Photovoltaik- oder Solarthermieanlagen.

DARLEHENSVERTRAG Schriftlicher Vertrag zwischen Darlehensgeber und Darlehensnehmer, der im Angebots- oder Zusageverfahren zustande kommt. Der Darlehensvertrag enthält insbesondere Angaben über die Darlehenshöhe (Darlehens- und Auszahlungssumme), Zinsen (Sollzins und anfänglicher effektiver Jahreszins mit Angabe der Zinsbindungsdauer) sowie die Tilgungskonditionen.

DECKUNGSRATE Beitrag einer Solarthermieanlage zur Gebäudeheizung

DENA Die Deutsche Energie-Agentur GmbH (dena) ist ein Kompetenzzentrum für Energieeffizienz, erneuerbare Energien und intelligente Energiesysteme. Die dena wurde im Herbst 2000 gegründet. Die Gesellschafter der dena sind die Bundesrepublik Deutschland, die KfW Bankengruppe, die Allianz SE, die Deutsche Bank AG und die DZ BANK AG. Das offizielle Leitbild der dena ist es, Wirtschaftswachstum zu schaffen und Wohlstand zu sichern – mit immer geringerem Energieeinsatz. Dazu muss Energie so effizient, sicher, preiswert und klimaschonend wie möglich erzeugt und verwendet werden – national und international.

DIN (Deutsches Institut für Normung) das DIN ist keine staatliche Instanz, sondern ein eingetragener Verein mit Sitz in Berlin. In Zusammenarbeit von Herstellern, Händlern, Verbrauchern, Handwerkern, Dienstleistungsunternehmen, Wissenschaftlern und auch staatlichen Stellen wird regelmäßig der jeweilige Stand der Technik ermittelt und in „Deutschen Normen" niedergeschrieben. Diese Arbeitsergebnisse sind Empfehlungen. Einige der Normen werden von einzelnen

Bundesländern im Rahmen der Bauaufsicht für verbindlich erklärt und müssen entsprechend bei allen Bauaufgaben beachtet werden. Die DIN-Normen haben ferner Relevanz bei der Bestimmung der „Regeln der Technik."

DISAGIO Vorweggenommene Zinsen, die bei der Auszahlung in Form eines Abschlags von der Darlehenssumme einbehalten werden (auch Damnum oder Auszahlungsverlust genannt). Das Disagio kann steuerlich seit 1996 nicht mehr bei selbstgenutzten Immobilien abgesetzt werden. Bei der Finanzierung von vermieteten Immobilien sind maximal fünf Prozent Disagio steuerlich abzugsfähig bei einer Zinsbindungsdauer von mindestens fünf Jahren.

E

EFFEKTIVZINS Tatsächliche Verzinsung eines Darlehens unter Berücksichtigung verschiedener Kostenbestandteile wie Sollzins, Disagio, Zinsbindungsdauer und Art der Zins- und Tilgungsverrechnung. In die Berechnung des „anfänglichen effektiven Jahreszinses" nach § 4 der Preisangabeverordnung (PAngV) gehen die Kreditnebenkosten wie Wertschätzungsgebühren oder Bereitstellungszinsen nicht ein. Kreditinstitute sind nach der Preisangabenverordnung verpflichtet, bei Kreditangeboten und im Darlehensvertrag den effektiven Jahreszins anzugeben. Der Effektivzins gibt die tatsächlichen Kosten, den „Preis" eines Kredits, an. Der Effektivzins ist der beste Maßstab, Kreditangebote mit gleicher Zinsbindung zu vergleichen.

EFFIZIENZHAUS nicht geschützte Bezeichnung eines Hauses, das bestimmte energetische Vorgaben erfüllt, die üblicherweise von der KfW (Kreditanstalt für Wiederaufbau) festgesetzt werden.

EIGENHEIM Wohnimmobilie (zum Beispiel Einfamilienhaus, Eigentumswohnung), die vom Eigentümer selbstgenutzt wird. Nach dem II. Wohnungsbaugesetz ist unter einem Eigenheim ein Wohngebäude mit nicht mehr als zwei Wohnungen zu verstehen, von denen eine zum Bewohnen durch den Eigentümer oder seine Angehörigen bestimmt ist.

EIGENHEIMFINANZIERUNG Finanzierung eines selbstbewohnten Einfamilienhauses, einer selbstgenutzten Eigentumswohnung oder einer selbstgenutzten Wohnung in einem Mehrfamilienhaus.

EIGENHEIMRENTE, → Wohn-Riester-Rente

EIGENKAPITAL Kapital, das aus eigenen finanziellen Mitteln aufgebracht wird (zum Beispiel Bank- und Bausparguthaben, Wertpapierguthaben, Wert des eigenen Grundstücks).

EIGENKAPITALERSATZMITTEL Selbsthilfe (auch Eigenleistung oder „Muskelhypothek" genannt) sowie Fremdmittel, die nicht von Banken oder anderen Finanzierungsinstituten gewährt werden (zum Beispiel Verwandtendarlehen, Arbeitgeberdarlehen, Landesmittel als öffentliche Baudarlehen und Familienzusatzdarlehen).

EIGENKAPITALQUOTE Eigenkapital in Prozent der Gesamtkosten. Bei der Finanzierung von Eigenheimen sollte die Eigenkapitalquote in der Regel mindestens 20 Prozent betragen. Zum Eigenkapital zählen das reine Eigenkapital sowie Eigenkapitalersatzmittel (zum Beispiel Verwandtendarlehen, Selbsthilfe). Die Gesamtkosten sind mit den Investitionskosten für die Immobilie identisch.

EIGENLEISTUNG Auch Selbsthilfe genannte eigene Arbeitsleistung des Bauherrn, seiner Angehörigen oder anderer (zum Beispiel Nachbarn, Freunde, Bekannte) als Teil des Eigenkapitals. Die Selbsthilfe wird mit dem Betrag als Eigenleistung anerkannt, der gegenüber den üblichen Kosten der Unternehmerleistung erspart wird. Die Hilfe von Nachbarn oder Bekannten (sog. Nachbarschaftshilfe) ist keine Schwarzarbeit, wenn sie auf Gegenseitigkeit oder unentgeltlich geleistet wird. Die Bauhelfer müssen der zuständigen Berufsgenossenschaft gemeldet werden. Die Eigenleistung (auch als „Muskelhypothek" bezeichnet) kann also fehlende Geldmittel ersetzen und zählt daher zu den Eigenkapitalersatzmitteln.

EIGENTÜMER Wirtschaftlich erwirbt der Bauherr oder Käufer einer Immobilie Eigentum mit der Abnahme oder dem im Kaufvertrag vereinbarten Eigentumsübergang (Übergang von Nutzen und Lasten). Erst mit Eintragung im Grundbuch wird der Bauherr oder Käufer auch rechtlicher Eigentümer.

EIGENÜBERWACHUNG ist die vom Hersteller eines Bauprodukts kontinuierlich selbst vorzunehmende Güteüberwachung der Anforderungen, die für das Erzeugnis festgelegt wurden.

EINHEITSPREIS meint den Vergütungssatz für eine Mengeneinheit einer konkreten Teilleistung einer Baumaßnahme (zum Beispiel €/qm Putz; €/lfd. m Kabel). Werden alle oder ein wesentlicher Teil der verschiedenen Teilleistungen eines Bauvorhabens mit einer derartigen Vergütungsstruktur vereinbart, spricht man von einem Einheitspreisvertrag.

ENERGIEAUSWEIS Ausweis über den tatsächlichen Energieverbrauch des Haus- beziehungsweise Wohnungsnutzers (Verbrauchsausweis) oder den geschätzten Energiebedarf (Bedarfsausweis). Beim Verbrauchausweis wird der durchschnittliche Verbrauch von Energie in den letzten drei Jahren errechnet und dann anhand einer Skala mit einer Grün-, Gelb- oder Rotmarkierung versehen, um einen geringen, mittleren oder hohen Energieverbrauch anzuzeigen. Der Bedarfsausweis wird aufgrund eines Gutachtens erstellt, wobei der Gutachter den Energiebedarf auf Basis der verwendeten Baumaterialien, des Hauszustands und der Größe von Haus oder Wohnung ermittelt.

ENERGIEBERATER Berater bei geplanten Maßnahmen für eine energetische Sanierung des Gebäudes beziehungsweise der Eigentumswohnanlage. Qualifizierte und zertifizierte Energieberater sind in der Dena-Liste zu finden.

ENERGIEEINSPARUNG Einsparung von Heiz-, Wasser- und Stromkosten. Heiz- und Warmwasserkosten werden zum Beispiel durch Einbau einer neuen Heizung, Dämmung des Gebäudes (Dach, Keller und Außenwände) oder den Einbau neuer Fenster eingespart.

ENERGIEEINSPARVERORDNUNG (EnEV) Die EnEV schrieb bautechnische Standardanforderungen zum effizienten Energieverbrauch eines Gebäudes oder Bauprojekts vor, inzwischen abgelöst vom Gebäudeenergiegesetz 2020 (GEG). Der Geltungsbereich erstreckte sich wie Letzteres auf Wohn-, Büro- und gewisse Betriebsgebäude. Bekanntester Ausfluss der EnEV ist der sogenannte Energieausweis, der auch im Rahmen des GEG weiterhin vorgeschrieben ist.

ENERGIEGESETZE Gesetze beziehungsweise Verordnungen zur energetischen Sanierung, insbesondere Gebäudeenergiegesetz 2020 (GEG) und das Erneuerbare-Energie-Gesetz (EEG)

ENERGIESPARFÖRDERUNG Förderung des Einsparens von Energie bei Immobilien insbesondere durch zinsgünstige Darlehen und Zuschüsse der staatlichen KfW Bankengruppe (KfW)

ENERGIESYSTEM bezeichnet die Gesamtheit aller Komponenten, die zur energetischen Versorgung eines Hauses beitragen. Darunter fallen beispielsweise Solarthermie- und Photovoltaikanlagen, Wärmepumpen etc.

ENTHÄRTUNGSANLAGE optionales Element der hauseigenen Wasserversorgung, das Kalk aus dem Wasser entfernen soll.

ERHALTUNGSAUFWAND Steuerlich abzugsfähiger Aufwand für die Erhaltung von Gebäuden. Hierzu zählen vor allem Aufwendungen für die laufende Instandhaltung, also die tatsächlichen Instandhaltungskosten ohne die Instandhaltungsrücklage.

ERSCHLIEßUNG von Grund und Boden zu Bauzwecken, meint die notwendigen Erdarbeiten zur Umwandlung eines Grundstücks in Bauland. Inbegriffen sind die Verlegung von sämtlichen Hausanschlüssen (Wasser, Strom, ggf. Gas, Telekommunikation, …) sowie der Anschluss an die verkehrstechnische Infrastruktur.

ERSTFINANZIERUNG Erstmalige Finanzierung von Bau oder Kauf einer Immobilie. Läuft die erste Zinsbindungsfrist aus, kommt es zur Anschlussfinanzierung, sofern die Restschuld nicht auf einen Schlag zurückgezahlt wird.

F

FARBTEMPERATUR Maß für den Farbeindruck einer Lichtquelle. Neutrales Tageslicht hat eine Farbtemperatur von 6 500 Kelvin (K).

FESTDARLEHEN Feste Darlehenssumme, die erst am Ende der Laufzeit fällig wird (auch Festbetrags- oder Fälligkeitsdarlehen genannt). Da während der Laufzeit des Darlehens nur Zinsen gezahlt werden, wird die Tilgung ersetzt durch den Abschluss einer Kapitallebensversicherung oder einen Bausparvertrag. Die endfällige Tilgung beim Kombinationsmodell Festdarlehen/Kapitallebensversicherung erfolgt auf einen Schlag am Ende der Versicherungslaufzeit, sofern die tatsächliche Ablaufleistung mit der Darlehenssumme übereinstimmt.

FESTPREISVERTRAG kommt grundsätzlich bei allen Vertragstypen in Betracht und ist vom Pauschalpreisvertrag zu unterscheiden. Der Festpreis, zu dem ein meist „schlüsselfertiges" Haus erstellt wird, wird bei Vertragsabschluss festgelegt. Wichtig ist, dass zu einem Festpreisvertrag eine sehr detaillierte Bau- und Leistungsbeschreibung gehört, in der ganz genau bestimmt ist, welche Leistungen in welcher Qualität und Quantität Sie von Ihrem Bauunternehmer erwarten dürfen.

FESTZINS Zins, der für einen vereinbarten Zeitraum (Zinsbindungsfrist) oder für die gesamte Laufzeit eines Darlehens vertraglich festgeschrieben ist. Üblich sind Zinsbindungsfristen von 5, 10, 15 oder 20 Jahren. Ist die Zinsbindungsfrist länger als zehn Jahre, kann der Darlehensschuldner nach Ablauf von zehn Jahren unter Einhaltung einer Kündigungsfrist von sechs Monaten kündigen.

FINANZIERUNGSKOSTEN Kosten, die im Zusammenhang mit der Aufnahme des Fremdkapitals stehen. Dazu zählen vor allem die laufenden Schuldzinsen sowie die Kreditnebenkosten.

FINANZIERUNGSPLAN Plan, der Auskunft gibt über die Art und Weise der Geldbeschaffung für Bau, Kauf oder Modernisierung einer Immobilie. Im Finanzierungsplan sind die Mittel auszuweisen, die zur Deckung der Gesamtkosten dienen (Finanzierungsmittel), und zwar sowohl das Eigenkapital als auch das Fremdkapital. Sinnvollerweise sollte der Finanzierungsplan mindestens bis zum Ende der vereinbarten Zinsbindungsfrist gehen.

FIRSTRICHTUNG ist eine oft im jeweiligen Bebauungsplan vorgeschriebene Laufrichtung des Dachfirsts, also der obersten Dachlinie eines Hauses. Wie die Hauptfirstlinie eines Hauses verläuft, kann etwa maßgeblichen Einfluss auf die Lichtverhältnisse haben.

FORWARDDARLEHEN Besondere Form der Anschlussfinanzierung, bei der bereits bis zu fünf Jahre vor Ablauf der Zinsbindungsfrist ein neues Darlehen aufgenommen wird (forward, engl. vorwärts). Hierfür berechnen die Banken Zinsaufschläge, die umso höher ausfallen, je länger die Zinsbindung noch läuft. Ein Forwardarlehen lohnt sich in Tiefzinsphasen und in der Erwartung steigender Zinsen in der Zukunft.

FREMDKAPITAL Kapital, das aus Fremdmitteln aufgebracht wird. Die Kapital-, Darlehensbeziehungsweise Kreditgeber sind Gläubiger, bei Immobilien sind dies Geldinstitute (Banken, Sparkassen, Bausparkassen, Versicherungen) oder andere Stellen (Bund, Länder, Gemeinden, Arbeitgeber, Verwandte, Bekannte). Im Gegensatz zum Eigenkapital muss das Fremdkapital zurückgezahlt werden und zumindest bei Fremdmitteln der Geldinstitute auch verzinst.

FREMDKAPITALQUOTE Fremdkapital (Hypothekendarlehen, sonstige Kredite) in Prozent der Gesamtkosten. Das Verhältnis von Fremdkapital zu Eigenkapital wird auch Verschuldungsgrad genannt. Bei einer selbstgenutzten Eigentumswohnung sollte die Fremdkapitalquote und damit der Verschuldungsgrad deutlich geringer sein als bei einer vermieteten Eigentumswohnung.

FUSSBODENHEIZUNG im Fußboden verlegte oder eingegossene Heizspiralen

G

GESAMTBELASTUNG Belastung aus Bewirtschaftung und Kapitaldienst, also sowohl für Betriebs-, Instandhaltungs- und Verwaltungskosten als auch für Zins und Tilgung eines Hypothekendarlehens.

GESAMTKOSTEN Gesamte Kosten für den Bau oder Kauf eines Hauses oder einer Eigentumswohnung (auch Investitionskosten genannt). Beim Bau setzen sich die Gesamtkosten aus den Grundstücks- und Baukosten zusammen, beim Kauf aus dem Kaufpreis des Objekts plus Kaufnebenkosten.

GESAMTNUTZUNGSDAUER (GND) stellt die Wertermittlung und damit die Lebensdauer eines Gebäudes dar. Bei Ermittlung wird ein unveränderter Gebäudezustand zugrunde gelegt. Finden Modernisierungsmaßnahmen statt, wird eine Korrektur der GND vorgenommen.

GESCHOSSFLÄCHENZAHL (GFZ) gibt an, wie das Verhältnis der Grundflächen aller Geschosse zur Grundstücksfläche maximal ausfallen darf.

GEWÄHRLEISTUNGSFRIST ist der Zeitraum, in dem der Auftragnehmer für die Mangelfreiheit seiner Leistungen einzustehen hat. In dieser Frist auftretende und geltend gemachte Mängel hat er abzustellen beziehungsweise sich für daraus entstehende Nachteile zu verantworten. Die Frist beträgt für Bauwerke nach der VOB/B vier Jahre und im Falle eines BGB-Bauvertrags fünf Jahre. Die Gewährleistungsfristen beginnen mit der Abnahme des erbrachten Werkes.

GEWÄHRLEISTUNGSEINBEHALT, → Sicherheitseinbehalt

GRUNDBUCH Öffentliches Register über alle Grundstücke, das beim zuständigen Amtsgericht (Grundbuchamt) geführt wird, in Baden-Württemberg beim jeweiligen Notar. Für jedes Grundstück wird ein gesondertes Grundbuchblatt (auch kurz Grundbuch genannt) angelegt. Das Grundbuch besteht aus dem Bestandsverzeichnis und der I. bis III. Abteilung.

GRUNDERWERBSTEUER Beim Kauf eines Grundstücks oder einer Eigentumswohnung wird Grunderwerbsteuer in Höhe von meist 5 Prozent des Kaufpreises fällig. In Bayern und Sachsen sind es noch 3,5 Prozent und in Schleswig-Holstein bereits 6,5 Prozent. Erst wenn die Steuer gezahlt ist, erteilt das Finanzamt eine Unbedenklichkeitsbescheinigung, ohne die der Käufer nicht in das Grundbuch eingetragen wird.

GRUNDFLÄCHENZAHL (GRZ) sagt aus, wie das Verhältnis von überbautem Raum zur Größe des gesamten Grundstücks sein darf.

GRUNDLEISTUNGEN sind nach der Honorarordnung für Architekten und Ingenieure (HOAI) Leistungen, die der zwingenden Preisbindung dieses Gesetzes (HOAI) unterliegen und deshalb stets in der gesetzlichen Mindesthöhe („Mindestsatz") zu vergüten sind.

GRÜNDUNG Vorbereitung des Bodens auf die durch das geplante Bauwerk abzutragenden Lasten. Mit diesen Bodenarbeiten wird dafür gesorgt, dass das Haus seinen sicheren Stand hat und der Boden zum Beispiel ausreichend verdichtet worden ist, bevor das Fundament gelegt wird.

GRUNDPFANDRECHT Zur Sicherung eines Kredits können Grundstücke mit einem Pfandrecht belastet werden. Kommt der Kreditnehmer seinen Verpflichtungen nicht nach, kann der Grundpfandrechtgläubiger das Grundstück zum Beispiel versteigern lassen. Das Grundpfandrecht wird ins Grundbuch eingetragen und wird als Hypothek oder Grundschuld bezeichnet. Lasten mehrere Grundpfandrechte auf einem Grundstück, wird eine Rangfolge festgelegt. Eine erstrangige Hypothek oder Grundschuld bietet dem Kreditgeber die höchstmögliche Sicherheit.

GRUNDSCHULD Das am häufigsten vorkommende Grundpfandrecht, das in der III. Abteilung des Grundbuchs eingetragen wird. Die Grundschuld ist eine dingliche Kreditsicherheit, der im Gegensatz zur Hypothek keine konkrete Forderung des Grundschuldgläubigers zugrunde liegen muss. Daher ist auch die Eintragung von Eigentümergrundschulden möglich. Mit der Tilgung reduziert sich die Schuld gegenüber dem Kreditgeber, die im Grundbuch eingetragene Grundschuld bleibt jedoch unverändert. Sie kann deshalb auch nach der (Teil-)Rückzahlung eines Darlehens für ein neues Darlehen verwendet werden, ohne dass erneut eine Grundschuld bestellt werden muss.

GRUNDSTEUER Laufende Steuer auf Haus- und Grundbesitz, die sich nach dem Einheitswert bemisst, auf den eine Steuermesszahl angewandt wird. Der sich so ergebende Grundsteuermessbetrag wird vom Finanzamt ermittelt und dem Eigentümer mitgeteilt. Die Gemeinde wendet auf diesen Steuermessbetrag den von ihr festgelegten Hebesatz an und setzt die Grundsteuer fest. Der jeweilige Eigentümer muss die Grundsteuer vierteljährlich (15.2., 15.5., 15.8. und 15.11.) an die Gemeinde zahlen. Vermieter können die gezahlte Grundsteuer als Nebenkosten auf die Mieter umlegen.

GRUNDSTÜCKSKOSTEN Kosten für ein unbebautes Grundstück. Zu den Grundstückskosten zählen der Kaufpreis für das Grundstück, die Kaufnebenkosten wie beispielsweise Grunderwerbsteuer und Notar- und Grundbuchgebühren für die Eigentumsumschreibung sowie die Erschließungskosten bei Grundstücken, die noch nicht erschlossen sind.

GRUNDWASSER ist das im Erdreich stehende oder fließende Wasser, welches die unterirdischen Hohlräume und Poren zusammenhängend ausfüllt und hydrostatischen Druck sowie Auftrieb erzeugt.

H

HAUSANSCHLUSSKASTEN Übergabepunkt des örtlichen Stromlieferanten von seinem ins Hausnetz

HAUSANSCHLUSSNISCHE wird in Häusern ohne Keller vorgesehen, um Versorgungsleitungen und Zähler unterzubringen

HAUSSTELLUNG wird die Endmontage der einzelnen Teile eines Fertighauses vor Ort zum kompletten Haus genannt.

HAUSWASSERWERK eine Pumpe mit angeschlossenem Druckbehälter, die über ein eigenes Leitungssystem Regenwasser zu Zapfstellen in Haus und Garten transportiert.

HEIZKÖRPER gibt die von einer Heizung erzeugt Wärme in den Raum ab

HEIZSYSTEM, → Energiesystem

HERSTELLUNGSAUFWAND Aufwendungen nach Fertigstellung eines Gebäudes, die im Gegensatz zum Erhaltungsaufwand bei der Vermietung einer Eigentumswohnung steuerlich nicht sofort abzugsfähig sind. Herstellungsaufwand liegt vor, wenn etwas Neues, bisher nicht Vorhandenes geschaffen wird. Ist dies der Fall, kann die zusätzlich anzusetzende Abschreibung bei vermieteten Immobilien unter Werbungskosten abgezogen werden.

HOAI Die Honorarordnung für Architekten und Ingenieure enthält Vorgaben für die Vergütung bestimmter Architekten- und Ingenieurleistungen. Die HOAI 2021 gilt für alle Architekten- und Ingenieurverträge, die seit dem 1. Januar 2021 geschlossen werden. Es werden Mindest- und Höchstpreise definiert, die aber nicht verpflichtend sind. Die Honorare für Planungsleistungen können frei vereinbart werden. Vertragsparteien eines Architekten- oder Ingenieurvertrags orientieren sich bei Auftragserteilung in schriftlicher Form an den Mindest- und Höchstpreissätzen.

HOLZRAHMENBAUWEISE eines der elementaren Holzbausysteme der Gegenwart. Senkrechte Holzständer, auch Rippen genannt, bilden in der Höhe eines vollen Geschosses mit jeweils horizontal damit verbundenen Schwellhölzern – auch Fußrippen beziehungsweise Ober- und Untergurt genannt – in einem meist standardisierten Abstand von je 62,5 Zentimetern (als Rastermaß) zueinander den Holzrahmen für einen kompletten Wandaufbau.

HOLZSKELETT-/STÄNDERBAUWEISE ähnelt in ihrem Aufbau in vielen Punkten einer Fachwerkkonstruktion. Horizontale Holzbalken werden mit vertikalen Holzständern zu einem tragfähigen Gerüst stabil miteinander verschraubt. Dieses Gerüst allein erfüllt sämtliche statische Eigenschaften.

HOLZSCHUTZ, CHEMISCHER Der Schutz des Holzes, der durch von außen kommende Zusatz von Chemikalien erzielt wird.

HOLZSCHUTZ, KONSTRUKTIVER Schutz des Holzes, der allein durch konstruktive Eigenschaften bewirkt wird, beispielsweise relativ weite Dachüberstände.

HOLZTAFELBAUWEISE Normierter Begriff, der die statischen und konstruktiven Eigenschaften widerspiegelt, nämlich die Tragfähigkeit in alle drei Richtungen und die Elementierbarkeit. Voraussetzung für die moderne Vorfertigung im industriellen Fertigbau. Entsprechend der Wandmaße können Tafelwände von bis zu 12,5 Meter Länge in witterungsunabhängigen Produktionsstätten vorgefertigt werden, die als Außenwandelemente oder Wandtafeln mit den Decken- und Dachtafeln an der Baustelle vor Ort kraftschlüssig miteinander verbunden werden.

HONORARTAFEL bezeichnet einen Mechanismus in der Honorarordnung für Architekten und Ingenieure (HOAI), mit dem unter Kenntnis der anrechenbaren Kosten und der Honorarzone das zu zahlende Mindest- oder Höchsthonorar ermittelt werden kann.

HONORARZONE dient bei der Honorarermittlung nach der Honorarordnung für Architekten und Ingenieure (HOAI) der Bewertung der Schwierigkeit einer Baumaßnahme und kann sich entsprechend auf die Honorarhöhe auswirken.

HYPOKAUSTUM/HYPOKAUSTE eine Fußboden- oder Wandheizung, die mit Warmluft arbeitet. Zeitgemäße Varianten werden beispielsweise durch einen Kachelofen mit Wärme versorgt. Der Begriff kommt aus dem Griechischen: „von unten heizen".

HYPOTHEKENDARLEHEN Sammelbegriff für Kredite, die grundpfandrechtlich über eine Grundschuld oder Hypothek gesichert sind.

I

IMMISSIONEN sind Einwirkungen von verschiedenen (Umwelt-)Medien (zum Beispiel Luftverunreinigungen, Geräusche, Erschütterungen, Strahlen, Wärme, Licht) auf Menschen, Tiere, Pflanzen oder auch Sachgüter. Eine Immission liegt dabei aus Sicht des Empfängers der wirkenden Medien vor. Abzugrenzen ist die Immission von der Emission, der Erzeugung beziehungsweise Entsendung oder Quelle der „Störfaktoren."

INSTANDHALTUNG Maßnahmen, die geeignet sind, normale und verbrauchsbedingte Abnutzungserscheinungen zu beseitigen oder vor drohenden Schäden zu schützen. Ein Beispiel dafür ist die Vollwartung einer Aufzugsanlage. Die Instandhaltung hat das Ziel, das Objekt in einem für die Nutzung geeigneten Zustand zu erhalten. Instandhaltungsmaßnahmen sind im Gegensatz zur Instandsetzung eher vorbeugender Natur.

INSTANDHALTUNGSKOSTEN Kosten, die während der Nutzungsdauer eines Gebäudes zur Erhaltung des bestimmungsgemäßen Gebrauchs aufgewendet werden müssen, um die durch Abnutzung oder Alterung entstehenden baulichen oder sonstigen Mängel ordnungsgemäß zu beseitigen. Als Instandhaltungsrücklage sind sechs bis zwölf Euro pro Quadratmeter Wohnfläche im Jahr üblich. Bei Eigentumswohnungen wird die Höhe der Instandhaltungsrücklage von der Eigentümerversammlung auf Vorschlag des Hausverwalters festgelegt. Vermieter können die tatsächlich entstandenen Instandhaltungskosten (nicht die Zuführung zur Instandhaltungsrücklage) steuerlich als Erhaltungsaufwand und damit unter Werbungskosten absetzen.

INSTANDHALTUNGSRÜCKLAGE Rückstellung beziehungsweise Rücklage für Instandhaltungen. Die Höhe der jährlichen Rücklagenbildung bei Eigentumswohnanlagen wird von der Eigentümerversammlung auf Vorschlag des Hausverwalters beschlossen. Als Orientierung dienen oft die Erfahrungssätze nach der II. Berechnungsverordnung. Nicht die gebildete Instandhaltungsrücklage kann der Vermieter steuerlich unter Werbungskosten absetzen, sondern nur die jeweils aufgelöste Instandhaltungsrücklage beziehungsweise die tatsächlich entstandenen Instandhaltungskosten.

INSTANDSETZUNG Behebung von baulichen Mängeln, um den zum bestimmungsgemäßen Gebrauch geeigneten Zustand wiederherzustellen. Instandsetzungsmaßnahmen sind von der laufenden Instandhaltung, die lediglich den Zustand erhalten will, zu unterscheiden. Oft ist aber eine unterlassene regelmäßige Instandhaltung die Ursache für unregelmäßig auftretende Instandsetzungsarbeiten.

INVESTITIONSKOSTEN Gesamtkosten einer Investition. Beim Neubau sind dies die gesamten Grundstücks- und Baukosten einschließlich Bau- und Finanzierungsnebenkosten, beim Kauf der Kaufpreis einschließlich der Kauf- und Finanzierungsnebenkosten.

J

JAHRESARBEITSZAHL (JAZ) bei einer Wärmepumpe das aufs Jahr gemittelte Verhältnis zwischen eingesetzter elektrischer Energie und von ihr erzeugter Wärmeenergie. Siehe auch COP.

K

KAPITALDIENST Laufende Ausgaben aus Zins und Tilgung zur Bedienung der Darlehen beziehungsweise Schulden (daher auch als Schuldendienst bezeichnet). Die monatliche Belastung aus Kapitaldienst wird auch monatliche Darlehensrate genannt.

KAPITALLEBENSVERSICHERUNG Kombination aus langfristigem Sparvertrag und Risikolebensversicherung. Stirbt der Versicherte während der Vertragslaufzeit, zahlt die Versicherung die Versicherungssumme und die angesammelten Überschüsse an die Hinterbliebenen aus. Im Erlebensfall erhält der Versicherte am Ende der Vertragslaufzeit die Ablaufleistung ausgezahlt.
Kapitallebensversicherungen können zur indirekten beziehungsweise endfälligen Tilgung eines Hypothekendarlehens verwendet werden. Ein tilgungsfreies Darlehen wird dann mit einer fälligen Lebensversicherung auf einen Schlag getilgt. Die Lebensversicherung dient in erster Linie dazu, das für die Rückzahlung erforderliche Kapital anzusparen. Nur ein kleiner Teil der Prämie wird für Absicherung der Hinterbliebenen im Todesfall benötigt.

KATASTERKARTE ist eine kartographische Darstellung von Grenzzeichen (Grenzstein, Pfahl, Marke), Grundstücksgrenzen, Grundstücksnummern (Flurstücksnummern) sowie gegebenenfalls Gebäuden mit Hausnummern, Straßennamen usw. für den Bezirk des jeweiligen Katasteramts. Je nach Dichte der Bebauung werden die Karten in den Maßstäben 1:500, 1:1000 und 1:2000 angefertigt. Zusammen mit dem Liegenschaftsbuch bildet die Katasterkarte das Liegenschaftskataster.

KAUFNEBENKOSTEN Kosten, die mit dem Kauf einer Immobilie im Zusammenhang stehen und steuerlich zu den Anschaffungskosten zählen. Kaufnebenkosten sind beispielsweise: Grunderwerbsteuer, Notargebühren für die Beurkundung des Kaufvertrags, Grundbuchgebühren für die Eigentumsumschreibung sowie Maklerprovision für die Vermittlung des Kaufobjekts.

KAUFVERTRAG Vertrag zwischen Verkäufer und Käufer. Bei Grundstücken bedarf der Kaufvertrag nach § 313 BGB der notariellen Beurkundung. Der vom Notar angefertigte Kaufvertragsentwurf sollte sorgfältig geprüft werden, bevor man den Notartermin wahrnimmt. Eine Reservierungsvereinbarung kann den potenziellen Kaufinteressenten nicht zum Kauf verpflichten.

KELLER Gesamtheit der oftmals unter Bodenniveau befindlichen Räume, auf dessen Decke meist das eigentliche Haus zu stehen kommt. Besonders zu Lagerzwecken (u. a. auch von Brennstoffen), heutzutage aber nicht selten auch zur Unterbringung eines Wellnessbereichs genutzt.

KFW FÖRDERBANK (KfW) Staatliche Bank, die zinsgünstige Darlehen und Zuschüsse insbesondere für selbst genutzte Häuser und Wohnungen bereitstellt. Förderungsfähig sind die Kosten für Bau, Kauf, Modernisierung, Barrierefreiheit und Energieeinsparnis.

KNX lautmalerisch „Konnex". Bussystem zur Hausautomation; gelegentlich wird noch der alte Begriff EIB (Europäischer Installationsbus) verwendet.

KOMBINATIONSMODELL Kombinationsfinanzierung von Festdarlehen und Tilgungsersatz. Die bekanntesten Kombinationsmodelle sind Festdarlehen/Kapitallebensversicherung beziehungsweise Festdarlehen/Bausparvertrag. Hierbei werden Lebensversicherungs- beziehungsweise Bausparvertrag zur Sicherung und Tilgung des Festdarlehens abgetreten.

KONDITIONEN Bedingungen über Zins und Tilgung von Darlehen. Man unterscheidet zwischen Standardkonditionen für erstrangige Darlehen bis zu 60 Prozent des Beleihungswerts sowie Individualkonditionen, die auch im Kreditgespräch zwischen Bank und Darlehensnehmer ausgehandelt werden können.

KONKLUDENT nennen Juristen Vertragsumstände, die auf einen rechtsgeschäftlichen Willen schließen lassen, wenn der Wille nicht explizit geäußert wird (zum Beispiel Kopfschütteln = nein).

KONTROLLIERTE WOHNRAUMBE- UND -ENTLÜFTUNG beschreibt die nicht mehr willkürliche Versorgung eines Wohnhauses mit Luft. Eigene Lüftungsanlagen sorgen für eine optimale Versorgung des Wohnraums mit Frischluft einerseits und die Nutzung ansonsten verlorener Abwärme andererseits. Sie stellt einen maßgeblichen Baustein in fast allen Neubauten dar.

KONVEKTION Luft- oder Flüssigkeitsbewegung durch unterschiedlich warme Luft- oder Flüssigkeitsschichten in einem Raum

KREDITNEBENKOSTEN Nebenkosten bei der Finanzierung, die nicht im Effektivzins enthalten sind. Dazu zählen außer den Kosten der dinglichen Absicherung (Bestellung und Eintragung von Grundschulden) unter anderen Wertschätzungsgebühren, Bereitstellungszinsen, Zinsaufschläge für Teilauszahlungen, Kontoführungsgebühren sowie Notartreuhandversicherungsgebühren.

KREDITRAHMEN Maximale Höhe des Kredits beziehungsweise Darlehens zur Finanzierung von Bau oder Kauf eines Eigenheims. Der Kreditrahmen hängt von der Jahresbelastung aus Kapitaldienst sowie dem Zins- und Tilgungssatz des Darlehens ab.

KREDITSICHERHEITEN Sicherheiten, die der Kredit- beziehungsweise Darlehensnehmer bestellt. Bei Hypothekendarlehen stehen die dinglichen Sicherheiten wie beispielsweise Grundschulden im Vordergrund. Hinzu kommt laut Unterwerfungsklausel die volle persönliche Haftung. Mögliche Zusatzsicherheiten sind: Abtretung von Versicherungs- beziehungsweise Bausparverträgen, Verpfändung von Wertpapierguthaben oder Bürgschaft.

Bei Ehegatten, die nicht in Gütertrennung leben, wird üblicherweise die Unterschrift von beiden Ehegatten unter den Darlehensvertrag oder eine Mitverbindlichkeitserklärung des Ehegatten verlangt, der die Immobilie nicht selbst erwirbt.

KREDITWÜRDIGKEIT Persönliche und wirtschaftliche Verhältnisse des Kredit- beziehungsweise Darlehensnehmers (auch Bonität genannt). Man unterscheidet die persönliche Kreditwürdigkeit (Familienstand, Beruf, Dauer des Beschäftigungsverhältnisses) von der sachlichen Kreditwürdigkeit (Einkommens- und Vermögensverhältnisse). Die Kreditfähigkeit setzt im Gegensatz zur Kreditwürdigkeit nur die Volljährigkeit voraus.

L

LANDESMITTEL Zinsgünstige öffentliche Baudarlehen und Familienzusatzdarlehen sowie eventuell Aufwendungsdarlehen der Länder für die Wohnraumförderung bei selbstgenutzten Häusern oder Wohnungen. Gefördert werden vor allem Familien mit Kindern, sofern die Einkommensgrenzen unterschritten werden. Einen Rechtsanspruch auf Landesmittel gibt es nicht.

LASTENBERECHNUNG Berechnung der Belastung eines Eigentümers eines selbstgenutzten Eigenheims. Zur Belastung gehören sowohl die Belastung aus dem Kapitaldienst als auch die Belastung aus der Bewirtschaftung. Eine Lastenberechnung wird bei Anträgen auf Wohnraumförderung (zum Beispiel Landesmittel) durchgeführt.

LASTENZUSCHUSS Staatlicher Zuschuss zur Belastung eines Eigentümers, der Haus oder Wohnung selbstbewohnt. Zur zuschussfähigen Belastung zählen der Kapitaldienst und die Bewirtschaftungskosten. Ob und wie hoch ein Lastenzuschuss gewährt wird, hängt insbesondere von der Höhe des Familieneinkommens und der monatlichen Belastung ab. Der Lastenzuschuss des Eigentümers stellt eine besondere Form des Wohngelds dar und ist mit dem Mietzuschuss für Mieter vergleichbar.

LEERROHR In der Wand verlegtes Rohr zur Aufnahme elektrischer Leitungen. In Leerrohren verlegte Leitungen können ohne Maurerarbeiten ausgetauscht werden.

LEISTUNGSBESCHREIBUNG, bisweilen auch als Leistungsverzeichnis geläufig, enthält genau aufgelistet, welche Leistungen in welchem Umfang der Käufer eines Fertighauses erwarten darf. Weil sie in ihrem Erscheinungsbild von Anbieter zu Anbieter variieren, ist jeweils eine genaue Durchsicht vonnöten.

LEUCHTMITTEL ein Lichterzeuger – in der Praxis die Leuchte, die in einer Lampe arbeitet. Leuchtmittel werden umgangssprachlich (und fälschlicherweise) auch Lampe oder Birne geheißen.

LICHTSZENEN Programmierte, abrufbare Einstellungen der Raum-/Hausbeleuchtung. Je nach Leuchten und Leuchtmittel können Helligkeit, Farbe oder auch Lichtrichtung geändert werden. Zur Steuerung eignet sich → KNX; viele Hersteller bieten aber auch eigene Systeme an.

LOW-E-GLAS Wärmedämmglas (Low Emissivity Glas = Glas mit geringer Abstrahlung), auf das eine dünne Metallschicht (etwa 100 nm) aufgebracht wird, die den Emissionsgrad der Verglasung reduziert. Sie dient als Wärme- und / oder Sonnenschutzschicht.

LUFTDICHTHEIT, → Blower-Door-Test

M

MANGEL nennt man die Abweichung der abgeschlossenen Baumaßnahme (Ist-Zustand) von der vereinbarten oder vertraglich vorausgesetzten Beschaffenheit dieser Leistung (Soll-Zustand).

MÄNGELBESEITIGUNG besteht in der Beseitigung der Abweichungen des Ist-Zustands vom vertraglich vereinbarten Soll-Zustand.

MÄNGELLISTE Auflistung der einzelnen Abweichungen des Ist-Zustands vom Soll-Zustand.

MÄNGELRÜGE Offizielle Mitteilung über die aufgetretenen Abweichungen an den entsprechenden Anbieter/Unternehmer mit der Aufforderung zur Herstellung des Soll-Zustands. Wird in der Regel vom Bausachverständigen oder aber vom Bauherrn selbst ausgesprochen.

MASSIVFERTIGHAUS Vereint Elemente der massiven Bauweise mit denen des Fertigbaus. Ebenso wie beim Fertighausbau werden große Wandelemente, Decken und Teile des Daches im Werk vorproduziert, wie beim herkömmlichen Fertighausbau an die Baustelle transportiert und vor Ort zur Endmontage gebracht, das heißt zum fertigen Haus zusammengefügt.

MEHRSPARTENANSCHLUSS gemeinsame Zuführung mehrerer Versorgungsleitungen durch eine Wand- oder Bodenöffnung.

MINDERUNG meint als juristischer Begriff eine Reduzierung der Vergütung wegen mangelhafter beziehungsweise nicht vertragsgerechter Leistungserbringung. Die Minderung ist als sogenanntes Gestaltungsrecht geregelt und bedarf – anders als im Mietrecht – der Erklärung. Die Höhe der Minderung richtet sich nach dem Anteil, in dem die erbrachten Leistungen gegenüber dem vertraglich vereinbarten Leistungssoll zurückbleiben.

MINDESTSÄTZE benennt Vergütungssummen nach der Honorarordnung für Architekten und Ingenieure (HOAI), welche nach den konkret vorliegenden Parametern (zum Beispiel anrechenbare Kosten) für eine unter die HOAI fallende Grundleistung mindestens zu zahlen sind – seit 1. Januar 2021 sind diese aber nicht mehr verpflichtend.

MONTAGE, → Hausstellung
MUSKELHYPOTHEK, → Eigenleistung
MUSTERHAUS Als Orientierungshilfe gedachtes beispielhaft aufgebautes reales Haus, das potenziellen Fertighausbesitzern als Anschauungsexemplar dient. Meist finden sich ganze Musterhausparks, in denen verschiedene Anbieter ihre Musterhäuser präsentieren.

N

NACHTRAG ist eine nach Abschluss des ursprünglichen Vertrags vorgenommene Änderung der Vereinbarungen. Meist handelt es sich dabei um Erweiterungen des Leistungsspektrums (Leistungsbeschreibung beziehungsweise -verzeichnis) sowie die entsprechenden Ergänzungen des Vergütungsanspruchs. Der Nachtrag tritt dabei zum ursprünglichen Vertrag hinzu.
NACHTRAGSKALKULATION betrifft die nach Abschluss des Ausgangsvertrags zu erstellende Kalkulation für Leistungen, die ursprünglich nicht vereinbart waren oder für den Fall, dass sich für vertraglich vereinbarte Leistungen die Grundlagen der Preisermittlung geändert haben. Im letzteren Fall gibt es nur bei den Vergütungsregelungen einen „Nachtrag."
NEBENLEISTUNG nennt man Bauleistungen, die auch ohne gesonderte vertragliche Vereinbarung im Zusammenhang mit der jeweiligen Hauptleistung (zum Beispiel Auf- und Abbau von Bockgerüsten bei Maurerarbeiten) zu erbringen sind (es gilt die DIN 18 299). Sie sind Bestandteil der vertraglich geschuldeten Leistung. Ein gesonderter Vergütungsanspruch besteht regelmäßig nicht, so dass die Kosten dafür bei den jeweiligen Hauptleistungen einzukalkulieren sind.
NIEDERTEMPERATURHEIZUNG ein Heizsystem, das mit niedriger Vorlauftemperatur und deshalb besonders wirtschaftlich arbeitet
NIEDRIGENERGIEHAUS Nicht geschützte Bezeichnung, die überdies inzwischen als überholt gilt, da die Grundlage noch die EnEV 2002 bildete. Mittlerweile hat der Passivhausstandard den des Niedrigenergiehauses ersetzt.

NOTARIELLE BEURKUNDUNG Von einem Notar in einem Schriftstück niedergelegte Bestätigung, dass er die Abgabe von Willenserklärungen (zum Beispiel Kaufvertrag über den Kauf einer Immobilie) selbst wahrgenommen und richtig wiedergegeben hat. Notarielle Beurkundungen werden kraft Gesetzes verlangt für den Abschluss von Grundstückskaufverträgen und die Auflassung. Von den Kreditgebern und Gläubigern wird regelmäßig auch die notarielle Beurkundung bei der Bestellung von Grundschulden und Hypotheken gefordert.
NOTARKOSTEN Kosten für die notarielle Beurkundung des Grundstückskaufs sowie die Bestellung und Eintragung von Grundschulden. Die Kosten zahlt der Käufer und Darlehensnehmer. Sie betragen inklusive Grundbuchkosten zirka 1,5 Prozent des Kaufpreises (für den Kauf und die Eigentumsumschreibung) beziehungsweise 0,5 Prozent der Darlehenssumme (für die Grundschuldbestellung und -eintragung).

O

ÖFFENTLICHE BAUDARLEHEN Zinsgünstige oder zinslose staatliche Darlehen zur Förderung des Wohnungsraums und der Eigentumsbildung. Höhe und Voraussetzungen der Förderung, zum Beispiel Einkommens- und Wohnflächengrenzen, sind in den einzelnen Bundesländern sehr unterschiedlich festgelegt. Für Auskünfte und Anträge ist in der Regel die Gemeinde- oder Kreisverwaltung zuständig.
OK BODENPLATTE steht für „Oberkante Bodenplatte". Oft gewählte Formulierung der Fertighausanbieter, um zu signalisieren, der ausgewiesene Preis versteht sich hier ohne die Legung eines Fundaments mitsamt der dazugehörigen Bodenarbeiten. Die Bodenplatte entspricht prinzipiell der Decke beim Kellerbau und muss beim Bau ohne Keller die Grundlage des Hauses bilden. Bei einem derart ausgewiesenen Angebot kommen also noch beträchtliche Kosten hinzu.

P

PASSIVHAUS ist ein Gebäude mit weniger als 15 kWh Jahresheizwärmebedarf pro qm. Durch eine extreme Wärmedämmung, die Rückgewinnung von Wärme aus Abluft und passive Vorwärmung der Frischluft sowie andere Maßnahmen kann bei Passivhäusern regelmäßig auf den Einsatz eines konventionellen Heizsystems verzichtet werden. Der tatsächliche Restwärmebedarf wird durch interne Wärmegewinnung und die Nutzung von passiv gewonnener Solarenergie oder regenerativer Energiequellen gedeckt.

PERSONALKREDIT Auf der Bonität, also der Kreditwürdigkeit des Kreditnehmers (zum Beispiel Einkommens- und Vermögensverhältnisse) beruhender Kredit. Bei langfristigen Hypothekendarlehen ist er in der Regel ein gedeckter, also durch Grundschulden oder Hypotheken gewährter Kredit, der bei Überschreiten der für Realkredite festgelegten Beleihungsgrenze genehmigt werden kann.

PHOTOVOLTAIK Die direkte Umwandlung von Sonnen- in elektrische Energie mittels entsprechender Panele.

PHOTOVOLTAIK-(PV)FEUERWEHRSCHALTER ein leicht zugänglich angebrachter Schalter, der im Notfall eine Photovoltaikanlage vom Stromnetz trennt.

PLUSENERGIEHAUS Nicht geschützte Bezeichnung. Das Plusenergiehaus produziert durch Solarthermie und Photovoltaik vor Ort mehr Energie, als das Haus selbst benötigt. Unklarheiten bestehen, inwiefern aufgewendete Energie durch Herstellung, Transport etc. mitbilanziert wird/werden müsste.

PRIMÄRENERGIEBEDARF (QP) Nach EnEV 2009 wird zusätzlich zum Endenergiebedarf/Heizwärmebedarf des Hauses auch die Energie miteinbezogen, die für Herstellung, Transport und Lagerung des Brennstoffs nötig ist.

Q

QUALITÄTSKONTROLLE oder Qualitätssicherung. Im Fertighaussegment ist die globale Prüfung der tatsächlichen Ausführung im Vergleich zur Planung gemeint. Doch auch Konstruktion, Schall-, Wärme-, Brandschutz und sämtliche verwendete Materialien werden einer Kontrolle unterzogen. Hier ist zu unterscheiden zwischen freiwilliger Eigen- und Fremdkontrolle.

R

RANGVERHÄLTNIS Bestimmung der Reihenfolge, in der mehrere an einem Grundstück bestehende Rechte wie zum Beispiel Grundschulden zueinander stehen. Der Rang ergibt sich aus der zeitlichen Reihenfolge der Eintragungsanträge im Grundbuch. Man unterscheidet zwischen erstrangigen Hypothekendarlehen (zum Beispiel Bankdarlehen bis zu 60 Prozent des Beleihungswertes) und zweitrangigen Darlehen (zum Beispiel Bauspardarlehen). Bedeutung erlangt der Rang vor allem in der Zwangsversteigerung, da die Rechte der Gläubiger nicht anteilig wie bei der Insolvenz eines Unternehmens, sondern nacheinander entsprechend dem Rangverhältnis berücksichtigt und befriedigt werden.

RAUCHABZUG umgangssprachlich auch Kamin genannt. Er transportiert Abgase von Feuerungsanlagen aus dem Gebäude.

REALKREDIT Kredit, der durch Grundpfandrechte wie Grundschulden dinglich gesichert ist und im Rahmen der Beleihungsgrenze liegt. Im Unterschied zum Personalkredit liegt die Sicherheit im Beleihungsobjekt und nicht in erster Linie in der Kreditwürdigkeit (Bonität) des Kredit- beziehungsweise Darlehensnehmers.

RENDITE Ertrag einer Vermögensanlage, zumeist ausgedrückt in Prozent des eingesetzten Kapitals. Bei vermieteten Eigentumswohnungen gibt die laufende Netto-Mietrendite an, wie hoch der jährliche Reinertrag in Prozent der Anschaffungskosten ist.

RESTNUTZUNGSDAUER (RND) errechnet sich aus der Gesamtnutzungsdauer minus dem Alter zum Zeitpunkt der Wertermittlung. Dieses Alter muss nicht dem realen entsprechen, da beispielsweise durch Sanierungs- oder Modernisierungsmaßnahmen das Alter (fiktiv) gemindert werden kann.

RESTSCHULD Höhe des noch zu tilgenden Darlehens nach Ablauf der Zinsbindungsfrist. Die Restschuld ergibt sich, indem man die bereits erfolgten Tilgungen von der Darlehenssumme abzieht.

RESTSCHULDVERSICHERUNG Risikolebensversicherung mit fallender Versicherungssumme, die im Todesfall für die Restschuld eines Darlehens aufkommt. Eine Restschuldversicherung dient ausschließlich der finanziellen Absicherung der Familie. Im Gegensatz zur Kapitallebensversicherung erhält der Versicherte am Ende der Vertragslaufzeit kein Geld ausgezahlt. Dafür sind die Beiträge sehr viel niedriger.

RISIKOLEBENSVERSICHERUNG Lebensversicherung für den Todesfall mit zeitlich begrenzter Versicherungsdauer, die vor allem zur Absicherung von Hypotheken- und Bauspardarlehen dient. Passt sich die Versicherungssumme laufend der Restschuld mit fallenden Beträgen an, liegt eine Restschuldversicherung vor. Im Falle des Todes wird dann die Restschuld durch die Versicherungssumme getilgt. Eine Restschuldversicherung ist besonders Selbstnutzern von Eigenheimen, die eine Familie zu versorgen haben, dringend zu empfehlen.

RÜCKKAUFSWERT Geldbetrag, den eine Versicherungsgesellschaft nach einer Kündigung einer Lebensversicherung auszahlt.

RÜCKTRITTSRECHT In der Fertighausbranche gibt es kein generelles Rücktrittsrecht. Möchte man nach Unterzeichnung vom Vertrag zurücktreten, kann das mit hohen Kosten verbunden sein. Beispielsweise kann der Fertighausanbieter Rücktrittsgebühren in Rechnung stellen oder sogar Ansprüche auf Schadenersatz geltend machen.

S

SACHVERSTÄNDIGER, → Bausachverständiger

SACHWERT Wert, der Grundstücken und Gebäuden in Anlehnung an die Anschaffungs- oder Herstellungskosten im Rahmen der Bewertung zugemessen wird. Als Substanzwert umfasst der Sachwert sowohl den Bodenwert als auch den Bauwert. Das Sachwertverfahren wird vor allem bei der Bewertung von selbstgenutzten Immobilien angewandt.

SCHALLSCHUTZ, → auch Trittschall

..., INTERNER Hiermit ist die möglichst geringe Schallübertragung innerhalb des Hauses durch den Baukörper (Wände, Treppen, Decken, ...) gemeint.

..., EXTERNER Weitestgehender Schutz vor dem von außen auf die Gebäudehülle einwirkenden Lärm.

SCHLÜSSELFERTIGES BAUEN bedeutet, dass die gesamte Bauleistung für das „schlüsselfertig" zu erstellende Vorhaben an einen verantwortlichen Auftragnehmer (Generalunternehmer) übertragen wird. Teilleistungen, die der Generalunternehmer nicht erbringen kann oder will, vergibt er durch Unterverträge an Subunternehmer.

SCHNELLTILGERDARLEHEN Tilgung eines Annuitätendarlehens innerhalb einer kurzen Zeit, was eine höhere Tilgung voraussetzt. Wird das Erst- oder Anschlussdarlehen innerhalb der Zinsbindungsfrist von zehn oder 15 Jahren vollständig getilgt, spricht man auch von Volltilger. In beiden Fällen gewähren einige Banken einen Zinsrabatt bis zu einem halben Prozentpunkt.

SCHUFA Schutzgemeinschaft für allgemeine Kreditsicherung, der nur Banken, Sparkassen, Versandhäuser und andere warenkreditgebende Unternehmen angeschlossen sind. Der Kredit- beziehungsweise Darlehensnehmer unterschreibt regelmäßig die Schufa-Klausel, die es dem Kreditgeber erlaubt, eine entsprechende Auskunft bei der Schufa einzuholen.

SELBSTAUSKUNFT Auskunft des Kredit- beziehungsweise Darlehensnehmers gegenüber dem Kreditgeber oder des Mieters gegenüber dem Vermieter über seine persönlichen und wirtschaftlichen Verhältnisse (Einkommens- und Vermögensverhältnisse).

SELBSTBAUHAUS Nicht einheitliche Bezeichnung eines in der Regel in Eigenregie zu errichtenden Hauses. Die Materialien werden nach der gewünschten Ausstattung bestellt und an die Baustelle geliefert, selbst jedoch verbaut. Wahlweise kann Fachpersonal zusätzlich geordert werden. Bisweilen übereinstimmend mit der Bezeichnung Bausatz-Fertighaus.

SELBSTHILFE, → Eigenleistung

SELBSTNUTZUNG Nutzung einer Immobilie zu eigenen wohnlichen oder gewerblichen Zwecken (auch Eigennutzung genannt). Selbstgenutzte Eigentumswohnungen werden als Eigenheime steuerlich wie Konsumgüter behandelt im Gegensatz zu vermieteten Wohnimmobilien, die als Investitionsgüter gelten.

SENSOR deutsch: Fühler. Ermittelt je nach Bauart beziehungsweise gewünschter Aufgabe Werte (zum Beispiel Temperatur, Helligkeit, Bewegung, Tastendruck usw.) und gibt diese an andere Geräte, etwa einen Aktor, weiter.

SICHERHEITSEINBEHALT ist ein meist prozentual berechneter beziehungsweise vereinbarter Abzug von Abschlagsrechnungen beziehungsweise der Schlussrechnung, um Ansprüche bezüglich der Fertigstellung der Leistungen oder wegen Mängeln (Gewährleistungseinbehalt) abzusichern.

SICHERHEITSLEISTUNG ist ein im Interesse des jeweiligen Gläubigers (Bauleistung oder Vergütung) stehendes Instrument zur Sicherung seiner zukünftigen Forderungen (weitere Leistungserbringung/Gewährleistung, weiteres Honorar). Sicherheitsleistungen beruhen zum Teil auf gesetzlichen Regelungen (Bauhandwerkersicherungshypothek § 648 BGB, Bauhandwerkersicherung § 648a BGB) und zum Teil auf vertraglichen Vereinbarungen (Gewährleistungseinbehalt § 17 Abs. 2 und 6 VOB/B, Gewährleistungsbürgschaft § 17 Abs. 2 und 4 VOB/B).

SOLARKOLLEKTOR fängt Sonnenenergie ein und heizt damit Wasser.

SOLARTHERMIE Umwandlung von Sonnenstrahlung in nutzbare thermische Energie, also Wärmeenergie.

SOLLZINS Jährlicher Zinssatz, der vom vereinbarten Darlehensnennbetrag (Nominal- beziehungsweise Bruttodarlehen) berechnet wird. Falls das Darlehen zu 100 Prozent ausgezahlt wird, liegt der Effektivzins etwa 0,1 bis 0,2 Prozentpunkte über dem Sollzins, da die Zinszahlungen meist in monatlichen Raten erfolgen. Außerdem werden im Effektivzins auch noch andere Kreditkosten berücksichtigt, aber nicht Bereitstellungszinsen und Wertschätzungsgebühren.

SONDERTILGUNG Zahlung des Kreditnehmers, die über die im Vertrag vereinbarte regelmäßige Tilgung hinausgeht. Bei Hypothekendarlehen sind Sondertilgungen vor Ablauf der Zinsbindung grundsätzlich nicht vorgesehen. Das Recht auf Sondertilgung muss im Vertrag ausdrücklich vereinbart werden, sonst kann die Bank Sondertilgungen ablehnen oder eine Vorfälligkeitsentschädigung verlangen. Die meisten Banken sind bereit, eine Sondertilgung von fünf bis zehn Prozent der Darlehenssumme pro Jahr während der Zinsbindungsfrist vertraglich zu vereinbaren.

STEUERVERGÜTUNG, -BESCHEINIGUNG Bescheinigung für Lohnanteile in Rechnungen für Handwerkerleistungen und haushaltsnahe Dienstleistungen, die zu einer Steuervergütung in Höhe von 20 Prozent der Lohnkosten führen. Bei Eigentumswohnungen können sowohl Selbstnutzer als auch Mieter 20 Prozent der in Hausmeister-, Hausreinigungs- und Gartenpflegearbeiten enthaltenen haushaltsnahen Dienstleistungen steuerlich direkt von ihrer Lohn- beziehungsweise Einkommensteuer absetzen.

T

TEILAUSZAHLUNG Bei einem Bauvorhaben zahlen Kreditinstitute das Darlehen meist in Teilbeträgen nach Baufortschritt aus. Die erste Tilgung beginnt in der Regel nach vollständiger Auszahlung des Darlehensbetrags.

TEILAUSZAHLUNGSZUSCHLAG Bis zur Vollauszahlung des Darlehens verlangen einige Banken und Versicherungen einen erhöhten Nominalzinssatz auf den bereits ausgezahlten

Kreditbetrag. Andere berechnen ab der dritten oder vierten Auszahlung eine feste Gebühr von beispielsweise 100 Euro pro Teilauszahlung

TEILUNGSERKLÄRUNG Erklärung eines Grundstückseigentümers gegenüber dem Grundbuchamt, dass das Eigentum an dem Grundstück in Miteigentumsanteile aufgeteilt und mit jedem Miteigentumsanteil des Sondereigentum an bestimmten Räumen verbunden sein soll. Voraussetzung für die für Eigentumswohnungen erforderliche Teilungserklärung, die fast immer mit notarieller Beurkundung erfolgt, ist die Abgeschlossenheitsbescheinigung der zuständigen Behörde.

TEMPERATURMISCHER Vorschaltgerät beispielsweise für Waschmaschinen, mit denen sich das im Haus produzierte Warmwasser auf die für den Waschvorgang nötige Temperatur bringen lässt.

TILGUNG Anteil der Rate, mit dem ein Darlehen zurückgezahlt wird. Der Tilgungssatz beträgt bei Kreditinstituten anfangs häufig nur ein bis zwei Prozent der Darlehenssumme im Jahr. Da die Schuld durch die Tilgung ständig kleiner wird, sinkt der Zinsanteil der Rate, während der Tilgungsanteil steigt. Beispiel: Bei einem Prozent Tilgung und sieben Prozent Zins ergibt sich eine Laufzeit von etwa 30 Jahren. Bei zwei Prozent Tilgung sind es nur noch 22 Jahre.

TILGUNGSDAUER Laufzeit des Darlehens bis zur völligen Entschuldung. Bei Annuitätendarlehen hängt die Tilgungsdauer von der Höhe des Sollzinses und des Tilgungssatzes ab. Bei Festdarlehen mit Tilgungsersatz erfolgt die endfällige Tilgung erst am Ende der Laufzeit beispielsweise durch eine fällig gewordene Kapitallebensversicherung oder einen zugeteilten Bausparvertrag.

TILGUNGSERSATZ Ersatz der regelmäßigen Tilgung durch Abtretung von Kapitallebensversicherungen oder Bausparverträgen. Weitere Möglichkeiten des Tilgungsersatzes: Verpfändung von Wertpapierdepots, Abtretung von privaten Rentenversicherungen oder fondsgebundenen Lebensversicherungen, Fondssparpläne.

TILGUNGSFREIE DARLEHEN Kredite, für die während der Laufzeit nur Zinsen (keine Tilgung) zu zahlen sind. Die Rückzahlung erfolgt auf einen Schlag am Ende der Laufzeit, zum Beispiel aus der Ablaufleistung einer Lebensversicherung oder der Auszahlung aus einem Bausparvertrag. Weil die Schuld während der Laufzeit nicht abnimmt, werden die Darlehen auch Festhypotheken, Festbetragsdarlehen oder endfällige Darlehen genannt.

TILGUNGSSATZVARIANTEN Vertragliche Vereinbarung, dass der zunächst gewählte Tilgungssatz während der Zinsbindungsfrist mehrmals gewechselt werden kann. Bei einer Erhöhung oder Verminderung des Tilgungssatzes wird die monatlich zu zahlende Rate aus Zins und Tilgung nach oben oder unten angepasst.

TRITTSCHALL ist eine spezifische Form des Körperschalls. Beim Begehen oder ähnlichen Anregungen einer Decke, Treppe oder ähnlichen Bauteilen entsteht Körperschall, der durch Bauteile und zum Teil als Luftschall in einen anderen Raum abgestrahlt wird.

U

ÜBERSCHUSSERZIELUNGSABSICHT Absicht, auf Dauer einen Überschuss der Einnahmen über die Werbungskosten zu erzielen. Sofern die Finanzverwaltung die Überschusserzielungsabsicht verneint, liegt eine steuerrechtlich unbeachtliche Liebhaberei vor: Steuerliche Verluste können dann nicht mit anderen positiven Einkünften verrechnet werden.

UNBEDENKLICHKEITSBESCHEINIGUNG Bescheinigung des zuständigen Finanzamts, dass der Eintragung in das Grundbuch keine steuerlichen Bedenken entgegenstehen. Die Bescheinigung wird erteilt, wenn die fällige Grunderwerbsteuer bezahlt worden ist.

U-WERT Gibt an, welche Wärmeleistung durch das Bauelement pro Quadratmeter strömt, wenn die Außen- und Innenfläche einem konstanten Temperaturunterschied von einem Grad (1 K) ausgesetzt sind. Die Einheit des U-Wertes ist $W/(m^2 \cdot K)$ (Watt pro Quadratmeter und Kelvin).

V

VALUTA WERTSTELLUNG, bei Darlehen Festlegung des Datums, an dem Belastungen und Gutschriften wirksam werden. Die Wertstellung ist vor allem für die Zinsberechnung wichtig. Bei der Valutabestätigung handelt es sich um die verbindliche Erklärung eines Kreditgebers über die Höhe der noch bestehenden Restschuld an einem bestimmten Zeitpunkt.

VARIABLER ZINS Veränderlicher Zins, der während der Laufzeit eines Darlehens an den neuen Marktzins angepasst werden kann. Im Gegensatz zum Festzins entfällt also eine Zinsbindungsfrist.

VARIABEL VERZINSLICHES DARLEHEN Das Kreditinstitut kann den zunächst vereinbarten Zinssatz jederzeit der Zinsentwicklung auf dem Kapitalmarkt anpassen. Steigende Zinsen kann sie an den Kunden weitergeben. Auf der anderen Seite ist sie verpflichtet, den Darlehenszins bei Zinssenkungen herabzusetzen. Kredite mit variablen Zinsen kann der Darlehensnehmer jederzeit mit einer Frist von drei Monaten kündigen.

VERGLEICHSWERT Wert eines Grundstücks, der auf Grund von Vergleichspreisen (zum Beispiel Preise für vergleichbare Grundstücke laut Kaufpreissammlung des örtlichen Gutachterausschusses) ermittelt wird. Es sollen möglichst zeitnahe Kaufdaten und eine ausreichende Anzahl von Grundstücken mit möglichst vergleichbaren Eigenschaften zur Verfügung stehen. Abweichende Merkmale können durch prozentuale Zu- und Abschläge berücksichtigt werden.

VERKEHRSWERT Wert eines Grundstücks oder Gebäudes, der im Falle eines freihändigen Verkaufs jederzeit zu erzielen ist. Der Verkehrswert wird durch den Preis bestimmt, der zum Zeitpunkt der Wertermittlung im gewöhnlichen Geschäftsverkehr nach den rechtlichen Gegebenheiten und tatsächlichen Eigenschaften, der sonstigen Beschaffenheit und der Lage des Grundstücks ohne Rücksicht auf ungewöhnliche oder persönliche Verhältnisse zu erzielen wäre. Der Verkehrswert ist aus dem Ergebnis des angewandten Wertermittlungsverfahrens (Vergleichswert, Ertragswert, Sachwert) abzuleiten.

VERSICHERUNGSDARLEHEN Darlehen einer Versicherungsgesellschaft in Form von Hypothekendarlehen oder Policendarlehen. Voraussetzung für ein Hypothekendarlehen als tilgungsfreies Festdarlehen ist der Abschluss einer Kapitallebensversicherung. Dieses Kombinationsmodell ist aber für Selbstnutzer nicht geeignet, sondern nur für bestimmte Vermieter, bei denen die Rendite nach Steuern aus der Kapitallebensversicherung über dem Effektivzins nach Steuern beim Festdarlehen liegt. Das Festdarlehen wir nach Ablauf des Darlehensvertrags durch die Ablaufleistung der Kapitallebensversicherung auf einen Schlag abgelöst, sofern die Ablaufleistung zur völligen Entschuldung ausreicht.

VERSICHERUNGSSUMME Bei Wohngebäudeversicherungen im Versicherungsvertrag vereinbarte Summe (meist auf Basis 1914), die bei Vereinbarung eines gleitenden Neuwerts an die steigenden Baupreise angepasst werden kann. Liegt die Versicherungssumme unter dem Versicherungswert, spricht man von Unterversicherung. Die Versicherungsgesellschaften gewähren jedoch Unterversicherungsverzicht, wenn die Versicherungssumme 1914 nach einem anerkannten Verfahren (Schätzung durch Bausachverständigen, Umrechnung der tatsächlichen Neubaukosten auf Preise des Jahres 1914, direkte Berechnung der Versicherungssumme 1914 nach Größe, Ausbau und Ausstattung des Gebäudes) ermittelt wird.

VOB (Vergabe- und Vertragsordnung für Bauleistungen) ist eine Zusammenstellung bauspezifischer und praxisgerechter Regelungen in Ergänzung zu §§ 631 ff BGB. Bei der vertraglich vereinbarten Anwendung der VOB sind die Regelungen als Allgemeine Geschäftsbedingung (AGB) zu qualifizieren. Die VOB besteht aus Teil A – Allgemeine Bestimmungen für die Vergabe von Bauleistungen (DIN 1960), Teil B – Allgemeine Bestimmungen für die Ausführung von Bauleistungen (DIN 1961) und Teil C – Allgemeine Technische Vertragsbedingungen für Bauleistungen

(DIN 18 299 ff.). Die Anwendung der VOB durch öffentlich-rechtliche Auftraggeber ist haushaltsrechtlich vorgeschrieben.

VOLLTILGER Vollständige Tilgung beziehungsweise Entschuldung eines Darlehens bis zum Ende der vereinbarten Zinsbindungsfrist. Einige Banken geben Volltilgern bei einer Entschuldung innerhalb von zehn bis 20 Jahren einen Zinsrabatt bis zu einem halben Prozentpunkt.

VORAUSDARLEHEN Darlehen in Kombination mit einem Bausparvertrag. Im Gegensatz zur Zwischenfinanzierung muss noch das Mindestspargutbaben angespart werden. In dieser Zeit zahlt der Darlehensnehmer Zinsen auf das Vorausdarlehen und Beiträge in den Bausparvertrag. Nach Zuteilung des Bausparvertrags wird das Vorausdarlehen durch die Bausparsumme abgelöst.

VORFÄLLIGKEITSENTSCHÄDIGUNG Ablösesumme, die eine Bank verlangt, wenn ein Kreditnehmer ein Festzinsdarlehen vor Ablauf der Zinsbindung zurückzahlen will. Die Bank darf dabei allerdings nur den Ausgleich des Schadens verlangen, der ihr durch die vorzeitige Ablösung tatsächlich entsteht.

VORLAUFTEMPERATUR Die Temperatur, mit der ein wärmeübertragendes Medium (in Heizungen meist Wasser) den Heizkessel verlässt

VORMERKUNG Vorläufige Grundbucheintragung zur Sicherung eines Anspruchs auf Eintragung einer Rechtsänderung (zum Beispiel Auflassungs- beziehungsweise Eigentumsvormerkung). Die Vormerkung bewirkt, dass eine Verfügung, die nach Eintragung der Vormerkung über das Grundstück oder das Recht getroffen wird, insoweit unwirksam ist, als sie den Anspruch vereiteln oder beeinträchtigen würde.

W

WÄRMEBRÜCKEN nennt man Bereiche in Gebäuden oder an Bauteilen, in denen die im Raum befindliche Wärme schneller nach außen oder in einen anderen Raum abgeleitet wird als im übrigen Bereich des Gebäudes/ Bauteils. Dabei unterscheidet man formbedingte Wärmebrücken (zum Beispiel ausspringende Gebäudeecken), konstruktive Wärmebrücken (zum Beispiel durch Verarbeitung von Baustoffen oder -teilen mit verschiedener Wärmeleitfähigkeit) und materialbedingte Wärmebrücken (bei verschieden wärmeleitenden Materialien in einem Bauteil, zum Beispiel in Klinkerwand eingelassener Stahlträger, Durchdringungen von Balken). An den stärker oder schneller abkühlenden Stellen der Wärmebrücken kann es zur Bildung von Kondensat und Schimmel und in der Folge zur Schädigung des Bauteils kommen.

WÄRMEDÄMMVERBUNDSYSTEM (WDVS) Dies wird regelmäßig als Außendämmung bei einschaligen Außenwänden eingesetzt. Der Aufbau der jeweiligen Systeme ist herstellerspezifisch und besteht üblicherweise aus Dämmplatten (verschiedene Materialien), die zunächst auf die Außenwand geklebt und/oder gedübelt werden und anschließend mit Armierungsgeweben nachbehandelt und Putz oder ähnlichen Beschichtungen versehen werden (es gilt die DIN 18345).

WÄRMEDURCHGANGSKOEFFIZIENT, → U-Wert

WÄRMELEITUNG Transport beziehungsweise Abgabe von Heizenergie durch wärmeleitfähiges Material

WÄRMEPUMPE eine Vorrichtung, die einem Medium (Luft, Wasser oder Erdreich) Wärme entzieht und für das Haus nutzbar macht

WÄRMESTRAHLUNG Abgabe von Heizenergie durch Abstrahlung

WANDHEIZUNG In der Wand verlegte Heizspiralen

WERBUNGSKOSTEN Steuerlicher Begriff für Aufwendungen zur Erwerbung, Sicherung und Erhaltung von Einnahmen. Bei vermieteten Immobilien sind Werbungskosten (zum Beispiel Schuldzinsen, Bewirtschaftungskosten und Abschreibungen) steuerlich abzugsfähig. Liegen die Werbungskosten über den Mieteinnahmen, kann der steuerliche Verlust aus Vermietung und Verpachtung mit positiven anderen Einkünften verrechnet werden, so dass eine Steuerersparnis entsteht.

WERTERHALT eines Gebäudes, häufig auch als Lebensdauer bezeichnet. Steht in direktem

Zusammenhang mit Gesamtnutzungsdauer (GND) und Restnutzungsdauer (RND). Häufig von Banken zurate gezogene Bemessungsgrundlage, die im Fertighaussegment oftmals noch zum Nachteil des Fertighausbesitzers ausfällt.

WERTERMITTLUNG Ermittlung des Verkehrswerts von Grundstücken und Gebäuden. Dabei sind drei Ermittlungsverfahren üblich: Vergleichswert, Ertragswert (bei vermieteten Immobilien) und Sachwert (bei selbst genutzten Immobilien). Für Beleihungs- und Finanzierungszwecke wird der Beleihungswert ermittelt, der sich zwar nach dem Verkehrswert richtet, in der Praxis aber 10 bis 20 Prozent unter dem Verkehrswert liegt, da die Geldinstitute Risikoabschläge vornehmen.

WERTSCHÄTZUNGSGEBÜHREN Gebühren für die Schätzung des Beleihungswerts durch Banken und andere Finanzierungsinstitute. Diese Gebühren betragen bei einigen Banken noch 0,2 bis 0,4 Prozent der Darlehenssumme. Die meisten Banken berechnen inzwischen keine Wertschätzungsgebühren mehr.

WERTSCHÄTZUNGSGUTACHTEN Gutachten zu Ermittlung des Beleihungswerts oder des Verkehrswerts von Immobilien.

WOHNFLÄCHE Anrechenbare Grundfläche einer Wohnung oder eines einzelnen Wohnraums. Die Wohnfläche wird meist nach Wohnflächenverordnung (früher II. Berechnungsverordnung) ermittelt. Danach werden Balkone, Loggien, Dachgärten oder gedeckte Freisitze grundsätzlich mit 25 Prozent ihrer Grundfläche als Wohnfläche angerechnet, wobei es Ausnahmeregeln gibt.

WOHNGELD Zuschuss zu den Aufwendungen für Wohnraum in Form des Mietzuschusses (bei Mietern) oder des Lastenzuschusses (bei Eigentümern, die ihr Haus oder ihre Wohnung selbst nutzen). Die Gewährung des Miet- beziehungsweise Lastenzuschusses ist von der Erfüllung bestimmter Voraussetzungen (zum Beispiel Jahreseinkommen und Höhe der zuschussfähigen Belastung) abhängig.

WOHNRAUMFÖRDERUNG Förderung von selbstgenutzten Häusern und Wohnungen durch Landesmittel (zum Beispiel öffentliche Baudarlehen, Familienzusatzdarlehen oder Aufwendungsdarlehen), früher „Wohnungsbauförderung" genannt. Die Bestimmungen zur Wohnraumförderung sind von Bundesland zu Bundesland unterschiedlich.

WOHN-RIESTER-DARLEHEN Für die Tilgung eines zur Eigenheimfinanzierung aufgenommenen Darlehens erhalten Hauseigentümer die gleichen Riester-Zulagen und Steuervorteile wie für einen normalen Riester-Sparvertrag. Voraussetzung ist, dass sie ihr Haus oder ihre Wohnung nach 2007 angeschafft oder gebaut haben und selbst darin wohnen. Das Darlehen muss spätestens bis zum 68. Lebensjahr zurückgezahlt werden. Gefördert werden nur Darlehen, die von der Bundesanstalt für Finanzdienstleistungsaufsicht zertifiziert sind.

WOHNUNGSBAUPRÄMIE Der Staat fördert jährliche Sparleistungen auf einem Bausparvertrag bis zu 700 Euro (Alleinstehende) oder 1 400 Euro (Ehepaare) seit 2021 mit einer Wohnungsbauprämie. Voraussetzung ist, dass das zu versteuernde Einkommen 35 000 Euro bei Alleinstehenden und 70 000 Euro bei Ehepaaren nicht übersteigt und der Bausparvertrag bei Abschluss ab 1.1.2009 für den Bau oder Kauf eines Eigenheims verwandt wird. Die Wohnungsbauprämie beträgt maximal 70 Euro (Alleinstehende) beziehungsweise 140 Euro (Ehepaare) pro Jahr, also 10 Prozent der Einzahlungen.

Z

ZAHL DER VOLLGESCHOSSE Häufig im Bebauungsplan der jeweiligen Kommune festgeschriebene Größe, die nicht nach Belieben überschritten werden darf.

ZAPFSTELLE Fachbegriff für Kalt- oder Warmwasserauslässe

ZINSBINDUNGSDAUER Zeitraum, für den der Zins entsprechend der Vereinbarung im Darlehensvertrag festgeschrieben ist. Bei Festzinsvereinbarungen geht man üblicherweise von fünf, zehn oder 15 Jahren Zinsbindung aus. Zinsbindungen für die gesamte Laufzeit des Darlehens kommen selten vor. Ist die

Zinsbindung länger als zehn Jahre, kann der Darlehensnehmer nach Ablauf von zehn Jahren unter Einhaltung einer Kündigungsfrist von sechs Monaten kündigen. Nach Ablauf der Zinsbindung muss über Zinssatz und Festschreibung neu verhandelt werden, möglich auch mit einem neuen Kreditgeber.

ZINSEN Als Schuldzinsen Entgelt für die Nutzung von Geldkapital, auch als Preis des Kredits beziehungsweise Darlehens bezeichnet. In die Berechnung des Effektivzinses gehen außer dem Sollzins noch andere preisbestimmende Faktoren ein (Kreditnebenkosten) wie Bereitstellungszinsen und Wertschätzungsgebühren ein. Hinsichtlich der Zinsbindung unterscheidet man zwischen Festzins und variablem Zins.

ZINS- UND TILGUNGSVERRECHNUNG Art der Kontoführung auf dem Kreditkonto. Fast alle Institute verrechnen die Raten des Kunden sofort bei ihrem Eingang. Die Zinsbelastung erfolgt fast immer monatlich und wird von der durch Tilgung verminderten Restschuld berechnet. Im Effektivzins ist die zinserhöhende Wirkung der jeweiligen Zins- und Tilgungsverrechnung bereits berücksichtigt.

ZIRKULATIONSPUMPE Pumpe im Warmwasserkreislauf, die dafür sorgt, dass an den entsprechenden Zapfstellen möglichst schnell Wasser der gewünschten Temperatur bereitsteht

ZUTEILUNG Zeitpunkt, ab dem die Bausparkasse die Bausparsumme zur Auszahlung bereithält. Die Zuteilung erfolgt in der Regel zwei bis neun Monate nach dem Stichtag, an dem Mindestsparguthaben und Zielbewertungszahl des Bausparvertrags erreicht sind.

ZWANGSVERSTEIGERUNG Wichtigste Form der Zwangsvollstreckung von Immobilien, die in der Regel auf Antrag der Gläubigerbank vom zuständigen Amtsgericht angeordnet und durchgeführt wird. Der Versteigerungstermin gliedert sich in drei Teile – Bekanntmachungsteil, Bietstunde und Zuschlagsverhandlung. Zuschlagsfähig im Erstermin sind nur Gebote, die mindestens 50 Prozent des Verkehrswerts betragen. Der Ersteher (auch Ersteigerer genannt) wird bereits mit Zuschlagserteilung Eigentümer der Immobilie.

ZWISCHENFINANZIERUNG Wird die Bausparsumme benötigt, bevor der Bausparvertrag zugeteilt ist, kann diese Lücke mit einer Zwischenfinanzierung geschlossen werden. Für diesen Zeitraum nimmt der Baufinanzierer einen tilgungsfreien Zwischenkredit in Höhe der Bausparsumme auf. Sobald der Bausparvertrag zugeteilt ist, wird der Zwischenkredit durch die Bausparsumme abgelöst. Ist das Mindestguthaben noch nicht angespart, sprechen die Bausparkassen auch von einer Vorfinanzierung. Die Zwischenfinanzierung setzt hingegen das Erreichen des Mindestsparguthabens voraus.

AUS DER QDF-SATZUNG

Profil der QDF

Die im Bundesverband Deutscher Fertigbau e. V. (BDF) organisierten Haushersteller haben sich seit 1989 zur Qualitätsgemeinschaft Deutscher Fertigbau (QDF) zusammengeschlossen. Die Anforderungen dieser Qualitätsgemeinschaft sind von einem umfassenden Nachhaltigkeitsverständnis geprägt und erfassen die Gesamtqualität eines Fertighauses ganzheitlich, gegliedert in Prozess-, ökonomische, ökologische, soziokulturelle und funktionale sowie technische Qualität. Fertighäuser, die nach den Qualitätsanforderungen der QDF-errichtet werden, erfüllen nicht nur die gesetzlichen Mindestanforderungen (Ü-Zeichen), sondern auch die Anforderungen des RAL-Gütezeichens Holzhausbau und schließlich die umfangreichen zusätzlichen Anforderungen der QDF.

So müssen QDF-überwachte Fertighäuser laut Satzung z. B. die Mindestanforderungen des GEG (früher ENEV) an die U-Werte der Außenwand um etwa 30 Prozent unterschreiten. Auf Holzschutzmittel ist, soweit es technisch möglich ist zu verzichten und es darf nur trockenes Holz eingesetzt werden.

Auch an die übrigen verwendeten Bauprodukte werden hohe Anforderungen gestellt. Für Holzwerkstoffe etwa gelten bezüglich ihres Emissionsverhaltens Vorgaben, die über die gesetzlichen deutlich hinausgehen. Holzwerkstoffe, die diesen Anforderungen genügen sind in der QDF-Positivliste aufgeführt.

Hoch ist demnach auch der Anspruch der QDF an die Raumluftqualität der Fertighäuser. Daher wird regelmäßig durch Raumluftmessungen kontrolliert, ob die Anforderungen der QDF an die Baumaterialien eingehalten werden und die Emissionsmengen den wohngesundheitlichen Anforderungen der QDF genügen.

Ein weiteres Qualitätsmerkmal eines jeden QDF-überwachten Fertighauses ist die vom Haushersteller vorbereitete Hausakte. Sie ist das wesentliche Dokumentationssystem für den Kunden und seine Immobilie und übernimmt die Funktion einer lebenszyklusbegleitenden Objektdokumentation. Die ersten grundlegenden Dokumente, wie etwa die Bau- und Leistungsbeschreibung, die Statik oder den Wärmeschutznachweis, steuert der Haushersteller bei. Bei gewissenhafter Pflege und Fortführung durch den Kunden kann die Hausakte später den Informationsbedarf von Nutzern, Finanzierern, Versicherern, Wertermittlern, Förderern, Maklern und Planern bedienen.

Einzelparameter aus der QDF

Nachfolgend werden Kernpunkte aus der Satzung der QDF, Ausgabe Oktober 2015, zitiert.

2.5 Qualitätssicherung der Bauausführung aus energetischer Sicht

Die Qualitätssicherung der Bauausführung aus energetischer Sicht durch eine Baubegleitung durch einen Sachverständigen wird für bestimmte Förderungen gefordert.

Durch das dreistufige Qualitätssicherungssystem der QDF und mit dem baubegleitenden Dokument QDF-Qualitätsakte Stufe 1 und 2 wurden Mitarbeiter der BDF-Mitgliedsunternehmen mit entsprechenden Weiterbildungsmaßnahmen auf Beschluss des Bundesbauministeriums, der KfW und der dena in die Energieeffizienz-Expertenliste aufgenommen und externen Sachverständigen gleichgestellt.

▶ Ziel der Qualitätsstufe 1 ist, die vollständige Baubegleitung im Werk sicherzustellen.
▶ Ziel der Qualitätsstufe 2 ist, die vollständige Baubegleitung auf der Baustelle sicherzustellen.

Die Umsetzung erfolgt bei KfW-geförderten Bauvorhaben, wenn der Prüfumfang dem Leistungsumfang des Werkvertrags entspricht.

KfW-förderrelevante Unterlagen können durch hausinterne Mitarbeiter der Unternehmen zur Verfügung gestellt oder externe Sachverständige mit relevanten Unterlagen unterstützt werden.

3.3 Lebensdauer

Häusern, die nach den Regeln dieser Satzung erstellt werden, wird in gutachterlichen Bewertungen eine Lebensdauer von mehr als 100 Jahren attestiert. Voraussetzungen ist eine übliche Nutzung, die ein hygienisches Raumklima (siehe DIN 4108) sicherstellt sowie regelmäßige Pflege und Wartung des Gebäudes und seiner Bauteile. Neben Pflege- und Wartungsanleitungen sollen dem Kunden zur Sicherstellung einer fachgerechten Pflege und Wartung optional Wartungsverträge angeboten werden.

4.2 Einsatz von heimischem, legalem, nachhaltigem und zertifiziertem Holz

Wälder sind von wesentlicher Bedeutung für das Ökosystem der Erde und erfüllen vielfältige Funktionen. Sie sind für den Klima- und Artenschutz bedeutend, ein Wirtschaftsfaktor und Rohstofflieferant. Sie sind unter ökologischen, wirtschaftlichen und sozialen Aspekten vielfältig Nutzen stiftend. Weltweite Degradation und Entwaldung und die Schädigung der Wälder, die rund 20 % der weltweiten CO_2–Emissionen und damit mehr als die der gesamten EU verursachen, haben langwierige Auswirkungen auf das lokale Ökosystem und das globale Klima.

Daher ist eine nachhaltige Waldbewirtschaftung für die Erhaltung und Verbesserung der biologischen Vielfalt, der Lebensbedingungen von Tieren und Pflanzen unabdingbar. Diese nachhaltige Waldbewirtschaftung mit legalem Holzeinschlag ist eine von vielen Maßnahmen gegen Klimaänderungen und dient der Sicherung der natürlichen Lebensgrundlagen.

Im deutschsprachigen Raum wird seit über 300 Jahren der Wald nach dem Prinzip der Nachhaltigkeit bewirtschaftet, d.h., es wird maximal so viel Holz genutzt, wie nachwächst.

Es dürfen nur Holz und Holzwerkstoffe aus legaler und nachhaltiger Waldwirtschaft eingesetzt werden.

Holzerzeugnisse dürfen nur dann verwendet werden, wenn vom Lieferanten die legale und nachhaltige Bewirtschaftung des Forsts im Ursprungsland nachgewiesen wird. Wurden die verwendeten Holzprodukte bereits von Dritten in den EU-Binnenmarkt in Verkehr gebracht, gelten diese gemäß Europäischer Holzhandelsverordnung (EUTR) als legalen Ursprungs.

4.4 Fluorchlorkohlenwasserstoffe

Es dürfen keine Dämmstoffe und Montageschäume verwendet werden, die voll- oder teilhalogenisierte Fluorchlorkohlenwasserstoffe (FCKW, HFCKW) enthalten oder unter Verwendung dieser Stoffe hergestellt wurden.

Wo konstruktive Lösungen zur Abdichtung von Bauteilen alternativ zu Montageschäumen eingesetzt werden können, sollten diese zur Anwendung kommen.

5.4 Raumluftmessungen

Die Mitglieder der QDF lassen für jedes Werk mindestens einmal im Zeitraum von zwei Jahren Formaldehyd-Raumluftmessungen in einem neuen, unmöblierten, schlüsselfertigen Haus durchführen. Werden in den einzelnen Werken einer Mitgliedsfirma die gleichen Konstruktionen mit gleichen Bau- und Werkstoffprodukten ausgeführt, reicht eine Raumluftmessung für das Mitgliedsunternehmen aus.

Durch diese Messungen wird kontrolliert, ob die Anforderungen der QDF an die Baumaterialien eingehalten werden und die Emissionsmengen den strengen wohnhygienischen Anforderungen der QDF genügen.

Die durchzuführenden Formaldehyd-Messungen und -Bewertungen erfolgen nach der „Richtlinie zur Durchführung von Formaldehydmessungen in Häusern aus Holz und Holzwerkstoffen"; Herausgeber: Deutsche Gesellschaft für Holzforschung, München.

Der QDF-Überwachungsausschuss behält sich vor, zur zusätzlichen Kontrolle bei QDF-Mitgliedsfirmen stichprobenartig Raumluftmessungen anzuordnen, in denen andere Stoffe und Stoffverbindungen erfasst werden.

ADRESSEN GÜTEGEMEIN- SCHAFTEN UND VERBÄNDE

Bundesverband Deutscher Fertigbau (BDF) e. V.
Qualitätsgemeinschaft Deutscher Fertigbau (QDF)
fertigbau.de
fertighauswelt.de
info@fertigbau.de

Bundesgütegemeinschaft Montagebau
und Fertighäuser (BMF) e. V.
info@guetesicherung-bau.de
guetesicherung-bau.de

Gütegemeinschaft Fertigkeller (GÜF) e. V.
Flutgraben 2
53604 Bad Honnef
Telefon: 0 22 24 / 93 77 – 0
Fax: 0 22 24 / 93 77 – 77
info@fertigbau.de
fertigbau.de

Gütegemeinschaft Deutscher
Fertigbau (GDF) e. V, Deutscher
Holzfertigbau-Verband (DHV) e. V.
Geschäftsstelle Ostfildern
Hellmuth-Hirth-Straße 7
73760 Ostfildern
Telefon: 07 11 / 23 99 65 – 0
Fax: 07 11 / 23 99 66 – 0
info@guete-gemeinschaft.de
guete-gemeinschaft.de

Gütegemeinschaft Holzbau, Ausbau,
Dachbau (GHAD) e. V.
Kronenstraße 55 – 58
10117 Berlin
Telefon: 0 30 / 20 31 45 30
Fax: 0 30 / 20 31 45 29
info@ghad.de
ghad.de

Zimmer MeisterHaus® –
Service- & Dienstleistungs-GmbH
Stauffenbergstraße 20
74523 Schwäbisch Hall
Telefon: 07 91 / 94 94 74 – 0
Fax: 07 91 / 94 94 74 – 22
info@zmh.com
mh.com

Passivhaus Institut
Rheinstraße 44 – 46
64283 Darmstadt
Telefon: 0 61 51 / 82 69 90
mail@passiv.de
passiv.de

Deutscher Massivholz- und
Blockhausverband (DMBV) e. V.
Briennerstr. 54 b
80333 München
Telefon: 0 89 / 45 20 91 37
Fax: 0 89 / 45 20 91 36
info@dmbv.de
blockhausverband.de

Weitere Verbände und Organisationen

Bauherren-Schutzbund e. V.
Brückenstraße 6
10179 Berlin
Telefon: 0 30 / 40 03 39 50 – 0
Fax: 0 30 / 40 03 39 51 – 2
office@bsb-ev.de
bsb-ev.de

Adressen Gütegemeinschaften und Verbände

Institut Bauen und Umwelt
Panoramastraße 1
10178 Berlin
Telefon: 0 30/3 08 77 48–0
Fax: 0 30/3 08 77 48–29
info@ibu-epd.com
ibu-epd.com

Institut Bauen und Wohnen
Wiesentalstraße 29
79115 Freiburg
Telefon: 07 61/1 56 24 00
Fax: 07 61/15 62 47 90
info@institut-bauen-und-wohnen.de
institut-bauen-und-wohnen.de

Institut Wohnen und Umwelt GmbH (IWU)
Rheinstraße 65
64295 Darmstadt
Telefon: 0 61 51/29 04–0
Fax: 0 61 51/29 04–97
info@iwu.de
iwu.de

Verband privater Bauherren e. V.
Chausseestraße 8
10115 Berlin
Telefon: 0 30/27 89 01–0
Fax: 0 30/27 89 01–11
info@vpb.de
vpb.de

Smarthome Initiative Deutschland e. V.
Kurfürstendamm 121a
10711 Berlin
Telefon: 0 30/60 98 62 43
info@smarthome-deutschland.de
smarthome-deutschland.de

Deutsche Gesellschaft für
nachhaltiges Bauen (DGNB) e. V.
Tübinger Straße 43
70178 Stuttgart
Telefon: 07 11/72 23 22–0
Fax: 07 11/72 23 22 99
info@dgnb.de
dgnb.de

Sentinel Haus Institut GmbH
Merzhauser Str. 74
79100 Freiburg
Telefon: 07 61/59 04 81 70
Fax: 07 61/59 04 81 90
info@sentinel-haus.eu
sentinel-haus.de

Zentralverband Sanitär Heizung Klima
Rathausallee 6
53757 St. Augustin
Telefon: 0 22 41/92 99–0
Fax: 0 22 41/92 99 30–0
info@zvshk.de
zvshk.de

Bundesverband Rollladen +
Sonnenschutz e. V.
Hopmannstraße 2
53177 Bonn
Telefon: 02 28/95 210–0
Telefax: 02 28/95 210–10
info@rs-fachverband.de
rs-fachverband.de

Bundesverband Solarwirtschaft
EUREF-Campus 16
10829 Berlin
Telefon: 0 30/29 777 88–0
Telefax: 0 30/29 777 88–99
info@bsw-solar.de
solarwirtschaft.de

Solarenergie Förderverein Deutschland e. V.
Frère-Roger-Str. 8–10
52062 Aachen
Telefon: 02 41/51 16 16
zentrale@sfv.de
sfv.de

Informationsverein Holz e. V.
Franklinstraße 42
40479 Düsseldorf
Telefon: 02 11/96 65 58–0
Fax: 02 11/96 65 28–2
info@informationsvereinholz.de
informationsvereinholz.de

Öffentliche Beratungsstellen

Verbraucherzentrale Bundesverband
vertreten durch den Vorstand Klaus Müller
Markgrafenstraße 66
10969 Berlin
Telefon: 0 30/25 80 00
Fax: 0 30/25 80 05 18
info@vzbv.de
verbraucherzentrale.de

Einige Landes-Verbraucherzentralen bieten auch persönliche Beratungen bei der Immobilienfinanzierung und Verträgen an.

Öffentliche Förderprogramme

Bundesamt für Wirtschaft und
Ausfuhrkontrolle (Bafa)
Frankfurter Straße 29–35
65760 Eschborn
Telefon: 0 61 96/90 80
poststelle@bafa.bund.de
bafa.de

KfW Bankengruppe (KfW)
Palmengartenstraße 5–9
60325 Frankfurt am Main
Telefon: 0 69/74 31–0
Fax: 0 69/74 31 29 44
info@kfw.de
kfw.de

ADRESSEN DER MUSTERHAUSPARKS IN DEUTSCHLAND

Die Sortierung erfolgt nach Postleitzahl:

Unger-Park Dresden
Zur Kuhbrücke 11 (An den Schindertannen)
01458 Ottendorf-Okrilla
Telefon: 03 71/37 00 38–4
unger-park.de/hausausstellungen/dresden-neu/haeusergalerie/
Öffnungszeiten:
Mittwoch bis Sonntag: 11–18 Uhr

Unger-Park Leipzig
Döbichauer Straße 13
04435 Schkeuditz-Dölzig (bei Leipzig)
Telefon: 03 42 05/4 21 74
unger-park.de/hausausstellungen/leipzig/haeusergalerie/
Öffnungszeiten:
Mittwoch bis Sonntag: 11–18 Uhr

Adressen der Musterhausparks in Deutschland

Unger-Park Chemnitz
Donauwörther Straße 2
09114 Chemnitz
Telefon: 03 71 / 36 98 50
unger-park.de/hausausstellungen/chemnitz/haeusergalerie/
Öffnungszeiten:
Mittwoch bis Sonntag: 11 – 18 Uhr

Unger-Park Berlin
An den Hainbuchen Ecke Mielestraße,
Unger-Park 1 – 24
14542 Werder (Havel)
Telefon: 03 71 / 36 98 56 – 0
unger-park.de/hausausstellungen/berlin/haeusergalerie/
Öffnungszeiten:
Mittwoch bis Sonntag: 11 – 18 Uhr

Ausstellung Königs-Wusterhausen
Am Nottefließ
15711 Königs-Wusterhausen
(Kein Internet-Portal)
Hinweis: Hier finden Sie Häuser der Firmen Okal, Davinci, Schwörer und Hanlo. Da es sich um keinen geschlossenen Park handelt, gibt es weder eine zentrale Telefonnummer noch einen Internetauftritt. Für nähere Informationen kontaktieren Sie die einzelnen Hersteller.
Öffnungszeiten:
Mittwoch bis Sonntag: 11 – 18 Uhr

Ausstellung Hamburg/Stelle
Zum Reiherhorst
21435 Stelle
Telefon: 08 00 / 9 37 71 00
Hinweis: Dies ist kein klassischer Musterhauspark, hier finden Sie u. a. Häuser der Firmen Town & Country, Okal und Massa Haus. Es ist kein Internetauftritt vorhanden.
Öffnungszeiten:
Mittwoch bis Sonntag: 11 – 18 Uhr

Fertighaus-Welt Hannover
Münchener Str. 25
30855 Langenhagen
(bei Hannover, am Flughafen)
Telefon: 05 11 / 7 86 03 60
www.fertighauswelt.de/musterhaeuser/ausstellung/hannover

Öffnungszeiten:
Mittwoch bis Sonntag: 11 – 18 Uhr

Fertighaus-Welt Wuppertal
Schmiedestraße 59
42279 Wuppertal-Oberbarmen
Telefon: 02 02 / 26 91 00 – 40
www.fertighauswelt-wuppertal.de
Öffnungszeiten:
Mittwoch bis Sonntag 11 – 18 Uhr

Fertighaus-Welt Köln
Europa Allee 45
50226 Köln-Frechen
Telefon: 0 22 34 / 9 90 61 00
www.fertighauswelt.de/musterhaeuser/ausstellung/Koeln
Öffnungszeiten:
Mittwoch bis Sonntag: 11 – 18 Uhr

Musterhauszentrum Koblenz
Industriestraße
56218 Mülheim-Kärlich
Telefon: 0 26 26 / 76 10
www.musterhauszentrum-mk.de
Öffnungszeiten:
Mittwoch bis Sonntag: 11 – 17 Uhr

Ausstellung Eigenheim und Garten
Ludwig-Erhard-Straße 70
61118 Bad Vilbel (bei Frankfurt)
www.musterhaus-online.de/frankfurt.html
Telefon: 0 61 01 / 8 79 26
Öffnungszeiten:
Mittwoch bis Sonntag: 11 – 18 Uhr

Ausstellung Wadern-Nunkirchen
Losheimer Straße
66687 Wadern-Nunkirchen
Telefon: 0 68 74 / 79 77
Hinweis: Hierbei handelt es sich um keinen klassischen Fertighauspark, der über keinen Internetauftritt verfügt.
Öffnungszeiten:
Mittwoch bis Sonntag: 11 – 17 Uhr,
Montag und Dienstag nach Vereinbarung

Deutsches Fertighaus Center Mannheim
Xaver-Fuhr-Straße 111
68163 Mannheim
Telefon: 06 21 / 42 50 90
www.deutsches-fertighaus-center.de
Öffnungszeiten:
Dienstag bis Sonntag 10 – 17 Uhr

Ausstellung Eigenheim und Garten
Höhenstraße 21
70736 Fellbach (bei Stuttgart)
Telefon: 07 11 / 52 04 – 94 26
www.musterhaus-online.de/stuttgart.html
Öffnungszeiten:
Mittwoch bis Sonntag: 11 – 18 Uhr

Fertighausausstellung Offenburg
Schutterwälder Straße
77652 Offenburg
Telefon: 07 81 / 92 26 91
www.fertighausausstellung-offenburg.de
Öffnungszeiten:
Mittwoch bis Sonntag: 11 – 17 Uhr

Hausbaupark Villingen-Schwenningen
Messe 1
78056 Villingen-Schwenningen
Telefon: 0 77 20 / 9 74 20
www.hausbaupark.de
Öffnungszeiten:
Dienstag bis Sonntag: 11 – 17 Uhr

Ausstellung Eigenheim und Garten
Senator-Gerauer-Str. 25
85586 Poing / Grub (bei München)
Telefon: 0 89 / 99 02 07 60
www.musterhaus-online.de/muenchen.html
Öffnungszeiten:
Dienstag bis Sonntag: 10 – 17 Uhr

Ulmer Hausbau Center
Böfinger Str. 50
89073 Ulm
Telefon: 07 31 / 92 29 90
ulmer-hausbaucenter.de
Öffnungszeiten:
Mittwoch bis Sonntag: 12 – 17 Uhr

Fertighaus-Welt Günzburg
Kimmerle-Ring 2
89312 Günzburg
Telefon: 0 82 21 / 93 01 94 – 9
fertighauswelt.de/hausausstellungen/guenzburg
Öffnungszeiten:
Mittwoch bis Sonntag: 11 – 18 Uhr

Fertighaus-Welt Nürnberg
Im Gewerbepark 30
91093 Heßdorf
Telefon: 0 91 35 / 73 53 33
www.fertighauswelt.de/musterhaeuser/
ausstellung/nuernberg
Öffnungszeiten:
Mittwoch bis Sonntag: 11 – 18 Uhr

Hausausstellung Würzburg
Otto-Hahn-Straße / Heisenbergstraße
97230 Estenfeld
Telefon: 0 22 24 / 93 77 – 0
Öffnungszeiten:
Mittwoch bis Sonntag: 11 – 18 Uhr
oder nach Vereinbarung

Unger-Park Erfurt
Bei den Froschäckern
99198 Erfurt
Telefon: 03 61 / 2 62 35 45
unger-park.de/hausausstellungen/erfurt/haeusergalerie/
Öffnungszeiten:
Mittwoch bis Sonntag: 11 – 18 Uhr

Einen Musterhausfinder für Deutschland, Österreich und die Schweiz und weitere Fertighausparks finden Sie unter anderem unter www.fertighaus.de/besichtigung.htm. Auch der Bund Deutscher Fertigbau e. V. (BDF) bietet ein Musterhausverzeichnis an (nutzbar mit PC und via App auf dem Smartphone oder Tablet), mit dem Sie zu Musterhäusern einzelner Hersteller, aber auch zu ganzen Musterhausparks in Ihrer Nähe gelangen (www.fertigbau.de). Diese Seite liefert zudem brauchbare Filter nach Preisen, Bauarten, Haustypen und gibt ansatzweise informative Portfolios von Herstellern.

STICHWORTVERZEICHNIS

3
3-Liter-Haus 62

A
Abnahme verweigern 213
Abnahme, fiktive 213
Abnahme, konkludente 213
Abnahme, Unterlagen 211
Abnahmeprotokoll 212
Abschlagszahlungen 173, 174
Allergikerhäuser 22
Altlasten 72
Altlasten beseitigen 203
Anbietervergleich 133
Änderungsvereinbarung 166
Annuität 108, 109
Anordnung von Räumen 87
Anti-Legionellen-Schaltung 46
Anzahlung 174
Arbeitgeberdarlehen 121
Arbeitgeberdarlehen als Wohnungsbaukredit 122
Arbeitsmarkt, regionaler 69
Arglist 228
Aschegehalt 47
Aspekte, qualitative 80
Aufbemusterung 145
Auflassungsvormerkung 157
Ausbauhaus 27
Ausbauhäuser 15
Ausfachungen der Wände 23
Aushubmaterial 180
Ausrichtung des Hauses 87
Ausrichtung für Wohn- und Aufenthaltsräume 84

B
Bankbürgschaft 175
Barrierefrei 165
Barrierefreiheit 83
Bau- und Leistungsbeschreibung 162, 180
Bauablauf 202
Bauabnahme 211, 224
Bauabnahme, Folgen 224
Bauabnahme, förmliche 211
Bauantrag 184
Baubeginnanzeige 169
Bauberechtigung 202
Baubeschreibung 28
Baudokumentation 210
Baufachmann, Leistungen 206
Baufertigstellungsversicherung 199
Bauförderung der Kirchen 120
Baugenehmigung 202
Baugenehmigungsverfahren 185
Baugewährleistungsversicherung 199
Baugrenzen 70
Baugrund, Beschaffenheit 165
Baugrunduntersuchung 71
Baugrundverbesserungen 204
Bauhaus 12
Bauhausstil 21
Bauherren-Haftpflichtversicherung 190
Bauherrentyp, Fragebogen 36
Baukörper, kompakte 86
Baulasten 70
Bauleistungsbeschreibung 74
Bauleistungsversicherung 193
Bauleiter 133
Bauleiter, unabhängiger 91
Baulinien 70
Baumbestand 68
Baunebenkosten 97
Baurechtsexperten 159
Bausachverständige 205

Bausatz-Fertighaus 34, 208
Bauseits 180
Bausparen 112
Bausparrechner 113
Baustelle einrichten 203
Baustelle, Vorbereitung 166
Baustelleneinrichtung 166
Baustrom 167
Bautoilette 167
Bauträger 154, 155
Bauträgervertrag 160
Bauüberwachung durch Fachleute 205
Bauversicherung 97
Bauvertrag 160
Bauvertragsrecht 73
Bauvoranfrage 70, 186
Bauvorlagenverordnungen 185
Bauwasser 167
Bauweise, diffusionsfähige 25
Bauweisen im Fertighausbau 23
Bauzaun 203
Bauzeitenplan 170
Bauzeitzinsen 97
Bebauungsplan 185
Bebauungsplan, Beschränkungen für Bebauung 70
Bebauungsplan, Vorgaben 69
Belastbarkeit ermitteln 104
Belastungsquote 104
Bemusterung 142
Bemusterung dokumentieren 145
Bemusterung vor Vertragsschluss 142
Bemusterungsprotokoll 145, 165
Bereitstellungszinsen 110
Berufsgenossenschaft 191
Beweise sichern 229
Beweislastumkehr 224
Beweissicherungsverfahren, selbstständiges 229
BGB 161
Blähton 36
Blockbauweise 208
Blockbohlen 31
Blockhaus 18
Blockhausbauweise 30
Blower-Door-Test 38, 164
Bodengutachten 71, 91, 137
Bodenplatte 90, 164, 204
Bodenplatte gießen 204

Bodenrichtwert 74
Bodenrichtwerte 69
Brandschutz 27
Brennstoffzellen 53
Brennwertkessel 46
Bundesgütegemeinschaft Montagebau und Fertighäuser 131
Bundesverband Deutscher Fertigbau e. V. 13
Bungalow 17
Bürgerliches Gesetzbuch 161

C

Checkliste Bauvorbereitung 205
Cradle to cradle 129

D

Dachform 70
Dachformen 89
Dachformen, Vorzüge und Nachteile 90
Dachneigung 70
Dampfmotoren 52
Dena 126
Designerhaus 21
Deutscher Fertigbauverband 131
Deutscher Massivholz- und Blockhausverband 18
DGNB-Zertifikate 127
Differenzdruckmessverfahren 39
DIN 4109 „Schallschutz im Hochbau" 27
Druckzuschlag 224

E

Effizienzhaus plus 62
Effizienzhaus, Gütesiegel 126
Eigenkapital 100
Eigenkapital, verfügbares 102
Eigenleistungen 169
Einnahmen-Ausgaben-Überschussrechnung 105
Einsparpotenziale 106
Elektroausstattung 143
Elektroinstallation 209
Elementarschadenversicherung 197
Elementarschutz 197

Energieberater bei der Planung 45
Energieeffizienz-Expertenliste 258
Energieeinsparverordnung 54
Energieerzeugung 43
Energiestandards 60
EnEV2014 61
Entwicklung, historische 9
Erdarbeiten 204
Erfüllungssicherheit 175
Erneuerbare-Energien-Gesetz 54
Erschließung 72
Estrich einbringen 209

F

Fachwerkhaus 14, 18
Fachwerkhäuser 10
Fernwärme zum Heizen 45
Fertighaus kaufen 158
Fertighäuser aus Holz 23
Fertighaushersteller, ausländische 136
Fertighausindustrie 12
Fertigstellungssicherheit 175
Fertigstellungstermin 169
Fertigungswerk 142
Festpreis 171
Feuerrohbauversicherung 194
Feuerstätten, unterstützende 59
Feuerwiderstandsklassen 27
Finanzbedarf, individueller 98
Finanzierungsnebenkosten 97
Finanzierungsregeln 119
Firstrichtung 70
Flachkollektoren 55
Fluorchlorkohlenwasserstoffe 259
Förderung, steuerliche 121
Förderungen der Bundesländer 119
Förderungen der öffentlichen Hand 121
Förderungen durch Kommunen 120
Frischluftversorgung 57
Frist setzen 226
FSC-Logo 128
Fundament 137
Fußbodenheizungen 44

G

Garantien 229
Gasheizkessel 46
Gebäudekosten 96
Gebläse-Tür-Test 39
Gefälligkeitsleistung 192
GEG 258
GEG 2020 38
General-Panel-System 12
Generalübernehmer 155
Generalunternehmer 155
Geruchsbelästigung 69
Gesamtbilanz, energetische 94
Gesamteffektivzins 108
Gesamtkosten 96, 101
Gesamtnutzungsdauer 122
Geschossflächenzahl 70
Geschossigkeit 86
Gewährleistungsfrist 224
Gewerbebetriebe 67
Glasfachwerkhaus 23
Grenzzinssatz 111
Grundbuch, Eintrag 158
Grunderwerbsteuer 97, 157
Grundflächenzahl 70
Grundriss, offener 85
Grundrisse 84
Grundrisse, einseitig orientierte 85
Grundrisse, zweiseitig orientierte 86
Grundschuld 156
Grundstückskauf 156
Grundstückskosten 96
Grundwasserstand 72
Güte- und Qualitätsgemeinschaften 130
Gütegemeinschaft Blockhausbau 132
Gütegemeinschaft Fertigkeller e. V. 131
Gütegemeinschaft Holzbau, Ausbau, Dachbau e. V. 132
Gütesiegel 126
Gütesiegel der Qualitätsgemeinschaft Deutscher Fertigbau 15

H

Haftung, gesamtschuldnerische 189
Hanggrundstücke 73
Hanglagen klug nutzen 87
Haus, mediterranes 20
Hausakte 258
Hausaustellungen 13
Hausautomation 148
Hausmontage 206
Hausratversicherung 200
Hausstelltermine 207
Hausstellung 207
Haustechnikraum 209
Heizkörper 44
Heizsysteme, finanzielle Förderung 51
Heizungssysteme 43
Herrichtungskosten 96
Herrichtungskosten (Baugrund) 202
Holz als Baustoff 15
Holzhäuser, mobile 10
Holzpelletkessel 47
Holzpellets 48
Holzrahmenbau 24
Holzskelettbauweise 24
Holzspandämmstein 36
Holztafelbauart 24
Hypothekendarlehen 108

I/J

Innenausbau 208
Jahres-Primärenergiebedarf 64
Jahresarbeitszahl (Wärmepumpen) 51
Jahresnutzungsgrad (Heizungsanlage) 47

K

Kaminfeuer 59
Kanal- und Anschlussarbeiten 204
Kanzlerbungalow 17
Kaufnebenkosten 96
Kaufpreis, Bezahlung 158
Kaufpreise 74
Keller 90, 164
Kellergeschoss 145
Kellerplanung, Aufgaben 94

KfW-Darlehen 116
KfW-Effizienzhäuser 63
KNX 148
Kontaktdaten sammeln 209
Kraft-Wärme-Kopplung 51
Kreditnebenkosten 110
Kreditprüfung, Unterlagen 114
k-Wert 14
KWK-Heizsystem 51

L

Lageplan 185
Lagerraumgröße (Holzpellets) 48
Landhaus 19
Lärmbelastung 67
Lastenzuschuss 121
Lebensversicherungen 101
Legionellen 46
Leonardo da Vinci 10
Lieferumfang 173
Liquiditätsreserve 103
Luftdichtheit 38
Luftdichtigkeit 164
Luftheizung 45
Lüftungskonzepte 57

M

Makler- und Bauträgerverordnung 174
Makrolage 66
Mängel beseitigen 226
Mängelbeseitigung 210
Mängelrüge 226
Mantelbetonbauweise 36
Massivfertighäuser 32
MDF-Platten 26
Mikro-BHKW 51
Mikrolage 67
Mindestbehalt 107
Mini-BHKW 51
Montagehäuser 12
Muskelhypothek 28
Muster-Baubeschreibung 169
Musterhäuser 125
Musterhausparks, Adressen 262

N

Nachbesserungsversuche 230
Nachfrist setzen 227
Nachhaltigkeit 139
natureplus 129
Niedertemperaturheizung 54
Niedrigenergiehaus 62
Niedrigstenergiestandard 61
Notaranderkonto 158
Nullenergiehaus 62
Nutzungsausfallentschädigung 170

O

Oberkante Keller 167
Ölheizanlagen 48
Ombudsstellen 229
OSB-Platten 26

P

Packaged House System 12
Parkmöglichkeiten 68
Passivhaus 62
Passivhaus-Institut 60
Pellets 47
Pfeifenstielgrundstück 168
Photovoltaik 56
Photovoltaikanlage 228
Photovoltaikversicherung 198
Planungsunterlagen 179
Plusenergiehaus 62, 147
Porenbeton 36
Preis des Grundstücks 74
Preise für Einfamilienhäuser 99
Preisentwicklung Einfamilienhäuser 99
Preiserhöhungen 173
Privatdarlehen 121
Privathaftpflichtversicherung 191
Pultdach 16
Pultdachhäuser 22

Q

QDF, Satzung 258
QDF-Siegel 126
Qualitätsgemeinschaft
   Deutscher Fertigbau 131

R

Radonbelastung 67
Rahmenbauweise 24
RAL-Gütezeichen 126, 131
RAL-Gütezeichens 258
Raumbedarf 80
Raumluftmessungen 259
Raumluftqualität 258
Raumprogramm festlegen 81
Rechnung, Formvorschriften 232
Rechnungen aufbewahren 232
Referenzgebäude (für EnEV 2014) 64
Referenzhäuser 125
Restschuldversicherung 200
Rückstauklappe 197

S

Sanitärinstallation 209
Schadstoffbelastungen 26
Schallschutz 27, 183
Schlussabnahme 211
Schlussabnahme, Protokoll 214
Schlüsselfertig 181
Schlussrate 174
Schlussrechnung 174, 213
Schnittstellen, technische 168
Schwarzarbeit 224
Schwedenhaus 19
Schwerlastkran 207
Selbstbau 31
Seriosität prüfen 124
Sicherheitseinbehalt 175
Sicherungshypothek 176
Situations- und Wunschkatalog 77
Skelettbauweise 23
Skonto 147
Smart Homes 146
Solaranlagen, thermische 55

Solaranlagen-Rechner 56
Solarthermie 54
Sondertilgungen 112
Sonnenkollektoren 54
Sonnenstände 88
Stadtvilla 20
Ständerbauweise 23
Stirlingmotoren 52
Straßensperrung 203

T

Täuschung, arglistige 228
Terminverzögerungen 169
Thermografie 164
Transmissionswärmeverlust 64
TÜV 127
Typenbezeichnungen, energetische 62

U

Umweltfreundlichkeit 43
Unterkellerung 91
U-Wert 27, 30
Ü-Zeichen 258

V

Vakuumröhrenkollektoren 55
Verbraucherbauvertrag 73, 160
Verbundschaltechnik 32
Verdingungsordnung für Bauleistungen 161
Verfüllziegel 36
Verjährungsfrist 231
Verkehrssicherungspflicht 175, 188
Vermögen, Übersicht 101
Vertragsentwurf prüfen 157
Vertragsklauseln, unwirksame 182
Vertragsprüfung 159
Vertragsrücktritt 178
Vertragsstrafen 170
Vertragstypen 159
Villa 21
VOB/B 161
Volltilgerdarlehen 109
Vorlauftemperatur im Heizsystem 44

W

Wandheizung 44
Wärmedurchgangskoeffizient 14, 30
Wärmedurchgangswiderstand 30
Wärmepumpe 49, 66
Wärmepumpen, Ökobilanz 51
Wärmepumpenanlagen, geothermische 49
Wärmetauscher 49, 58
Wegenutzungsrecht 70
Werkvertrag 159
Wertentwicklung 68
Wertsteigerung 100
Wertverlust 227
Widerrufsrecht 177
Wohnfläche, verbindliche 76
Wohnflächenverordnung 76
Wohngebäudeversicherung 195
Wohngebäudeversicherungen 200
Wohnklima 26
Wohnraumbe- und -entlüftung, kontrollierte 57
Wohn-Riestern 113
Wolgast-Häuser 11

Z

Zahlungsbürgschaft 176
Zahlungsmodalitäten 173
Zahlungsplan 173
ZimmerMeisterHaus 132
Zinssicherheit 110
Zwischenfinanzierung 110

BILDNACHWEIS

Für die freundliche Überlassung danken wir:

AXA, 196
Axel Schneider, Vach (Fürth), 154
Bauherren-Schutzbund e. V., 39, 59 (2), 165 (2), 166, 181, 189, 210, 212, 224
Beuth Verlag GmbH, 162
Bundesverband Deutscher Fertigbau, 13, 71, 90, 92, 125, 128, 138, 139, 141, 160, 179, 203, 207, 208 (2)
Deutsche Energie-Agentur GmbH, 64
Deutscher Massivholz- und Blockhausverband, 18
Fertighaus Weiss, 86
flickr (H.Pohl), 11
gettyimages, 185
GfG Schwedenhäuser GmbH & Co. KG, 19
hanlo, 142, 204
holzbau vieider, 31
Hornbach Holding AG, 172
HUF HAUS, 24
KS-QUADRO Bausysteme GmbH, 35
PAULUS GmbH, 31
Poroton, 35
Postbank/BHW Bausparkasse, 100, 106, 144, 176, 192
SchwörerHaus KG, 73
Sentinel Haus Institut, 40
tdx/Haas Fertigbau, 20
Uwe Meilahn, Berlin, 231
Vaillant Deutschland GmbH & Co. KG, 46
Verband Privater Bauherren, 188
WeberHaus GmbH & Co. KG, 37, 182

wikipedia (Th. Guffler), 12
www.baufritz.de, 14, 16, 17, 21 (2), 67, 68, 87, 89
Xella International, 35

Illustrationen

Florian Brendel, Berlin, 29, 32, 43, 44, 47, 49, 50, 99, 109
Michael Römer, Berlin, 52, 53, 57, 85, 88, 89, 146

Die Stiftung Warentest wurde 1964 auf Beschluss des Deutschen Bundestages gegründet, um dem Verbraucher durch vergleichende Tests von Waren und Dienstleistungen eine unabhängige und objektive Unterstützung zu bieten.

2., aktualisierte Auflage
© 2021 Stiftung Warentest, Berlin

Stiftung Warentest
Lützowplatz 11–13
10785 Berlin
Telefon 0 30/26 31-0
Fax 0 30/26 31-25 25
www.test.de
email@stiftung-warentest.de

USt.-ID-Nr.: DE 1367 25570

Vorstand: Hubertus Primus
Weitere Mitglieder der Geschäftsleitung:
Dr. Holger Brackemann, Julia Bönisch, Daniel Gläser

Alle veröffentlichten Beiträge sind urheberrechtlich geschützt. Die Reproduktion – ganz oder in Teilen – bedarf ungeachtet des Mediums der vorherigen schriftlichen Zustimmung des Verlags. Alle übrigen Rechte bleiben vorbehalten.

Programmleitung: Niclas Dewitz

Autoren: Magnus Enxing, Michael Bruns
Redaktionelle Mitarbeit: Eva Kafke (S. 66–74, 154–200, 211–213, 224–232 Überarbeitung zur 2. Auflage)
Projektleitung/Lektorat: Uwe Meilahn
Mitarbeit: Florian Ringwald, Berlin (1. Aufl.)
Korrektorat: Karin Schulze-Langendorff, Wismar

Titelentwurf, Layout, Grafik und Satz: Büro Brendel, Berlin
Bildredaktion: Florian Brendel
Bildnachweis – Titel: thinkstock, fotolia

Produktion: Vera Göring
Verlagsherstellung: Rita Brosius (Ltg.), Romy Alig, Susanne Beeh
Litho: tiff.any, Berlin
Druck: Westermann Druck Zwickau GmbH

ISBN: 978-3-7471-0481-1